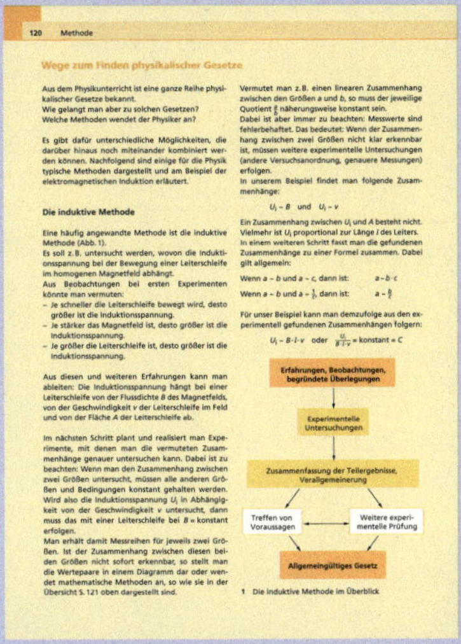

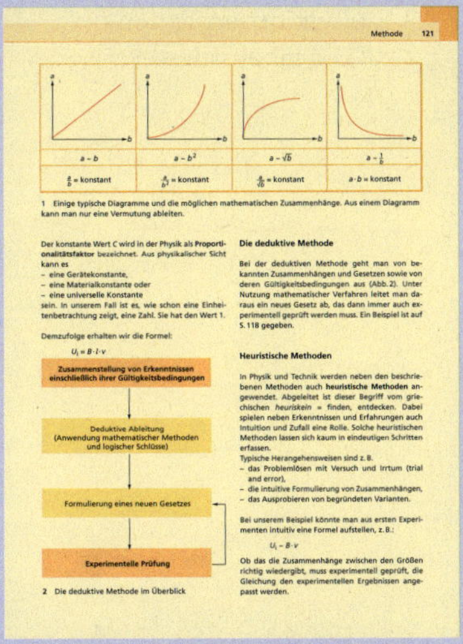

Typische **Denk- und Arbeitsweisen** der Physik sind unter dem …

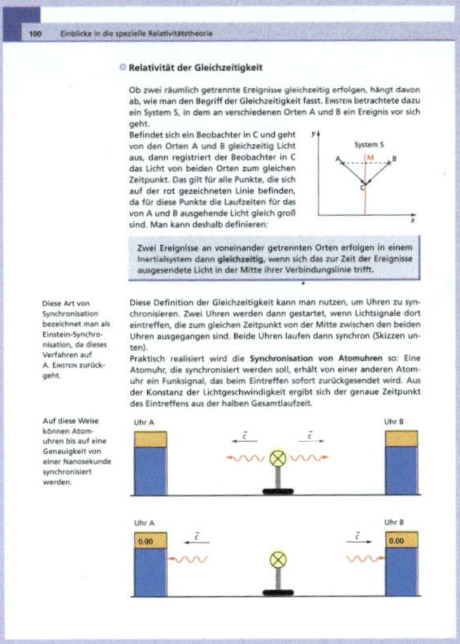

Unter dem Stichwort **Interessantes aus …** sind auf farbig unterlegten Seiten ergänzende und vertiefende Informationen zu Sachverhalten aus Natur, Technik, Alltag und Geschichte zu finden.

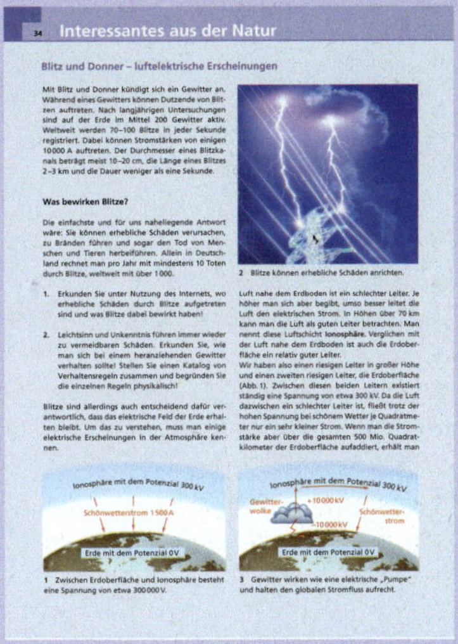

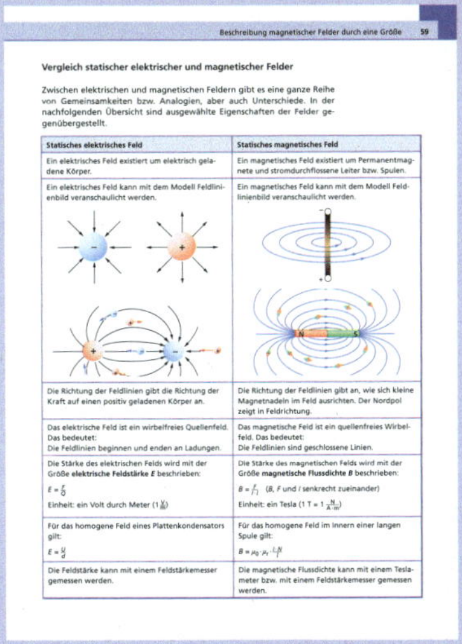

Übersichtsseiten unterstützen die systematische und strukturierte Aneignung von Wissen. Besonderer Wert wird dabei auf Analogiebetrachtungen gelegt.

Verwendete Symbole

- Fakultative Inhalte
- Aufgaben, die mithilfe eines Computers gelöst werden können
- * knifflige bzw. fakultative Aufgaben

Physik

Bayern Gymnasium

Lehrbuch für die Klasse 11

Duden Schulbuchverlag

Berlin

Autoren
Ferdinand Hermann-Rottmair
Prof. Detlef Hoche
Prof. Dr. habil. Lothar Meyer
Dr. Rainer Reichwald
Prof. Dr. habil. Oliver Schwarz

Redaktion Prof. Dr. habil. Lothar Meyer
Gestaltungskonzept und Umschlag Britta Scharffenberg
Layout Manuela Liesenberg
Grafik Claudia Kilian, Manuela Liesenberg, Jens Prockat, Walther-Maria Scheid
Titelbild Nordlicht, mauritius images/Frank Lukasseck

www.duden-schulbuch.de

1. Auflage, 3. Druck 2014

Alle Drucke dieser Auflage sind inhaltlich unverändert
und können im Unterricht nebeneinander verwendet werden.

Dieses Werk enthält Vorschläge und Anleitungen für Untersuchungen und Experimente.
Vor jedem Experiment sind mögliche Gefahrenquellen zu besprechen. Beim Experimentieren sind die Richtlinien zur Sicherheit im naturwissenschaftlichen Unterricht einzuhalten.

Druck: Mohn Media Mohndruck, Gütersloh

ISBN 978-3-8355-3103-1

Methoden

Interessantes aus ...

Bildquellenverzeichnis

Institut & F. A. Brockhaus, Mannheim: 48/01, 153/1; Bosch: NS03; Canon: 33/01; CERN: 65/01, 83/04, 83/05, 106/01; Cornelsen Experimenta: 13/01, 72/2, 85/02-1; DESY, Hamburg: 83/01; Deutsches Museum München: 24/02; DFS Deutsche Flugsicherung: 178/01; SV-Bilderdienst/ S.M.: 92/3; DUDEN PAETEC GmbH: 78/2/01, 92/02, 96/01, 110/01, 125/2, 130/01, 165/01, NS04; Edinburgh World Heritage: 154/01; ESA: 73/1-01; Fotoarchiv Panorama: 92/01; Fotolia/Joss: 78/2/02; Fotolia/Andi Härer: 152/1; LD Systeme AG & Co. KG: 31/01, 161/01, 184/1; G. Liesenberg: 24/01; B. Mahler, Fotograf, Berlin: 9/1, 9/2, 9/3; mauritius images/Nordic Photos: 7/01; mauritius images, Schulterblatt 36, 20357 Hamburg: 34/2; Max-Planck Institut für Radioastronomie: 177/01; Meyer, L., Potsdam: 15/01, 19/01, 37/1b, 49/03, 50/01, 53/2, 60/02, 60/02, 61/01, 61/02, 61/03, 62/01, 75/02, 131/03; NASA: 73/1-02, 91/01, 111/01, 177/02, 177/03; NASA/JPL-Caltech/Harvard-Smithsonian CfA : 107/01-2; NTL Austria: 18/01, 48/2, 49/01, 49/02, 56/1, 62/02, 80/2, 116/01, 131/02; Osram GmbH: 135/01; Photo Disc Inc.:8/1, 143/01, NS01, NS05; Phywe Systeme GmbH & Co. KG, Göttingen: 58/01, 76/01; picture-alliance/KPA/HIP/Oxford Science Archive: 117/1; picture-alliance/ZB: 85/02-2; picture-alliance/dpa: 37/1a; picture-alliance/dpa-Report: 92/1; rebelpeddler Chocolate Cards: 92/2, 164/01; S. Ruhmke, Berlin: NS06; Wolfgang Schreier, Leipzig: 165/02; Siemens AG München/Berlin:108/1, 108/2, 109/01-1, 109/01-2, 109/01-3, 113/01, 115/01, 108/2, 129/1; Technorama, Schweiz, www.technorama.ch: 18/02, 47/01, 172/01, NS02; Toyota: 94/01; Vogt, Patrik, Landau: 48/1, 139/02, 142/01; Volkswagen Presse: 8/2;
Wikipedia: public domain: 74/1, www.fotos-direkt.de: 8/3.

1 Statisches elektrisches Feld

1.1. Grundlagen der Elektrizitätslehre

Elektrizität in Natur, Technik und Alltag

Die Elektrizitätslehre ist im Vergleich zur Mechanik oder zur Optik ein relativ junges Teilgebiet der Physik.

Zwar war bereits im Altertum bekannt, dass geriebener Bernstein kleine Staubteilchen und Wollfasern anzieht. Durch die Untersuchungen von WILLIAM GILBERT (1544–1603) war auch bekannt, dass man durch Reiben verschiedener Körper wie Glas oder Siegellack „Elektrizität" erzeugen kann. Die auf dieser Grundlage gebauten Elektrisiermaschinen dienten aber eher der Volksbelustigung auf Jahrmärkten als der wissenschaftlichen Forschung.

Die griechische Bezeichnung für Bernstein ist „elektron".
Der Begriff Elektrizitätslehre wurde, davon ausgehend, von W. GILBERT geprägt.

Ernsthafte wissenschaftliche Untersuchungen erfolgten verstärkt erst ab der zweiten Hälfte des 18. Jahrhunderts. Stichpunktartig seien einige bedeutsame Entdeckungen und Erfindungen genannt:
- C. A. DE COULOMB (1736–1806) entdeckte 1794 ein Gesetz über die Kräfte zwischen zwei geladenen Körpern, das coulombsche Gesetz.
- A. VOLTA (1745–1827) konstruierte um 1800 die ersten Batterien, die es ermöglichten, über längere Zeit hinweg konstante elektrische Ströme fließen zu lassen.
- M. FARADAY (1791–1867) fand 1831 das Induktionsgesetz, eine entscheidende Grundlage für die gesamte Elektrotechnik.
- W. V. SIEMENS (1816–1892) veröffentlichte 1866 das dynamoelektrische Prinzip, Grundlage für die Konstruktion von Dynamomaschinen (Generatoren), mit denen das Zeitalter des Starkstroms begann.
- H. A. LORENTZ (1853–1928) formulierte 1895, welche Kraft auf einen bewegten Ladungsträger im Magnetfeld wirkt (Lorentzkraft).

Im 20. Jahrhundert setzte sich die elektrische Energie in allen Bereichen von Technik und Alltag durch (Abb. 2, 3). Unser heutiges Leben ist ohne Elektrizität nur schwer vorstellbar – es würde kaum noch etwas funktionieren. Überlegen Sie selbst, welche Geräte, Anlagen und Systeme ohne Elektrizität nicht mehr arbeiten würden und welche Konsequenzen das für jeden Einzelnen hätte.

1 Blitze sind gewaltige elektrische Entladungen in der Natur.

2 Geräte und Anlagen benötigen elektrische Energie.

3 Ein Alltag ohne elektrische Geräte ist schwer vorstellbar.

Elektrisch geladene Teilchen und elektrisch geladene Körper

Alle Körper sind aus Atomen bzw. Molekülen aufgebaut. Atome wiederum bestehen aus einer Atomhülle mit negativ geladenen **Elektronen** und einem Atomkern, der u. a. positiv geladene **Protonen** enthält. Ein Atom, das die gleiche Anzahl von Protonen im Atomkern und Elektronen in der Atomhülle besitzt, ist **elektrisch neutral.** Auch ein Körper, der insgesamt genauso viele Protonen wie Elektronen hat, ist neutral. Durch unterschiedliche Vorgänge können Elektronen von einem Atom bzw. Körper auf ein anderes Atom oder einen anderen Körper übergehen.

Die Bezeichnungen plus (+, positiv) und minus (–, negativ) gehen auf den amerikanischen Wissenschaftler und Staatsmann BENJAMIN FRANKLIN (1706–1790) zurück.

■ Bei der **Dissoziation** von Kochsalz (NaCl) bilden sich Ionen. Es gilt:

$$NaCl \longrightarrow Na^+ + Cl^-$$

Ein Natriumatom wird durch die Abgabe eines Elektrons zu einem positiv geladenen Natriumion. Ein Chloratom wird durch die Aufnahme eines Elektrons zu einem negativ geladenen Chlorion.

Eine **Ladungstrennung** kann durch elektrochemische (oben), thermoelektrische und fotoelektrische Vorgänge oder durch Influenz (↗ S. 12) erfolgen. Die Reibung verschiedener Körper aneinander kann ebenfalls eine Ladungstrennung bewirken (Abb. 1–3). Genutzt wird das z. B. bei Bandgeneratoren oder bei Influenzmaschinen.

Die **Ladungstrennung** durch elektrochemische Vorgänge wird bei **galvanischen Elementen** und bei **Akkumulatoren** genutzt.

> Es gibt positiv und negativ geladene Teilchen und Körper. Ein elektrisch neutraler Körper hat gleich viele Elektronen und Protonen. Negativ geladene Körper haben einen Elektronenüberschuss, positiv geladene Körper einen Elektronenmangel.

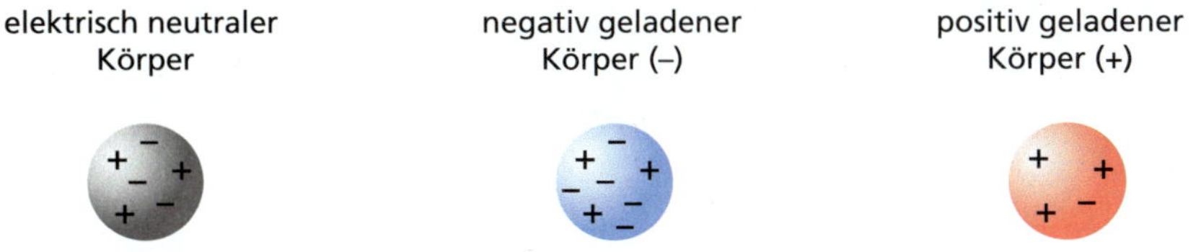

Ladungstrennungen und die damit verbundene elektrische Aufladung von Körpern treten auch in der Natur auf, z. B. in Gewitterwolken.

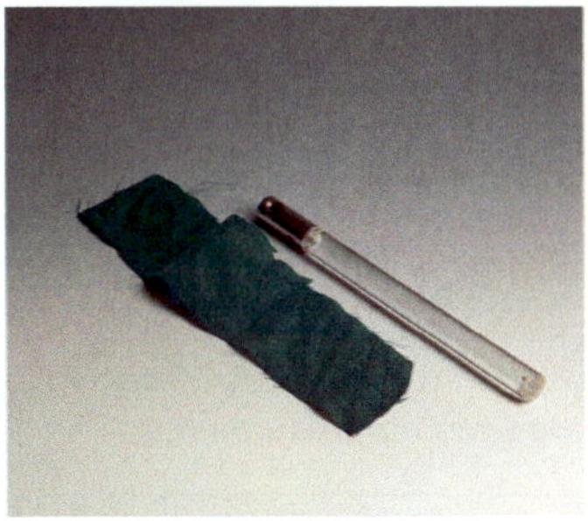

1 Vor dem Reiben sind Tuch und Glasstab elektrisch neutral.

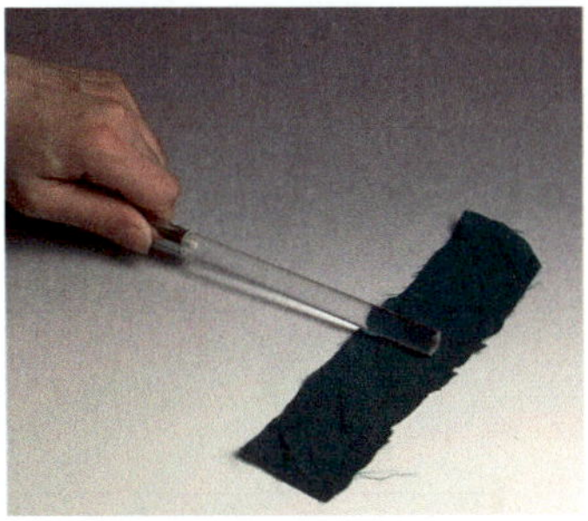

2 Beim Reiben gehen Elektronen vom Stab auf das Tuch über.

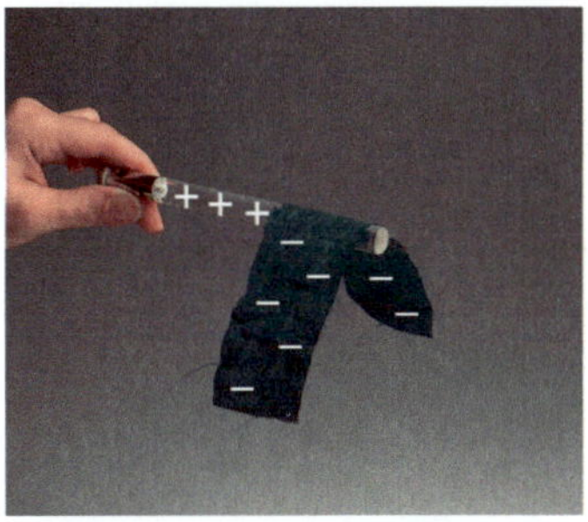

3 Nach dem Reiben sind die Körper unterschiedlich geladen.

Die Größe elektrische Ladung

Die Einheit der Ladung ist nach dem französischen Naturforscher CHARLES AUGUSTIN DE COULOMB (1736–1806) benannt.

Wie stark ein Körper elektrisch geladen ist, wird durch die physikalische Größe **elektrische Ladung** beschrieben.

> Die elektrische Ladung eines Körpers gibt an, wie groß sein Elektronenüberschuss oder sein Elektronenmangel ist.
>
> Formelzeichen: Q
> Einheit: ein Coulomb (1 C)

Die elektrische Ladung eines Körpers ist immer ein Vielfaches der Elementarladung e: $e = 1{,}602 \cdot 10^{-19}$ C.

Je nachdem, ob ein Körper positiv oder negativ geladen ist, kann man dem Zahlenwert der Ladung ein positives oder ein negatives Vorzeichen geben.

> Die elektrische Ladung eines Körpers kann berechnet werden mit der Gleichung:
>
> $Q = N \cdot e$ N Anzahl der Ladungen
> e Elementarladung

Bei Stromfluss wird Ladung durch einen Leiter oder einen Elektrolyten transportiert.

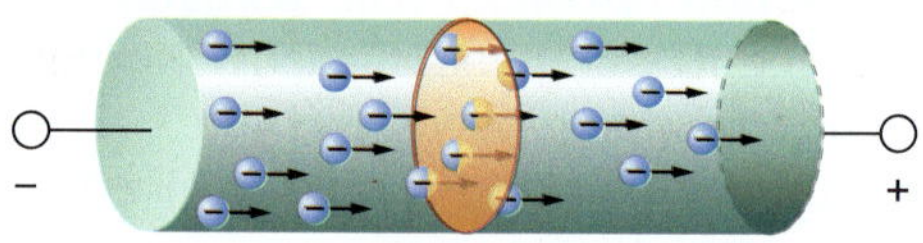

Wie viel Ladung durch eine Querschnittsfläche hindurchtritt, hängt von der Stromstärke und der Zeit des Stromflusses ab.

Aus der Skizze ist erkennbar, dass die durch eine Querschnittsfläche transportierte Ladung ΔQ umso größer ist, je größer die Stromstärke und je größer das betrachtete Zeitintervall Δt ist. Damit ergibt sich für den Zusammenhang zwischen Ladung und Stromstärke:

Stromstärke I = konstant	**Stromstärke $I \neq$ konstant**
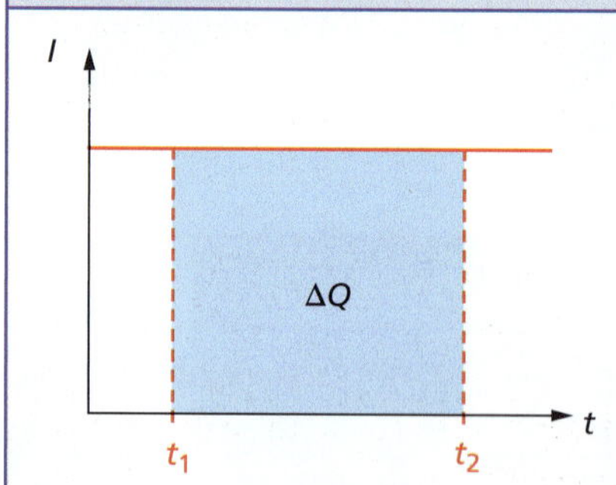	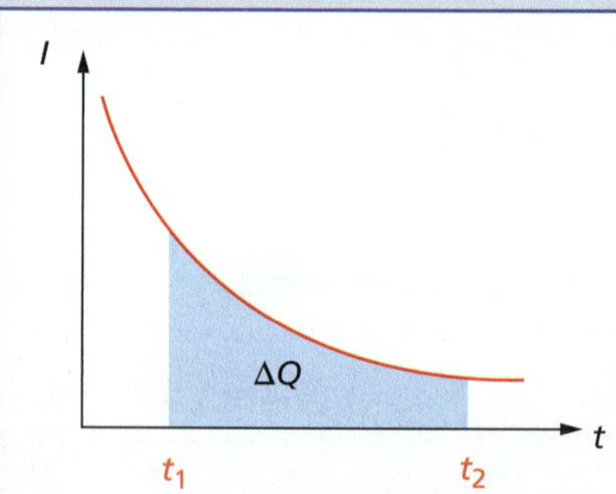
$\Delta Q = I \cdot \Delta t$ (Fläche unter dem Graphen)	Die transportierte Ladung ΔQ ist gleich der Fläche unter dem Graphen.
Glühlampe oder beliebiger anderer Leiter bei konstantem Gleichstrom	Entladen eines Kondensators, Aufladen eines Akkumulators

Für die Einheit der Ladung gilt:

1 C = 1 A·s

Das ergibt sich aus:

$\Delta Q = I \cdot \Delta t$

■ Eine Taschenlampe mit einer Glühlampe 6 V/2,4 W wird drei Minuten lang genutzt.
Wie viele Elektronen bewegen sich dabei durch einen Leiterquerschnitt des Stromkreises?

Analyse:
Es wird bei einer batteriebetriebenen Taschenlampe von einer konstanten Spannung der Batterien und damit von einer konstanten Stromstärke ausgegangen. Die Stromstärke kann man aus Leistung und Spannung ermitteln.

Gesucht: N (Anzahl der Elektronen)
Gegeben: $U = 6\ \text{V}$
$P = 2{,}4\ \text{W}$
$\Delta t = 3\ \text{min} = 180\ \text{s}$
$e = 1{,}6 \cdot 10^{-19}\ \text{C}$

Lösung:
Für die Ladung Q gilt bei I = konstant:

$$\Delta Q = I \cdot \Delta t$$

Mit $\Delta Q = N \cdot e$ und $I = \frac{P}{U}$ erhält man:

$$N \cdot e = \frac{P}{U} \cdot \Delta t$$

$$N = \frac{P \cdot \Delta t}{U \cdot e}$$

$$N = \frac{2{,}4\ \text{W} \cdot 180\ \text{s}}{6\ \text{V} \cdot 1{,}6 \cdot 10^{-19}\ \text{C}}$$

$$\underline{N = 4{,}5 \cdot 10^{20}}$$

Ergebnis:
Bei einem Stromkreis mit einer Glühlampe 6 V/2,4 W fließen bei Betriebsspannung in drei Minuten $4{,}5 \cdot 10^{20}$ Elektronen durch einen Leiterquerschnitt. In einer Sekunde wären das $2{,}5 \cdot 10^{18}$ Elektronen.

Die Daten von Glühlampen und Leuchtstofflampen werden meist in der genannten Form angegeben. Die Stromstärke bei Betriebsspannung kann man aus Leistung und Spannung ermitteln:

$P = U \cdot I$

und damit

$I = \frac{P}{U}$

Für die Einheiten gilt:

$1\ \text{W} = 1\ \text{V} \cdot \text{A}$

$1\ \text{C} = 1\ \text{A} \cdot \text{s}$

Damit erhält man insgesamt für die Einheiten:

$\frac{\text{W} \cdot \text{s}}{\text{V} \cdot \text{C}} = \frac{\text{V} \cdot \text{A} \cdot \text{s}}{\text{V} \cdot \text{A} \cdot \text{s}} = 1$

Das Ergebnis ist also eine Zahl.

Elektrischer Strom als bewegte Ladung

Der Zusammenhang zwischen der elektrischen Ladung und der Stromstärke kann auch zur Definition der Stromstärke genutzt werden.

> Die Stromstärke ist der Quotient aus der durch einen Leiterquerschnitt hindurchtretenden elektrischen Ladung und der Zeit.
>
> $I = \frac{\Delta Q}{\Delta t}$ Q elektrische Ladung
> t Zeit

Bei einer Stromstärke von 1 A bewegen sich in einer Sekunde ca. $6 \cdot 10^{18}$ Elektronen durch einen Leiterquerschnitt.

Verhalten geladener Körper

Zwischen elektrisch geladenen Körpern wirken je nach der Art der Ladung anziehende oder abstoßende Kräfte.

Der Betrag der Kraft hängt von der Ladung der Körper und von ihrem Abstand voneinander ab (↗ S. 39).

Gleichnamig geladene Körper stoßen einander ab.	**Ungleichnamig geladene Körper ziehen einander an.**
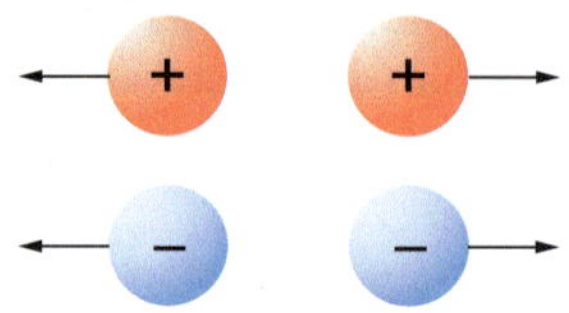	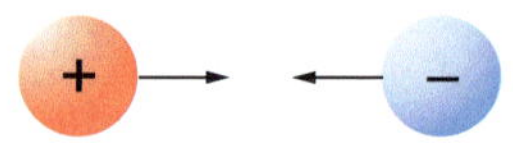

Lässt man eine leitende Kugel zwischen zwei unterschiedlich geladenen Platten hin- und herpendeln, so erfolgt allmählich ein **Ladungsausgleich** zwischen den beiden Platten. Die Ladung wird „portionsweise" zwischen den Platten verschoben. Ein solcher Ladungsausgleich erfolgt auch, wenn man die beiden Platten mit einem Leiter verbindet.

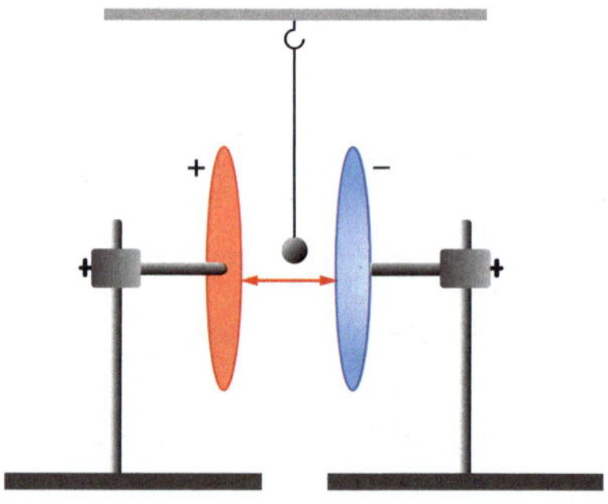

Die Bezeichnung Influenz ist abgeleitet von influere (lat.) = hineinfließen.

Bringt man einen geladenen Körper in die Nähe eines leitenden, nach außen ungeladenen Körpers, so wirken zwischen den Ladungen Kräfte. Sie bewirken auf dem leitenden Körper eine Ladungsverschiebung und damit eine Ladungstrennung, die als **Influenz** bezeichnet wird.

In Leitern sind frei bewegliche und damit verschiebbare Ladungsträger (Elektronen) vorhanden.

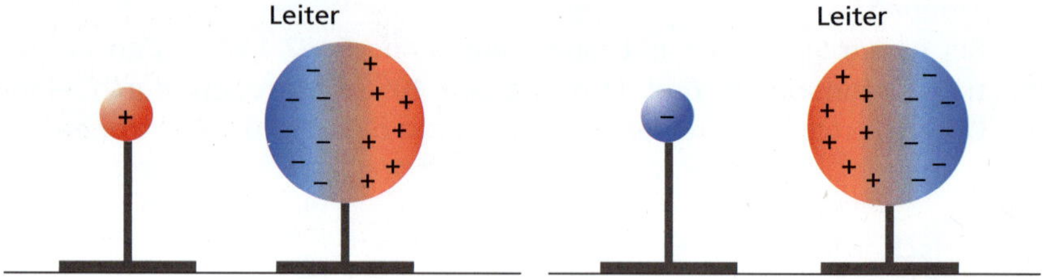

Nähert man z. B. einen negativ geladenen Kunststoffstab Papierschnitzeln, so tritt dort dielektrische Polarisation auf. Die Papierschnitzel werden angezogen.

Bringt man einen geladenen Körper in die Nähe eines Isolators, so kommt es aufgrund der Kraftwirkungen zwischen Ladungen zu einer Ausrichtung der gebundenen Ladungen. Es bilden sich kleinste **elektrische Dipole.** Damit kann sich die Oberfläche eines Isolators z. B. positiv (↗ Skizze) aufladen. Dieser Vorgang der Ladungsverschiebung bei Isolatoren wird als **dielektrische Polarisation** bezeichnet.

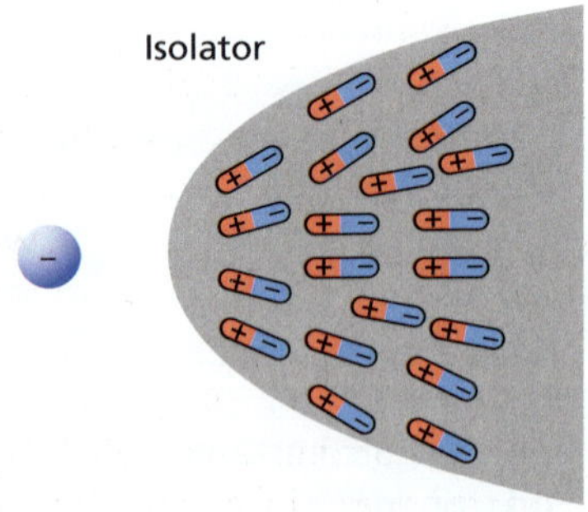

Gesetz von der Erhaltung der Ladung

Ähnlich wie für Energie, Impuls oder Masse gilt auch für die elektrische Ladung ein **Erhaltungssatz.**

Erhaltungssätze machen eine Aussage über die Konstanz einer physikalischen Größe in einem abgeschlossenen System.

> In einem abgeschlossenen System bleibt die Gesamtladung erhalten:
>
> $Q = Q_1 + Q_2 + \ldots + Q_n = \text{konstant}$
>
> Q Gesamtladung
> Q_i Teilladungen

Dieses Gesetz gilt insbesondere auch für Prozesse der Ladungstrennung. Die Gesamtladung ändert sich nur dann, wenn Ladungen aus dem betrachteten System hinein- oder hinausfließen, also ein elektrischer Strom über die Systemgrenze hinweg vorhanden ist.

Nachweis und Messung von Ladung

Ein Gerät zum Nachweis elektrischer Ladung ist das **Elektroskop** oder das **Elektrometer.** Kommt ein geladener Körper mit dem Metallstab eines Elektrometers in Berührung, so findet zwischen beiden ein Ladungsausgleich statt. Metallzeiger und Metallstab laden sich dabei gleichnamig auf. Es kommt infolge von abstoßenden Kräften zum Zeigerausschlag.

Positiv geladenes Elektrometer	Negativ geladenes Elektrometer
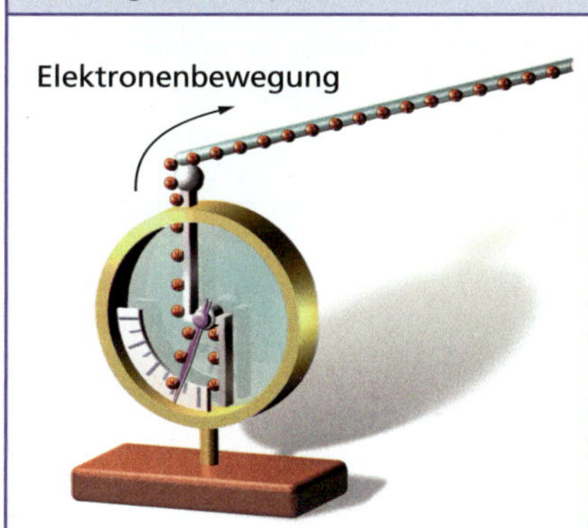	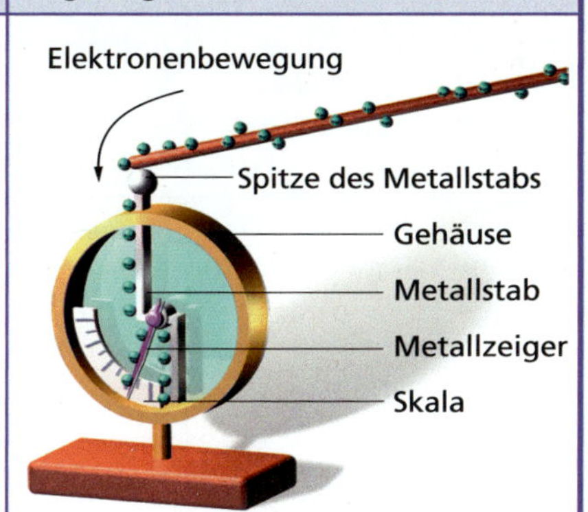

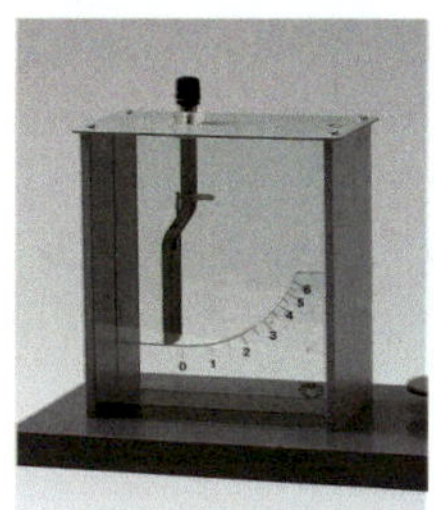

Ein mit Skala versehenes **Elektroskop** wird als **Elektrometer** bezeichnet. Es gibt sie in unterschiedlichen Bauformen. Die **Ladungsmessung** kann man auch mithilfe einer Stromstärkemessung oder eines Galvanometers durchführen.

Bei einem Elektrometer kann es auch infolge von Influenz zu einem Zeigerausschlag kommen.
Dies kann man beobachten, wenn in die Nähe der Spitze des Metallstabs ein geladener Körper gebracht wird. Dann kommt es infolge Influenz zu einer Ladungstrennung und damit zu einem Ausschlag.

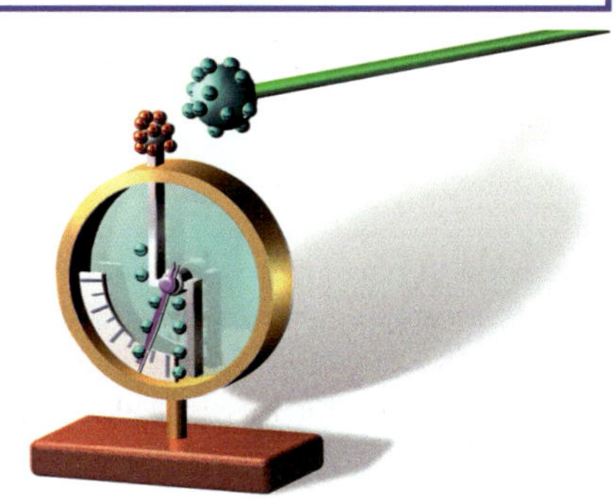

Gleichstrom und Wechselstrom

Bei Gleichstrom wird die Richtung des Stromflusses von + nach – festgelegt.

Ein elektrischer Strom, der stets in eine bestimmte Richtung fließt, wird als **Gleichstrom** bezeichnet. Wechselt der Strom immer wieder seine Richtung, so spricht man von **Wechselstrom.** Der zeitliche Verlauf der Stromstärke kann dabei sehr unterschiedlich sein. Die nachfolgenden Beispiele zeigen charakteristische Verläufe.

Ein zeitlich konstanter Gleichstrom fließt, wenn sich im Stromkreis eine Gleichspannungsquelle (Batterie, Akkumulator, Stromversorgungsgerät) befindet.

Zeitlich konstanter Gleichstrom	Pulsierender Gleichstrom	Wechselstrom (sinusförmig)
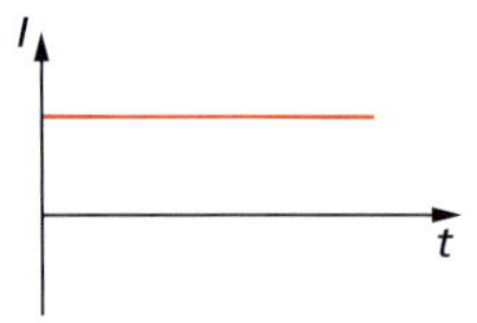	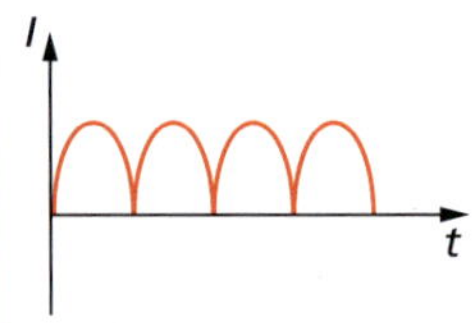	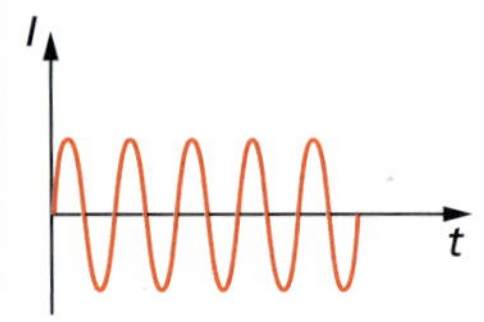

Elektrische Stromstärke, Spannung und Widerstand

Aus dem bisherigen Physikunterricht ist bekannt: Ein einfacher Gleichstromkreis kann durch die drei Größen **elektrische Stromstärke, elektrische Spannung** und **elektrischer Widerstand** beschrieben werden.

Elektrische Stromstärke	Elektrische Spannung	Elektrischer Widerstand
gibt an, wie viel elektrische Ladung sich pro Zeiteinheit durch den Querschnitt eines Leiters bewegt.	gibt an, wie stark der Antrieb des elektrischen Stroms ist.	gibt an, wie stark der Strom im Stromkreis behindert wird.
Formelzeichen: I Einheit: ein Ampere (1 A) Messgerät: Amperemeter	Formelzeichen: U Einheit: ein Volt (1 V) Messgerät: Voltmeter	Formelzeichen: R Einheit: ein Ohm (1 Ω) Messgerät: Ohmmeter
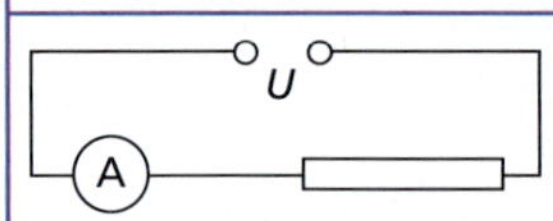	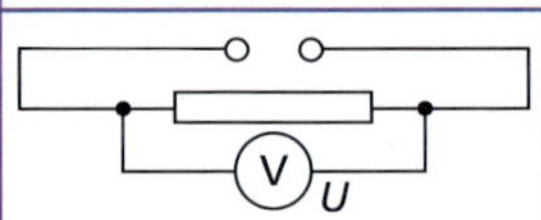	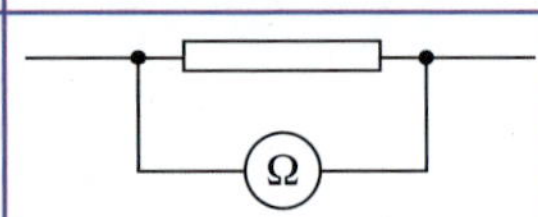
$I = \frac{\Delta Q}{\Delta t}$ $\quad I = \frac{Q}{t}$ Q elektrische Ladung t Zeit	$U = I \cdot R$ I Stromstärke durch den Widerstand R Wert des Widerstands	$R = \frac{U}{I}$ $\quad R = \varrho \cdot \frac{l}{A}$ ϱ spezifischer elektrischer Widerstand l Länge des Leiters A Querschnittsfläche
Benannt ist die Einheit der Stromstärke nach dem französischen Naturforscher André Marie Ampère (1775–1836).	Benannt ist die Einheit der Spannung nach dem italienischen Naturforscher Alessandro Volta (1745–1827).	Benannt ist die Einheit des Widerstands nach dem deutschen Naturforscher Georg Simon Ohm (1789–1854).

Elektrische Energie und Leistung

Bei Stromfluss durch Bauelemente wird elektrische Energie in andere Energieformen (innere Energie, Strahlungsenergie) umgewandelt. Die quantitative Beschreibung der Energieumwandlungen erfolgt mithilfe der Größen **elektrische Energie** und **elektrische Leistung.**

Elektrische Energie	Elektrische Leistung
ist die Fähigkeit des elektrischen Stroms, mechanische Arbeit zu verrichten, Wärme abzugeben oder Licht auszusenden. Formelzeichen: E Einheit: eine Wattsekunde (1 Ws) 1 Ws = 1 J Für U = konstant und I = konstant gilt: $E = U \cdot I \cdot t$ U elektrische Spannung I elektrische Stromstärke t Zeit	gibt an, wie viel elektrische Energie pro Zeiteinheit in andere Energiearten umgewandelt wird. Formelzeichen: P Einheit: ein Watt (1 W) $1\ \text{W} = 1\ \frac{\text{J}}{\text{s}}$ Für U = konstant und I = konstant gilt: $P = \frac{E}{t} = U \cdot I$ E elektrische Energie t Zeit
Die Messung der elektrischen Energie erfolgt mit **Elektrizitätszählern** (Kilowattstundenzählern).	Die Messung der elektrischen Leistung erfolgt mit **Leistungsmessern** (Wattmetern).

Als dritte Größe wird mitunter die **elektrische Arbeit** einbezogen. Dann gilt:

$W = \Delta E$

$W = U \cdot I \cdot t$

Benannt sind die Einheiten nach dem schottischen Erfinder und Techniker JAMES WATT (1736–1819).

1 kWh = 3600000 Ws

Sind mehrere Bauelemente in Reihe oder parallel geschaltet, so gelten die in der nachfolgenden Übersicht dargestellten Gesetze.

Reihenschaltung von Widerständen	Parallelschaltung von Widerständen
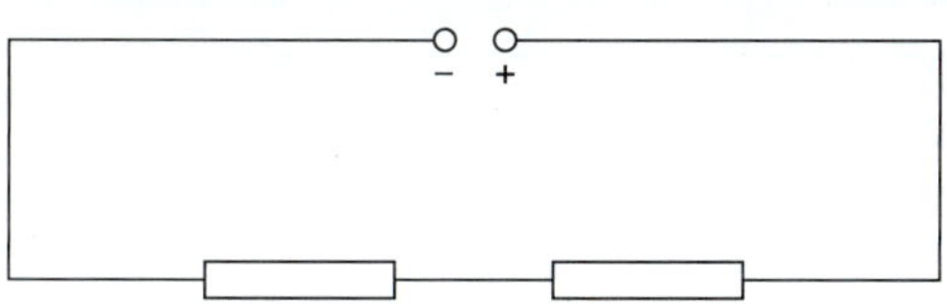	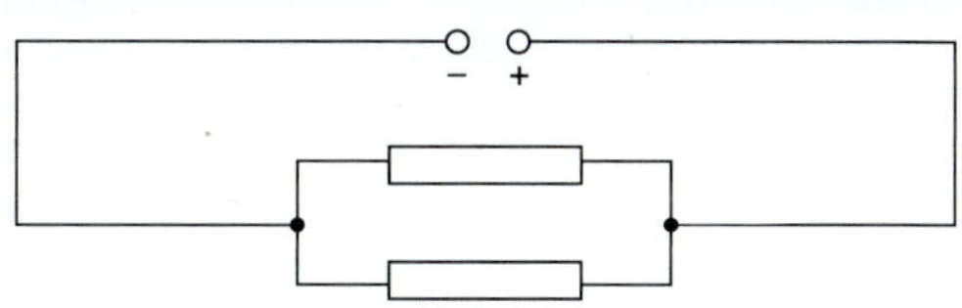
$I = I_1 = I_2 = \ldots = I_n$	$I = I_1 + I_2 + \ldots + I_n$
$U = U_1 + U_2 + \ldots + U_n$	$U = U_1 = U_2 = \ldots = U_n$
$R = R_1 + R_2 + \ldots + R_n$	$\frac{1}{R} = \frac{1}{R_1} + \frac{1}{R_2} + \ldots + \frac{1}{R_n}$
$E = E_1 + E_2 + \ldots + E_n$	$E = E_1 + E_2 + \ldots + E_n$
$P = P_1 + P_2 + \ldots + P_n$	$P = P_1 + P_2 + \ldots + P_n$
Für zwei Bauelemente gilt: $\frac{U_1}{U_2} = \frac{R_1}{R_2}$ (Spannungsteilerregel)	Für zwei Bauelemente gilt: $\frac{I_1}{I_2} = \frac{R_2}{R_1}$ (Stromteilerregel)

Anwendung der Gesetze in Gleichstromkreisen

Die Gesetze in Gleichstromkreisen werden z. B. bei **Potenziometerschaltungen,** bei der **Messbereichserweiterung** von Messgeräten sowie bei spannungsrichtigen und stromrichtigen **Messschaltungen** angewendet.

Potenziometerschaltungen werden genutzt, um die Spannung kontinuierlich von null bis zu einem Maximalwert verändern zu können.

Spannungsteilerschaltung (Potenziometerschaltung)

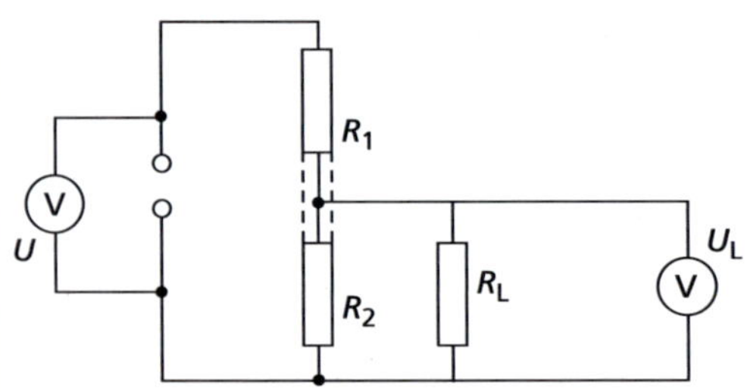

U	Gesamtspannung
U_L	Teilspannung
R_1, R_2	Teilwiderstände
R_L	Lastwiderstand

$$U_L = \frac{R_2}{R_1 + R_2 + \frac{R_1 \cdot R_2}{R_L}} \cdot U$$

Um mit elektrischen Messgeräten sowohl möglichst kleine als auch möglichst große Spannungen und Stromstärken messen zu können, werden die Messbereiche mit Vor- oder Nebenwiderständen erweitert.

Soll bei einem **Amperemeter** der Messbereich um den Faktor 10 erweitert werden, so muss der Nebenwiderstand ein Neuntel des Widerstands des Messwerks betragen. Bei einem **Voltmeter** müsste der Vorwiderstand 9-mal so groß sein.

Messbereichserweiterung eines Amperemeters

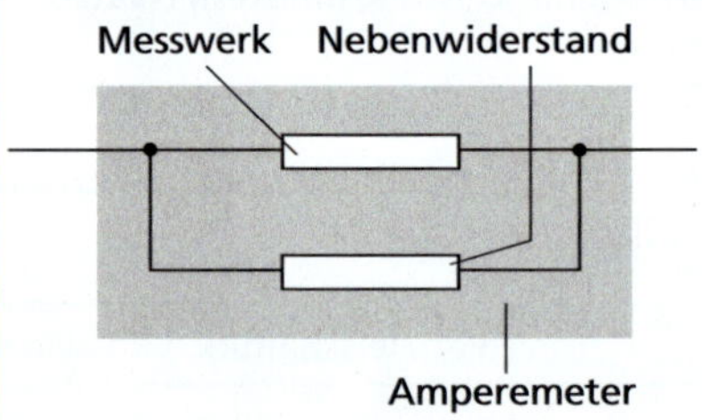

Messbereichserweiterung eines Voltmeters

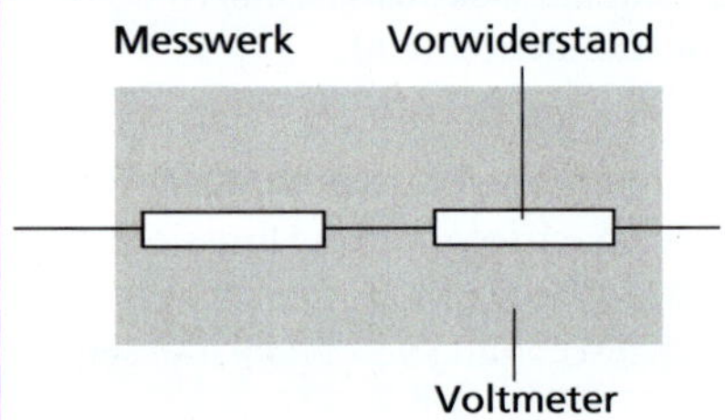

Die Innenwiderstände der Messgeräte beeinflussen die Genauigkeit der gemessenen Spannungen und Stromstärken. Durch die Art der Schaltung kann man die Messfehler klein halten.

Um die Beeinflussung des Stromkreises durch Messgeräte möglichst gering zu halten, sind diese so konstruiert, dass **Stromstärkemesser** einen möglichst kleinen und **Spannungsmesser** einen möglichst großen Innenwiderstand haben.

Stromrichtige Messschaltung

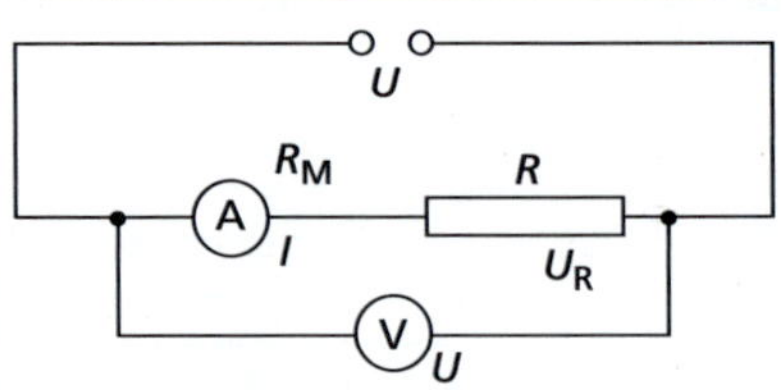

$U_R = U - I \cdot R_M$

Korrektur nicht erforderlich, wenn $R_M << R$.

Spannungsrichtige Messschaltung

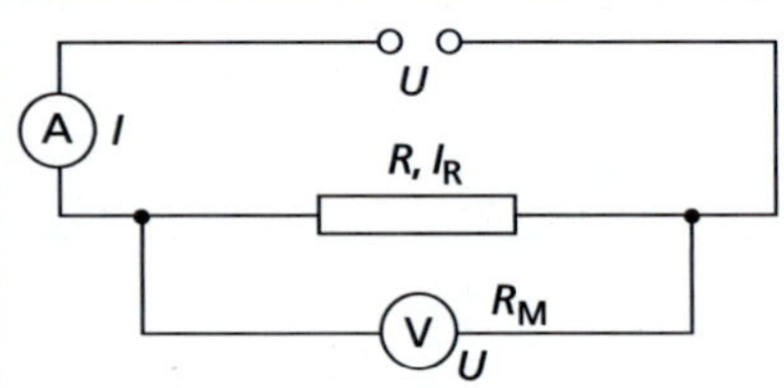

$I_R = I - \frac{U}{R_M}$

Korrektur nicht erforderlich, wenn $R_M >> R$.

■ Mit einem Vielfachmessgerät kann man sowohl sehr kleine als auch sehr große Stromstärken messen.
Bei einem bestimmten Messgerät lässt das Messwerk selbst jedoch nur eine Stromstärke bis maximal 0,10 A zu. Wird es stärker belastet, kann die Stromstärke nicht mehr abgelesen werden und das Messgerät kann zerstört werden. Das Messwerk selbst hat einen Widerstand von 50 Ω.
Wie kann der Messbereich erweitert werden, um eine Stromstärke bis zu 1,0 A messen zu können?

Analyse:
Den Messbereich eines Stromstärkemessers erweitert man durch einen Nebenwiderstand, der parallel zum Messwerk geschaltet wird. Dadurch teilt sich der Gesamtstrom in zwei Teilströme auf, wobei nur ein Teilstrom durch das Messwerk fließt: $I_1 = I - I_2$

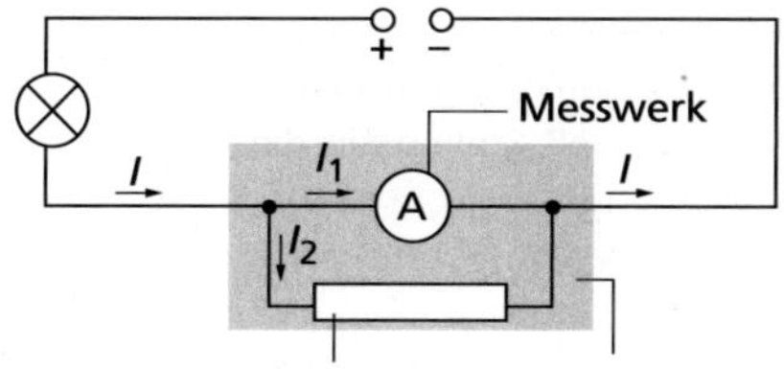

Gesucht: R_2 (Widerstand des Nebenwiderstands)
Gegeben: $R_1 = 50\ \Omega$
$I_1 = 0{,}10\ \text{A}$
$I = 1{,}0\ \text{A}$

Lösung:

$$R_2 = \frac{U}{I_2}$$

U ist gleich der Spannung am Messwerk. Sie ergibt sich aus $U = R_1 \cdot I_1$ zu 5,0 V.
Die Stromstärke I_2 erhält man aus $I_2 = I - I_1$ zu 0,90 A. Damit ergibt sich für den Nebenwiderstand:

$$R_2 = \frac{5{,}0\ \text{V}}{0{,}90\ \text{A}}$$

$$\underline{R_2 = 5{,}6\ \Omega}$$

Für die Einheiten gilt:

$\frac{1\ \text{V}}{1\ \text{A}} = 1\ \Omega$

Bei der vollständigen Beschreibung eines Stromkreises ist zu beachten, dass die Spannungsquelle einen Innenwiderstand hat und dass durch sie ein Strom fließt.
Dann gilt bei geschlossenem Stromkreis:

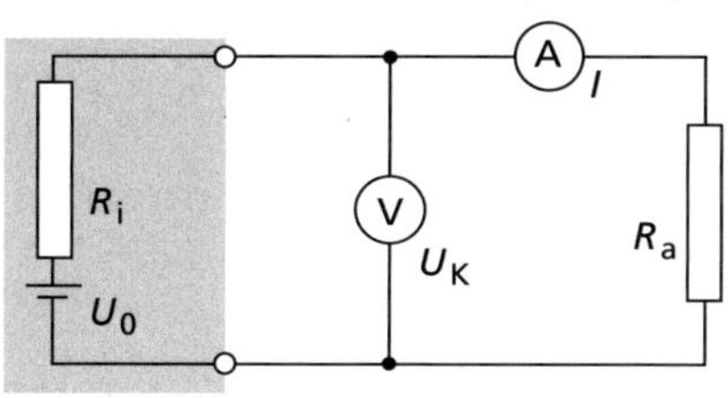

$U_K = U_0 - I \cdot R_i$ und $I = \frac{U_0}{R_i + R_a}$

Im Leerlauf ($R_a \to \infty$) ist $I = 0$ und $U_K = U_0$.

Bei Kurzschluss ($R_a \to 0$) ist $I = \frac{U_0}{R_i}$ und $U_K = 0$.

Bei elektrischen Quellen ist zwischen der Leerlaufspannung U_0 (Spannung bei geöffnetem Stromkreis) und der Klemmenspannung U_K (Spannung bei Stromfluss) zu unterscheiden.
Es gilt:

$U_0 > U_K$

Aufgaben

1. Häufig wird formuliert: Elektrische Energie ist die wichtigste Energieform für uns.
   a) Stellen Sie Argumente zusammen, die für diese Aussage sprechen! Gibt es auch Gegenargumente?
   b) In den letzten Jahren hat es mehrere Beispiele dafür gegeben, dass in Städten oder in ganzen Gebieten die Versorgung mit Elektroenergie kurzzeitig zusammengebrochen ist. Erkunden Sie ein Beispiel! Stellen Sie die Ursachen und die Folgen dar!
   c) Präsentieren Sie ein Szenario „Leben ohne Elektrizität"!

2. Bezüge zur Elektrizitätslehre gibt es auch in unserer Umgangssprache, z. B. in der Formulierung „Sie steht unter Spannung". Suchen Sie weitere umgangssprachliche Formulierungen dieser Art und diskutieren Sie deren Bedeutung! Stellen Sie Bezüge zur Fachsprache der Physik her!

3. Im 19. Jahrhundert entwickelte sich die Elektrotechnik in rasantem Tempo. Fertigen Sie eine Präsentation zum Thema „Aus der Geschichte der Elektrotechnik" an! Erläutern Sie an ausgewählten Beispielen die Geschichte wichtiger Entdeckungen und Erfindungen sowie deren Auswirkungen auf den technischen Fortschritt!

4. Bringt man dünne Papierstreifen an der Kugel eines Bandgenerators an und lädt man die Kugel dann auf, so erhält man das im Foto dargestellte Ergebnis.
   Erklären Sie diese Erscheinung!

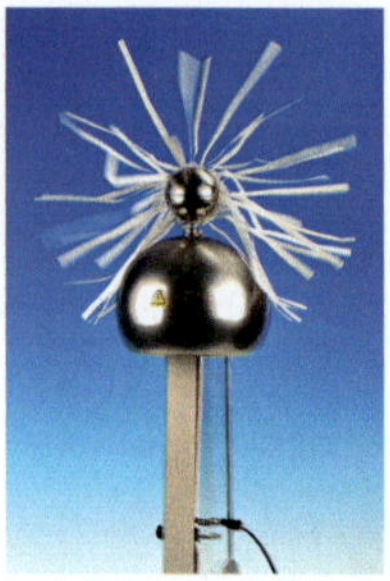

5. Der menschliche Körper leitet den elektrischen Strom. Die Skizze zeigt ein vereinfachtes Schaltbild. Als gerade noch zulässiger Grenzwert gilt eine Stromstärke von 20 mA.
   a) Begründen Sie die Regel: Spannungen über 25 V dürfen nicht zwischen beiden Händen anliegen.
   b) Begründen Sie mit den Daten, weshalb Netzspannung lebensgefährlich ist!
   c) Die Kugel eines aufgeladenen Bandgenerators (20 kV, 0,01 mC) wird zufällig mit einer Hand berührt und entlädt sich dadurch innerhalb $\frac{1}{10}$ Sekunde über den Körper zur Erde. Ist der dabei fließende Strom lebensgefährlich?
   d) Warum ist ein unvorsichtiges Berühren eines aufgeladenen Körpers fast immer gefährlich?

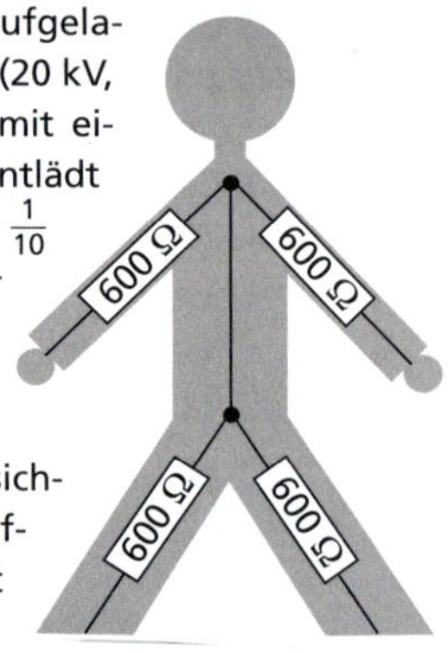

6. Experimente mit geladenen Körpern waren und sind sehr beliebt.

   a) Wie ist der Effekt zu erklären, der auf dem Foto zu sehen ist?
   b) Bei solchen Versuchen mit Hochspannung fließen meist nur kleine, für den Menschen ungefährliche Ströme. Welche Stromstärke sollte dabei auf keinen Fall überschritten werden?

7. Beim Kämmen von Haaren, Ausziehen von Pullovern oder Hin- und Herrutschen in einem Sessel können Spannungen von einigen Tausend Volt auftreten. Die Aufladung liegt meist in einer Größenordnung von weniger als einem millionstel Coulomb. Ergeben sich daraus Gefahren für einen Menschen?

8. Vorhanden sind ein ungeladenes Elektroskop und eine positiv geladene Kugel.
   a) Was passiert, wenn man die positiv geladene Kugel in die

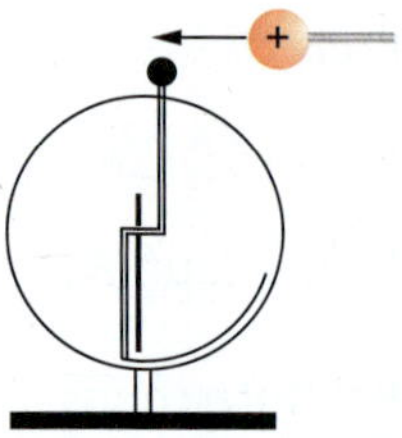

Nähe der Spitze des Elektroskops bringt? Begründen Sie!

b) Wenn die positiv geladene Kugel in der Nähe des Elektroskops ist, wird seine Spitze kurz mit dem Finger berührt. Wie reagiert das Elektroskop?

c) Anschließend wird die positiv geladene Kugel entfernt. Was kann man beobachten? Wie ist die Beobachtung zu erklären?

9. Vor einer metallischen Platte hängt eine ungeladene Kugel mit leitender Oberfläche.
Die Platte wird nun negativ aufgeladen. Was passiert dann mit der leitenden Kugel? Begründen Sie!

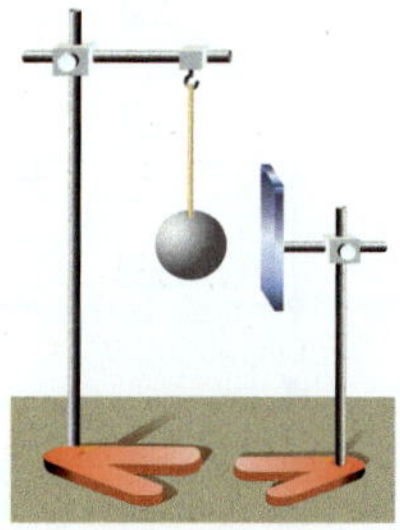

10. Zwischen zwei ungleichnamig geladenen Platten befindet sich eine ungeladene Kugel mit leitender Oberfläche.

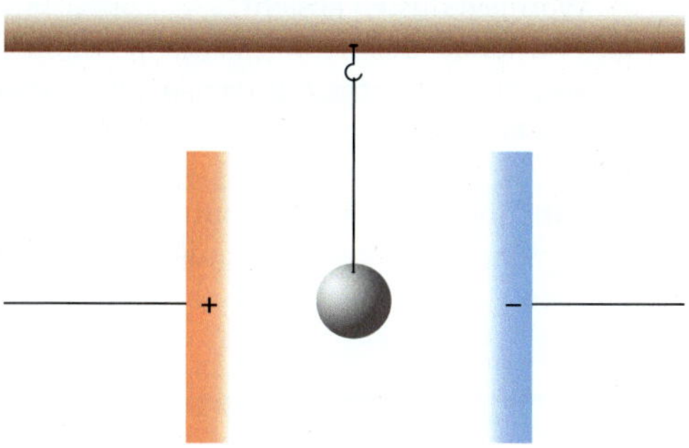

a) Was geschieht mit den beweglichen Elektronen auf der Kugeloberfläche? Welche Konsequenzen hat das?

b) Die Kugel wird so ausgelenkt, dass sie eine der Platten berührt. Dann beginnt sie, zwischen den beiden Platten hin- und herzupendeln. Erklären Sie den Vorgang!

c) Unter welchen Bedingungen endet der Vorgang?

11. Batterien und Akkumulatoren sind Energie- und Ladungsspeicher. So gibt es z. B. Autobatterien mit der Angabe 12 V/70 Ah.
Auf Kleinakkus findet man analoge Angaben (↗ Abb.).

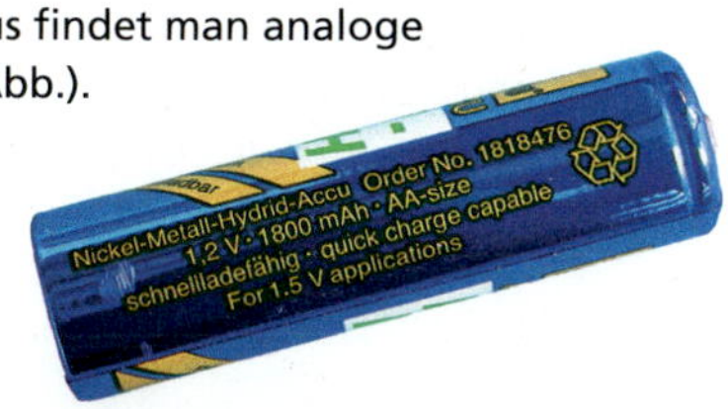

a) Was bedeuten die Angaben?

b) Ein Pkw-Fahrer lässt beim Abstellen seines Autos am Abend um 21.00 Uhr das Standlicht eingeschaltet. Vorn und hinten leuchten je zwei Glühlampen mit 12 V/5 W.
Bewerten Sie die Gefahr, dass der Fahrer am nächsten Morgen um 6.30 Uhr das Auto nicht mehr starten kann. Man kann davon ausgehen, dass ein Kaltstart noch bei 30 % der Batteriekapazität sicher möglich ist.

c) Welche Ladung fließt über Nacht durch jede der Glühlampen? Geben Sie auch die Anzahl der Elektronen an!

12. Ladungstrennung kann durch fotoelektrische Vorgänge erfolgen, z. B. in Solarzellen. Erkunden Sie, wie eine Solarzelle aufgebaut ist, wie sie funktioniert und welchen Wirkungsgrad sie hat! Fertigen Sie dazu eine kurze Präsentation an!

13. Der Messbereich eines Spannungsmessers soll von 1 auf 10 V vergrößert werden.
Erläutern Sie, wie man eine solche Messbereichserweiterung realisieren kann!

14. Führen Sie an einer Glühlampe mit bekannten Betriebsdaten die folgenden Untersuchungen und Berechnungen durch!

a) Bestimmen Sie experimentell bei Betriebsspannung die Stromstärke und berechnen Sie die Leistung!
Führen Sie eine Fehlerbetrachtung durch und schätzen Sie den Größtfehler für Spannung, Stromstärke und Leistung ab! Vergleichen Sie die experimentell ermittelten Daten mit den gegebenen Betriebsdaten!

b) Untersuchen Sie die Abhängigkeit des Widerstands des Glühdrahts der Lampe von der anliegenden Spannung! Nehmen Sie eine Messreihe auf! Zeichnen Sie ein U-R-Diagramm! Interpretieren Sie es!

c) Wie groß ist die Ladung, die bei einstündigem Betrieb mit Betriebsspannung durch den Glühfaden der Lampe fließt?

15. Zwei Widerstände von 50 Ω und 100 Ω sind mit einer elektrischen Quelle in Reihe geschaltet.

a) Zeichnen Sie den Schaltplan!

b) Am Widerstand mit 50 Ω liegt eine Spannung von 12 V an. Wie groß ist die Spannung am anderen Widerstand?

16. Ein Stromkreis besteht aus zwei parallel geschalteten Widerständen (50 Ω, 100 Ω) und einer Quelle mit 12 V.
Wie groß sind die Stromstärken und die Spannungen?

17. Für eine Schaltung werden Widerstände von 5 Ω, 35 Ω und 105 Ω benötigt. Es stehen aber nur mehrere Festwiderstände mit 10 Ω und mit 50 Ω zur Verfügung.
Geben Sie Schaltungen an, mit denen man die benötigten Widerstände erhält!

18. Für die Scheinwerfer von Pkw werden Halogenlampen H4 (12 V/60 W) oder Xenonlampen (12 V/35 W bzw. 24 V/50 W) genutzt.
a) Welche Stromstärken fließen durch die Lampen? Vergleichen Sie mit einer 20-W-Energiesparlampe im Haushalt!
b) Erkunden und vergleichen Sie die Lichtausbeute der drei Lampen!

19. Eine Halogenlampe mit den Kenndaten 12 V/50 W soll an die Netzspannung von 230 V angeschlossen werden. Welche Möglichkeiten dafür gibt es?

20. Es stehen drei Widerstände mit 10 Ω, 20 Ω und 30 Ω sowie eine Spannungsquelle mit 100 V zur Verfügung. Die Widerstände können in unterschiedlicher Weise geschaltet sein.
a) Wie viele verschiedene Gesamtwiderstände kann man damit realisieren? Wie groß sind die jeweiligen Gesamtwiderstände?
b) Die drei Widerstände werden in Reihe geschaltet. Berechnen Sie die Stromstärke und die Teilspannungen an den Widerständen!
c) Die drei Widerstände werden parallel geschaltet. Wie groß sind dann die Teilströme?
d) Vergleichen Sie die in den Widerständen umgesetzten elektrischen Leistungen bei Reihen- und Parallelschaltung!

21. Um die Länge eines aufgewickelten Kupferdrahts (d = 0,4 mm) zu bestimmen, wird der Widerstand des Drahts mit einem Ohmmeter zu 72 Ω ermittelt. Wie lang ist der Draht?

22. An einer Spannungsquelle werden die rechts oben genannten Werte gemessen.
Wie groß sind der Innenwiderstand der Spannungsquelle und die Leerlaufspannung U_0?

***I* in mA**	12	25
U_K in V	24,6	24,3

23. Wie groß ist der Gesamtwiderstand zwischen den Punkten A und B?

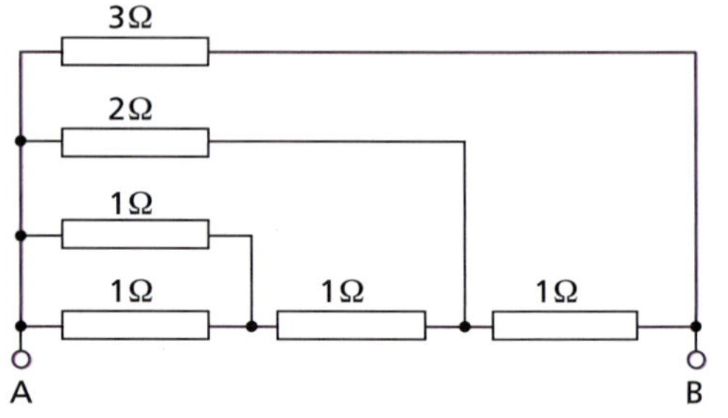

24. Ein Wasserkocher hat ein Typenschild mit den Angaben 230 V/800 W.
a) Welcher Strom fließt durch die Heizplatte?
b) Wie lange dauert es, bis 0,5 Liter Wasser von 18 auf 75 °C erwärmt werden, wenn man von Wärmeverlusten absieht?
c) Wie lange dauert der Vorgang, wenn man von einem durchschnittlichen Wirkungsgrad von 80 % ausgeht?

25. Die Spannung an einem Bauteil kann mithilfe eines Potenziometers kontinuierlich verändert werden.

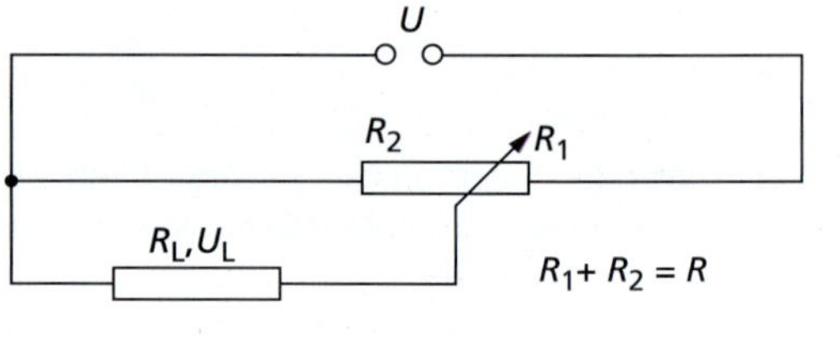

a) Bei einem unbelasteten Potenziometer ist der Lastwiderstand R_L unendlich groß. Leiten Sie eine Gleichung für die Spannung U_L ab!
b) Weisen Sie nach, dass für ein belastetes Potenziometer die folgende Gleichung gilt:

$$U_L = \frac{R_2}{R_1 + R_2 + \frac{R_1 \cdot R_2}{R_L}} \cdot U$$

c) Stellen Sie die Spannung U_L in Abhängigkeit von R_2 für R = 100 Ω, U = 20 V, R_L = 110 Ω und R_L = 25 Ω in einem Diagramm dar! Zeichnen Sie auch den Graphen für $R_L \to \infty$ ein!
d) Interpretieren Sie das Diagramm!

1.2. Beschreibung elektrischer Felder

Elektrische Felder spielen nicht nur in der Physik, sondern auch in Natur und Technik eine wichtige Rolle. Wir wollen uns nachfolgend genauer mit ihrer Beschreibung und ihren Eigenschaften beschäftigen. Dabei betrachten wir ausschließlich Felder, die sich zeitlich nicht ändern. Sie werden als **statische elektrische Felder** oder als **elektrostatische Felder** bezeichnet.

Beschreibung elektrischer Felder durch Feldlinienbilder

Aus dem bisherigen Physikunterricht ist bereits bekannt: Bringt man in die Nähe eines geladenen Körpers andere elektrisch geladene Körper (Probeladungen), so werden auf diese Kräfte ausgeübt. Der Raum um einen geladenen Körper befindet sich in einem besonderen Zustand. In ihm existiert ein **elektrisches Feld**.

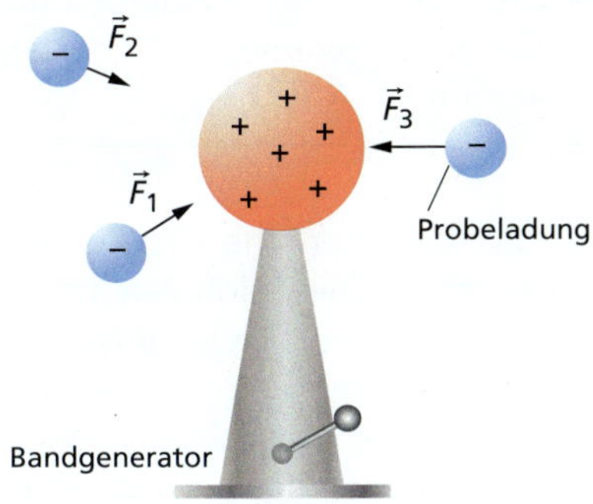

Lange Zeit war umstritten, ob geladene Körper aufgrund ihrer Ladung unmittelbar aufeinander wirken **(Fernwirkungstheorie)** oder ob das elektrische Feld eines Körpers einen anderen geladenen Körper beeinflusst **(Nahwirkungstheorie).**

> Ein elektrisches Feld ist der Zustand des Raums um einen elektrisch geladenen Körper, in dem auf andere elektrisch geladene Körper Kräfte ausgeübt werden.

Da wir kein Sinnesorgan für elektrische Felder haben, sind sie nur an ihren Wirkungen erkennbar und nachweisbar, etwa durch Kräfte auf Probeladungen. Die Struktur elektrischer Felder lässt sich experimentell veranschaulichen.
In einem Gefäß mit zwei Elektroden befindet sich Öl, auf das gleichmäßig Grießkörnchen gestreut werden. Werden die Elektroden ungleichnamig aufgeladen, so ordnen sich die Grießkörnchen zu regelmäßigen Ketten an (Abb. 1). Zeichnet man anstelle dieser Ketten Linien, so erhält man ein Feldlinienbild des elektrischen Felds (Abb. 2).

Im elektrischen Feld bilden die Grießkörnchen kleine Dipole (dielektrische Polarisation, ↗ S. 12).

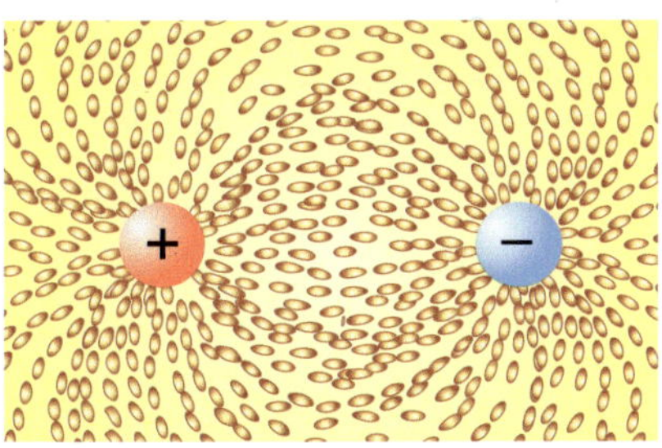

1 Grießkörnchen im elektrischen Feld zwischen zwei ungleichnamig geladenen Elektroden

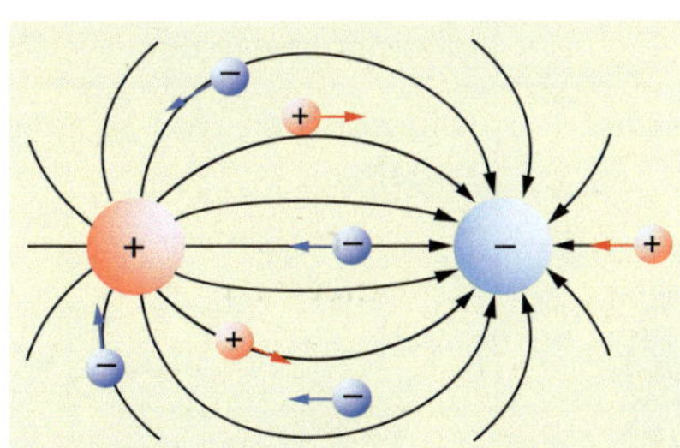

2 Feldlinienbild zwischen zwei ungleichnamig geladenen Elektroden und Probeladungen im Feld

Das Modell der Feldlinien wurde von MICHAEL FARADAY (1791–1867) in die Physik eingeführt. Er erwarb sich große Verdienste um die Physik der Felder.

Ein Feldlinienbild ist ein Modell für ein elektrisches Feld. Es ermöglicht Aussagen über die Struktur des Felds sowie über die Richtung der Kräfte auf andere geladene Körper oder Teilchen, die sich im Feld befinden.

Die Richtung der Feldlinien verläuft vereinbarungsgemäß von + nach –.

Für das Feldlinienbild als Modell des elektrischen Felds gilt:
- Feldlinien beginnen und enden an Ladungen.
- Als Richtung der Feldlinien ist die Richtung von + nach – festgelegt.
- Je größer die Anzahl der Feldlinien in einem bestimmten Gebiet des Felds ist, desto stärker ist die dort wirkende Kraft auf einen geladenen Körper.
- Die Richtung der Feldlinien gibt die Richtung der wirkenden Kraft auf einen geladenen Körper an. Dabei ist die Art der Ladung zu beachten.

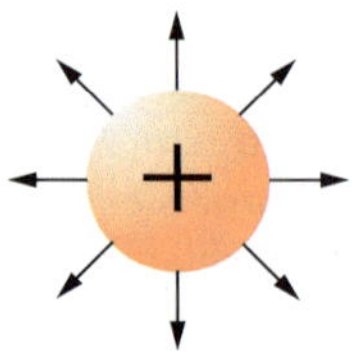

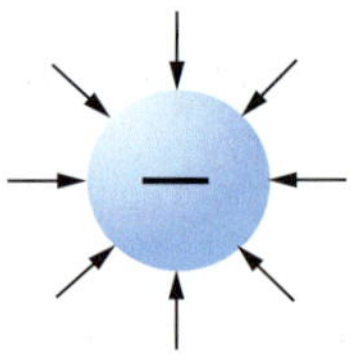

Für die zeichnerische Darstellung ist zu beachten: Die Feldlinien treten im elektrostatischen Gleichgewicht aus Leiteroberflächen immer senkrecht ein oder aus. Wäre das nicht der Fall (siehe untere Feldlinie), dann würde eine tangentiale Kraftkomponente so lange eine Verschiebung der Ladung auf dem Leiter hervorrufen, bis auch $\vec{F}_3$ senkrecht zur Oberfläche wirkt.

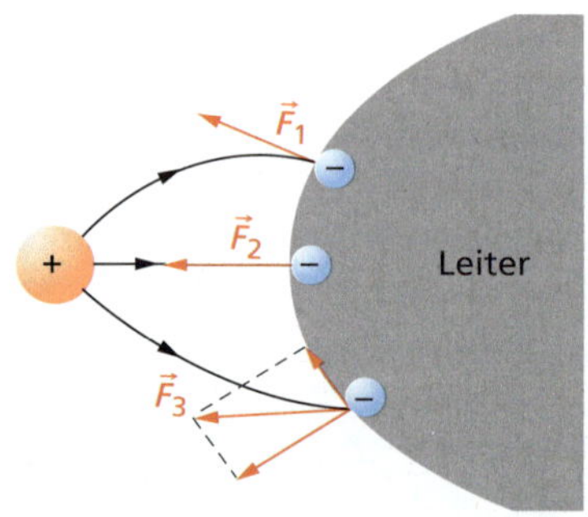

In der Physik unterscheidet man homogene und inhomogene Felder.
Ein **homogenes Feld** liegt vor, wenn es an allen Stellen gleich stark ist, also die Kraft auf einen Probekörper überall gleich groß ist. Im Feldlinienbild verlaufen die Feldlinien bei einem homogenen Feld parallel und in gleichem Abstand voneinander.
Ein **inhomogenes Feld** liegt vor, wenn es von Ort zu Ort unterschiedlich stark ist, die Kraft auf einen Probekörper also an unterschiedlichen Stellen des Felds verschieden ist.
Beispiele für homogene und inhomogene Felder sind in der Übersicht unten dargestellt.

Homogenes Feld	**Inhomogene Felder**	
Feld zwischen zwei ungleichnamig geladenen Platten 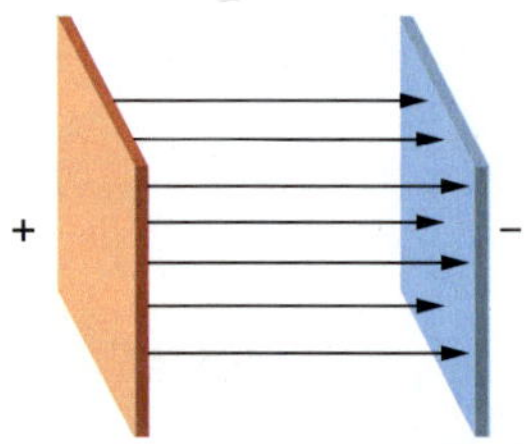	Feld zwischen zwei geladenen Kugeln 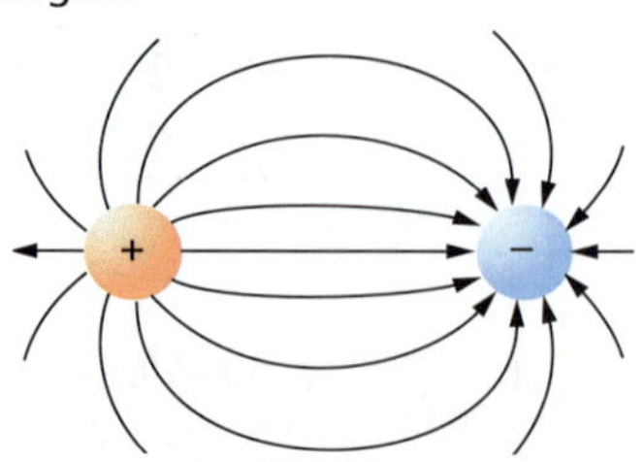	Feld um eine geladene Kugel (Radialfeld) 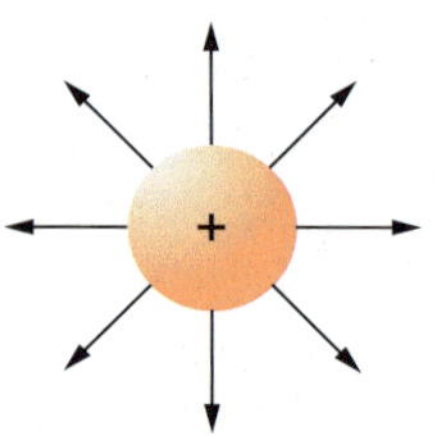

Arbeiten mit Modellen

Physiker untersuchen Vorgänge und Erscheinungen in der Natur. Ziel der Untersuchungen ist es, diese Vorgänge und Erscheinungen sachgerecht zu beschreiben und zu erklären. Darüber hinaus will man Voraussagen über sie machen können. Dazu werden die Vorgänge mithilfe von physikalischen Modellen beschrieben. Das ermöglicht es auch, physikalische Gesetze zu erkennen und zu formulieren. So gelten z.B. die Bewegungsgesetze für das Modell Massepunkt, bei dem man sich die Masse des Körpers in einem Punkt, dem Schwerpunkt, vereinigt denkt. Mithilfe des Modells Lichtstrahl kann man das Reflexionsgesetz oder das Brechungsgesetz formulieren oder die Bildentstehung im Auge erklären.

Modelle eignen sich ebenfalls zur Beschreibung von Objekten, die für uns nicht sichtbar sind, z.B. zur Beschreibung von elektrischen oder magnetischen Feldern (Übersicht unten) oder von Atomen.

Ein Modell ist ein vom Menschen geschaffenes Ersatzobjekt. Es ist eine Vereinfachung eines realen Objekts. Zwischen dem realen Objekt und seinem Modell gibt es Gemeinsamkeiten, aber auch Unterschiede.

Dabei kann es für ein und dasselbe Objekt verschiedene Modelle geben. So lässt sich z.B. Licht mit den Modellen Lichtstrahl, Lichtwelle oder Photon beschreiben. Ein elektrisches Feld kann man mit Feldlinien oder mit Äquipotenziallinien anschaulich beschreiben. Für ein Atom gibt es ein Schalenmodell und ein Kern-Hülle-Modell.

Welches Modell jeweils genutzt wird, hängt davon ab, wozu das Modell verwendet werden soll, also vom Verwendungszweck.

Ein gutes Modell ermöglicht plausible Erklärungen und beobachtungsnahe Voraussagen.

So kann man z.B. aus dem Feldlinienbild zwischen zwei ungleichnamig geladenen Kugeln (unten) gut erkennen,
- welche Struktur dieses elektrische Feld hat,
- in welcher Richtung eine Kraft auf einen Probekörper in diesem Feld wirkt und
- an welchen Stellen das Feld stärker oder schwächer ist.

Da jedes Modell eine Vereinfachung der Wirklichkeit ist, hat es auch immer Grenzen. Diese bestehen z.B. beim Feldlinienbild darin, dass
- ein Feld in der Regel im gesamten Raum vorhanden ist und nicht nur in einer Ebene,
- das Feld auch zwischen den Feldlinien existiert und
- ein Feldlinienbild keine Aussage über die absolute Stärke eines Felds ermöglicht.

Modelle eignen sich auch
- zur Veranschaulichung des Aufbaus oder der Struktur von realen Objekten,
- zum Verdeutlichen der räumlichen Beziehungen zwischen realen Objekten und
- zum Erklären der Wirkungsweise technischer Geräte.

Feldlinienbild zwischen zwei ungleichnamig geladenen Kugeln

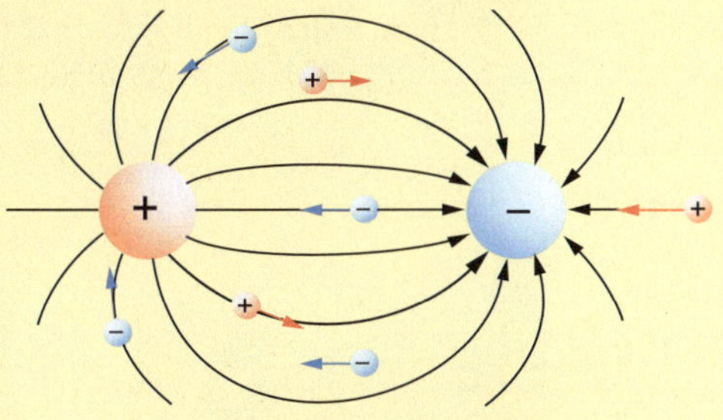

Das Feldlinienbild ist ein Modell für das real existierende elektrische Feld.

Feldlinienbild um einen Stabmagneten

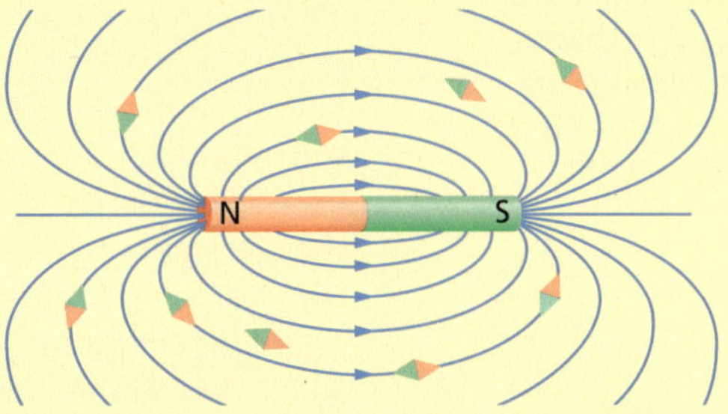

Das Feldlinienbild ist ein Modell für das real existierende magnetische Feld.

Im Unterschied dazu ist ein **magnetisches Feld** (↗S. 50) ein quellenfreies Wirbelfeld. Das bedeutet: Die Feldlinien sind dort geschlossene Linien ohne Anfang und Ende.

Nach dem Verlauf der Feldlinien von Ladung zu Ladung kann man ein elektrisches Feld auch folgendermaßen charakterisieren:

Ein statisches elektrisches Feld ist ein wirbelfreies Quellenfeld.

Wirbelfrei bedeutet, dass die Feldlinien keine geschlossenen Linien sind, sondern Anfang (Quellen) und Ende (Senken) haben. Die Quellen bzw. Senken des Felds sind die elektrischen Ladungen.
Für die Wirkungen von statischen elektrischen Feldern kann man zusammenfassend formulieren:

- Auf einen geladenen Körper oder ein geladenes Teilchen wird im elektrischen Feld eine Kraft ausgeübt. Die Richtung der Kraft hängt von der Feldrichtung und der Art der Ladung ab.
- Bei Stoffen im elektrischen Feld tritt bei Leitern Influenz (↗S. 12) und bei Nichtleitern Polarisation (↗S. 12) auf.
- In geschlossenen Stromkreisen bewirkt ein elektrisches Feld die gerichtete Bewegung von Ladungsträgern (Stromfluss).

Polarisation bedeutet: Moleküle oder kleine Teilchen werden zu kleinen elektrischen Dipolen.

Abschirmung elektrischer Felder

Elektrische Felder können digitale Signale beeinflussen oder empfindliche Messgeräte stören. Besonders starke elektrische Felder treten bei Hochspannungsanlagen oder bei Blitzen auf. Um Störungen oder Unfälle zu vermeiden, muss man bestimmte Bereiche abschirmen.
Bereits MICHAEL FARADAY (1791–1867) wies 1836 nach, dass eine solche Abschirmung nicht nur durch massive Leiter, sondern auch durch Metallgitter und -streben erfolgt. Eine Anordnung von Leitern, durch die ein Raum von elektrischen Feldern abgeschirmt wird, nennt man **faradayschen Käfig.**

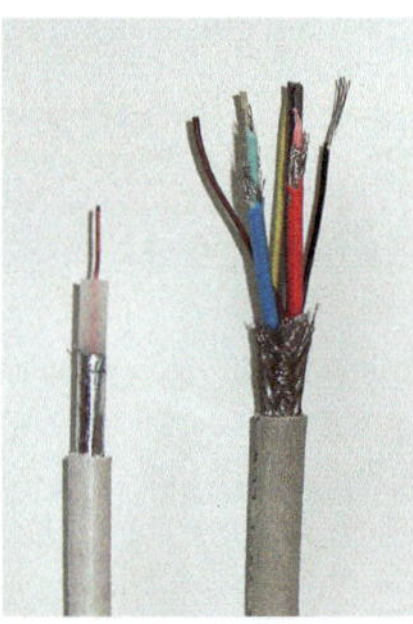

Bei vielen Kabeln erfolgt eine **Abschirmung elektrischer Felder** durch eine metallische Hülle oder durch ein Drahtgeflecht.

■ Ein Beispiel für einen solchen faradayschen Käfig findet man im Deutschen Museum in München (Foto).

Eine Person, die sich in einem solchen Käfig befindet, ist auch bei Spannungen von einigen Hunderttausend Volt geschützt. Die Karosserie eines Autos ist ebenfalls ein faradayscher Käfig. Selbst bei einem Blitzeinschlag bleibt der Innenraum feldfrei. Das gilt selbst für Cabrios bei geschlossenem Dach.

Die Xerografie

Die Xerografie ist ein Verfahren, das heute bei allen gängigen Kopiergeräten und bei Laserdruckern genutzt wird. Die Bezeichnung ist aus dem Griechischen abgeleitet und kann mit „trocken schreiben" übersetzt werden.

Das Verfahren wurde von C. F. Carlson (1906–1968) entwickelt und 1937 zum Patent angemeldet. Die ersten kommerziellen Kopierer wurden 1949 auf den Markt gebracht.

Wir betrachten als Beispiel einen Laserdrucker bzw. einen digitalen Kopierer. Sein Kernelement ist eine metallische Trommel, die außen mit einer lichtempfindlichen Schicht aus organischen Halbleitern versehen ist (Abb. 1a). Alle übrigen in den Skizzen dargestellten Bauteile sind rings um die Trommel angeordnet.

Die Skizzen zeigen die zeitliche Abfolge des Drucks bzw. des Kopiervorgangs.

a) Mit einer Spannung von etwa 5000 V wird über Sprühelektroden die Halbleiterschicht gleichmäßig negativ aufgeladen.

b) Die lichtempfindliche Schicht auf der Walze wird belichtet. Dazu wird bei einem digitalen Kopierer das reflektierte Licht ähnlich wie bei einem Scanner aufgenommen und in ein digitalisiertes Druckbild umgewandelt. Dieses digitalisierte Druckbild wird mit einem Laser über ein elektronisch gesteuertes Spiegelsystem auf die lichtempfindliche Halbleiterschicht „geschrieben". Die Stellen, die von Licht getroffen werden, entladen sich. In den dunklen Bereichen bleibt die Ladung erhalten.

c) Die Trommel läuft nun an einer Tonerkartusche vorbei. Dabei werden die Tonerpartikel (Durchmesser 3–15 μm) möglichst gleichmäßig an die Walze herangebracht. Die negativ geladenen Tonerpartikel werden von den negativ geladenen Bereichen abgestoßen und setzen sich an den nicht geladenen Bereichen ab.

d) Nun muss das Tonerbild von der Trommel auf Papier oder Folie übertragen werden. Dazu wird das Papier über eine andere Trommel geführt, die positiv geladen ist. Die Tonerpartikel gehen dadurch auf das Papier über. Anschließend wird das Papier durch eine Fixiereinheit geführt, in der die Tonerpartikel schmelzen und sich dadurch fest mit dem Papier verbinden.

e) Nachdem die Tonerpartikel auf das Papier übertragen wurden, muss die Trommel vollständig entladen und von Tonerpartikeln gereinigt werden. Das geschieht durch eine stabförmige Lichtquelle (Entladelampe). Tonerrückstände werden über einen Abstreifer entfernt, in einem eingebauten Behälter gesammelt und entsorgt.

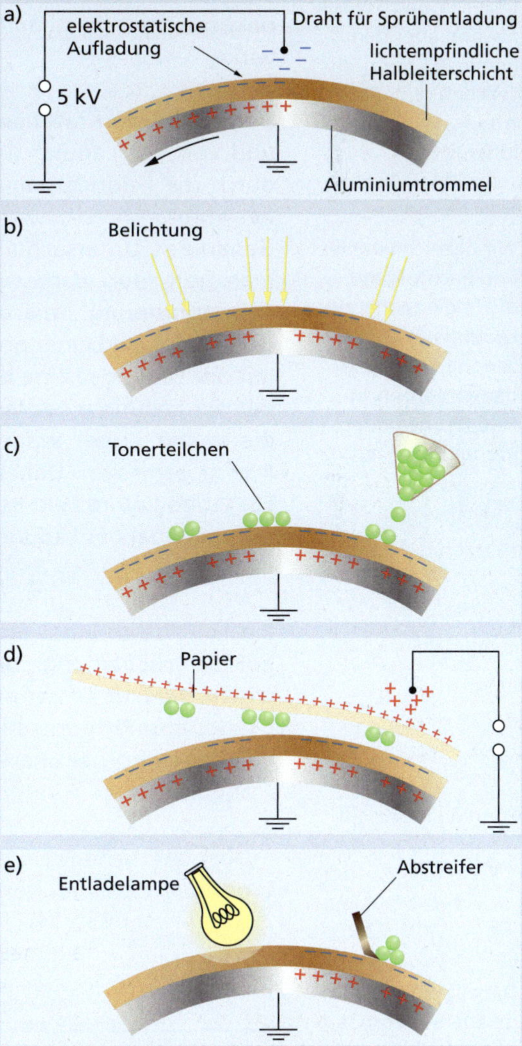

1 Funktionsprinzip eines Laserdruckers bzw. eines digitalen Kopierers

Beschreibung elektrischer Felder durch die elektrische Feldstärke

Je dichter die Feldlinien liegen, desto größer ist die relative Stärke des Felds.

Alle Betrachtungen gelten für geladene Körper und Teilchen im Feld. Zur Vereinfachung verwenden wir hier und nachfolgend die Bezeichnung Körper, meinen aber damit immer Körper und Teilchen (z. B. Elektronen, Protonen, Ionen).

Aus dem Feldlinienbild eines elektrischen Felds kann man an der Dichte der elektrischen Feldlinien erkennen, an welchen Stellen ein Feld stärker oder schwächer ist. Eine quantitative Aussage über die Stärke des Felds lässt sich aber nicht treffen.

Zur genaueren Kennzeichnung elektrischer Felder kann man Betrag und Richtung der Kraft bestimmen, die auf einen geladenen Körper in diesem Feld wirkt.
Dazu könnte man z. B. den Betrag der Kraft messen, die auf einen Probekörper mit bestimmter Ladung wirkt.

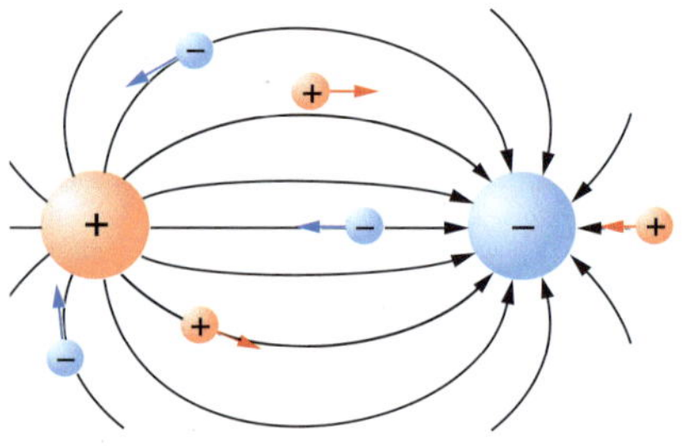

Der Betrag der Kraft hängt von der Stärke des Felds im betreffenden Punkt und von der Ladung des Probekörpers ab. Die Richtung der Kraft wird durch die Feldrichtung und durch die Art der Ladung des Probekörpers bestimmt.

Wir bezeichnen hier und nachfolgend die felderzeugende Ladung mit Q, die Ladung eines geladenen Körpers im Feld (Probeladung, Probekörper) mit q.

Genauere Untersuchungen kann man mit der dargestellten Versuchsanordnung machen. Dazu wird in das Feld einer großen Kugel mit der Ladung Q eine kleine Kugel mit der Ladung q gebracht. Die auf die kleine Kugel ausgeübte Kraft F wird gemessen. Dabei zeigt sich: Für jeden Ort im Feld ist die Kraft F proportional der Ladung q:

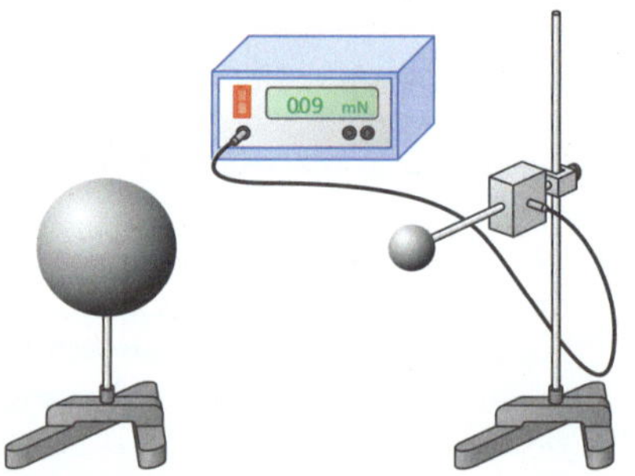

$$F \sim q \quad \text{oder} \quad \frac{F}{q} = \text{konstant}$$

Ein Feld ist an einer Stelle stärker als an einer anderen, wenn die Kraft auf die Probeladung dort größer ist. Der Quotient $\frac{F}{q}$ wird deshalb als **elektrische Feldstärke** definiert. Die elektrische Feldstärke ist eine vektorielle Größe. Ihre Richtung stimmt mit der Richtung der Kraft auf einen positiv geladenen Körper überein. Für einen negativ geladenen Körper sind Kraft $\vec{F}$ und Feldstärke $\vec{E}$ entgegengesetzt gerichtet.

Für die Einheit gilt:

$$1\,\frac{\text{N}}{\text{C}} = 1\,\frac{\text{N}\cdot\text{m}}{\text{C}\cdot\text{m}} = 1\,\frac{\text{V}\cdot\text{A}\cdot\text{s}}{\text{A}\cdot\text{s}\cdot\text{m}} = 1\,\frac{\text{V}}{\text{m}}$$

> Die elektrische Feldstärke $\vec{E}$ ist der Quotient aus der Kraft $\vec{F}$ auf einen positiv geladenen Körper und der Ladung q dieses Körpers.
>
> $\vec{E} = \frac{\vec{F}}{q}$ Einheiten: ein Newton durch ein Coulomb $\left(1\,\frac{\text{N}}{\text{C}}\right)$
> ein Volt durch Meter $\left(1\,\frac{\text{V}}{\text{m}}\right)$

Die auf einen geladenen Körper im Feld wirkende Kraft nennt man **Feldkraft**.

Mit dieser Definition kann man die Kraft berechnen, die auf einen Körper der Ladung q in einem Feld der Stärke E wirkt: $\vec{F} = \vec{E} \cdot q$.

Das homogene elektrische Feld

In einem homogenen Feld ist die elektrische Feldstärke an allen Stellen gleich groß. Damit ist auch die Feldkraft $F = E \cdot q$ auf einen Körper mit bestimmter Ladung überall konstant.

Bewegt man einen elektrisch geladenen Körper unter Kraftaufwendung in einem elektrischen Feld, so wird an dem geladenen Körper Arbeit verrichtet.

Das Bewegen eines geladenen Körpers im elektrischen Feld ist vergleichbar mit dem Heben eines Körpers im Gravitationsfeld. In beiden Fällen wird Arbeit im Feld verrichtet.

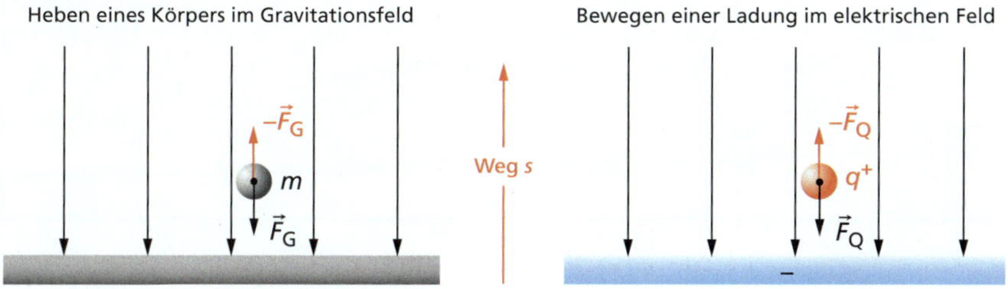

Diese Arbeit kann in einfacher Weise berechnet werden, da die Kraft konstant ist und in Richtung des Wegs wirkt. Unter diesen Bedingungen gilt für die verrichtete Arbeit: $W = F \cdot s$

Mit der Feldkraft $F = E \cdot q$ und dem Weg s erhält man:

> Bei der Bewegung eines geladenen Körpers oder Teilchens in Richtung der Feldlinien beträgt die im homogenen elektrischen Feld oder vom homogenen elektrischen Feld verrichtete Arbeit:
>
> $W = q \cdot E \cdot s$
>
> q Ladung des Körpers
> E konstante Feldstärke
> s Weg parallel zu den Feldlinien

Achtung! E ist das Kurzzeichen für die Feldstärke und für die Energie (s. u.).

Auch für Bewegungen geladener Körper im elektrischen Feld gilt der allgemeine Zusammenhang zwischen Arbeit W und Energieänderung ΔE:

> Die von einem Körper oder an einem Körper verrichtete Arbeit ist gleich der Änderung seiner Energie:
>
> $W = \Delta E$

Es muss zwischen der Energie eines geladenen Körpers oder Teilchens im elektrischen Feld und der Energie des Felds selbst (Feldenergie) unterschieden werden.
Wir betrachten hier die Energie eines Körpers im Feld. Informationen zur Feldenergie sind auf den Seiten 32–33 zu finden.

Ähnlich wie bei der potenziellen Energie (Höhenenergie) in der Mechanik wird bei der Energie eines Körpers bzw. Teilchens im elektrischen Feld ein Nullniveau vereinbart. Das sei ein beliebiger Punkt P_0 der negativ geladenen Platte. Bewegt man einen positiv geladenen Körper von P_0 nach P, so vergrößert sich seine Energie um die verrichtete mechanische Arbeit.

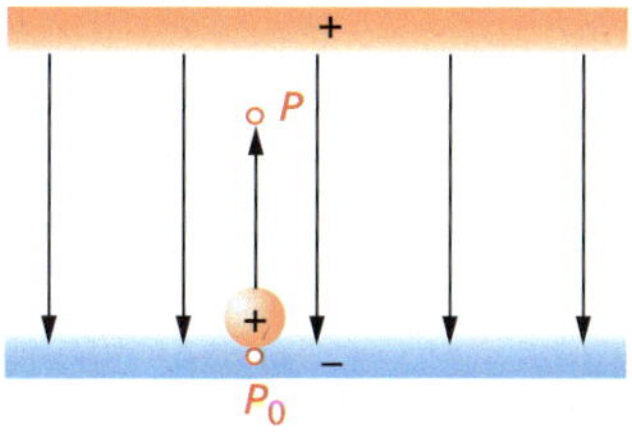

Es gilt also: $\Delta E_{pot} = q \cdot E \cdot s$ und mit $E_{P_0} = 0$
$E_{pot} = q \cdot E \cdot s$

In Analogie zur Mechanik wird diese Energie als potenzielle Energie eines geladenen Körpers im homogenen elektrischen Feld bezeichnet.
Um jeden Punkt eines beliebigen elektrischen Felds unabhängig von der jeweils im Feld befindlichen Ladung kennzeichnen zu können, wird der Begriff **Potenzial** eingeführt.

Für die Einheiten gilt:

$1\,\frac{J}{C} = 1\,\frac{V \cdot A \cdot s}{A \cdot s} = 1\,V$

Unter dem elektrischen Potenzial φ eines Punkts in einem elektrischen Feld versteht man den Quotienten aus der potenziellen Energie des Körpers im Feld und der Ladung dieses Körpers.

Formelzeichen: φ
Einheit: ein Joule durch Coulomb $(1\,\frac{J}{C})$

Linien oder Flächen gleichen Potenzials nennt man **Äquipotenziallinien** oder **Äquipotenzialflächen.** Sie stehen stets senkrecht zu den Feldlinien. Sie sind grün eingezeichnet.

In einem homogenen elektrischen Feld beträgt demzufolge das Potenzial in einem Punkt P:

$$\varphi = \frac{q \cdot E \cdot s}{q} = E \cdot s,$$

wenn man im Ausgangspunkt das Potenzial P_0 mit null annimmt.
Das Potenzial in einem beliebigen Punkt P hängt damit nur vom Ort und von der elektrischen Feldstärke ab. Es ist unabhängig von der Ladung, die sich im Feld befindet.

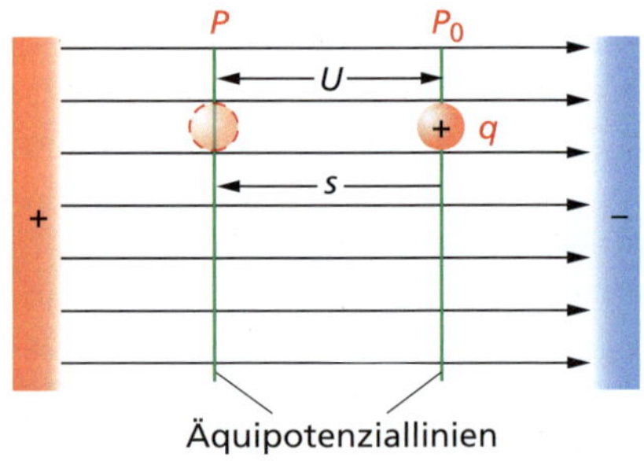

Damit ist das Potenzial gut geeignet, eine längst bekannte Größe – die elektrische Spannung – in anderer Weise als bisher bekannt zu definieren. Schon die Übereinstimmung der Einheiten zeigt, dass zwischen Potenzial und Spannung ein enger Zusammenhang besteht. Aus der Gleichung für die elektrische Arbeit $W = U \cdot I \cdot t$ folgt mit $I \cdot t = q$:

Die Spannung ist also gleich dem Quotienten aus der an einer Ladung q verrichteten Arbeit W und dieser Ladung.

$$W = U \cdot q \quad \text{oder}$$

$$U = \frac{W}{q} \qquad (1)$$

Mit $W = q \cdot E \cdot s$ erhält man aus (1):

$$U = \frac{q \cdot E \cdot s}{q} = E \cdot s \qquad (2)$$

Allgemein kann man für zwei beliebige Punkte im Feld formulieren:

Die Potenzialdifferenz (Spannung) ist unabhängig davon, welcher Punkt als Nullpotenzial gewählt wird.

Die elektrische Spannung zwischen zwei Punkten eines elektrischen Felds ist gleich der Potenzialdifferenz zwischen ihnen.

$U = \Delta\varphi = \varphi_1 - \varphi_2$ φ_1 Potenzial im Punkt 1
φ_2 Potenzial im Punkt 2

Aus Gleichung (2) auf S. 28 unten ergibt sich eine einfache Beziehung für die elektrische Feldstärke im homogenen elektrischen Feld eines Plattenkondensators. Beträgt der Abstand der beiden Platten d und die Spannung zwischen den Platten U, dann gilt für die konstante Feldstärke E:

Für das homogene Feld im Innern eines Plattenkondensators kann die elektrische Feldstärke berechnet werden mit der Gleichung:

$E = \frac{U}{d}$ — U Spannung zwischen den Platten; d Abstand der Platten

Betragen z. B. die Spannung 100 V und der Plattenabstand 10 cm, so ist:

$$E = \frac{100\ \text{V}}{0{,}10\ \text{m}} = 1000\ \frac{\text{V}}{\text{m}}$$

Zwischen den beiden Platten eines Plattenkondensators liegt eine Spannung von 22,5 V. Der Plattenabstand beträgt 3,0 cm.

a) *Wie groß ist die elektrische Feldstärke zwischen den Platten?*

b) *Ein positiv geladener Körper mit einer Ladung von $6{,}0 \cdot 10^{-8}$ C wird um 2,0 cm parallel zu den Feldlinien verschoben. Wie groß ist die Änderung seiner potenziellen Energie?*

c) *Wie groß ist das Potenzial der positiv geladenen Platte, wenn man das der negativ geladenen Platte null setzt?*

Analyse:
Beim elektrischen Feld eines Plattenkondensators handelt es sich um ein homogenes Feld. Es können die dafür geltenden Zusammenhänge angewendet werden.

Gesucht: E, $\Delta E_{pot} = W$, φ
Gegeben: $U = 22{,}5$ V $\quad s = 2{,}0$ cm $= 0{,}020$ m
$d = 3{,}0$ cm $= 0{,}030$ m $\quad q = 6{,}0 \cdot 10^{-8}$ C

Lösung:

a) Für die Feldstärke des homogenen elektrischen Felds gilt:

$$E = \frac{U}{d} \qquad E = \frac{22{,}5\ \text{V}}{0{,}030\ \text{m}} = 750\ \frac{\text{V}}{\text{m}}$$

b) Die Änderung der Energie ist gleich der verrichteten Arbeit:

$$\Delta E_{pot} = W = q \cdot E \cdot s$$

$$\Delta E_{pot} = 6{,}0 \cdot 10^{-8}\ \text{C} \cdot 750\ \frac{\text{V}}{\text{m}} \cdot 0{,}020\ \text{m} = 9{,}0 \cdot 10^{-7}\ \text{Nm}$$

c) Das Potenzial ergibt sich aus Feldstärke und Plattenabstand:

$$\varphi = E \cdot d \qquad \varphi = 750\ \frac{\text{V}}{\text{m}} \cdot 0{,}030\ \text{m} = 22{,}5\ \text{V}$$

Ergebnis:
Die elektrische Feldstärke zwischen den Platten des Kondensators beträgt $750\ \frac{\text{V}}{\text{m}}$, die Änderung der potenziellen Energie bei Verschiebung des Körpers um 2,0 cm im elektrischen Feld $9{,}0 \cdot 10^{-7}$ J und das Potenzial der positiv geladenen Platte 22,5 V.

Bestimmung der Elementarladung

In der Mitte des 19. Jahrhunderts fand MICHAEL FARADAY (1791–1867), dass bei der Elektrolyse zur Abscheidung einer bestimmten Anzahl von Atomen gegebener Wertigkeit immer die gleiche Ladung erforderlich ist. Auf dieser Grundlage versuchte der britische Physiker G. J. STONEY (1826–1911) eine erste Abschätzung der Elementarladung, konnte aber nur einen statistischen Mittelwert angeben.

Mit einem völlig anderen Verfahren gelang es dem amerikanischen Physiker ROBERT ANDREWS MILLIKAN (1868–1953), in den Jahren 1909 bis 1913 erstmals die Elementarladung e relativ genau zu bestimmen. Er nutzte dazu die **Tröpfchenmethode,** der Versuch wird heute als **Millikan-Versuch** bezeichnet. MILLIKAN erhielt für die Präzisionsmessung der Elementarladung 1923 den Nobelpreis für Physik.

Das Prinzip des Millikan-Versuchs ist in den Bildern 1 und 2 dargestellt.

In ein senkrecht gerichtetes homogenes elektrisches Feld werden Öltröpfchen gesprüht, die sich durch Reibung aufladen. Sie werden durch ein Mikroskop beobachtet (Bild 1). Liegt kein elektrisches Feld an, sinken die Tröpfchen unterschiedlich schnell nach unten. Nach Anlegen eines Felds sinken einige Tröpfchen schneller, andere schweben oder steigen. Nach Umpolen der Spannung kehrt sich die Bewegungsrichtung um (Bild 2).

Bei schwebenden Tröpfchen sind die Beträge von Gewichtskraft F_G und Feldkraft F gleich groß. Für diesen Fall gilt:

$$m \cdot g = N \cdot e \cdot \frac{U}{d} \quad \text{oder} \quad e = \frac{m \cdot g \cdot d}{N \cdot U}$$

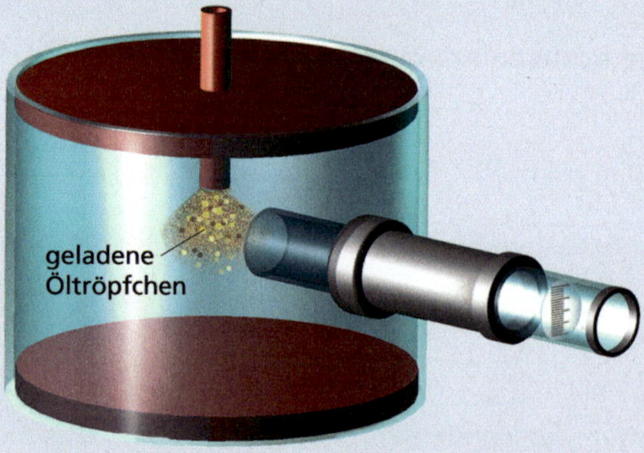

1 Kammer für die Beobachtung der geladenen Öltröpfchen. Die Messung ihrer Geschwindigkeit erfolgt mithilfe eines Mikroskops mit Skala.

Damit könnte man die Elementarladung e bestimmen.

Das Problem besteht allerdings in der Ermittlung der Masse. Um es zu lösen, wandte MILLIKAN folgenden „Trick“ an: Neben der Gewichtskraft und der Feldkraft wirkt auf die kleinen Tröpfchen auch die Reibungskraft F_R. Die geladenen Tröpfchen bewegen sich gleichförmig nach oben, wenn

$$F = F_G + F_R \quad \text{oder} \quad F_R = F - F_G \qquad (1)$$

und gleichförmig nach unten, wenn

$$F_R = F + F_G. \qquad (2)$$

Nach dem stokesschen Gesetz beträgt die Reibungskraft:

$$F_R = 6\pi \cdot \eta \cdot r \cdot v$$

Dabei bedeuten η die dynamische Viskosität, r den Radius des Öltröpfchens und v die Geschwindigkeit. Aus den Kräftegleichgewichten (1) und (2) kann man die Geschwindigkeit beim Sinken und Steigen ermitteln und erhält:

$$v_1 = \frac{N \cdot e \cdot E + m \cdot g}{6\pi \cdot \eta \cdot r} \qquad v_2 = \frac{N \cdot e \cdot E - m \cdot g}{6\pi \cdot \eta \cdot r}$$

Um $N \cdot e$ zu bestimmen, bildet man $v_1 + v_2$ und $v_1 - v_2$ und erhält eine Gleichung für $N \cdot e$ mit durchweg messbaren Größen bzw. Stoffkonstanten. Genaue Messungen ergaben:

$$e = 1{,}602\,176\,46 \cdot 10^{-19}\ \text{C}$$

Die Elementarladung e ist eine fundamentale Naturkonstante.

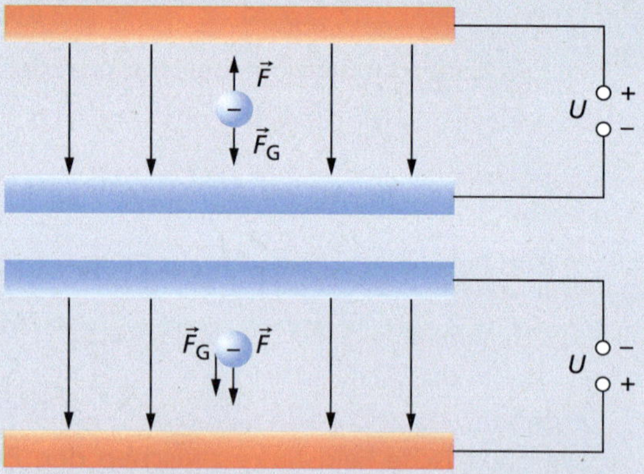

2 Je nach Richtung des Felds wirken Gewichtskraft F_G und Feldkraft F in entgegengesetzter oder in gleicher Richtung.

Kondensator als Ladungs- und Energiespeicher

Ein Kondensator ist ein Bauelement zur Speicherung elektrischer Ladung bzw. elektrischer Energie. Er besteht aus zwei leitenden Schichten, die durch einen Isolator, **Dielektrikum** genannt, voneinander getrennt sind. Die einfachste Bauform ist ein **Plattenkondensator.**

Abgeleitet ist der Begriff **Kondensator** von *condensare*, lat. = verdichten. Weitere **Bauformen von Kondensatoren** sind Wickelkondensatoren, Keramikkondensatoren, Drehkondensatoren und Elektrolytkondensatoren.

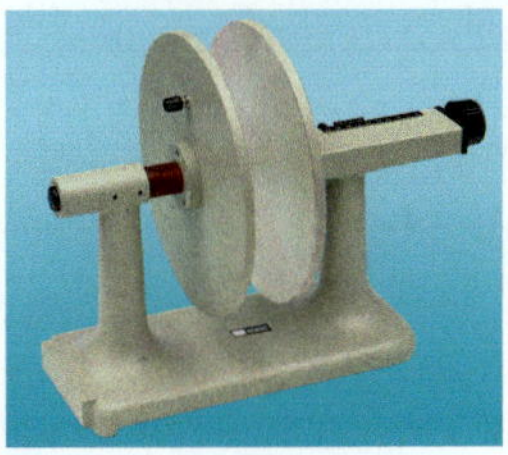

Plattenkondensator mit Luft als Dielektrikum

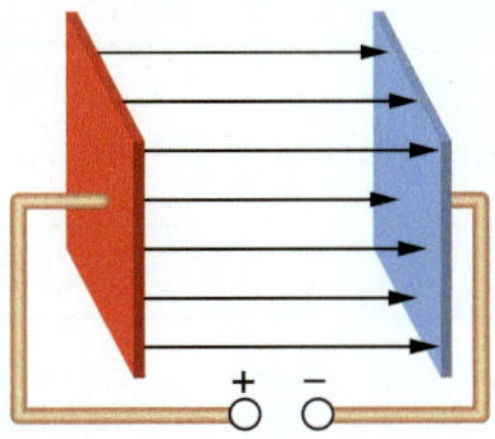

elektrisches Feld eines Plattenkondensators

Schaltzeichen eines Kondensators

Wird ein Kondensator an eine Gleichspannungsquelle angeschlossen, so fließt ein Ladestrom, beim Entladen ein Entladestrom.

Schaltung

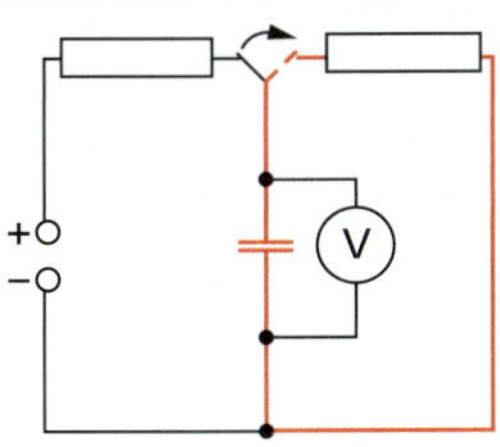

Verlauf der Spannung

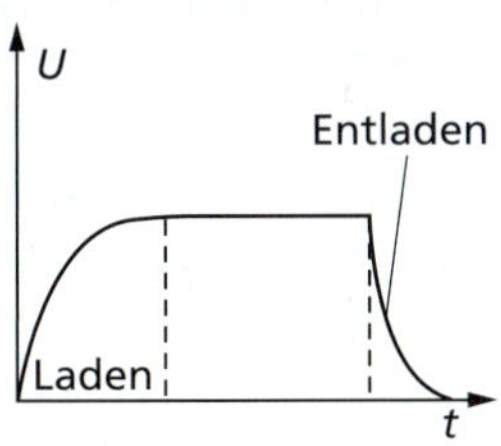

Verlauf der Stromstärke

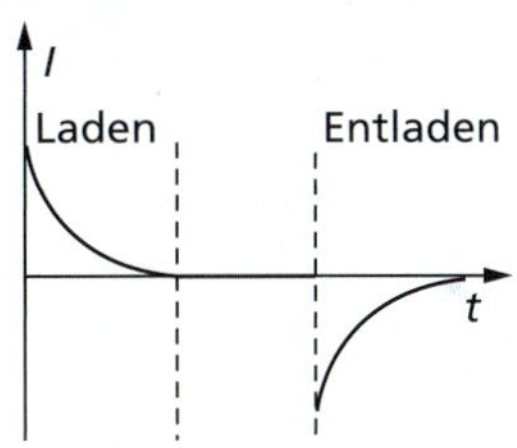

Die Speicherfähigkeit eines Kondensators für elektrische Ladung wird durch die physikalische Größe **Kapazität** angegeben.

> Die Kapazität eines Kondensators gibt an, wie viel elektrische Ladung der Kondensator bei einer Spannung von 1 V speichern kann.
>
> Formelzeichen: C
> Einheiten: 1 Farad (1 F)
> 1 Coulomb durch Volt $\left(1\,\frac{C}{V}\right)$
>
> Sie kann berechnet werden mit der Gleichung:
>
> $C = \frac{Q}{U}$ — Q elektrische Ladung, U elektrische Spannung

Abgeleitet ist der Begriff Kapazität von *capacitas*, lat. = Aufnahmefähigkeit, Fassungsvermögen.

Die Einheit 1 F ist nach dem englischen Naturforscher MICHAEL FARADAY (1791–1867) benannt.

Für die Einheiten gilt:

$1\,F = 1\,\frac{C}{V} = \frac{A \cdot s}{V}$

Bei einem Plattenkondensator ist die Kapazität umso größer, je größer die Flächen der Platten und je kleiner der Abstand zwischen ihnen ist.

Die **Permittivitätszahl,** auch **Dielektrizitätszahl** genannt, ist eine Materialkonstante, die die Beeinflussung der Kapazität durch das Dielektrikum angibt.

Für Luft gilt:
$\varepsilon_r = 1{,}00$

Bei Verwendung von speziellen keramischen Werkstoffen kann sich die Speicherfähigkeit bei gleicher Plattenfläche und gleichem Abstand um den Faktor 10 … 10000 erhöhen.

Die Kapazität eines Plattenkondensators kann berechnet werden mit der Gleichung:

$C = \varepsilon_0 \cdot \varepsilon_r \cdot \frac{A}{d}$

A	Fläche einer Platte
d	Abstand der Platten
ε_0	elektrische Feldkonstante ($\varepsilon_0 = 8{,}854 \cdot 10^{-12}\,\frac{\text{As}}{\text{Vm}}$)
ε_r	Permittivitätszahl

Für die Schaltung von Kondensatoren gelten folgende Gesetze:

Parallelschaltung	**Reihenschaltung**
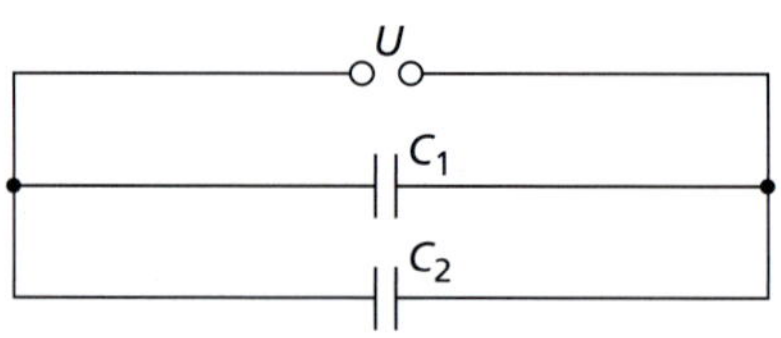 $C = C_1 + C_2 + \ldots + C_n$	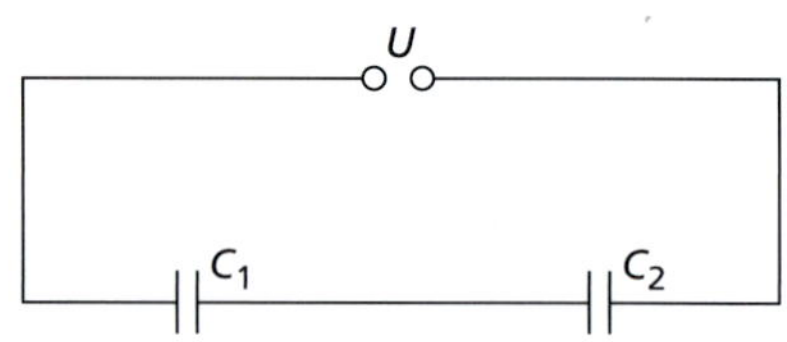 $\frac{1}{C} = \frac{1}{C_1} + \frac{1}{C_2} + \ldots + \frac{1}{C_n}$
$U = U_1 = U_2 = \ldots = U_n$	$U = U_1 + U_2 + \ldots + U_n$
$Q = Q_1 + Q_2 + \ldots + Q_n$	$Q = Q_1 = Q_2 = \ldots = Q_n$

Das Aufladen eines Kondensators bedeutet das Aufbauen eines elektrischen Felds zwischen seinen Platten. Dazu ist Energie erforderlich, die dann nach dem Energieerhaltungssatz im elektrischen Feld gespeichert ist. Allgemein gilt:

Ein elektrisches Feld besitzt Energie. Diese Energie bezeichnet man als **Feldenergie**.

Wie viel Energie z. B. im Feld eines geladenen Kondensators gespeichert ist, hängt von seiner Kapazität und der Ladespannung ab.

Im *Q-U*-Diagramm ist die Fläche unter dem Graphen gleich der beim Aufladen verrichteten Arbeit und damit auch gleich der im Feld gespeicherten Energie.

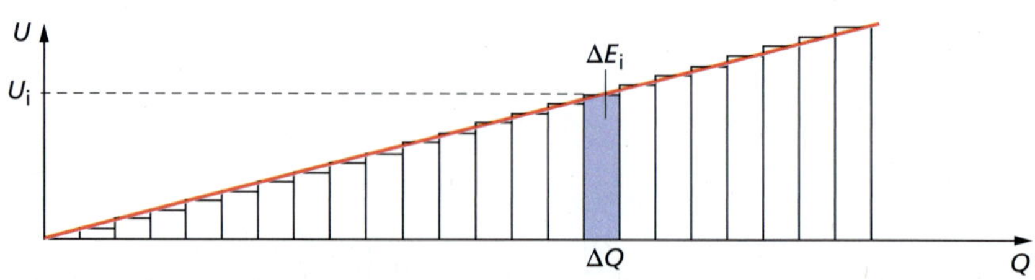

Beim Aufladen wird Ladung zu den Platten transportiert. Dazu ist Arbeit erforderlich. Für ein Ladungselement ΔQ ist diese Arbeit:

$$W_i = \Delta Q \cdot U_i$$

Die Gesamtarbeit ergibt sich aus der Summe aller Teilarbeiten.

Für den dargestellten speziellen Fall ergibt sich:

$$W = \frac{1}{2} Q \cdot U \quad \text{und mit} \quad Q = C \cdot U$$

$$W = \frac{1}{2} C \cdot U^2$$

Da die verrichtete Arbeit gleich der Energieänderung ist, gilt:

Die in einem Kondensator gespeicherte Feldenergie kann berechnet werden mit den Gleichungen:

$E = \frac{1}{2} Q \cdot U$

$E = \frac{1}{2} C \cdot U^2$

Q Ladung des Kondensators
U Spannung am Kondensator
C Kapazität des Kondensators

■ Bei Blitzgeräten von Fotoapparaten werden Kondensatoren als Energiespeicher genutzt. Als Energiequelle dienen die eingesetzten Batterien oder Akkumulatoren.

a) *Wie groß ist die im Kondensator gespeicherte und beim Auslösen des Blitzes frei werdende Energie, wenn der eingebaute Kondensator eine Kapazität von 100 µF hat und die Ladespannung 350 V beträgt?*

b) *Warum kann ein zweiter Blitz erst nach einer bestimmten Zeit ausgelöst werden?*

Analyse:

a) Die im Kondensator gespeicherte Energie kann aus Kapazität und Ladespannung berechnet werden.

Gesucht: E
Gegeben: $C = 100\ \mu F = 10^{-4}\ F$
$U = 350\ V$

Lösung:

$$E = \frac{1}{2} C \cdot U^2$$

$$E = \frac{1}{2} \cdot 10^{-4}\ F \cdot (350\ V)^2$$

$$\underline{E = 6{,}1\ J}$$

Ergebnis:
Im Kondensator des Blitzgeräts ist eine Energie von 6,1 J gespeichert.

b) Unmittelbar nach dem Zündvorgang ist der Kondensator entladen. Die Feldenergie ist null. Für den erneuten Aufladevorgang ist eine bestimmte Zeit erforderlich, die von der Kapazität des Kondensators und vom ohmschen Widerstand im Stromkreis abhängig ist. Erst nach vollständigem Aufladen des Kondensators ist das Blitzgerät wieder betriebsbereit.

Für die Einheiten gilt:

$$1\ F \cdot V^2 = 1\ \frac{C}{V} \cdot V^2 = 1\ A \cdot s \cdot V = 1\ J$$

Die im Kondensator gespeicherte Energie wird bei einem Blitzgerät in sehr kurzer Zeit freigesetzt. Nimmt man als Entladezeit beim Blitzen 1 ms an, so beträgt die Leistung:

$$P = \frac{6{,}1\ J}{1\ ms} = 6100\ W$$

Blitz und Donner – luftelektrische Erscheinungen

Mit Blitz und Donner kündigt sich ein Gewitter an. Während eines Gewitters können Dutzende von Blitzen auftreten. Nach langjährigen Untersuchungen sind auf der Erde im Mittel 200 Gewitter aktiv. Weltweit werden 70–100 Blitze in jeder Sekunde registriert. Dabei können Stromstärken von einigen 10 000 A auftreten. Der Durchmesser eines Blitzkanals beträgt meist 10–20 cm, die Länge eines Blitzes 2–3 km und die Dauer weniger als eine Sekunde.

2 Blitze können erhebliche Schäden anrichten.

Was bewirken Blitze?

Die einfachste und für uns naheliegende Antwort wäre: Sie können erhebliche Schäden verursachen, zu Bränden führen und sogar den Tod von Menschen und Tieren herbeiführen. Allein in Deutschland rechnet man pro Jahr mit mindestens 10 Toten durch Blitze, weltweit mit über 1 000.

1. Erkunden Sie unter Nutzung des Internets, wo erhebliche Schäden durch Blitze aufgetreten sind und was Blitze dabei bewirkt haben!
2. Leichtsinn und Unkenntnis führen immer wieder zu vermeidbaren Schäden. Erkunden Sie, wie man sich bei einem heranziehenden Gewitter verhalten sollte! Stellen Sie einen Katalog von Verhaltensregeln zusammen und begründen Sie die einzelnen Regeln physikalisch!

Blitze sind allerdings auch entscheidend dafür verantwortlich, dass das elektrische Feld der Erde erhalten bleibt. Um das zu verstehen, muss man einige elektrische Erscheinungen in der Atmosphäre kennen.

Luft nahe dem Erdboden ist ein schlechter Leiter. Je höher man sich aber begibt, umso besser leitet die Luft den elektrischen Strom. In Höhen über 70 km kann man die Luft als guten Leiter betrachten. Man nennt diese Luftschicht **Ionosphäre.** Verglichen mit der Luft nahe dem Erdboden ist auch die Erdoberfläche ein relativ guter Leiter.
Wir haben also einen riesigen Leiter in großer Höhe und einen zweiten riesigen Leiter, die Erdoberfläche (Abb. 1). Zwischen diesen beiden Leitern existiert ständig eine Spannung von etwa 300 kV. Da die Luft dazwischen ein schlechter Leiter ist, fließt trotz der hohen Spannung bei schönem Wetter je Quadratmeter nur ein sehr kleiner Strom. Wenn man die Stromstärke aber über die gesamten 500 Mio. Quadratkilometer der Erdoberfläche aufaddiert, erhält man

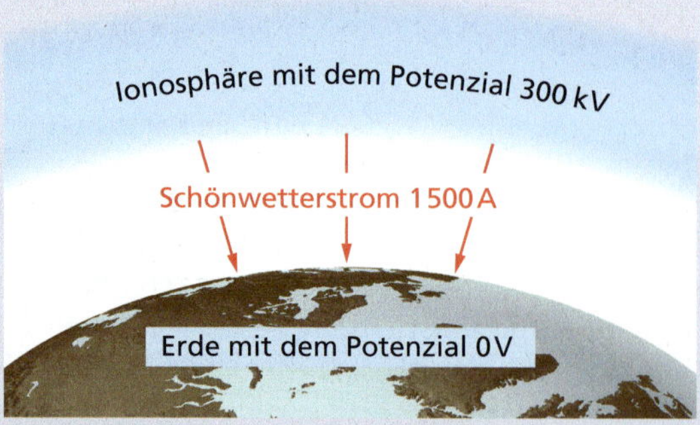

1 Zwischen Erdoberfläche und Ionosphäre besteht eine Spannung von etwa 300 000 V.

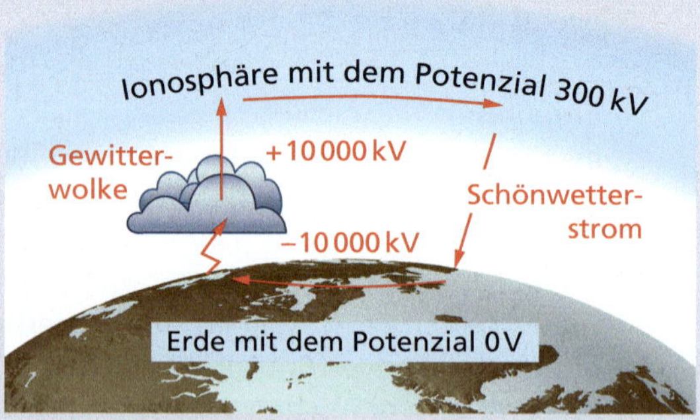

3 Gewitter wirken wie eine elektrische „Pumpe" und halten den globalen Stromfluss aufrecht.

immerhin einen ständig fließenden Strom der Stärke 1500 A von der Ionosphäre zum Erdboden (↗S. 34, Abb. 1). Er wird als Schönwetterstrom bezeichnet und würde dazu führen, dass die Spannung innerhalb kurzer Zeit zusammenbrechen würde, wenn nicht „Pumpen" ständig elektrische Ladung vom Boden in die Ionosphäre transportieren würden. Die Rolle dieser „Pumpen" übernehmen Gewitterwolken (↗S. 34, Abb. 3). Von der Oberseite von Gewitterwolken fließt ein Strom in Richtung Ionosphäre. Von der Erde zum unteren Teil der Wolke, wo die Luft schlecht leitet, fließt die Ladung in gewaltigen Blitzen. Insgesamt fließt durch die etwa 100 Blitze je Sekunde im Durchschnitt ein Strom von 1500 A nach oben. Was also mit dem Schönwetterstrom an Ladung nach unten fließt, wird durch die Gewitter nach oben gepumpt.

Wie entsteht ein Gewitter?

Gewitter mit Blitz und Donner entstehen dann, wenn durch starke Luftströmungen Wolken gegenüber der Erde oder anderen Wolken so stark aufgeladen sind, dass die Bedingungen für eine elektrische Entladung gegeben sind.

Der Mechanismus der Ladungstrennung ist bisher nicht in allen Einzelheiten geklärt. Ein Erklärungsansatz ist folgender (Abb. 1):

In Gewitterwolken befinden sich Wassertröpfchen unterschiedlicher Größe, Eispartikel und Hagelkörner, die durch starke Luftströmungen transportiert werden. Ein Teil der aufgestiegenen Hagelkörner bzw. Wassertropfen fällt wieder herab, weil sie zu schwer sind. Durch das schnelle Aufsteigen von Luft mit kleinen Wassertropfen und Eiskristallen kommt es infolge Reibung zu Ladungstrennungen. Damit entstehen in Gewitterwolken Bereiche, die unterschiedlich geladen sind (Abb. 1). Wenn die Ladungsunterschiede groß genug sind, kommt es durch einen Blitz zum Ladungsausgleich zwischen Wolke und Erde oder zwischen zwei Wolken.

Eine Abwärtsentladung Wolke–Erde ist häufig mit einer darauffolgenden Aufwärtsentladung verbunden. In dem so ausgebildeten Blitzkanal erfolgt der Hauptblitz, der weniger als 1 ms dauert und bei dem ein Strom von einigen 10000 A fließen kann.

Die Temperatur von etwa 20000 °C im Blitzkanal bewirkt eine schlagartige Expansion der Luft. Es werden Schallwellen mit großer Amplitude ausgelöst, die wir als Donner wahrnehmen.

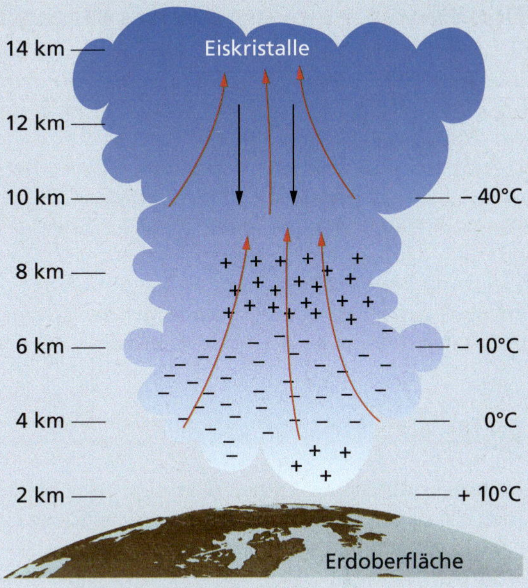

1 Aufbau einer Gewitterwolke

Das elektrische Feld der Erde

Die Erdoberfläche ist gegenüber dem sie umgebenden Raum negativ geladen. Ihre Ladung beträgt etwa $6 \cdot 10^5$ C. Im flachen Gelände ohne Bauwerke und Bäume ist das Feld nahezu radialsymmetrisch. Die Feldstärke in der Nähe des Erdbodens beträgt im langjährigen Mittel etwa 130 $\frac{V}{m}$, kann aber in weiten Grenzen schwanken.

Durch Menschen, Bäume, Häuser oder Berge wird das elektrische Feld der Erde beeinflusst. Aufgrund von Influenzladungen bilden die Oberflächen dieser Körper jeweils eine Äquipotenzialfläche. Dadurch wird das elektrische Feld der Erde, wie es Abb. 2 zeigt, „deformiert".

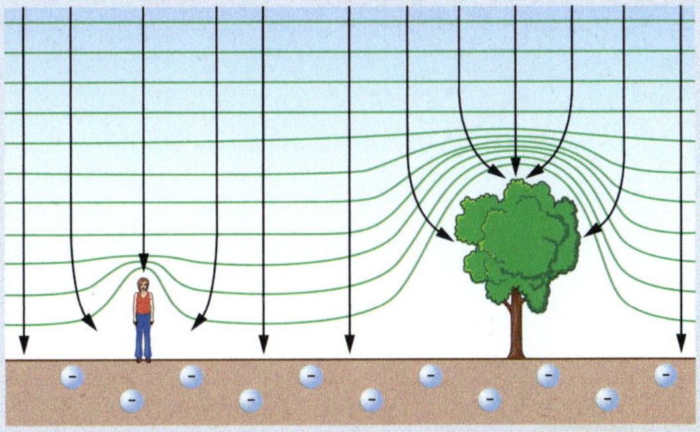

2 Menschen, Bäume und auch Häuser beeinflussen den Verlauf der Äquipotenziallinien des Felds.

Der Mensch – ein elektrisches Wesen

Der Mensch ist aus physikalischer Sicht nicht nur ein offenes thermodynamisches System. Er ist auch ein Energiewandler mit einem bestimmten Wirkungsgrad, verfügt über Temperatur-, Schall-, Geruchs- und Geschmackssensoren und ist vor allem ein Wesen, in dem vielfältige elektrische Vorgänge vor sich gehen. Die Reizfortleitung in Nervenzellen, die Steuerung der Herztätigkeit oder der Hirntätigkeit erfolgen durch elektrische Impulse. Wir betrachten nachfolgend einige ausgewählte Aspekte.

Der Mensch als Spannungsquelle

Tierische und menschliche Zellen sind von einer hoch spezialisierten Zellmembran umgeben. Dabei handelt es sich im Wesentlichen um Lipoprotein-Schichten mit einer Dicke von 0,007 bis 0,008 µm. Diese Zellmembran grenzt zum einen das Innere der Zelle gegen den Außenraum ab. Zum anderen verfügt sie über aktive Transportmechanismen und veränderliche Durchlässigkeiten (Permeabilitäten) für verschiedene Stoffe.

Im nicht erregten Zustand (Ruhezustand) werden unter Aufwand von Energie Kalium-Ionen in das Zellinnere und Natrium-Ionen nach außen transportiert (Abb. 1a). Dabei entsteht ein Konzentrationsgefälle, denn die Konzentration der K^+-Ionen ist im intrazellulären Raum 20- bis 40-mal höher als im extrazellulären Raum. Infolge dieses Konzentrationsgefälles diffundieren K^+-Ionen so lange nach außen, bis durch die negative Aufladung des Zellinnern ein elektrisches Feld entsteht, das der weiteren Diffusion entgegenwirkt (Abb. 1b).

Es stellt sich ein Gleichgewichtszustand ein (Abb. 1b). In diesem Zustand ist die Zelle polarisiert. Physikalisch handelt es sich um ein Diffusionspotenzial.

Die Spannung (Potenzialdifferenz), das sogenannte Ruhepotenzial, liegt für die einzelne Zelle im Bereich von 70–90 mV.

Durch Erregung einer Zelle erhöht sich die Durchlässigkeit der Zellmembran für Na^+-Ionen schlagartig auf mehr als das Hundertfache. Der Einstrom positiver Ladungsträger (Na^+-Ionen) führt zu einem Abbau des Membranpotenzials, zu einer **Depolarisation** (Abb. 1c). Es kommt dabei sogar zu einer Umkehr der Potenzialrichtung, zu einem „Overshoot". Dieser Overshoot wird anschließend durch einen verstärkten Austritt von K^+-Ionen wieder abgebaut (Abb. 1d). Die bei diesem Vorgang auftretenden Potenziale, die **Aktionspotenziale,** liegen für eine Zelle zwischen 80 mV und 120 mV. Durch Austausch von Na^+- und K^+-Ionen wird der ursprüngliche Zustand wiederhergestellt. Die an Zellmembranen auftretenden elektrischen Phänomene sind also letztlich nichts anderes als die Ergebnisse des Austauschs von Na^+- und K^+-Ionen durch diese Membran.

Die Dauer der Depolarisation und der Repolarisation ist bei einzelnen Zellen unterschiedlich. Bei Myokardfasern liegt diese Zeit bei etwa 300 ms, bei Nerven- und Skelettmuskelfasern bei ca. 1 ms.

Grundsätzlich gilt für den Zusammenhang zwischen den elektrischen Vorgängen an Zellen und den mechanischen Vorgängen der Muskelkontraktion: Der Prozess der Kontraktion wird durch den elektrischen Erregungsprozess ausgelöst. Bei einzelnen Organen

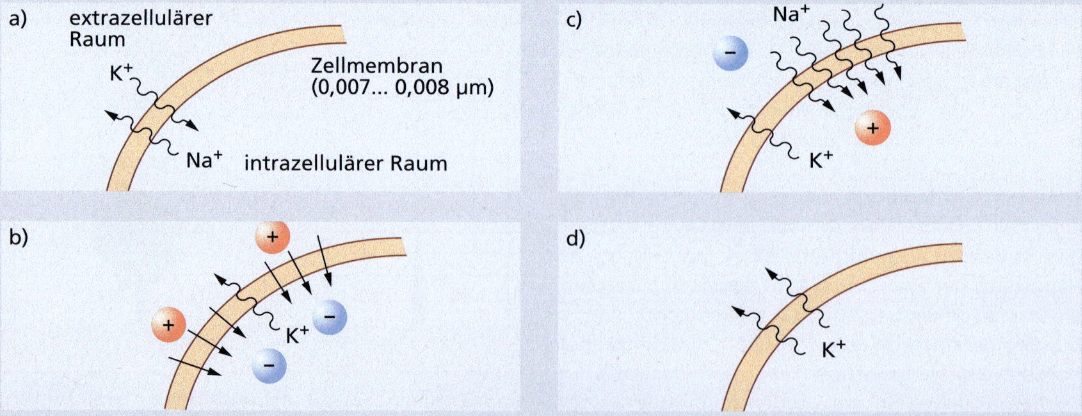

1 Entstehung von Ruhepotenzial und Aktionspotenzial an einer Zelle

wirken dabei ganze Muskelgruppen zusammen, teils von bestimmten Zentren gesteuert. So setzt die koordinierte Herztätigkeit einen „Schrittmacher" voraus, der die Herzzyklen auslöst und steuert. Diese Funktion hat der **Sinusknoten,** der sich im Vorhof des Herzens befindet.
Zu jedem Zeitpunkt eines Herzzyklus ist aufgrund der dabei verlaufenden elektrischen Vorgänge im Körper eine bestimmte, zeitabhängige Potenzialverteilung vorhanden. Damit existiert zwischen zwei Punkten der Körperoberfläche eine ebenfalls zeitabhängige Potenzialdifferenz (Spannung), die über Elektroden abgegriffen und registriert werden kann. Man erhält zeitveränderliche Spannungen in Form von Kurven, die beim Herzen als **Elektrokardiogramm** (EKG) und beim Gehirn als **Elektroenzephalogramm** (EEG) bezeichnet werden.

Als Abnahmepunkte werden definierte Stellen an der Körperoberfläche verwendet. Das ist wichtig, weil der Spannungsverlauf von den Messstellen abhängig ist. Darüber hinaus ist zu beachten, dass zwischen Elektroden und Haut Kontaktspannungen von bis zu 300 mV auftreten können, die sich mit den Aktionsspannungen überlagern. Eine Übersicht über die abgreifbaren Aktionsspannungen in verschiedenen Körperregionen ist in der Tabelle unten gegeben.

Aus einem EKG (Abb. 1) ist erkennbar, ob Störungen der Herztätigkeit vorliegen oder nicht. Das erste Elektrokardiogramm wurde 1887 von WALLER aufgezeichnet, das Verfahren 1903 durch EINTHOVEN wesentlich verbessert.

Aktionsspannungen	Frequenz in Hz	Spannung in mV
Herzaktionsspannung (EKG)	0,2 … 200	0,1 … 3
Hirnaktionsspannung (EEG)	0,5 … 70	0,005 … 0,1
Aktionsspannungen der Skelettmuskulatur (EMG)	10 … 1000	0,05 … 5
Aktionsspannung des Magens (EGG)	0,02 … 0,2	0,2 … 1
Aktionsspannung der Gebärmutter (EUG)	0 … 200	0,1 … 8

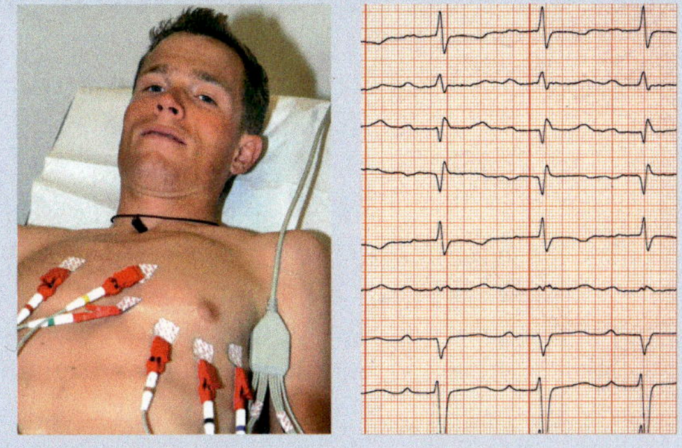

1 Die Aufzeichnung des EKG eines Patienten mit normalem Verlauf, die Kurve ist periodisch.

Der Mensch als elektrischer Leiter

Elektrischer Strom im menschlichen Körper, der durch äußere Spannungsquellen hervorgerufen wird, dient zum einen diagnostischen und therapeutischen Zwecken. Zum anderen kann ein unbeabsichtigter Stromfluss, z. B. durch Berühren einer elektrischen Quelle, überaus gefährlich und sogar tödlich sein. Die Wahrnehmungsschwelle liegt bei 1–2 mA. Bei über 10 mA kommt es zu einer Verkrampfung der Muskulatur. Ströme von über 40 mA können bei längerer Einwirkung tödlich sein.
Der Mensch ist ein Ionenleiter (Leiter 2. Ordnung). Der Körperwiderstand ist abhängig von der Spannung, der Stromart, der Dauer der Einwirkung und vom Stromweg.
Bei Gleichstrom und niederfrequentem Wechselstrom kann das in Abb. 2a dargestellte Modell genutzt werden. Aufgrund der Depolarisierung von Zellgrenzflächen nimmt der Körperwiderstand mit steigender Spannung und Einwirkungsdauer ab.
Bei Wechselstrom verkleinert sich der Widerstand mit zunehmender Frequenz. Ein geeignetes Modell dafür ist in Abb. 2b dargestellt.

a)

b)

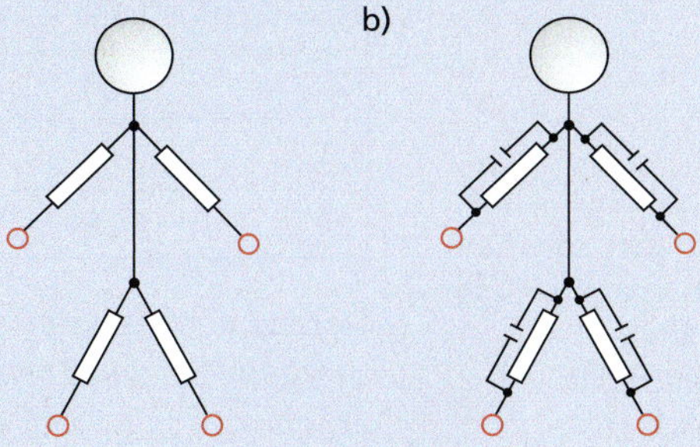

2 Modelle des Stromdurchgangs

Das coulombsche Gesetz

Zwischen zwei elektrisch geladenen Körpern wirken je nach der Ladung der Körper anziehende oder abstoßende Kräfte (↗ S. 12).
Der Betrag der Kraft hängt von der Ladung der Körper und von ihrem Abstand voneinander ab. Genauer kann man das experimentell untersuchen.

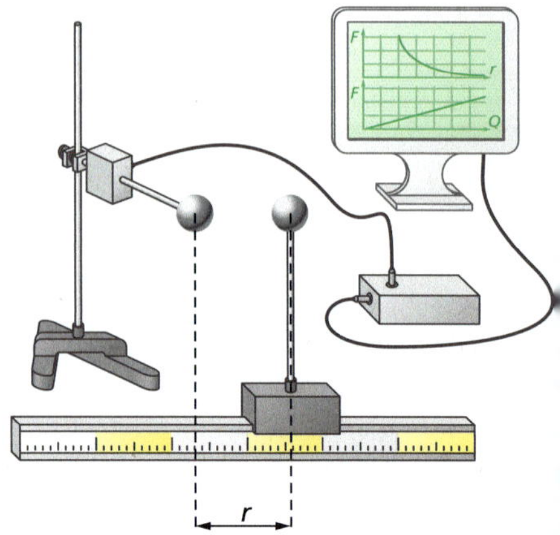

Die Abstände werden so gewählt, dass der Kugelradius klein gegenüber dem Abstand der Kugeln ist.

Zwei kleine metallische Kugeln werden mit der gleichen Ladung Q aufgeladen. Die Kraft, welche die Kugeln aufeinander ausüben, wird mit einem elektronischen Kraftmesser bestimmt.

Die Untersuchung des Zusammenhangs zwischen Kraft F und Ladung Q bei bestimmtem Abstand (r = 12 cm) der Kugelmittelpunkte ergibt:

Q in nC	F in mN
200	24,6
150	14,2
100	6,0
50	1,7
25	0,38

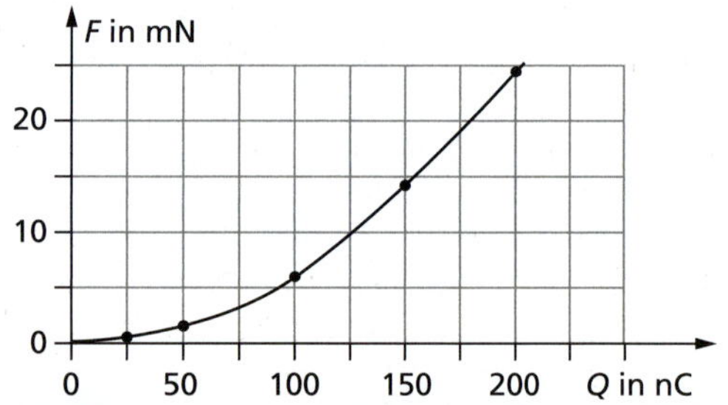

Wird F über $Q_1 \cdot Q_2 = Q^2$ aufgetragen, so erhält man eine Ursprungsgerade. Die Vermutung ist demzufolge richtig.

Nach dem Verlauf des Graphen könnte man eine quadratische Abhängigkeit vermuten. Genauere Untersuchungen ergeben: $F \sim Q_1 \cdot Q_2$
Die Untersuchung des Zusammenhangs zwischen der Kraft F und dem Abstand der Kugelmittelpunkte r bei bestimmter Ladung der Kugeln (Q = 100 nC) ergibt:

r in cm	F in mN
10	8,9
15	3,9
20	2,3
25	1,4
30	0,95

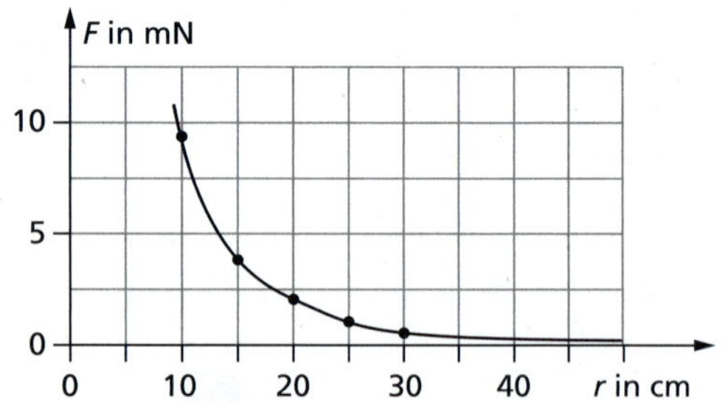

Wird F über $\frac{1}{r^2}$ aufgetragen, so erhält man eine Ursprungsgerade.
Folglich gilt:

$F \sim \frac{1}{r^2}$

Daraus könnte man eine indirekte Proportionalität vermuten. Tatsächlich gilt aber für den Zusammenhang zwischen Kraft F und Radius r:

$$F \sim \frac{1}{r^2}$$

Durch die Zusammenfassung beider Proportionalitäten erhält man:

$$F \sim \frac{Q_1 \cdot Q_2}{r^2}$$

Der Proportionalitätsfaktor ist der Term $\frac{1}{4\pi \cdot \varepsilon_0 \cdot \varepsilon_r}$. Dabei ist ε_0 die elektrische Feldkonstante mit

$$\varepsilon_0 = 8{,}854 \cdot 10^{-12}\ \frac{\text{As}}{\text{Vm}}.$$

Nachfolgend betrachten wir nur Vorgänge in Luft. Für Luft ist $\varepsilon_r = 1{,}0006$, kann also näherungsweise 1,00 gesetzt werden.

Der Faktor ε_r ist die Permittivitätszahl, eine Stoffkonstante (↗ S. 32). Eine Zusammenfassung der Proportionalitäten unter Berücksichtigung des Proportionalitätsfaktors ergibt das **coulombsche Gesetz,** benannt nach seinem Entdecker, dem französischen Naturforscher CHARLES AUGUSTIN DE COULOMB (1736–1806).

Unter der Bedingung näherungsweise punktförmig geladener Körper gilt für die anziehenden oder abstoßenden Kräfte die Gleichung:

$$F = \frac{1}{4\pi \cdot \varepsilon_0} \cdot \frac{Q_1 \cdot Q_2}{r^2}$$

ε_0 elektrische Feldkonstante
Q_1, Q_2 Ladungen beider Körper
r Abstand der Mittelpunkte

Beide Kräfte sind gleich groß und entgegengesetzt gerichtet (Wechselwirkungsgesetz).

Dabei ist zu beachten:
- Exakt gilt das Gesetz nur für Punktladungen. Es ist auch gut anwendbar, wenn der Abstand der geladenen Körper groß gegenüber ihren Abmessungen ist.
- Die Kraft wirkt wechselseitig, also auf jeden der Körper.
- Die Kraft wirkt immer längs der Verbindungslinie der Mittelpunkte.
- Die Richtung der Kraft wird durch die Art der Ladungen bestimmt.

Eine **Punktladung** ist ein Modell, analog zu einem Massepunkt in der Mechanik.

Das **coulombsche Gesetz** weist Analogien mit dem **Gravitationsgesetz** auf, das Sie aus dem bisherigen Physikunterricht kennen.

Gravitationsgesetz	**Coulombsches Gesetz**
macht eine Aussage über die Kraft zwischen zwei Körpern aufgrund ihrer Masse.	macht eine Aussage über die Kraft zwischen zwei Körpern aufgrund ihrer Ladung.
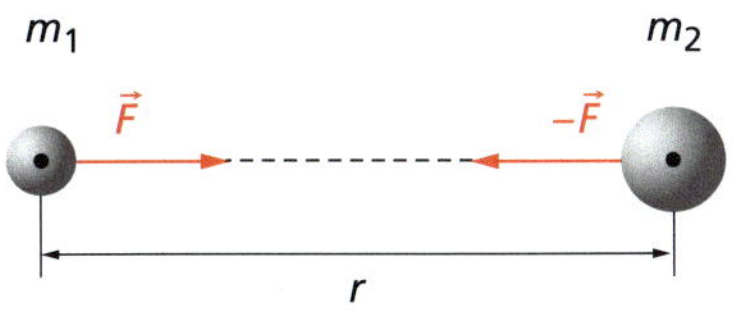	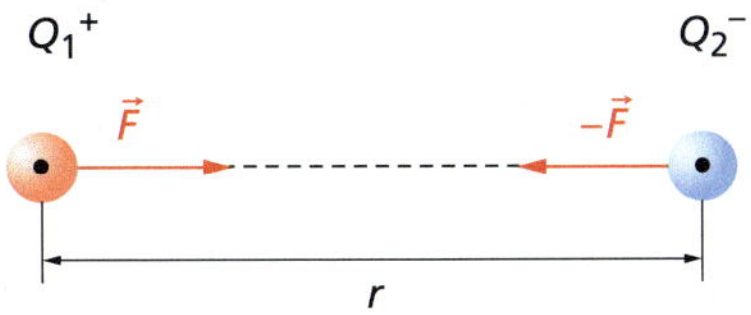
$F \sim \frac{m_1 \cdot m_2}{r^2}$	$F \sim \frac{Q_1 \cdot Q_2}{r^2}$

Der Proportionalitätsfaktor beim Gravitationsgesetz ist die Gravitationskonstante:

$$G = 6{,}673 \cdot 10^{-11}\ \frac{\text{m}^3}{\text{kg} \cdot \text{s}^2}$$

Elektrische Feldstärke von Punktladungen

Bringt man einen elektrischen Leiter in ein elektrisches Feld, so erfolgt Influenz (↗ S. 12). Sie ist umso stärker, je stärker das Feld ist.

Den Zusammenhang zwischen der Feldstärke und der durch Influenz hervorgerufenen Ladung kann man folgendermaßen untersuchen: Zwei ungeladene metallische Blättchen der Fläche *A* werden aneinanderliegend in ein elektrisches Feld gebracht. Dort werden sie voneinander getrennt und anschließend wird ihre Ladung gemessen.

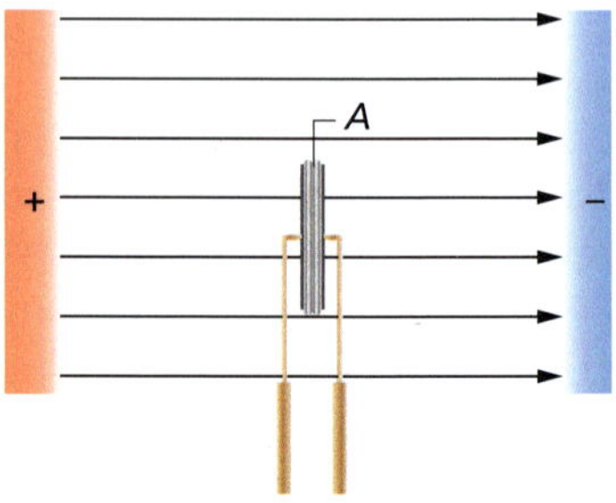

Genaue Untersuchungen in unterschiedlichen Feldern zeigen:

> Die auf einer bestimmten Fläche *A* durch Influenz hervorgerufene Ladung *Q* ist proportional zur elektrischen Feldstärke.

In der Literatur findet man für die Größe $\frac{Q}{A}$ die Bezeichnungen **Flächenladungsdichte,** elektrische Verschiebungsdichte oder elektrische Flussdichte in Analogie zu einer entsprechenden Größe zur Charakterisierung des magnetischen Felds.

Damit hat man eine weitere Möglichkeit zur Kennzeichnung der Stärke eines elektrischen Felds durch die Größe $\frac{Q}{A}$.

Die Beziehung kann man zugleich nutzen, um die elektrische Feldstärke zu messen. Darüber hinaus lässt sich damit die Feldstärke eines Radialfelds ermitteln. Dazu werden um eine kleine geladene Kugel mit der Ladung *Q* zwei große Halbkugelschalen mit dem Radius *r* gelegt. Die durch Influenz auf den Halbkugelschalen hervorgerufene Ladung ist genauso groß wie die Ladung der kleinen Kugel.
Dann gilt für die Flächenladungsdichte:

$$\frac{Q}{A} = \frac{Q}{4\pi \cdot r^2}$$

Mit $\frac{Q}{A} \sim E$ erhält man:

$$E \sim \frac{Q}{4\pi \cdot r^2}$$

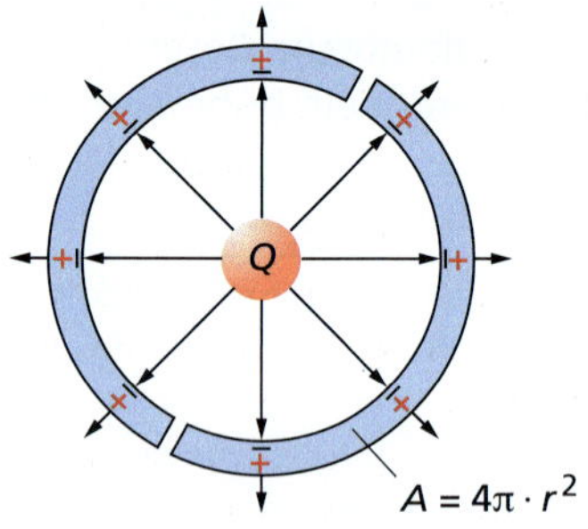

Als Proportionalitätsfaktor ergibt sich $\frac{1}{\varepsilon_0}$.

Verkleinert man den Radius der kleinen Kugel, geht man also zur Punktladung über, so ändert das nichts am Sachverhalt.

Wir betrachten auch hier Luft als umgebendes Medium ($\varepsilon_r = 1{,}00$).

> Für die elektrische Feldstärke eines Radialfelds gilt die Gleichung:
>
> $E = \frac{1}{4\pi \cdot \varepsilon_0} \cdot \frac{Q}{r^2}$
>
> *Q* Ladung der Punktladung
> *r* Abstand von der Punktladung
> ε_0 elektrische Feldkonstante

Befindet sich in einem Radialfeld mit der felderzeugenden Ladung Q_1 ein geladener Körper mit der Ladung Q_2, dann beträgt die Feldkraft auf diesen geladenen Körper:

$F = E \cdot Q_2$ oder mit der Gleichung für die Feldstärke

$$F = \frac{1}{4\pi \cdot \varepsilon_0} \cdot \frac{Q_1 \cdot Q_2}{r^2}$$

Das ist das auf den Seiten 38 und 39 genannte coulombsche Gesetz.

Überlagerung von elektrischen Feldern

Beim Feld einer geladenen Kugel oder einer Punktladung verlaufen die Feldlinien radialsymmetrisch. Die Feldstärke nimmt mit der Entfernung von der geladenen Kugel ab, im Feldlinienbild erkennbar an der Vergrößerung des Abstands der Feldlinien.

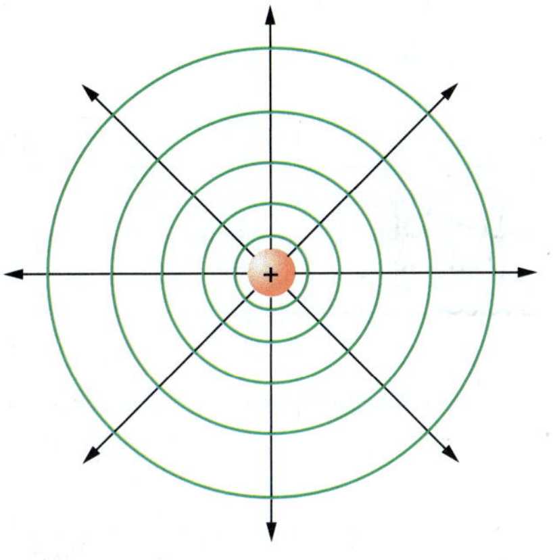

Wählt man im Radialfeld als Nullpotenzial einen Punkt im Unendlichen, dann beträgt das Potenzial im Abstand r von einer Ladung Q:

$$\varphi = \frac{1}{4\pi \cdot \varepsilon_0} \cdot \frac{Q}{r}$$

Bereiche gleichen Potenzials liegen auf Kugelflächen um den Mittelpunkt der felderzeugenden Kugel. Die Äquipotenzialflächen sind die Oberflächen von Kugeln, in der ebenen Darstellung Kreise (grün). Häufig ist nicht nur ein geladener Körper vorhanden, sondern mehrere.
Dann gilt:

> Ein von mehreren Ladungen erzeugtes resultierendes Feld lässt sich durch Überlagerung der Felder der einzelnen Ladungen konstruieren.

In jedem Punkt des Feldes ist die Feldkraft tangential zu der entsprechenden Feldlinie gerichtet.

Betrachten wir als Beispiel zwei Punktladungen. Jede einzelne Punktladung besitzt ein eigenes radialsymmetrisches Feld. Die betreffenden Feldlinien sind grau eingezeichnet. An jeder Stelle addieren sich nun die einzelnen Feldstärken vektoriell zur Gesamtfeldstärke. Das ist für einige ausgewählte Punkte grün eingezeichnet.
Daraus ergibt sich insgesamt das Feldlinienbild für das resultierende Feld (rot eingezeichnet). Für einen geladenen Körper gilt: Die resultierende Kraft auf ihn ist die Vektorsumme der einzelnen Feldkräfte.

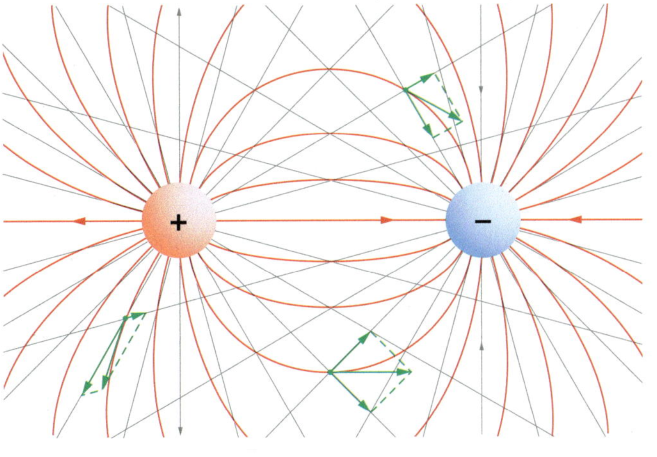

Feldstärke und Potenzialverlauf

Der Verlauf der Feldstärke und der Potenzialverlauf sehen bei einer kleinen geladenen Kugel ganz ähnlich aus.

Das Potenzial φ wird auf einen unendlich weit entfernten Punkt bezogen.

Verlauf der Feldstärke *E* im radialsymmetrischen Feld	**Verlauf des Potenzials φ im radialsymmetrischen Feld**
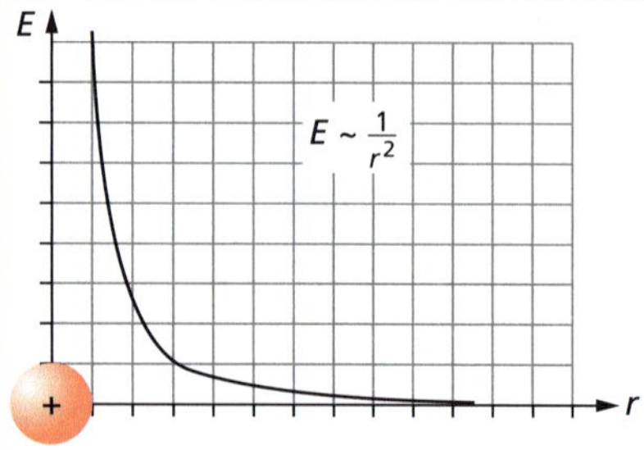	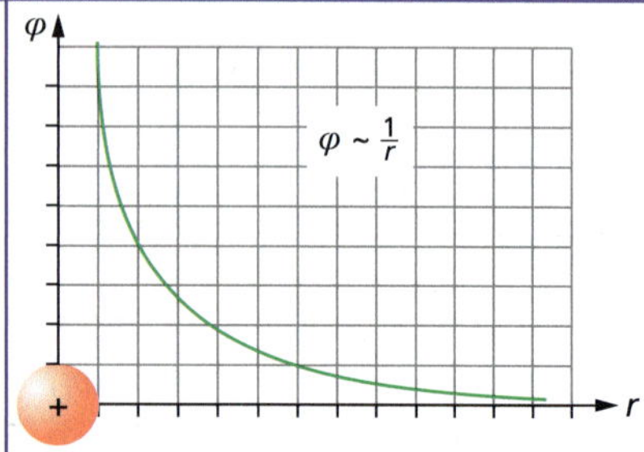
Die Feldstärke nimmt mit $1/r^2$ ab. An der Oberfläche der Kugel ist die Feldstärke maximal. Das Innere der Kugel ist feldfrei ($E = 0$).	Das Potenzial nimmt mit $1/r$ ab. An der Oberfläche der Kugel ist das Potenzial maximal.

In dem Radialfeld einer Punktladung haben alle Punkte auf der Oberfläche einer Kugel mit der Punktladung im Mittelpunkt das gleiche Potenzial. Flächen gleichen Potenzials sind Äquipotenzialflächen. Die Feldlinien und damit der Feldstärkevektor verlaufen senkrecht dazu. Das lässt sich in verschiedener Weise darstellen, wie die nachfolgenden Skizzen zeigen.

Die felderzeugende Ladung befindet sich in der Mitte. Die Äquipotenziallinien sind grün eingezeichnet, die Feldlinien schwarz.

Räumliche Darstellung des Potenzialverlaufs	In der Draufsicht erhält man das folgende Bild:
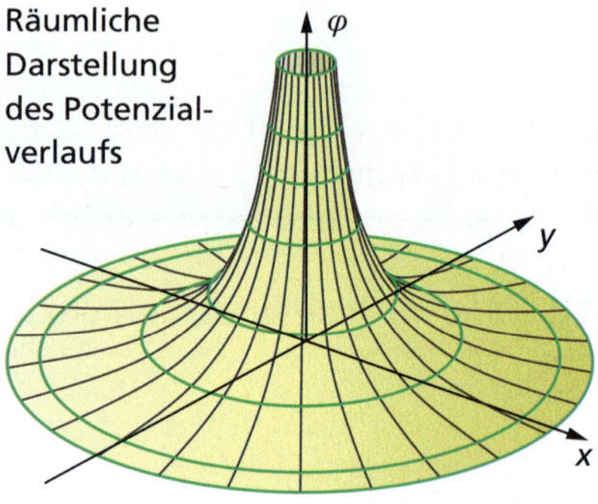	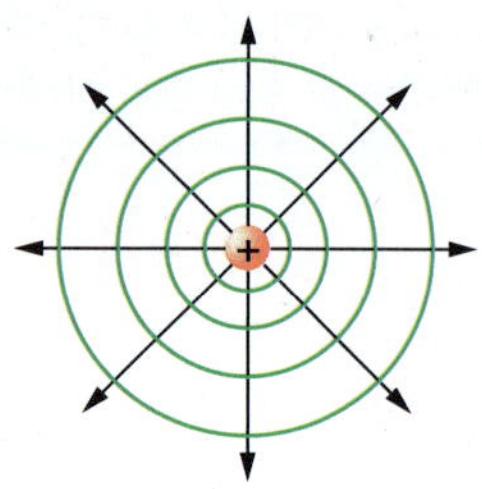

Der Verlauf von Feldlinien und von Äquipotenziallinien lässt sich mit Computersimulationen darstellen (↗ Aufg. 5, S. 44).

Der Zusammenhang zwischen dem Verlauf der Feldlinien und dem der Äquipotenziallinien kann genutzt werden, um den prinzipiellen Potenzialverlauf in beliebigen Feldern zu erkennen. Rechts ist das am Beispiel des Felds zwischen zwei ungleichnamig geladenen Kugeln dargestellt.

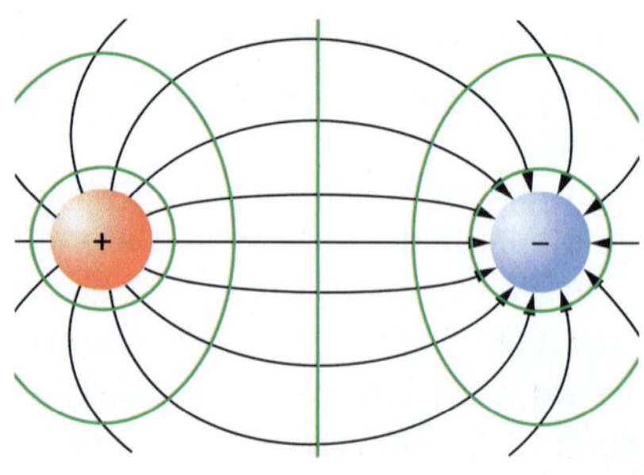

Beschreibung elektrischer Felder

Um einen elektrisch geladenen Körper existiert ein elektrisches Feld. In ihm werden auf andere elektrisch geladene Körper Kräfte ausgeübt.

Die Struktur eines elektrischen Felds lässt sich mit **Feldlinien** oder mit **Äquipotenziallinien** beschreiben. Ein Feldlinienbild oder ein Bild aus Äquipotenziallinien ist ein Modell des real existierenden elektrischen Felds.

Nach der Struktur der Felder wird zwischen homogenen und inhomogenen Feldern unterschieden.

Homogenes Feld eines Plattenkondensators	**Inhomogenes Feld einer Punktladung**
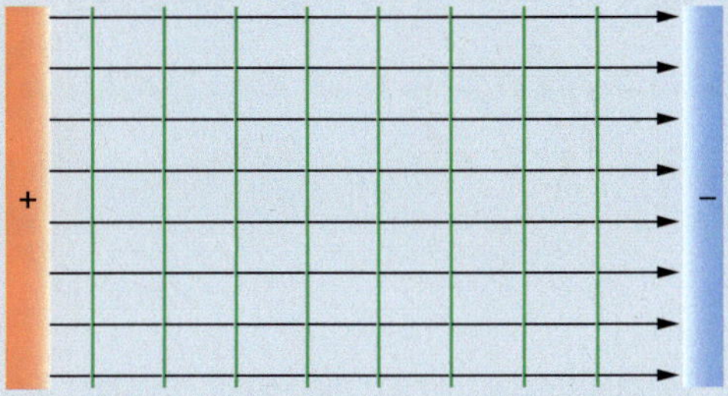	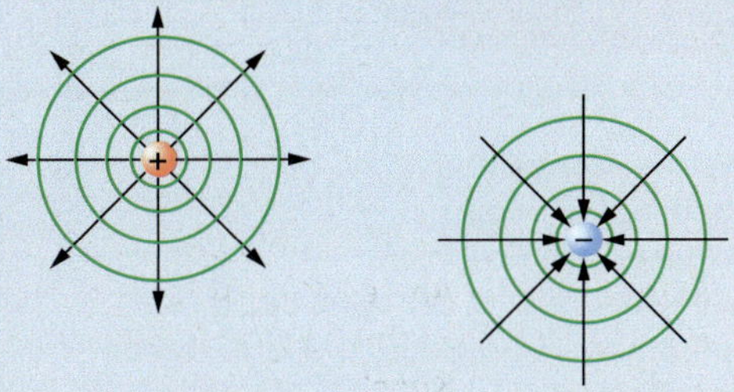
Die Feldlinien verlaufen parallel und in gleichem Abstand voneinander.	Die Feldlinien verlaufen radialsymmetrisch.
Die Äquipotenziallinien verlaufen parallel zu den Platten (grün eingezeichnet).	Die Äquipotenziallinien verlaufen kreisförmig um den Mittelpunkt der Punktladung.
Die Feldstärke E ist senkrecht zu den Platten gerichtet und überall konstant. $\vec{E} = \frac{\vec{F}}{q} = \text{konstant}$ $E = \frac{U}{d}$	Die Feldstärke ist radial gerichtet und verringert sich mit der Entfernung von der Punktladung. $\vec{E} = \frac{\vec{F}}{q}$ $E = \frac{1}{4\pi \cdot \varepsilon_0} \cdot \frac{Q}{r^2}$
Für das Potenzial φ im Punkt P gilt: $\varphi = E \cdot s$ 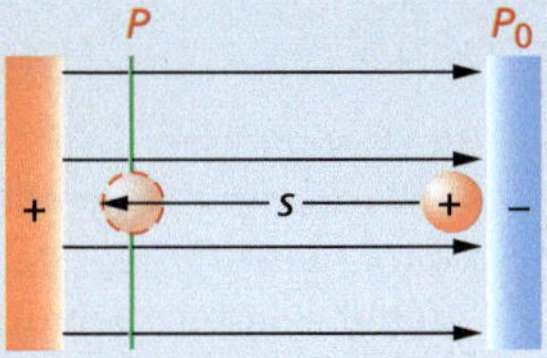	Für das Potenzial φ im Punkt P gilt: $\varphi = \frac{1}{4\pi \cdot \varepsilon_0} \cdot \frac{Q}{r}$ (P_0 im Unendlichen) 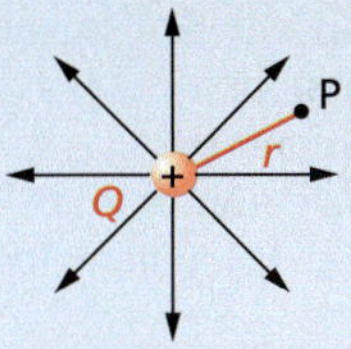
Die Feldkraft auf einen Körper der Ladung q beträgt: $\vec{F} = \vec{E} \cdot q$	Die Kraft zwischen zwei Punktladungen Q_1 und Q_2 beträgt: $F = \frac{1}{4\pi \cdot \varepsilon_0} \cdot \frac{Q_1 \cdot Q_2}{r^2}$

Kondensatoren dienen als Speicher für Ladung und Energie.

Kapazität C	**Energie E**
gibt an, wie viel Ladung bei bestimmter Spannung gespeichert werden kann. $C = \frac{Q}{U}$ $C = \varepsilon_0 \cdot \varepsilon_r \cdot \frac{A}{d}$	gibt an, wie viel Energie im elektrischen Feld des Kondensators gespeichert werden kann. $E = \frac{1}{2} Q \cdot U$ $E = \frac{1}{2} C \cdot U^2$

Aufgaben

1. Worin besteht der Unterschied zwischen einem elektrischen Feld und dem Feldlinienbild dieses Felds?

2. Die Skizze zeigt das elektrische Feld zwischen einer Spitze und einer Platte.

a) Interpretieren Sie dieses Feldlinienbild!

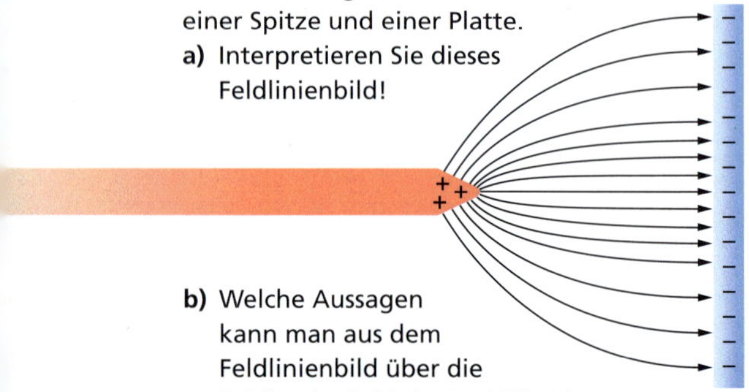

b) Welche Aussagen kann man aus dem Feldlinienbild über die Stärke des Felds in der Nähe der Spitze bzw. in der Nähe der Platte treffen? Begründen Sie!

3. Die Skizzen zeigen die Feldlinienbilder zwischen ungleichnamig und gleichnamig geladenen Kugeln.

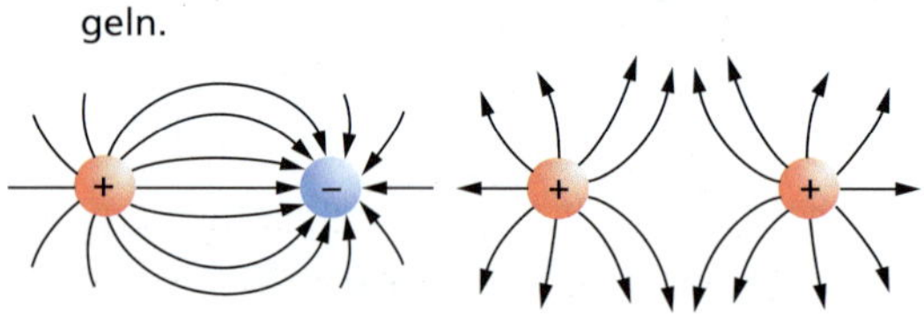

a) Welche Kräfte wirken zwischen ungleichnamig bzw. zwischen gleichnamig geladenen Kugeln?

b) Wie könnte man diese Kräfte mit dem Modell Feldlinienbild deuten?

4. Begründen Sie, dass eine Feldlinie eines elektrischen Felds immer senkrecht auf einer Leiteroberfläche steht!

5. Im Internet finden Sie unter der Adresse www.schulphysik.de/java/physlet/ die Möglichkeit, Feldlinienbilder zu simulieren. Probieren Sie es aus! Präsentieren Sie besonders interessante Varianten Ihren Mitschülern!

6. Empfindliche elektronische Geräte oder auch manche Räume müssen von äußeren elektrischen Feldern abgeschirmt werden. Wie kann man das erreichen?

7. Die Struktur elektrischer Felder kann experimentell erkundet werden. Die Abbildungen zeigen einige Beispiele.

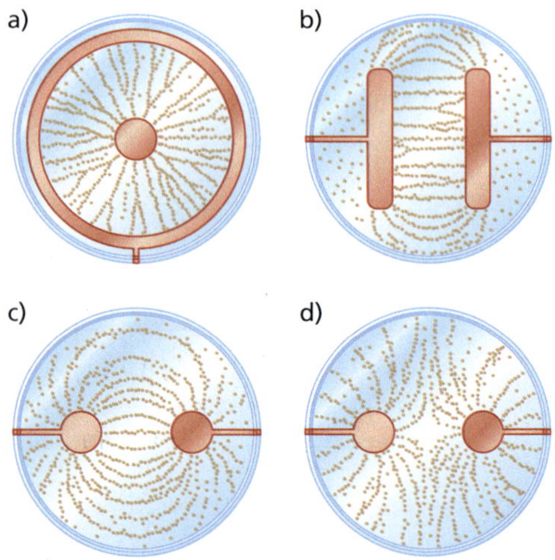

Skizzieren Sie im Heft die Feldlinienbilder dieser elektrischen Felder! Handelt es sich um homogene oder um inhomogene Felder?

8. Elektrische Felder sind überall in unserer Umgebung vorhanden.

a) Erkunden Sie, welche Feldstärken dabei auftreten und ob damit gesundheitliche Gefährdungen verbunden sind!

b) Erkunden und präsentieren Sie eine Möglichkeit für den Nachweis eines elektrischen Felds!

***9.** Zur Bestimmung der Stärke eines elektrischen Felds kann man folgendermaßen vorgehen: An die betreffende Stelle werden zwei kleine leitende Platten gebracht. Diese an isolierten Stielen befestigten Platten werden im Feld getrennt, die auf ihnen influenzierte Ladung wird gemessen. An einer Stelle beträgt die auf den Platten ($r = 2$ cm) influenzierte Ladung $2{,}7 \cdot 10^{-10}$ C. Wie groß ist die elektrische Feldstärke an dieser Stelle?

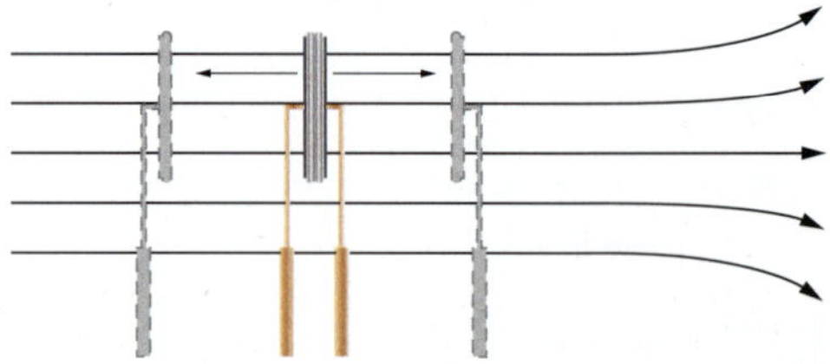

10. Zwischen zwei parallelen Platten liegt eine Spannung von 55 V. Der Abstand der Platten beträgt 20 cm.

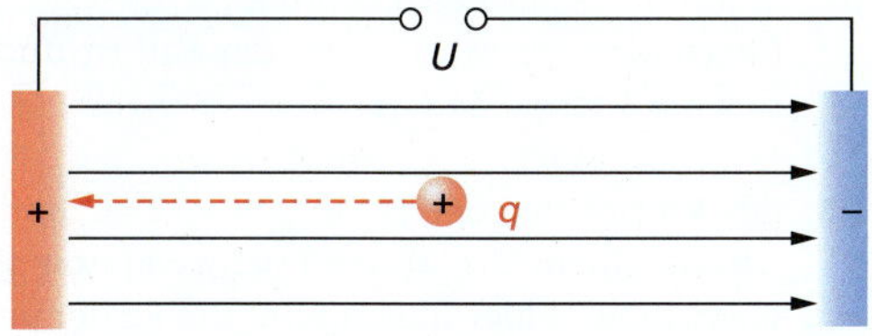

a) Wie groß ist die elektrische Feldstärke?

b) Eine positive Ladung $q = 3{,}2 \cdot 10^{-8}$ C wird von der Mitte zwischen den Platten bis zur positiven Platte transportiert. Wie groß ist die Veränderung der potenziellen Energie?

c) Bestimmen Sie das Potenzial für die Endlage der Ladung q! Für die negativ geladene Platte sei das Potenzial null.

11. An einem Plattenkondensator liegt eine Spannung von 1,5 kV.

a) Welche Arbeit ist erforderlich, um eine positive Ladung $q = 6{,}5 \cdot 10^{-6}$ C von der negativ geladenen Platte zur anderen zu transportieren?

b) Wie groß ist die Potenzialdifferenz zwischen der negativ geladenen Platte und einem Punkt in der Mitte zwischen den Platten? Begründen Sie!

12. Zwischen zwei Kondensatorplatten mit einem Abstand von 3,2 cm liegt eine Spannung von 1,5 kV. In das Feld wird ein Körper mit einer Ladung von 20 nC gebracht.
Wie groß ist die Kraft auf diesen Körper?

13. Im homogenen Feld eines Plattenkondensators herrscht eine Feldstärke von $7{,}0 \cdot 10^4 \,\frac{\text{V}}{\text{m}}$. Der Plattenabstand beträgt 1,2 cm, die Fläche 245 cm^2.

a) Wie groß ist die Spannung zwischen beiden Platten?

b) Ein Punkt ist 0,40 cm von der negativen Platte ($\varphi = 0$) entfernt. Bestimmen Sie das Potenzial dieses Punkts bezüglich beider Platten!

c) Welche Energie ist im Kondensator gespeichert?

14. Ein Elektron hat eine Ladung von $1{,}6 \cdot 10^{-19}$ C und eine Masse von $9{,}1 \cdot 10^{-31}$ kg.

a) Vergleichen Sie die Gewichtskraft eines Elektrons mit der nach oben gerichteten Feldkraft im Feld eines waagerecht angeordneten Plattenkondensators!
Der Plattenabstand beträgt 10 cm, die Spannung zwischen den Platten 1,0 V.

b) Wie bewegt sich das Elektron aufgrund der wirkenden Kräfte?

15. Bei elektrischen Schaltungen erfolgt häufig eine Erdung, d.h., ein Pol wird mit der Erde verbunden. Ihm wird das Potenzial null zugeordnet. Die Skizze zeigt ein Beispiel.

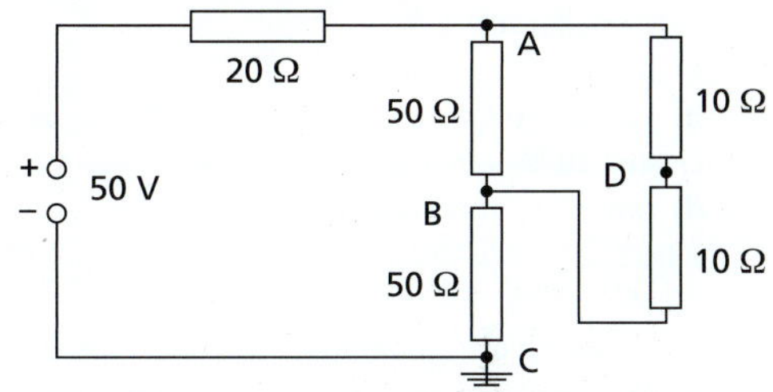

a) Berechnen Sie den Gesamtwiderstand und die Gesamtstromstärke für diese Schaltung!

b) Geben Sie die Potenzialdifferenzen zwischen Punkt C und den Punkten A, B und D an!

16. Zwei Plattenkondensatoren von 4 µF und 10 µF werden an eine 10-V-Gleichspannungsquelle
a) einzeln, **b)** in Reihe, **c)** parallel
geschaltet angeschlossen.
Wie groß sind die jeweiligen Kondensatorspannungen und die Ladungen der Platten?

17. Ein Plattenkondensator wird mit einer Spannungsquelle von 450 V verbunden. Bei welchem Plattenabstand wird die Luftstrecke durchschlagen, wenn die Durchschlagsfestigkeit der Luft 20 $\frac{\text{kV}}{\text{cm}}$ beträgt?

18. Ein Kondensator soll über einen Widerstand entladen und die Entladestromstärke nach jeweils gleichen Zeiten gemessen werden.

a) Entwerfen Sie eine Schaltung zur Aufnahme einer solchen Messreihe!

b) Bei einer Messung wurden die folgenden Werte registriert:

***t* in s**	0	3	6	9	12	15
***I* in µA**	130	91	68	51	35	26

Zeichnen Sie das Diagramm! Interpretieren Sie es!

c) Ermitteln Sie aus dem Diagramm die Zeiten, in denen die Stromstärke auf die Hälfte bzw. auf ein Viertel der Anfangsstromstärke gefallen ist!

d) Welche Möglichkeiten gibt es, die ursprüngliche Ladung des Kondensators zu bestimmen? Schätzen Sie die Ladung ab!

19. Ein Plattenkondensator wird aufgeladen und dann von der Spannungsquelle getrennt. Wie ändern sich Feldstärke und Spannung, wenn der Plattenabstand

a) halbiert,

b) verdoppelt,

c) auf 10 % verringert,

d) um 30 % vergrößert

wird?

20. Wird bei einem geladenen, von der Spannungsquelle getrennten Kondensator der Plattenabstand vergrößert, so vergrößert sich auch die im Feld gespeicherte Energie.
Woher kommt diese zusätzliche Energie?

21. Die Erde besitzt ein zur Erdoberfläche gerichtetes elektrisches Feld, das an der Erdoberfläche im Mittel eine Stärke von 130 $\frac{\text{V}}{\text{m}}$ hat.

a) Welches Vorzeichen hat demzufolge die Ladung der Erde?

b) Welche Kraft würde im Erdfeld auf einen Körper mit der Ladung 5 nC wirken?

22. Am Ende eines 1,5 m langen Fadens ist eine geladene kleine Kugel mit einer Masse von 0,5 g angebracht. Bringt man diese Kugel in ein homogenes elektrisches Feld, so wird sie um 5 cm ausgelenkt.

a) Skizzieren Sie eine solche Anordnung und tragen Sie in die Skizze alle wirkenden Kräfte ein!

b) Wie groß ist die auf die Kugel wirkende elektrische Feldkraft?

23. Ein Kondensator mit einer Kapazität von 2,4 µF wird mit einer Spannung von 120 V aufgeladen.

a) Wie viel Energie ist dann in ihm gespeichert?

b) Wie hoch könnte man mit dieser Energie einen 10 g schweren Körper heben?

c) Mit welcher Geschwindigkeit müsste sich ein 10 g schwerer Körper bewegen, damit er die Energie besitzt, die im Kondensator gespeichert ist?

24. Zwei Kondensatoren C_1 und C_2 mit unterschiedlichen Kapazitäten sind in Reihe geschaltet. Werden sie parallel geschaltet, so ändert sich die in ihnen gespeicherte Energie.
Begründen Sie, warum das der Fall ist und wie sich die Energie ändert!

25. Ein Körper mit der Ladung q = 12 nC befindet sich an einem Ort, an dem sich zwei homogene elektrische Felder überlagern. Die Felder verlaufen senkrecht zueinander und haben die Feldstärken $E_1 = 10\ \frac{\text{V}}{\text{m}}$ und $E_2 = 20\ \frac{\text{V}}{\text{m}}$.

a) Skizzieren Sie den Sachverhalt und zeichnen Sie die Feldstärken ein!

b) Bestimmen Sie die resultierende Feldstärke und die Kraft, die auf die Ladung wirkt!

26. Kräfte zwischen zwei geladenen Körpern kann man mit der Fernwirkungstheorie oder mit der Nahwirkungstheorie erklären. Bereiten Sie ein Kurzreferat zu diesen beiden Theorien vor! Gehen Sie dabei auf die Bedeutung der Theorien in der Geschichte der Physik ein!

27. Ein kleiner Wattebausch (m = 0,15 g) mit einer Ladung von $+5 \cdot 10^{-9}$ C soll zwischen zwei horizontal angeordneten Kondensatorplatten (d = 5 cm) schweben.

a) Skizzieren Sie den Sachverhalt! Zeichnen Sie alle wirkenden Kräfte ein!

b) Welche Spannung muss zwischen den Kondensatorplatten anliegen, wenn der Wattebausch schweben soll? Was geschieht, wenn die Spannung vergrößert wird?

28. Zwei je 1,0 g schwere und gleichnamig geladene Kugeln sind an 1,0 m langen Fäden befestigt. Sind beide Fäden an dem gleichen Aufhängepunkt befestigt, so stellt sich ein Mittelpunktabstand von 10 cm ein.

a) Wie groß sind Auslenkwinkel, abstoßende Kraft und Betrag der Ladung einer Kugel?

b) Skizzieren Sie das Feldlinienbild!

c) Wie groß ist die Feldstärke des Felds der einen Kugel am Ort der anderen Kugel?

d) Wie ändert sich der Kugelabstand, wenn die Ladungen beider Kugeln halbiert bzw. verdoppelt werden?

e) Beide Kugeln tragen die gleiche Ladung Q, ihr Abstand beträgt r. Stellen Sie den Zusammenhang zwischen Q und r grafisch dar! Interpretieren Sie das Diagramm!

2 Statisches magnetisches Feld

2.1. Magnetische Felder von Dauer- und Elektromagneten

Hans Christian Oersted entdeckte 1820, dass ein stromdurchflossener Leiter eine Magnetnadel beeinflusst.

Das Phänomen des Magnetismus ist schon seit dem Altertum bekannt. Elektromagnetismus wurde erstmals 1820 von dem dänischen Physiker Hans Christian Oersted (1777–1851) nachgewiesen.

> Magnete sind Körper, die auf andere Körper in ihrer Umgebung (Körper aus Eisen, Nickel oder Cobalt, stromdurchflossene Leiter) Kräfte ausüben.

Dabei wird zwischen **Dauermagneten (Permanentmagneten)** und **Elektromagneten** unterschieden. Dauermagnete bestehen aus **ferromagnetischen Stoffen.** Das sind z. B. Stoffe mit einem hohen Anteil an Eisen, Nickel oder Cobalt. Körper aus diesen Stoffen werden von Magneten angezogen. Das hängt mit ihrer Struktur zusammen (↗ S. 51).

In der Technik genutzte **Elektromagnete** bestehen zumeist aus einer Spule mit Eisenkern.

Eine magnetische Wirkung tritt auch um stromdurchflossene Leiter, insbesondere stromdurchflossene Spulen auf. Stromdurchflossene Spulen werden als **Elektromagnete** (Abb. 2) bezeichnet.

Ein Magnet übt auf andere Magnete und auf Körper aus ferromagnetischen Stoffen Kräfte aus. Die Bereiche mit der größten magnetischen Kraft werden als **Magnetpole** bezeichnet. Da sich eine kleine Magnetnadel im Magnetfeld der Erde in Nord-Süd-Richtung ausrichtet, bezeichnet man die Pole eines Magneten mit Nord (N) und Süd (S).

Körper aus ferromagnetischen Stoffen werden von einem Magneten angezogen. Drehbar gelagerte Körper richten sich im Bereich eines Magneten aus.

Gleichnamige Magnetpole stoßen sich ab.	Ungleichnamige Magnetpole ziehen sich an.
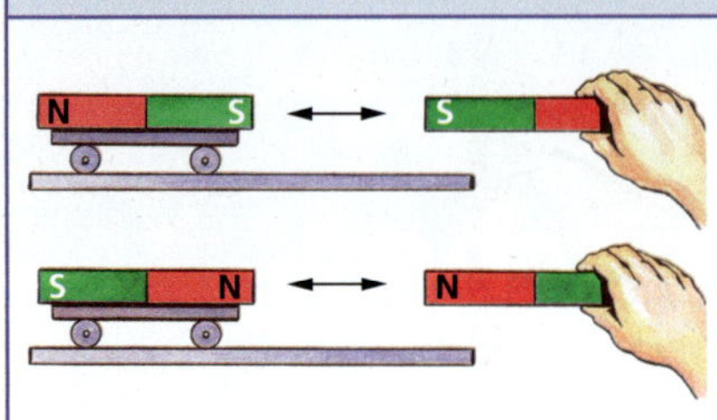	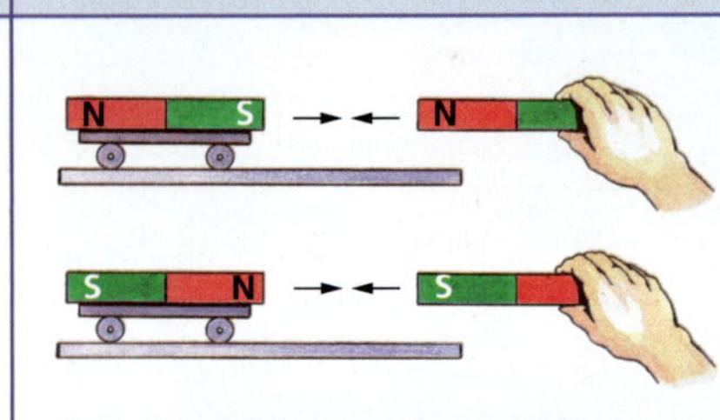

Dauermagnete werden heute meist aus Legierungen und Oxidwerkstoffen (Barium- und Eisenoxid, Neodym) hergestellt. Sie können in verschiedene Formen gebracht werden.

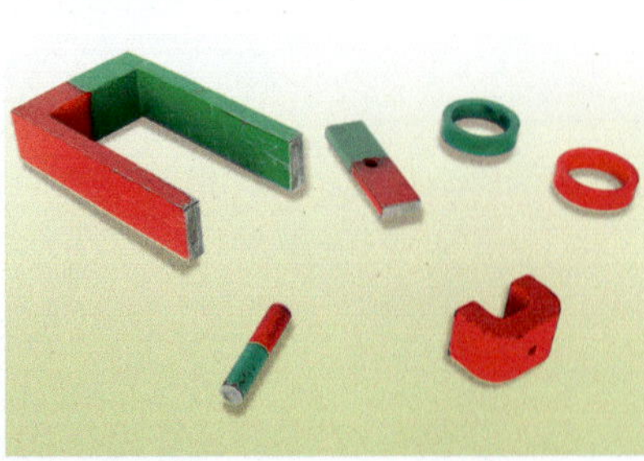

1 Dauermagnete unterschiedlicher Form

2 Eine Spule mit Eisenkern bildet einen Elektromagneten.

Jedem Magneten können mindestens ein **Nordpol** und ein **Südpol** zugeordnet werden.

Der Raum um einen Magneten, in dem auf andere Magnete oder auf Körper aus ferromagnetischen Stoffen Kräfte ausgeübt werden, befindet sich in einem besonderen Zustand. In ihm existiert ein **magnetisches Feld.**

Ein magnetisches Feld ist der Zustand des Raums um einen Magneten, in dem auf andere Magnete bzw. Körper aus ferromagnetischen Stoffen Kräfte ausgeübt werden.

Auch wenn man einen Magneten zerteilt, hat jeder Teil wieder mindestens zwei Pole, einen Nordpol und einen Südpol. Keramische Magnete können auch mehr als ein Polpaar haben, wie das Feldlinienbild des Magneten aus einem Fahrraddynamo zeigt.

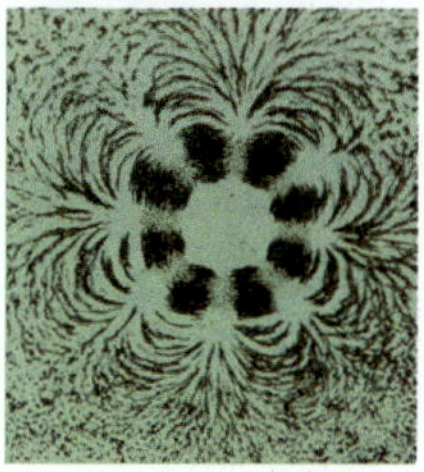

Ein magnetisches Feld ist nur an seinen Wirkungen erkennbar und damit nachweisbar. Wir haben kein Sinnesorgan dafür.
Magnetische Felder können wie elektrische Felder mithilfe von **Feldlinienbildern** dargestellt werden. Ein Feldlinienbild als Modell des magnetischen Felds macht Aussagen über die Kräfte auf Probekörper (z. B. kleine Magnete). Dabei gelten analoge Aussagen wie für Feldlinienbilder elektrischer Felder (↗ S. 22).
Der Verlauf von Feldlinien lässt sich experimentell mithilfe kleiner Magnete oder mithilfe von Eisenfeilspänen darstellen.

Kleine Magnete richten sich im Magnetfeld aus.	**Eisenfeilspäne ordnen sich im Magnetfeld zu Ketten an.**
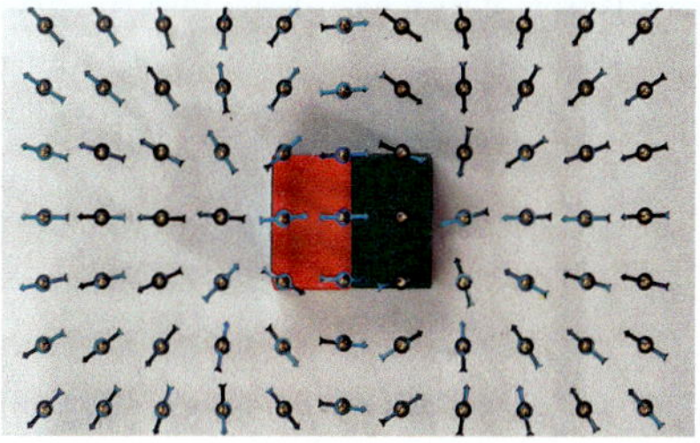	

Zeichnet man anstelle der Ketten aus Eisenfeilspänen Linien, so erhält man ein Feldlinienbild des Magnetfelds.

Das Feldlinienbild eines Magnetfelds ist ein Modell des real existierenden magnetischen Felds.

Feldlinienbild eines Stabmagneten	**Feldlinienbild eines Hufeisenmagneten**
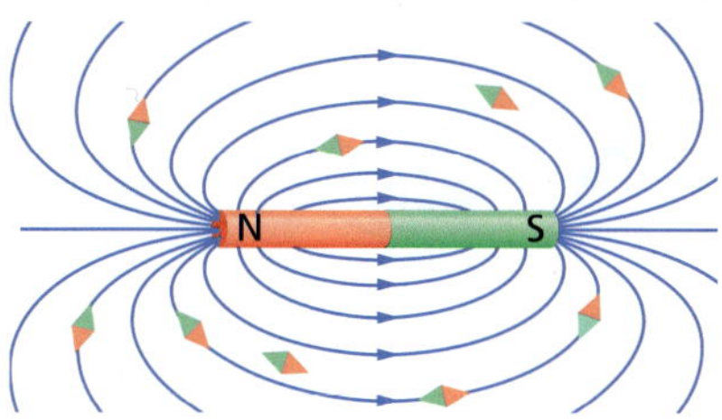	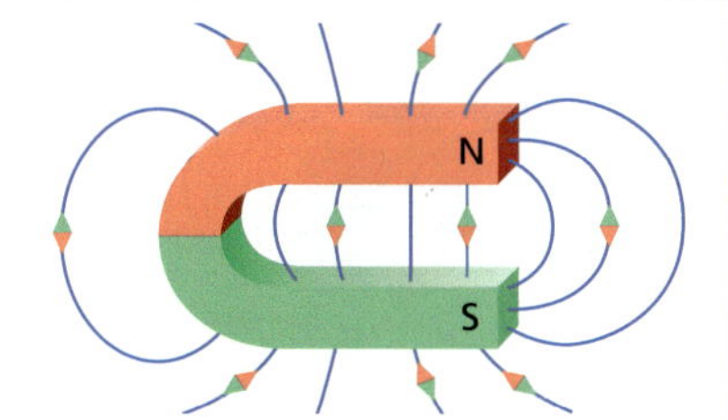

Kleine Magnetnadeln richten sich im magnetischen Feld so aus, dass sie parallel zu den Feldlinien sind.
Die Richtung der Feldlinien gibt bei Dauermagneten die Richtung der Kraft auf einen magnetischen Nordpol an.

Die Richtung der Feldlinien ergibt sich aus folgender Regel: Zeigt der Daumen der rechten Hand in Stromrichtung (von + nach –), dann geben die gekrümmten Finger die Richtung der Feldlinien an.

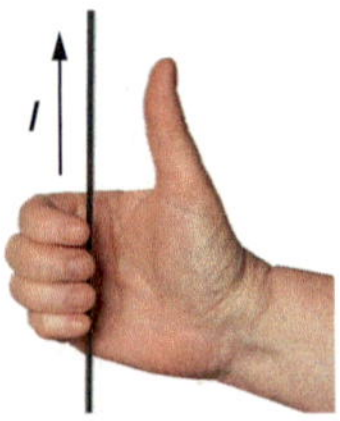

Feldlinienbild um einen stromdurchflossenen Leiter	**Feldlinienbild einer stromdurchflossenen Spule**
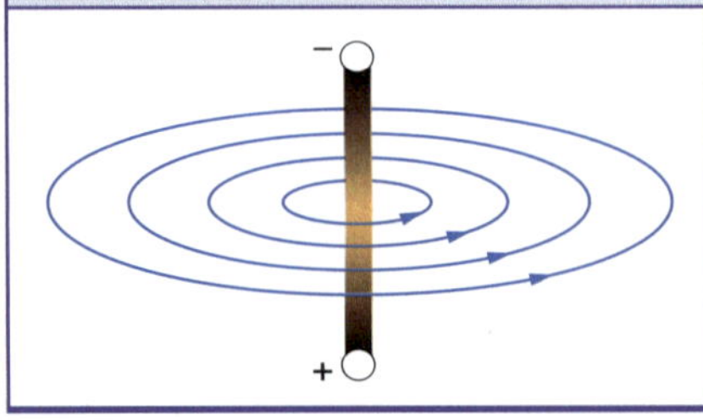	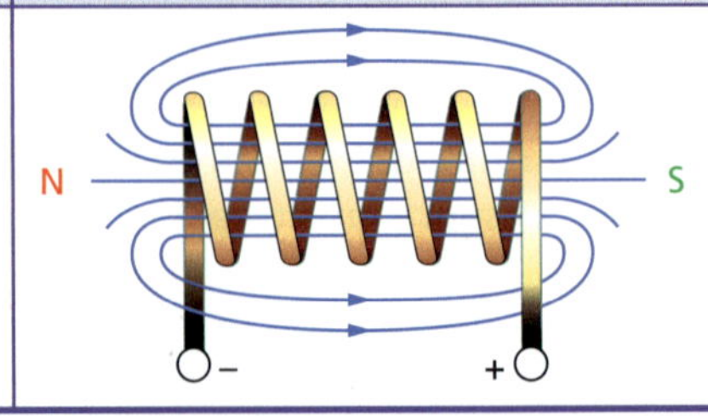

Magnetische Feldlinien sind im Unterschied zu elektrischen Feldlinien geschlossen. Sie haben keinen Anfang und kein Ende. Deshalb kann man nach dem Verlauf der Feldlinien ein Magnetfeld im Unterschied zu einem elektrischen Feld (↗ S. 24) auch folgendermaßen charakterisieren:

> Ein magnetisches Feld ist ein quellenfreies Wirbelfeld.

Diese Aussage gilt ebenfalls für Permanentmagnete, selbst wenn man dort aus Gründen der Zweckmäßigkeit keine geschlossenen Linien zeichnet.

Das Magnetfeld der Erde

Ursachen des **Erdmagnetfelds** sind Ströme im Innern der Erde, die durch eine Art selbsterregten Dynamo zustande kommen.

Die Erde ist ein großer, wenn auch relativ schwacher Magnet. Die magnetischen Pole liegen in der Nähe der geografischen Pole, wobei sich im Norden der magnetische Südpol und im Süden der magnetische Nordpol befinden. Die Lage der Pole ändert sich mit der Zeit.
In Erdnähe ist die Form des Erdmagnetfelds vergleichbar mit dem Magnetfeld eines riesigen Stabmagneten (↗ S. 49).
Untersuchungen mithilfe von Satelliten haben ergeben, dass das Erdmagnetfeld durch die von der Sonne ausgehende Strahlung von geladenen Teilchen (Sonnenwind) erheblich deformiert wird und dass es auf der sonnenabgewandten Seite weit in den Raum hinausreicht. Das Erdmagnetfeld beeinflusst erheblich die Bewegung geladener Teilchen.

Durch den Sonnenwind wird das Erdmagnetfeld in Richtung Sonne regelrecht „zusammengedrückt“. Der Schweif in Gegenrichtung reicht weit in den Weltraum hinaus.

Magnetfeld der Erde in Erdnähe	**Magnetfeld der Erde in größerer Entfernung von ihr**
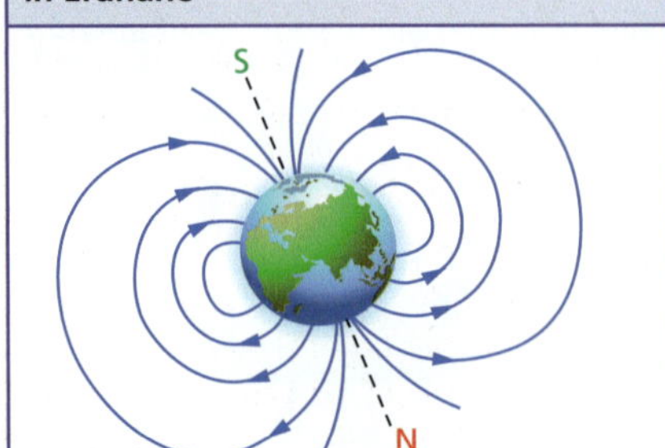	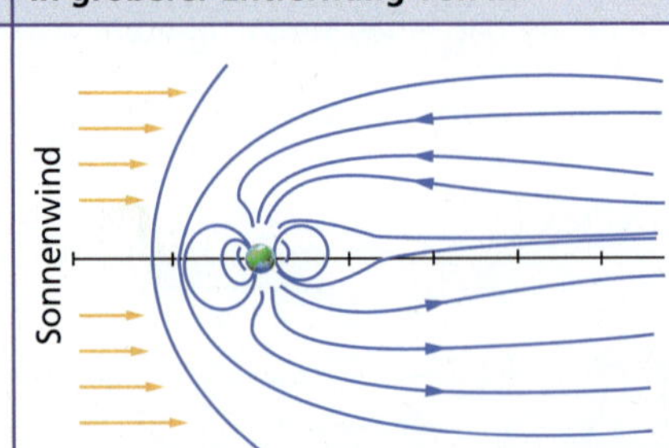

Dauermagnete und weißsche Bezirke

Bei der Magnetisierung wird ein Körper zu einem Dauermagneten. Durch Entmagnetisierung kann man die magnetischen Eigenschaften eines Dauermagneten aufheben.
Grundsätzlich besitzt jeder Stoff magnetische Eigenschaften. Verschiedene Materialien zeichnen sich aber durch eine Besonderheit ihrer inneren Struktur aus. Sie bestehen aus winzigen magnetischen Bereichen (in der Größenordnung von 0,01 bis 0,1 mm), die allerdings regellos angeordnet sind (Abb. 1). In einem solchen Bereich besteht aber die gleiche magnetische Ausrichtung. Man nennt diese Bereiche nach dem französischen Physiker PIERRE ERNEST WEISS (1865–1940) **weißsche Bezirke.** Alle Stoffe, in denen weißsche Bezirke existieren, sind **ferromagnetisch.** Zu diesen Stoffen gehören Eisen, Nickel und Cobalt sowie verschiedene Legierungen. Aufgrund ihrer regellosen Anordnung kompensieren sich die schwachen Magnetfelder der weißschen Bezirke, sodass nach außen hin keine magnetische Wirkung auftritt.
Bringt man eine ferromagnetische Substanz in ein äußeres Magnetfeld, dann richten sich einige weißsche Bezirke entlang den magnetischen Feldlinien des äußeren Felds aus. Je stärker dieses äußere Feld ist, desto größer ist der Ausrichtungseffekt. Bei einer hohen „Feldstärke" tritt Sättigung ein. Dann sind alle weißschen Bezirke im ferromagnetischen Stoff einheitlich ausgerichtet (Abb. 2). Diesen Vorgang bezeichnet man als **Magnetisierung.** Schaltet man das äußere Feld ab, dann bleibt bei magnetisch harten Stoffen die Ausrichtung der einzelnen Bereiche erhalten. Die Teilfelder überlagern sich zu einem kräftigen Magnetfeld. Ein Dauermagnet ist entstanden. Den beschriebenen Effekt kann man zum Beispiel beobachten, wenn man eisenhaltige Kleinteile wie Schrauben oder Nägel über längere Zeit in der Nähe eines kräftigen Dauermagneten aufbewahrt. Die Kleinteile sind dann selbst magnetisch geworden. Bei magnetischen weichen Stoffen geht die Ausrichtung der weißschen Bezirke schnell wieder verloren. Wird ein magnetisierter Stoff erhitzt, dann nimmt die Wärmebewegung seiner Teilchen zu. Dabei wird auch die Ausrichtung der weißschen Bezirke zerstört, bis sie bei sehr hoher Temperatur, der sogenannten **Curie-Temperatur** (benannt nach PIERRE CURIE, 1859–1906), schließlich wieder regellos im Stoffverbund angeordnet sind. Dadurch verliert der Stoff seine magnetischen Eigenschaften, er liegt nun wieder im entmagnetisierten Zustand vor. Bei Eisen beträgt diese Temperatur 770 °C.

1 Regellos angeordnete weißsche Bezirke

2 Ausgerichtete weißsche Bezirke

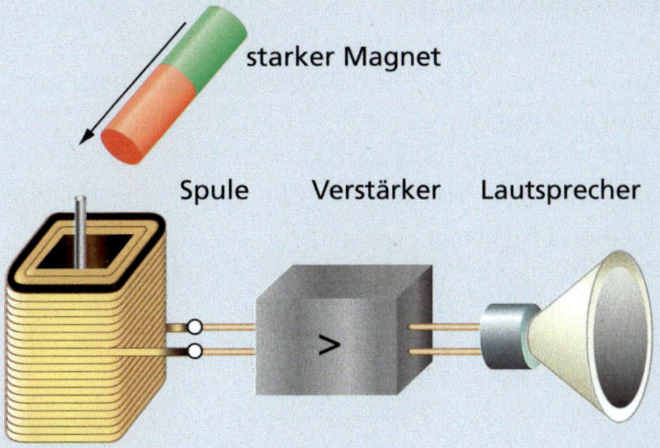

3 Barkhausen-Effekt

Ein experimenteller Beleg für die Existenz der weißschen Bezirke ist der Barkhausen-Effekt, benannt nach HEINRICH BARKHAUSEN (1881–1956).
Im Versuch wird dabei das Umklappen einzelner weißscher Bezirke hörbar gemacht. Um das zu erreichen, bringt man einen dünnen Eisendraht in eine Spule mit vielen Windungen. Die Spulenenden werden über einen Verstärker mit einem Lautsprecher verbunden (Abb. 3). Nähert man dem Eisendraht sehr langsam einen Magneten, so hört man im Lautsprecher ein Rauschen. Beim Ausrichten der weißschen Bezirke entsteht jeweils ein Spannungsstoß. Entfernt man den Magneten, tritt dieses Rauschen erneut auf: Die weißschen Bezirke geraten wieder in Unordnung. Bei einem Stahldraht tritt das Rauschen nur beim ersten Annähern auf, beim Entfernen nicht mehr. Ursache: Die Ausrichtung der weißschen Bezirke bleibt bei Stahl erhalten.

Magnetspeicher

Um Ton- und Bildinformationen zu speichern, müssen diese als Signale auf ein entsprechendes Speichermedium geprägt werden, von dem sie auch wieder abgerufen werden können. Weitverbreitet sind Magnetspeicher.
Zu solchen Speichern gehören **Magnetbänder** für Diktiergeräte, Videorekorder und Camcorder sowie **Magnetplatten** bei Festplatten von Computern und Speichern von Spielkonsolen.

Auf Magnetbändern können analoge oder digitale Signale gespeichert werden. Auf Disketten und Festplatten speichert man digitale Signale, weil nur diese von Computern verarbeitet werden können. Die Festplatte eines Computers besteht meist aus mehreren übereinander angeordneten Magnetplatten.
Das Grundprinzip der magnetischen Speicherung ist überall gleich: Auf eine Trägerschicht ist eine sehr dünne, magnetisierbare Schicht aufgebracht, die häufig aus Cobalt und Nickel besteht. Die weißschen Bezirke dieser Schicht sind zunächst ungeordnet. Zum Speichern wird das Magnetband oder die Magnetplatte an einer Spule, dem Aufnahme- oder Schreibkopf, vorbeigeführt (Abb. 1a). Durch das Magnetfeld dieser Spule, das sich entsprechend den

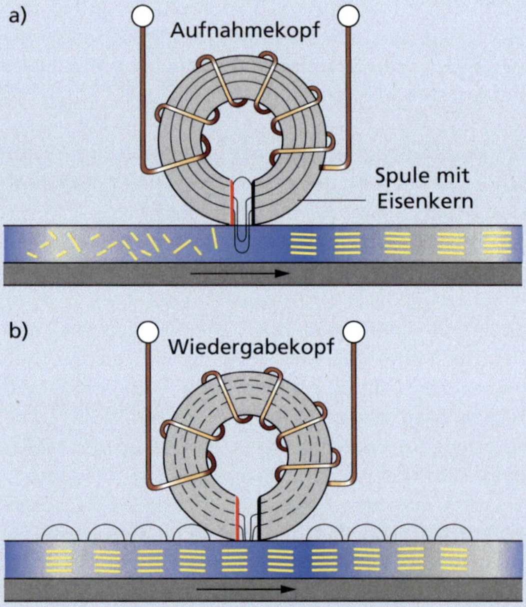

1 Aufnahme (a) und Wiedergabe (b) bei einem Magnetband

2 Das Speichermedium einer Festplatte ist eine Magnetplatte.

Signalen ändert, erfolgt eine Ausrichtung der weißschen Bezirke und damit eine Magnetisierung. Das Abbild des Signals ist in der Ausrichtung der weißschen Bezirke gespeichert. Durch starke Magnetfelder kann sich diese Ausrichtung ändern. Deshalb gilt für alle Arten solcher Magnetspeicher:

Magnetspeicher dürfen keinen starken Magnetfeldern ausgesetzt werden.

Beim Auslesen des Signals wird das magnetisierte Band am Wiedergabe- oder Lesekopf vorbeigeführt (Abb. 1b), wobei durch die sich ändernden Magnetfelder in der Spule eine Spannung hervorgerufen wird, die ein Abbild der gespeicherten Informationen ist.

Analoge Signale sind durch die kontinuierliche Änderung einer Größe gekennzeichnet (z. B. Spannungsschwankungen).	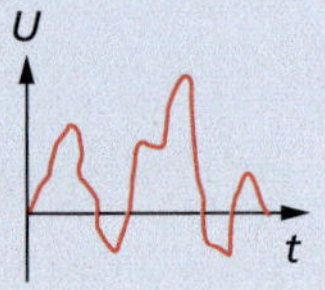
Digitale Signale sind durch zwei unterschiedliche Zustände charakterisiert (1 oder 0, L oder O, ein oder aus).	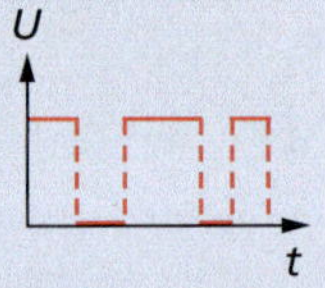

Bei **Videobändern** wendet man wegen der großen Datenmengen folgenden Trick an: Aufnahme- und Wiedergabeköpfe sind auf einer Trommel befestigt, die mit 1500 Umdrehungen je Minute rotiert. Die Daten werden in Schrägspuren nebeneinander auf dem Videoband gespeichert. Als Lebensdauer von Magnetspeichern gelten heute etwa 10 Jahre.

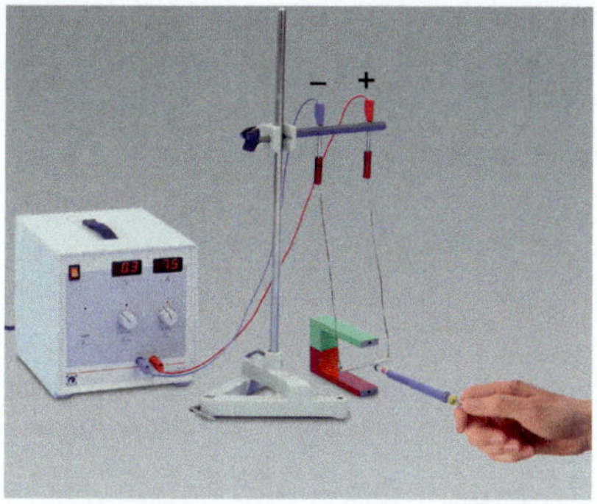

1 Der Kraftmesser zeigt die auf das Leiterstück wirkende Kraft an.

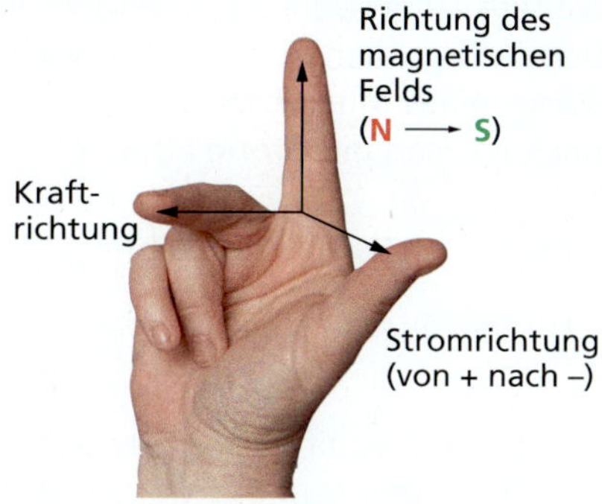

2 Die Richtung der Kraft kann mit der UVW-Regel bestimmt werden.

Die UVW-Regel wird auch als Rechte-Hand-Regel bezeichnet.
Ursache U: Stromfluss
Vermittlung V: Magnetfeld
Wirkung W: Kraft auf Leiter

2.2. Beschreibung magnetischer Felder durch eine Größe

Die Stärke eines elektrischen Felds lässt sich durch die elektrische Feldstärke E (↗ S. 26 ff.) genauer kennzeichnen. In analoger Weise lässt sich ein Magnetfeld charakterisieren. Wir betrachten dazu die Kraft, die im Magnetfeld auf einen stromdurchflossenen Leiter ausgeübt wird.
Aus dem bisherigen Physikunterricht ist bereits bekannt: Befindet sich ein stromdurchflossener Leiter in einem Magnetfeld, so wird auf ihn eine Kraft ausgeübt.
Erste experimentelle Untersuchungen zeigen, dass die Kraft abhängig ist von
- der Stärke des Magnetfelds, in dem sich der Leiter befindet,
- der Stromstärke durch den Leiter und
- der Länge des Leiterstücks, das sich im Magnetfeld befindet.

Zur genaueren experimentellen Untersuchung der Zusammenhänge wird ein Leiterstück in ein homogenes Magnetfeld gebracht. Das stromdurchflossene Leiterstück der Länge l steht senkrecht zu den Feldlinien des Magnetfelds. Die Kraft auf das stromdurchflossene Leiterstück kann mit einem Federkraftmesser oder mit einem Kraftsensor gemessen werden.

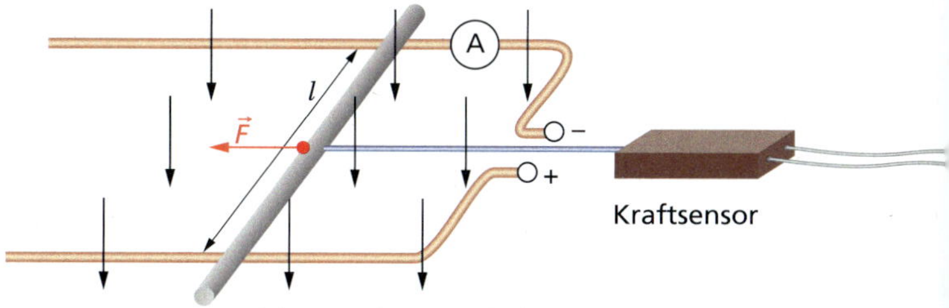

Die experimentelle Untersuchung der Zusammenhänge ergibt:
- Bei konstanter Länge l ist die Kraft umso größer, je größer die Stromstärke ist: $F \sim I$
- Bei konstanter Stromstärke ist die Kraft umso größer, je länger der stromdurchflossene Leiter ist, der sich im Magnetfeld befindet: $F \sim l$

Die Zusammenfassung der Proportionalitäten ergibt:

$$F \sim I \cdot l \quad \text{oder} \quad \frac{F}{I \cdot l} = \text{konstant}$$

Statt von magnetischer Flussdichte wird auch von **magnetischer Induktion** gesprochen.

Weitere Untersuchungen zeigen: In einem stärkeren Magnetfeld ist der Quotient größer, in einem schwächeren kleiner. Er ist somit geeignet, die **Stärke eines Magnetfelds** zu kennzeichnen. Aus historischen Gründen bezeichnet man die Größe als **magnetische Flussdichte.**

> Die magnetische Flussdichte gibt an, wie stark ein Magnetfeld ist.
>
> Formelzeichen: B
> Einheit: ein Tesla (1 T)
>
> Unter der Bedingung, dass sich ein stromdurchflossener Leiter senkrecht zu den Feldlinien eines Magnetfelds befindet, kann die magnetische Flussdichte berechnet werden mit der Gleichung:
>
> $B = \frac{F}{I \cdot l}$
>
> F Kraft auf den stromdurchflossenen Leiter
> I Stromstärke durch den Leiter
> l Länge des Leiters im Magnetfeld

Analog ist die Richtung der elektrischen Feldstärke gleich der Richtung der Feldlinien des elektrischen Felds. Benannt ist die Einheit der **magnetischen Flussdichte** nach dem kroatischen Elektrotechniker und Physiker NICOLA TESLA (1856 bis 1943).

Die Richtung der magnetischen Flussdichte ist gleich der Richtung der Feldlinien des magnetischen Felds. Für die Einheit ergibt sich aus der Definitionsgleichung $1\,\frac{\text{N}}{\text{A}\cdot\text{m}}$. Diese Einheit wird als ein Tesla (1 T) bezeichnet:

$$1\,\text{T} = 1\,\frac{\text{N}}{\text{A}\cdot\text{m}}$$

Ein Leiter von 4,0 cm Länge befindet sich in einem Magnetfeld und wird von einem Strom der Stärke 5,1 A durchflossen. Auf ihn wirkt eine Kraft von $2{,}2 \cdot 10^{-2}$ N.
Wie groß ist die magnetische Flussdichte des Felds?

Analyse:
Da kein Winkel zwischen Leiter und Richtung des Magnetfelds angegeben ist, gehen wir davon aus, dass beide senkrecht zueinander sind. Dann kann die oben genannte Definitionsgleichung für die Flussdichte angewendet werden.

Gesucht: B
Gegeben: $l = 4{,}0\text{ cm} = 0{,}040\text{ m}$
$I = 5{,}1\text{ A}$
$F = 2{,}2 \cdot 10^{-2}\text{ N}$

Für die Einheiten gilt:

$1\,\frac{\text{N}}{\text{A}\cdot\text{m}} = 1\,\text{T}$

Lösung:
Für den Fall l und damit I senkrecht zu B gilt für die Flussdichte:

$$B = \frac{F}{I \cdot l}$$

$$B = \frac{2{,}2 \cdot 10^{-2}\text{ N}}{5{,}1\text{ A} \cdot 0{,}040\text{ m}}$$

$$\underline{B = 0{,}11\text{ T}}$$

Ergebnis:
Die magnetische Flussdichte des betreffenden Magnetfelds beträgt 0,11 T.

Magnetische Flussdichte in einer langen Spule

Bei einer langen, stromdurchflossenen Spule verlaufen die Feldlinien im Innern der Spule nahezu parallel und in gleichem Abstand voneinander. Das bedeutet:

Von einer langen Spule wird gesprochen, wenn die Länge der Spule groß gegenüber dem Spulendurchmesser ist.

> Das Magnetfeld im Innern einer langen, stromdurchflossenen Spule ist näherungsweise ein homogenes Feld.

Demzufolge ist die magnetische Flussdichte in diesem Teil des Felds als konstant anzunehmen. Wovon aber ist sie abhängig?

Auf der Grundlage der bisher erworbenen Kenntnisse über Magnetfelder könnte man folgende Hypothesen (begründete Vermutungen) aufstellen:

Das ist ein in der Physik typisches Herangehen. Die genutzte experimentelle Methode ist unten dargestellt.

Hypothese 1: Die magnetische Flussdichte B im Innern einer langen Spule hängt von der Stromstärke I durch die Spule ab.
Hypothese 2: Die magnetische Flussdichte B im Innern einer langen Spule vergrößert sich mit der Anzahl N der Windungen.
Hypothese 3: Die magnetische Flussdichte B im Innern einer langen Spule hängt von der Länge l der Spule ab.
Hypothese 4: Die magnetische Flussdichte B im Innern einer langen Spule hängt von der Querschnittsfläche der Spule ab.

Methode: Die experimentelle oder galileische Methode

Die Erkenntnismethode, bei der das Experiment eine zentrale Rolle spielt, wird als **experimentelle** oder **galileische Methode** bezeichnet. Diese Methode lässt sich so kennzeichnen:

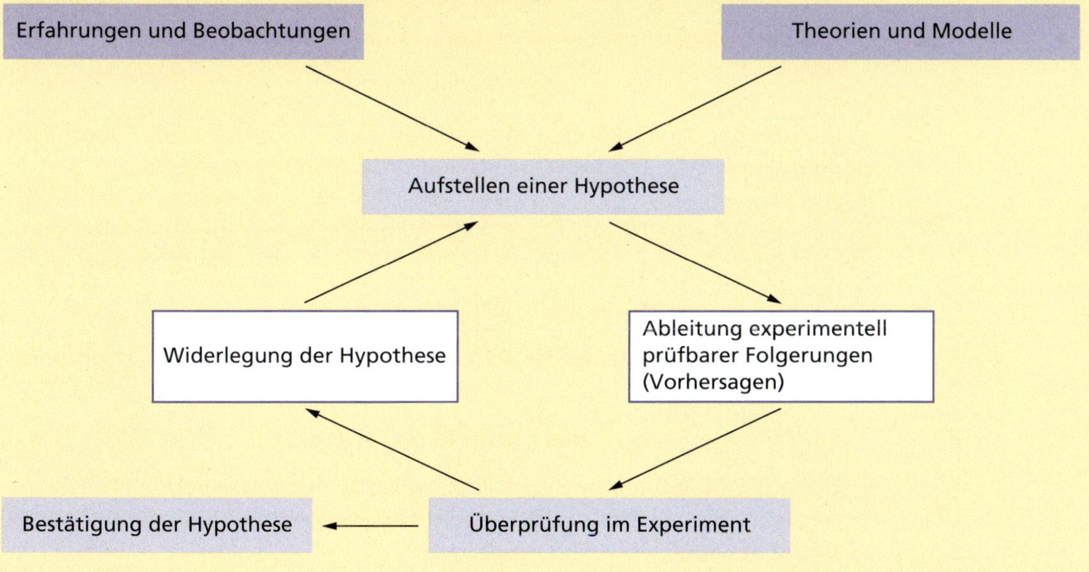

Ein Teslameter enthält einen Sensor (Hall-Sonde) zur direkten Messung der magnetischen Flussdichte. Informationen zur Wirkungsweise einer Hall-Sonde sind auf S. 80 gegeben.

Betrachten wir als Beispiel Hypothese 1 (↗ S. 55). Eine experimentell prüfbare Folgerung aus dieser Hypothese wäre: Je größer bei bestimmter Spulenlänge, bei bestimmter Windungszahl und bei bestimmtem Spulenquerschnitt die Stromstärke durch die Spule ist, desto größer ist die magnetische Flussdichte im Innern der langen Spule.

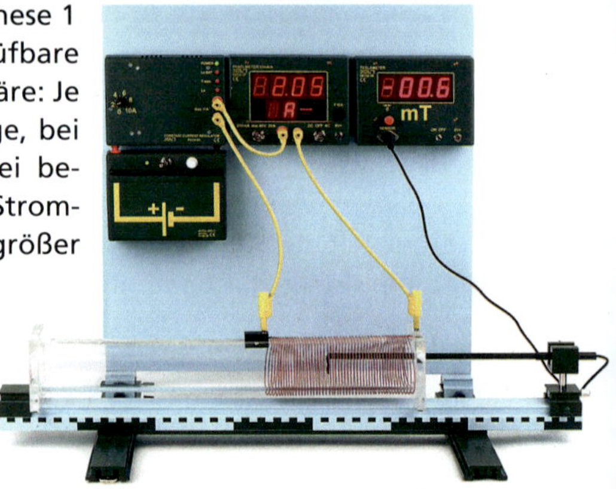

1 Versuchsanordnung zur Messung der Flussdichte in Abhängigkeit von verschiedenen Größen

Experimentell kann man das an einer Spule untersuchen, bei der die magnetische Flussdichte im Innern mit einem **Teslameter** direkt gemessen wird (Abb. 1).

Die eperimentellen Untersuchungen ergeben für eine bestimmte Spule:

I in A	*B* in mT
0,20	0,13
0,40	0,24
0,60	0,39
0,80	0,49
1,0	0,65
1,2	0,75
1,4	0,88

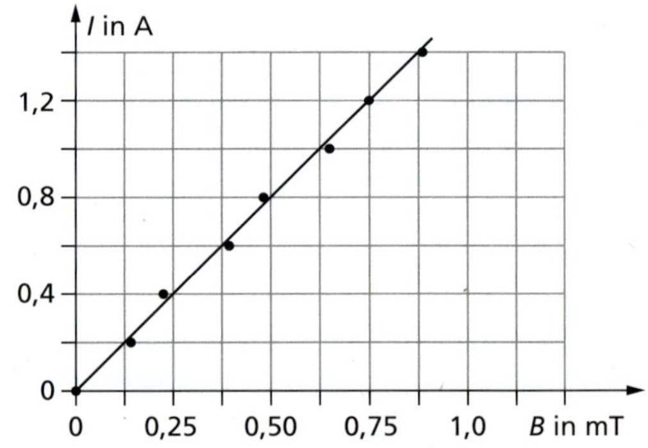

Aus dem Diagramm oder durch Berechnung ergibt sich:

$$B \sim I \quad \text{oder} \quad \frac{B}{I} = \text{konstant}$$

In analoger Weise können die anderen auf S. 55 genannten Hypothesen geprüft werden. Die experimentellen Untersuchungen ergeben:

Die magnetische Flussdichte *B* ist der Windungszahl *N* der Spule direkt proportional:

$$B \sim N \text{ (bei konstantem } I, A \text{ und } l)$$

Die magnetische Flussdichte *B* ist der Länge *l* der Spule indirekt proportional:

$$B \sim \frac{1}{l} \text{ (bei konstantem } I, A \text{ und } N)$$

Die auf S. 55 genannte Hypothese 4 erweist sich bei experimentellen Untersuchungen als falsch. Die Flussdichte hängt nicht von der Querschnittsfläche der Spule ab.

Eine Zusammenfassung aller Proportionalitäten ergibt:

$$B \sim \frac{I \cdot N}{l} \quad \text{oder} \quad \frac{B \cdot l}{I \cdot N} = \text{konstant}$$

Der konstante Proportionalitätsfaktor wird als **magnetische Feldkonstante** μ_0 bezeichnet. Diese Feldkonstante hat folgenden Wert:

$$\mu_0 = 4\pi \cdot 10^{-7}\ \frac{\text{V} \cdot \text{s}}{\text{A} \cdot \text{m}} = 1{,}257 \cdot 10^{-6}\ \frac{\text{V} \cdot \text{s}}{\text{A} \cdot \text{m}}$$

Befindet sich im Innern der Spule ein Körper aus ferromagnetischem Stoff, z. B. ein Eisenkern, so vergrößert sich die Flussdichte um den Faktor μ_r, die **Permeabilitätszahl.**
Zusammenfassend ergibt sich damit:

Die magnetische Flussdichte im Innern einer langen, stromdurchflossenen Spule, kann berechnet werden mit der Gleichung:

$$B = \mu_0 \cdot \mu_r \cdot \frac{I \cdot N}{l}$$

μ_0	magnetische Feldkonstante	I	Stromstärke durch die Spule
μ_r	Permeabilitätszahl	l	Länge der Spule
N	Windungszahl der Spule		

Die **Permeabilitätszahl** oder relative Permeabilität ist eine Stoffkonstante. Sie gibt an, wievielmal so groß die magnetische Flussdichte in einer Spule wird, wenn sich in ihrem Innern statt eines Vakuums bzw. Luft ein Stoff befindet.

Für das Vakuum und für Luft ist $\mu_r = 1{,}000$. Für Eisen beträgt ihr Wert je nach Zusammensetzung 250–600, bei speziellen Legierungen werden Werte von 100 000 und mehr erreicht.

Das Magnetfeld stromdurchflossener Leiter – Definition des Ampere

Das Magnetfeld um einen geraden stromdurchflossenen Leiter ist umso stärker,
- je größer die Stromstärke im Leiter ist und
- je kleiner der Abstand vom Leiter ist.

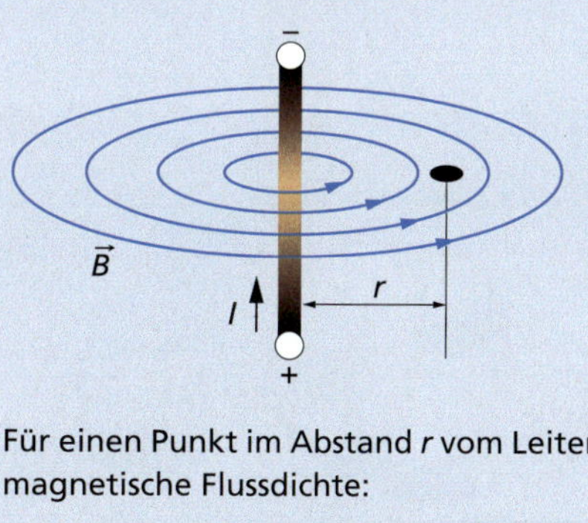

Für einen Punkt im Abstand r vom Leiter gilt für die magnetische Flussdichte:

$$B = \mu_0 \cdot \mu_r \cdot \frac{I}{2\pi \cdot r} \quad (\mu_r = 1{,}000 \text{ für Luft})$$

Bringt man nun in das magnetische Feld eines solchen stromdurchflossenen Leiters parallel zu ihm einen zweiten stromdurchflossenen Leiter, so wirkt auf diesen eine Kraft. Ihre Richtung kann mit der Rechte-Hand-Regel (↗ S. 53) bestimmt werden.

Dabei gilt:
- Bei gleicher Stromrichtung ziehen sich die Leiter an.
- Bei entgegengesetzter Stromrichtung stoßen sich die Leiter ab.

Dieser Sachverhalt, dass zwischen parallelen, stromdurchflossenen Leitern Kräfte wirken, wird zur Definition der Stromstärkeeinheit 1 A genutzt. Die Einheit 1 A ist eine Basiseinheit des Internationalen Einheitensystems. Die Definition lautet:
Das Ampere ist die Stärke eines konstanten elektrischen Stroms, der durch zwei parallele, geradlinige, unendlich lange und im Vakuum im Abstand von 1 m voneinander angeordnete Leiter von vernachlässigbarem, kreisförmigem Querschnitt fließend, zwischen diesen Leitern je 1 m Leiterlänge eine Kraft von $2 \cdot 10^{-7}$ N hervorrufen würde.

Durch eine Spule mit 1000 Windungen fließt ein Strom der Stärke 1,0 A. Die Länge der Spule beträgt 15 cm, ihr Durchmesser 5,0 cm. In der Spule befindet sich ein Kern aus einer speziellen Legierung mit einer Permeabilitätszahl von 6000.

Wie groß ist die magnetische Flussdichte in der Spule ohne und mit Kern?

Analyse:

Bei einer Länge von 15 cm und einem Durchmesser von 5,0 cm kann man von einer langen Spule ausgehen. Demzufolge kann die auf S. 57 genannte Gleichung für die magnetische Flussdichte B genutzt werden.

Gesucht: B (ohne und mit Kern)

Gegeben: $I = 1{,}0\ \text{A}$

$l = 15\ \text{cm} = 0{,}15\ \text{m}$

$\mu_r = 6000$

$\mu_0 = 1{,}257 \cdot 10^{-6}\ \frac{\text{V} \cdot \text{s}}{\text{A} \cdot \text{m}}$

$N = 1000$

Lösung:

Genutzt wird die Gleichung für die magnetische Flussdichte einer langen stromdurchflossenen Spule:

$$B = \mu_0 \cdot \mu_r \cdot \frac{I \cdot N}{l}$$

Dann erhält man für die Spule ohne Kern ($\mu_r = 1$):

$$B_1 = 1{,}257 \cdot 10^{-6}\ \frac{\text{V} \cdot \text{s}}{\text{A} \cdot \text{m}} \cdot \frac{1{,}0\ \text{A} \cdot 1000}{0{,}15\ \text{m}}$$

$$B_1 = 8{,}4 \cdot 10^{-3}\ \frac{\text{V} \cdot \text{s}}{\text{m}^2} = 8{,}4 \cdot 10^{-3}\ \text{T}$$

Für die Spule mit Kern vergrößert sich die Flussdichte um den Faktor $\mu_r = 6000$, beträgt also $B_2 = 8{,}4 \cdot 10^{-3}\ \text{T} \cdot 6 \cdot 10^3 = 50\ \text{T}$.

Für die Einheiten gilt:

$$1\ \frac{\text{V} \cdot \text{s}}{\text{m}^2} = 1\ \frac{\text{V} \cdot \text{s} \cdot \text{A}}{\text{m}^2 \cdot \text{A}} = 1\ \frac{\text{Nm}}{\text{m}^2 \cdot \text{A}} = \frac{1\ \text{N}}{\text{m} \cdot \text{A}} = 1\ \text{T}$$

Ergebnis:

In der Spule ohne Kern beträgt die magnetische Flussdichte $8{,}4 \cdot 10^{-3}\ \text{T}$ oder 8,4 mT, mit Kern dagegen 50 T.

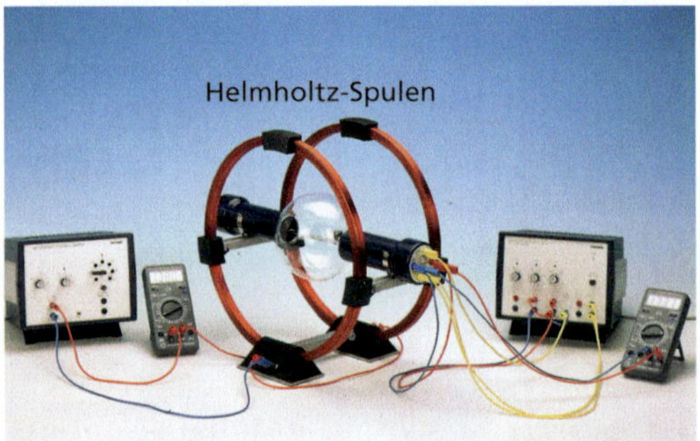

Mithilfe einer speziellen Spulenanordnung kann man ein weitgehend homogenes Magnetfeld erzeugen. Zwei kurze Spulen mit großem Radius R werden parallel zueinander im Abstand s ($s = R$) aufgestellt. Die Überlagerung der Magnetfelder beider Spulen ergibt in Achsennähe ein weitgehend **homogenes Magnetfeld,** das gut für experimentelle Untersuchungen genutzt werden kann.

Diese besondere Spulenanordnung geht auf den deutschen Physiker HERMANN VON HELMHOLTZ (1821 bis 1894) zurück. Man nennt sie deshalb **Helmholtz-Spulen.**

Vergleich statischer elektrischer und magnetischer Felder

Zwischen elektrischen und magnetischen Feldern gibt es eine ganze Reihe von Gemeinsamkeiten bzw. Analogien, aber auch Unterschiede. In der nachfolgenden Übersicht sind ausgewählte Eigenschaften der Felder gegenübergestellt.

Statisches elektrisches Feld	Statisches magnetisches Feld
Ein elektrisches Feld existiert um elektrisch geladene Körper.	Ein magnetisches Feld existiert um Permanentmagnete und stromdurchflossene Leiter bzw. Spulen.
Ein elektrisches Feld kann mit dem Modell Feldlinienbild veranschaulicht werden. 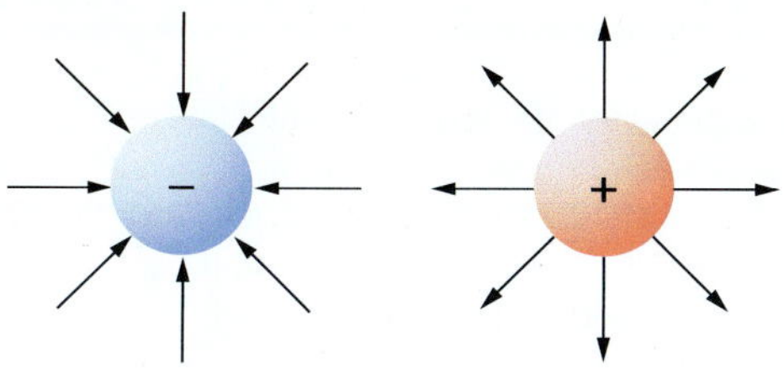 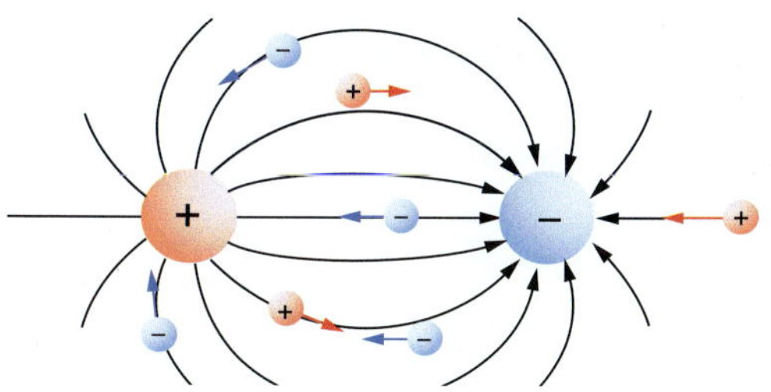	Ein magnetisches Feld kann mit dem Modell Feldlinienbild veranschaulicht werden. 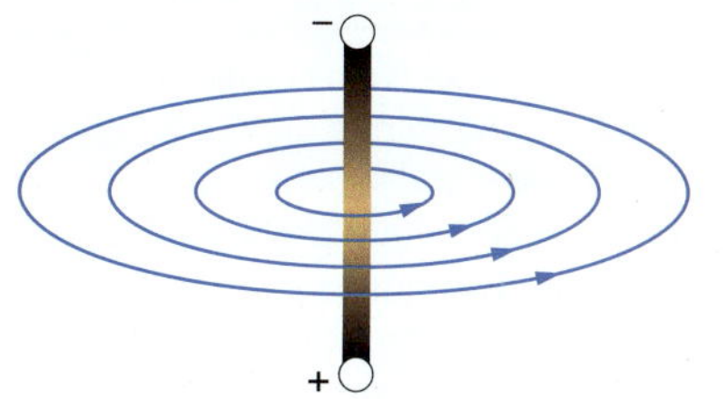 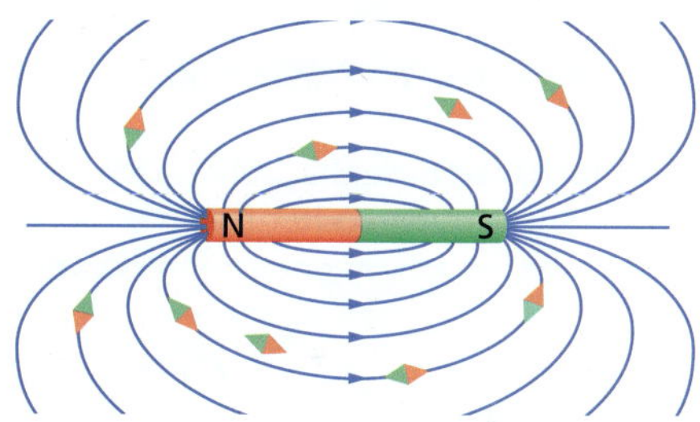
Die Richtung der Feldlinien gibt die Richtung der Kraft auf einen positiv geladenen Körper an.	Die Richtung der Feldlinien gibt an, wie sich kleine Magnetnadeln im Feld ausrichten. Der Nordpol zeigt in Feldrichtung.
Das elektrische Feld ist ein wirbelfreies Quellenfeld. Das bedeutet: Die Feldlinien beginnen und enden an Ladungen.	Das magnetische Feld ist ein quellenfreies Wirbelfeld. Das bedeutet: Die Feldlinien sind geschlossene Linien.
Die Stärke des elektrischen Felds wird mit der Größe **elektrische Feldstärke *E*** beschrieben: $E = \frac{F}{Q}$ Einheit: ein Volt durch Meter ($1\,\frac{\text{V}}{\text{m}}$)	Die Stärke des magnetischen Felds wird mit der Größe **magnetische Flussdichte *B*** beschrieben: $B = \frac{F}{I \cdot l}$ (*B*, *F* und *I* senkrecht zueinander) Einheit: ein Tesla ($1\,\text{T} = 1\,\frac{\text{N}}{\text{A} \cdot \text{m}}$)
Für das homogene Feld eines Plattenkondensators gilt: $E = \frac{U}{d}$	Für das homogene Feld im Innern einer langen Spule gilt: $B = \mu_0 \cdot \mu_r \cdot \frac{I \cdot N}{l}$
Die Feldstärke kann mit einem Feldstärkemesser gemessen werden.	Die magnetische Flussdichte kann mit einem Teslameter bzw. mit einem Feldstärkemesser gemessen werden.

Statisches magnetisches Feld

Ein magnetisches Feld ist der Zustand des Raums um einen Magneten, in dem auf andere Magnete und Körper aus ferromagnetischen Stoffen Kräfte ausgeübt werden. Man kann ein magnetisches Feld mit dem **Modell Feldlinienbild** beschreiben.

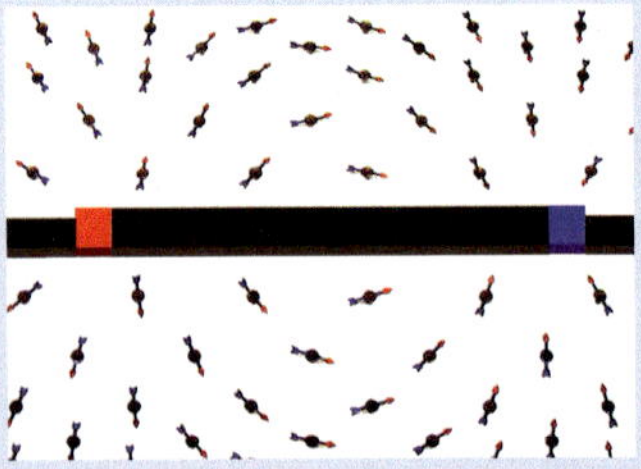

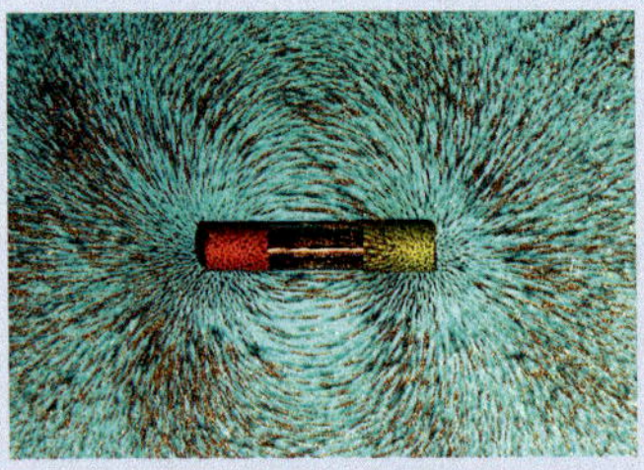

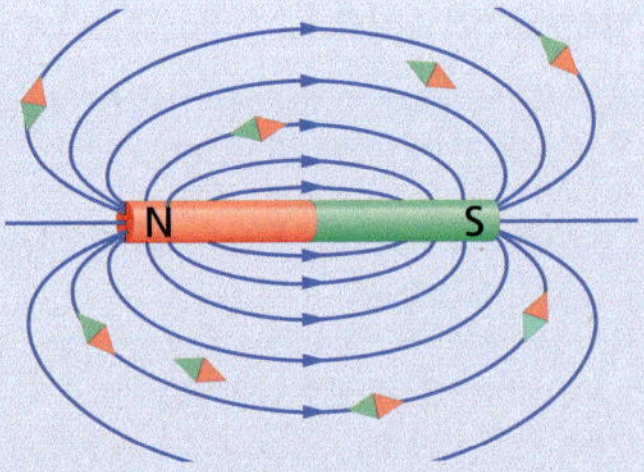

Für die Feldlinien eines Magnetfelds gilt:
- Als Richtung der Feldlinien ist im Außenraum eines Magneten die Richtung vom Nordpol zum Südpol festgelegt.
- Bringt man kleine, drehbare Magnetnadeln in ein Magnetfeld, so richten sich diese längs der Feldlinien aus. Der Nordpol der drehbaren Magnetnadeln zeigt in Richtung der Feldlinien.
- Je größer die Anzahl der Feldlinien in einem bestimmten Gebiet des Felds ist, desto stärker ist dort das Feld.
- Die Feldlinien beim Magnetfeld sind – im Unterschied zum elektrischen Feld – geschlossene Linien. Das bedeutet: Auch innerhalb eines Magneten existiert ein magnetisches Feld.

Ein magnetisches Feld existiert um Dauermagnete und um stromdurchflossene Leiter (Elektromagnete). Die Stärke des Felds wird mit der **magnetischen Flussdichte** *B* beschrieben.

$$B = \frac{F}{I \cdot l}$$

(*B*, *F* und *I* senkrecht zueinander)

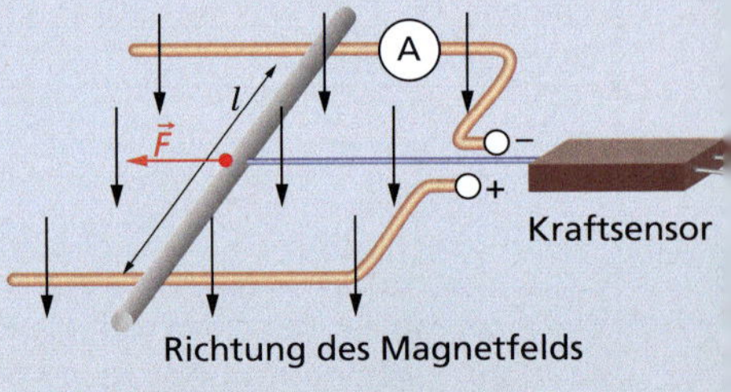

Im Innern einer langen, stromdurchflossenen Spule besteht näherungsweise ein homogenes Feld. Für die magnetische Flussdichte im Innern einer solchen Spule gilt:

$$B = \mu_0 \cdot \mu_r \cdot \frac{N \cdot I}{l}$$

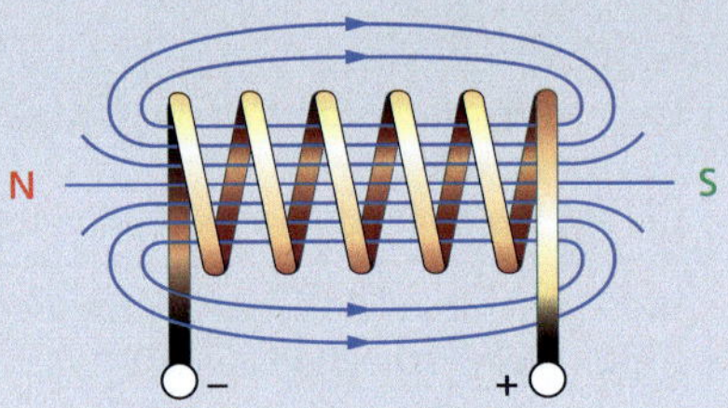

Um einen geraden, stromdurchflossenen Leiter bilden die Feldlinien konzentrische Kreise. Die magnetische Flussdichte nimmt mit der Entfernung *r* vom Leiter ab. Für die magnetische Flussdichte gilt:

$$B \sim \frac{1}{r}$$

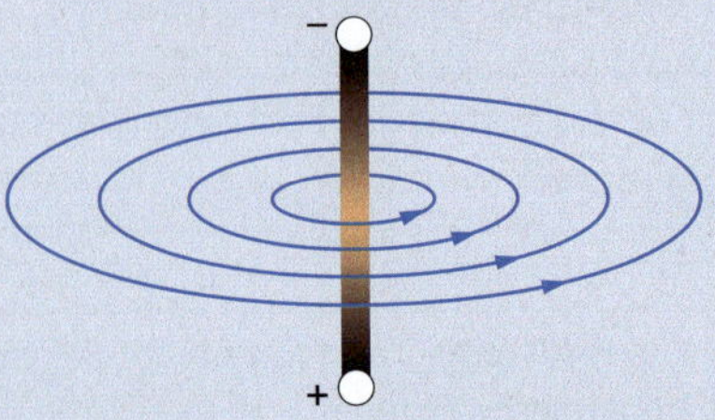

Aufgaben

1. Die Fotos zeigen, wie sich Eisenfeilspäne in der Nähe von Permanentmagneten ausrichten. Skizzieren Sie die Feldlinienbilder!
Was kann man einem Feldlinienbild entnehmen und wo liegen die Grenzen dieses Modells?

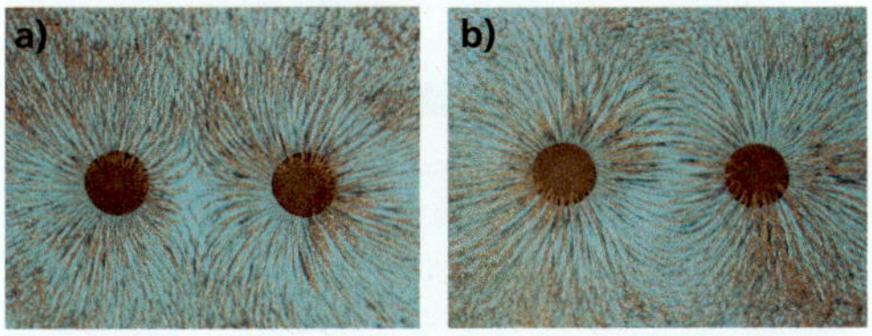

2. Die Erde ist ein großer, aber recht schwacher Magnet. Ihr Magnetfeld reicht weit in den Weltraum hinaus.
   a) Informieren Sie sich anhand verschiedener Informationsquellen über das Magnetfeld der Erde, seine Form, seine Stärke und seine Besonderheiten! Bereiten Sie dazu einen Kurzvortrag vor!
   b) Erkunden Sie, ob auch andere Planeten ein Magnetfeld besitzen!

3. Das Foto zeigt Eisenfeilspäne im Magnetfeld eines Magneten, wie er in Fahrraddynamos verwendet wird.

Interpretieren Sie das Feldlinienbild! Wie viele Pole hat der Magnet?

4. Bereiten Sie einen Vortrag zum Thema „Magnete und ihre Anwendung in der Technik“ vor! Gehen Sie dabei auf den Aufbau und die Nutzung sowohl von Dauermagneten als auch von Elektromagneten ein!
Nutzen Sie für die Vorbereitung Lehrbücher, Nachschlagewerke und das Internet!

5. Im Magnetfeld eines Hufeisenmagneten befindet sich ein stromdurchflossener Leiter. Es können sich die Stromrichtung und die Feldrichtung verändern.
Skizzieren Sie nach dem Muster die vier möglichen Fälle und zeichnen Sie jeweils die Kraft ein!

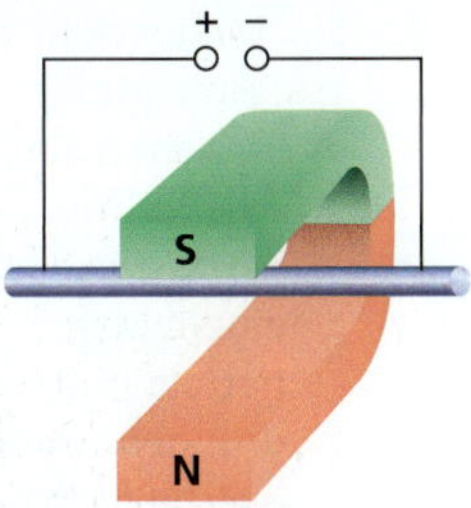

6. Unter der Internetadresse
www.schulphysik.de/java/physlet
finden Sie Simulationen zu Feldlinienbildern magnetischer Felder. Dabei können Sie vielfältige Veränderungen vornehmen. Der Screenshot zeigt ein Beispiel.

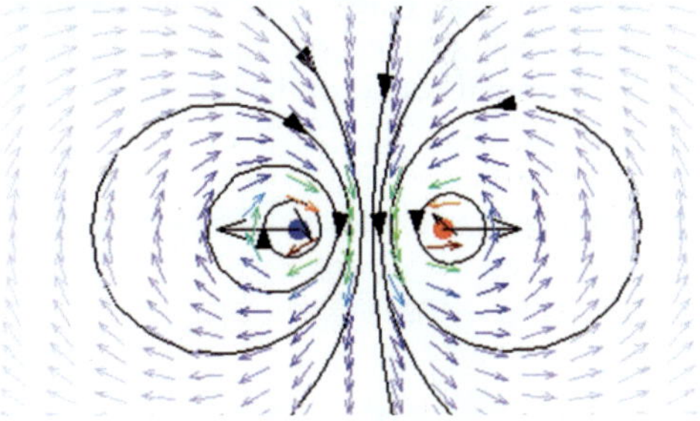

   a) Probieren Sie verschiedene Varianten aus!
   b) Bestimmen Sie für einen geraden Leiter die Flussdichte in Abhängigkeit von der Entfernung x (bei konstantem y)!
   Nehmen Sie eine Messwertereihe auf! Stellen Sie die Messwerte grafisch dar! Interpretieren Sie das Diagramm!
   c) Untersuchen Sie den Feldlinienverlauf zwischen zwei geraden Leitern bei gleicher und bei unterschiedlicher Stromrichtung! Präsentieren Sie das Ergebnis Ihrer Untersuchungen!

7. Neben ferromagnetischen Stoffen gibt es auch diamagnetische und paramagnetische Stoffe.
Erkunden Sie, worin sich die Stoffe der drei Gruppen in ihrem magnetischen Verhalten voneinander unterscheiden!

8. Sie wollen herausfinden, ob in einem Raum ein magnetisches Feld vorhanden ist oder nicht. Diskutieren Sie Möglichkeiten des Nachweises eines Magnetfelds! Präsentieren Sie eine Variante!

9. Ein Magnetfeld durchdringt bestimmte Stoffe, z. B. Holz (Abb.).

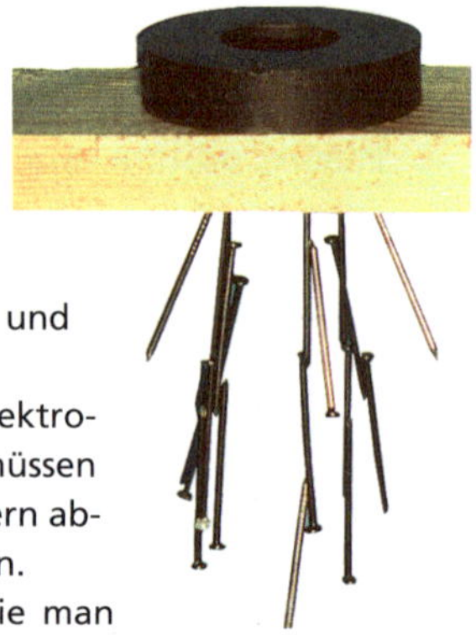

a) Probieren Sie aus, welche Stoffe von einem Magnetfeld durchdrungen werden und welche nicht!

b) Empfindliche elektronische Geräte müssen von Magnetfeldern abgeschirmt werden. Erkunden Sie, wie man eine magnetische Abschirmung eines Raums realisieren könnte!

10. Viele Messgeräte für Spannung und Stromstärke arbeiten mit einem Drehspulmesswerk. Die Skizze zeigt seinen prinzipiellen Aufbau. Der Messstrom fließt durch die drehbare Spule.

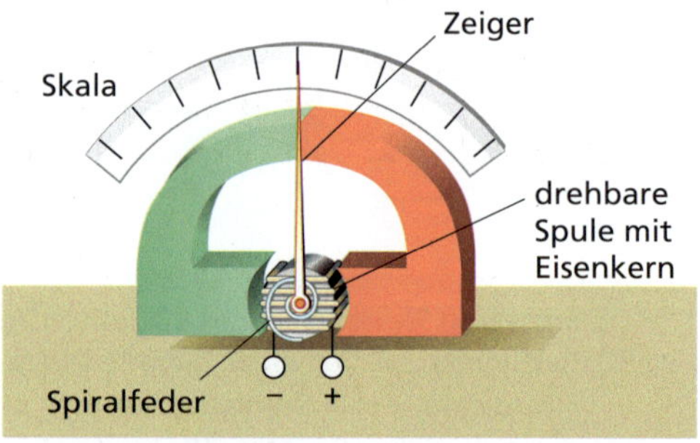

Erklären Sie die Wirkungsweise eines solchen Drehspulmesswerks!

11. Bei einem Hufeisenmagneten erhält man das im Foto gezeigte Bild.

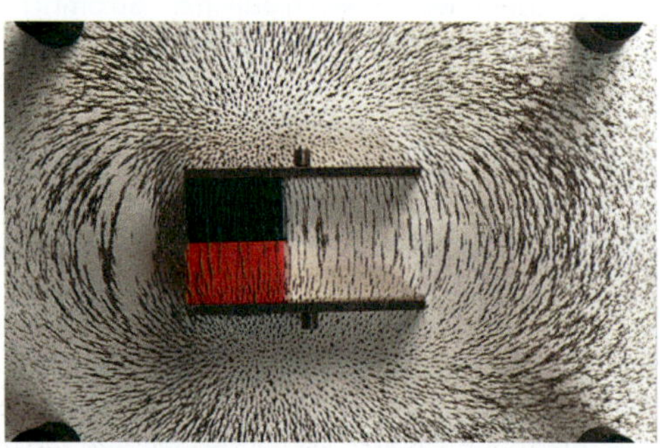

Zeichnen Sie auf dieser Grundlage im Heft das Feldlinienbild eines Hufeisenmagneten!

12. Mithilfe einer Stromwaage wird die Kraftwirkung auf einem stromdurchflossenen Leiter bestimmt:

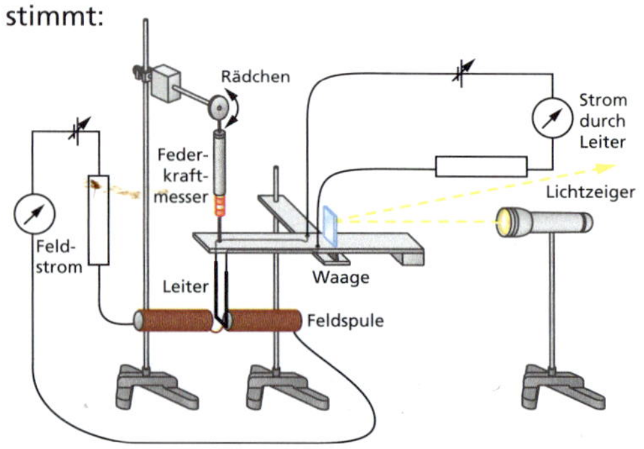

a) Erläutern Sie den Versuchsaufbau und beschreiben Sie, wie man den Versuch durchführen muss!

b) Bei einer Messung fließt in der Feldspule ein Strom von 5,0 A. Die Länge des Leiters im Feld beträgt $l = 80$ mm. Der Strom im Leiter wird erhöht und die zugehörige Kraft gemessen. Dabei erhält man folgende Werte:

***I* in A**	2,0	4,0	6,0	8,0	10
***F* in mN**	0,34	0,78	1,03	1,42	

Welche Beziehung besteht zwischen *I* und *F*? Weisen Sie Ihre Vermutung grafisch und rechnerisch nach! Welchen Betrag nimmt die Kraft bei 10 A an?

c) In einer weiteren Messung fließt wieder ein Spulenstrom von 5,0 A, während der Leiterstrom nun 10 A beträgt. Die Leiterlänge wird wie folgt verändert:

***l* in mm**	80	40	20
***F* in mN**	1,86	0,93	0,44

Welche Beziehung besteht zwischen *l* und *F*? Weisen Sie Ihre Vermutung grafisch nach!

d) Setzen Sie die in b) und c) erkannten Beziehungen zu einer Beziehung zusammen!

13. Ein 6,0 cm langes Leiterstück befindet sich senkrecht zu den Feldlinien in einem homogenen Magnetfeld. Wenn der Leiter von einem Strom der Stärke 2,4 A durchflossen wird, wirkt auf das Leiterstück eine Kraft von 1,8 mN.

a) Skizzieren Sie den Sachverhalt!

b) Wie stark ist das Magnetfeld?

14. Ein stromdurchflossener Leiter der Länge 4,0 cm befindet sich im Magnetfeld eines Hufeisenmagneten und wird von einem Strom von 10 A durchflossen. Der Leiter ist mit einem Kraftsensor verbunden.

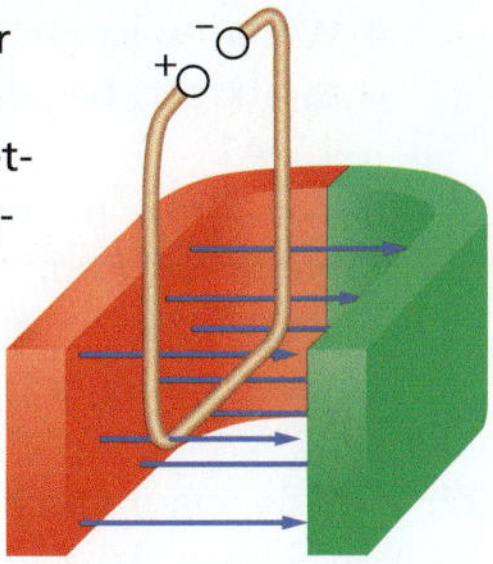

a) In der gezeichneten Stellung kann man eine Kraft von 11,6 mN messen. Berechnen Sie die magnetische Flussdichte des Hufeisenmagneten!

b) Der Leiter wird nun im Magnetfeld gedreht. Zu Beginn wird der Leiter parallel zu den Feldlinien ausgerichtet und dann gegen den Uhrzeigersinn um den Winkel α gedreht. Dabei ergeben sich die folgenden Messwerte:

α	0	30	60	90	120
***F* in mN**	0	5,6	9,9	11,6	10,4

α	150	180	210	240	270
***F* in mN**	6,3	0,1	–5,8	–9,9	–11,5

Welche Bedeutung hat der Vorzeichenwechsel bei der Kraftmessung?

c) Welcher Zusammenhang besteht zwischen F und α? Zeichnen Sie dazu ein α-F-Diagramm!

15. Mithilfe eines Leiters soll das Magnetfeld einer Spule ausgemessen werden (Abb.).
Der Leiter wird mit einer Kraft von 12 mN in das Feld hineingezogen.

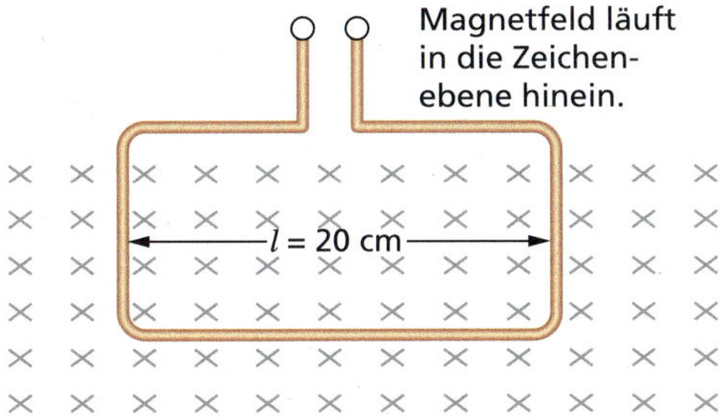

a) Übernehmen Sie die Zeichnung in Ihr Heft und ergänzen Sie die Kraftrichtung sowie die Stromrichtung! Wo ist demnach der Pluspol angeschlossen?

b) Berechnen Sie die magnetische Flussdichte der Spule, wenn im Leiter ein Strom von 2,5 A fließt!

c) Erklären Sie, warum sich die Leiterschleife nur nach unten bewegt, nicht jedoch nach links oder nach rechts!

16. Eine quadratische Spule mit 6,0 cm Seitenlänge und 500 Windungen befindet sich vollständig in einem homogenen Magnetfeld, so wie es die Skizze zeigt. Die magnetische Flussdichte beträgt 40 mT.

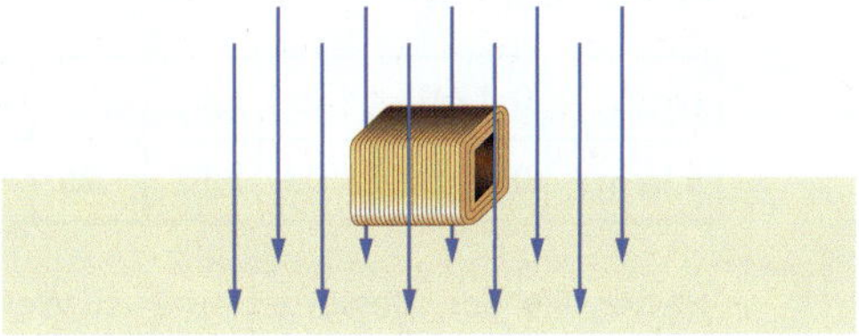

a) Wie groß ist die auf die Spule insgesamt wirkende Kraft, wenn die Stromstärke durch sie 2,6 A beträgt?

b) Die Spule wird nach oben zur Hälfte aus dem Feld herausbewegt. Welche Aussage kann man jetzt über die auf die Spule wirkende Kraft treffen?

17. An einem Ort beträgt die Horizontalkomponente des Magnetfelds der Erde 25 µT. Auf eine in Ost-West-Richtung verlaufende Gleichspannungsleitung wird damit eine Kraft ausgeübt.

a) In welcher Richtung wirkt die Kraft, wenn der Strom von West nach Ost fließt? Skizzieren Sie den Sachverhalt!

b) Wie groß ist die Kraft auf die Leitung zwischen zwei Masten, wenn die Stromstärke 500 A beträgt und die Masten 120 m voneinander entfernt stehen?

18. In unserer Umgebung sind zahlreiche Magnetfelder vorhanden.

a) Erkunden Sie, wie stark das Magnetfeld der Erde ist!

b) Versuchen Sie, mithilfe des Internets herauszufinden, welche magnetischen Flussdichten bei technischen Geräten und Anlagen auftreten!

c) Es gibt die These, dass Magnetfelder das menschliche Wohlbefinden beeinflussen. Sammeln Sie dazu Informationen! Bereiten Sie ein Kurzreferat zu der These vor!

19. In einem Versuch soll das Magnetfeld einer langen Spule untersucht werden.

a) Überlegen Sie sich einen möglichen Versuchsaufbau, mit dem man das Feld in einer langen Spule messen kann! Welche Größen müssen verändert werden können?

b) Skizzieren Sie das Feldlinienbild einer an eine Gleichstromquelle angeschlossenen langen Spule!

c) Bei einer Messung an einer Spule der Länge 15 cm mit 30 Windungen erhält man für verschiedene Spulenströme die folgenden Messwerte:

***I* in A**	0	2,0	4,0	6,0	8,0	10,0
***B* in mT**	0	0,52	1,02	1,52	1,96	2,48

Werten Sie das Messergebnis aus! Welchen Zusammenhang erhält man?

d) Welche Stromstärke hat man im Versuch c) eingestellt, wenn das Magnetfeld 3,5 mT beträgt?

e) Beim nächsten Versuch wird die Länge der Spule verändert: Bei 30 Windungen und einem Spulenstrom von 20 A ergeben sich folgende Messwerte:

***l* in cm**	15	20	25	30	35	40
***B* in mT**	4,98	3,97	3,11	2,62	2,32	2,05

Welcher Zusammenhang besteht zwischen den Größen l und B? Werten Sie die Messwerte rechnerisch und grafisch aus!

f) Bestimmen Sie unter Zuhilfenahme geeigneter Messwerte die Feldkonstante μ_0!

20. Auf eine 45 mm lange Plastikhülse mit einem Durchmesser von 8 mm ist auf 40 mm Länge einlagig und lückenlos Kupferdraht (Durchmesser 0,1 mm) gewickelt. Durch den Draht fließt ein Strom von 50 mA.

a) Welche magnetische Flussdichte ist dann im Innern der Hülse vorhanden?

***b)** Welche Spannung liegt an dieser selbst gewickelten Spule an?

21. Die magnetische Flussdichte im Anker eines Elektromotors beträgt 1,6 T. Die Ankerwicklung hat 120 Windungen mit einer durchschnittlichen wirksamen Länge von 2 · 8 cm.

a) Wie groß ist die auf den Anker wirkende Gesamtkraft bei einer Ankerstromstärke von 1,3 A?

***b)** Wie groß ist das maximale Drehmoment, wenn der Radius der Ankerspule 2,0 cm beträgt? Wie verändert sich das Drehmoment während einer Umdrehung des Ankers?

22. Für die magnetische Flussdichte im Abstand r von einem langen, geraden, stromdurchflossenen Leiter, durch den der Strom I fließt, gilt die Beziehung: $B = \mu_0 \cdot \frac{I}{2\pi \cdot r}$

a) Zeichnen Sie für einen geraden Leiter, durch den ein Strom von $I = 2$ A fließt, ein r-B-Diagramm im Intervall $0 \leq r \leq 0{,}1$ m! Berechnen Sie dafür mindestens 5 Wertepaare!

b) Skizzieren Sie ein Feldlinienbild in einer Ebene senkrecht zu den Leitern

- für einen geraden stromdurchflossenen Leiter,
- für zwei parallele stromdurchflossene Leiter bei gleicher Stromrichtung!

c) Berechnen Sie die Kraft zwischen zwei parallelen stromdurchflossenen Leitern ($I = 1$ A) der Länge $l = 1$ m im Abstand $r = 1$ m!

***23.** Bei einem geraden, stromdurchflossenen Leiter gilt: $B \sim I$ und $B \sim \frac{1}{r}$. Also kann man schreiben: $B = k \cdot \frac{I}{r}$ mit $k = \frac{\mu_0}{2\pi}$. Bestimmen Sie daraus sowie mithilfe der Definition von 1 A und der Definitionsgleichung für die magnetische Flussdichte B die magnetische Feldkonstante μ_0 !

24. Mit einem Kompass wird die Nordrichtung bestimmt. Die Horizontalkomponente des Magnetfelds der Erde beträgt am betreffenden Ort 35 µT. Ein dort in die Erde verlegtes Gleichstromkabel wird von einem Strom der Stärke 250 A durchflossen. Der Abstand Kompass–Kabel beträgt 2,0 m.

Diskutieren Sie, ob die Kompassanzeige durch das Erdkabel beeinflusst werden kann!

25. Bei Überlandleitungen fließt der Strom häufig durch mehrere parallel geschaltete Leiter.

a) Wie groß ist die zwischen zwei Leitern wirkende Kraft pro 1m Leiterlänge, wenn ihr Abstand 12 cm beträgt und durch jeden Leiter 800 A fließen?

b) Erkunden Sie, wie man beim Bau von Starkstromleitungen das Wirken von Kräften zwischen den Leitern berücksichtigt!

3 Bewegung geladener Teilchen in Feldern

3.1 Bewegung geladener Teilchen in homogenen elektrischen Feldern

Bei Elektronenmikroskopen, in Bildröhren, bei Oszillografen und Teilchenbeschleunigern, aber auch durch den Sonnenwind bewegen sich geladene Teilchen in Feldern und werden durch diese Felder beeinflusst. Wir betrachten nachfolgend die Bewegung solcher elektrisch geladenen Teilchen (z. B. Elektronen, Protonen, Ionen) in homogenen elektrischen Feldern.

Erzeugung von Elektronenstrahlen

Elektronenstrahlen werden in der Literatur auch als Katodenstrahlen bezeichnet.

Bei vielen technischen Geräten, z. B. bei Bildröhren oder Elektronenmikroskopen, wird mit Elektronenstrahlen gearbeitet. Ein Elektronenstrahl ist ein eng begrenzter Strom aus schnell bewegten Elektronen mit näherungsweise gleicher Geschwindigkeit. Zur Erzeugung eines solchen Elektronenstrahls nutzt man meist eine Anordnung, die aus einem System zur Strahlerzeugung und aus einem System zur Strahlbündelung besteht (Abb. 1).
Die Vorderseite der Katode K wird mit einer Heizspannung U_H elektrisch aufgeheizt. Eine spezielle Schicht, z. B. aus Bariumoxid, emittiert dann Elektronen. Es wird also der **glühelektrische Effekt** genutzt.

Benannt ist das Bauteil nach dem deutschen Physiker Arthur Wehnelt (1871–1944).

Der Wehneltzylinder W, der gegenüber der Katode negativ geladen ist, hat zwei Aufgaben:
- Aufgrund seiner negativen Ladung wirkt er abstoßend auf die Elektronen und bewirkt damit eine Bündelung in der Röhrenmitte.
- Eine größere negative Spannung am Wehneltzylinder schwächt den Elektronenstrahl, eine kleinere negative Spannung führt zu einem intensiveren Elektronenstrahl. Der Wehneltzylinder wirkt somit wie eine Steuerelektrode.

Durch die relativ hohe Spannung zwischen Katode und Anode werden die Elektronen beschleunigt. Sie bewegen sich weitgehend geradlinig und mit gleicher Geschwindigkeit durch die Anode hindurch, z. B. bis zu einem Bildschirm.

Die gesamte Anordnung befindet sich in einer Röhre. Eine Gasfüllung mit geringem Druck sorgt dafür, dass wir die Bahn der unsichtbaren Elektronen sehen. Längs der Bahn des Elektronenstrahls wird das Gas ionisiert und sendet Licht aus.

Die erforderlichen Spannungen hängen von der Bauart der Röhre ab.

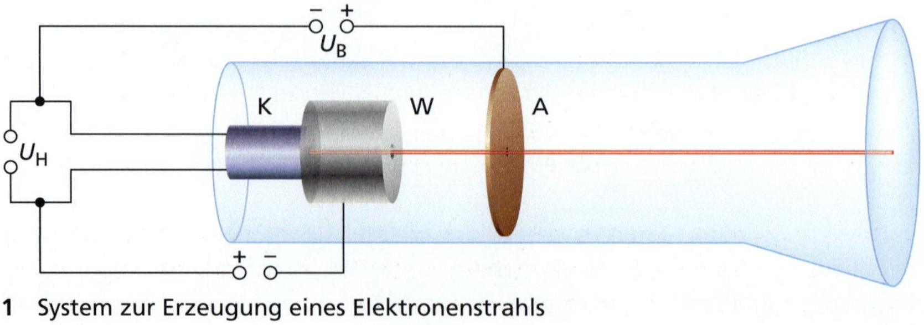

1 System zur Erzeugung eines Elektronenstrahls

Bewegung geladener Teilchen im homogenen Längsfeld

Befinden sich frei bewegliche und geladene Teilchen in einem elektrischen Feld, so wirkt auf sie eine Kraft, die **Feldkraft**, in Richtung der Feldlinien. Die Teilchen bewegen sich in Feldrichtung.

Ist das Feld homogen, so ist die Feldstärke E im gesamten Feld konstant. Demzufolge wirkt auf Teilchen mit der Ladung q eine konstante Feldkraft: $F = E \cdot q$

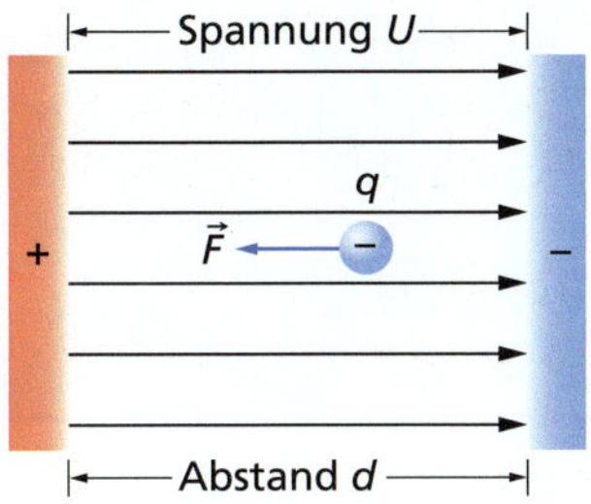

Nach dem newtonschen Grundgesetz $F = m \cdot a$ führt das geladene Teilchen im elektrischen Feld eine gleichmäßig beschleunigte Bewegung mit folgender Beschleunigung aus:

$$a = \frac{F}{m} = E \cdot \frac{q}{m} = \frac{U}{d} \cdot \frac{q}{m}$$

Beträgt die **Beschleunigungsspannung** zwischen zwei Punkten des elektrischen Felds U, so gilt für ein ursprünglich ruhendes Teilchen:

$$q \cdot U = \frac{1}{2} m \cdot v^2$$

Das Produkt $q \cdot U$ ist damit die Energie, die geladene Teilchen haben, wenn sie eine bestimmte Beschleunigungsspannung U durchlaufen haben.

Geladene Teilchen, die durch die Spannung U im elektrischen Feld beschleunigt werden, besitzen dann die Energie $E = q \cdot U$.
Sie ist gleich ihrer kinetischen Energie:

$$q \cdot U = \frac{1}{2} m \cdot v^2$$

Wird ein zunächst ruhendes Elektron mit der Ladung $q = e = 1{,}602 \cdot 10^{-19}$ C durch eine Spannung von 1 V beschleunigt, dann beträgt seine Energie:

$$E = 1{,}602 \cdot 10^{-19}\ \text{C} \cdot 1\ \text{V} = 1{,}602 \cdot 10^{-19}\ \text{J}$$

Die Energie eines durch 1 V beschleunigten Elektrons nennt man ein Elektronenvolt (1 eV).
Es gilt: $1\ \text{eV} = 1{,}602 \cdot 10^{-19}\ \text{J}$

Die Einheit ein Elektronenvolt (1 eV) wird vor allem in der Atomphysik genutzt. Dabei wird häufig mit Vielfachen dieser Einheit gearbeitet:

$$1\ \text{MeV} = 10^6\ \text{eV} = 1{,}602 \cdot 10^{-13}\ \text{J}$$
$$1\ \text{GeV} = 10^9\ \text{eV} = 1{,}602 \cdot 10^{-10}\ \text{J}$$

- Beträgt in einer Elektronenstrahlröhre die Beschleunigungsspannung 20 Kilovolt, so haben die Elektronen nach Durchlaufen dieser Spannung eine Energie von $20\,000 \cdot 1\ \text{eV} = 3{,}2 \cdot 10^{-15}$ J.

Wir gehen immer vom zunächst ruhenden geladenen Teilchen aus.

Bewegen sich die geladenen Teilchen längs der Feldlinien, so spricht man kurz von einer **Bewegung im Längsfeld.**

Die Beschleunigung geladener Teilchen nutzt man bei **Elektronenstrahlröhren** und **Beschleunigern.**

Für gleichmäßig beschleunigte Bewegungen aus dem Stillstand gilt:
a = konstant
$v = a \cdot t$
$s = \frac{a}{2} t^2$

Für die Einheiten gilt:
$1\ \text{C} \cdot 1\ \text{V} = 1\ \text{As} \cdot \text{V}$
$= 1\ \text{J}$
$= 1\ \text{Nm}$

Die Gleichung $q \cdot U = \frac{1}{2} m \cdot v^2$ kann man nutzen, um die Geschwindigkeit zu berechnen, die geladene Teilchen nach Durchlaufen einer bestimmten Beschleunigungsspannung erreichen. Die Umstellung der Gleichung nach der Geschwindigkeit ergibt:

Der Term $\frac{q}{m}$ wird als spezifische Ladung bezeichnet.
Für Elektronen gilt mit der Ladung e:

$\frac{e}{m} = 1{,}759 \cdot 10^{11}\ \frac{\mathrm{C}}{\mathrm{kg}}$

In einem homogenen Längsfeld hängt die Geschwindigkeit von geladenen Teilchen von der Beschleunigungsspannung und von ihrer Ladung ab.

$v = \sqrt{2U \cdot \frac{q}{m}}$

U Beschleunigungsspannung
$\frac{q}{m}$ spezifische Ladung des Teilchens

Beträgt z. B. in einer Elektronenstrahlröhre die Beschleunigungsspannung 3 kV, dann erhält man für die Geschwindigkeit der Elektronen nach Durchlaufen dieser Spannung:

$$v = \sqrt{2U \cdot \frac{e}{m}}$$

$$v = \sqrt{2 \cdot 3 \cdot 10^3\ \mathrm{V} \cdot 1{,}759 \cdot 10^{11}\ \frac{\mathrm{C}}{\mathrm{kg}}}$$

$$\underline{v = 3{,}2 \cdot 10^7\ \frac{\mathrm{m}}{\mathrm{s}}}$$

Für die Einheiten gilt:

$$\sqrt{\frac{\mathrm{V \cdot C}}{\mathrm{kg}}} = \sqrt{\frac{\mathrm{V \cdot A \cdot s}}{\mathrm{kg}}} = \sqrt{\frac{\mathrm{J}}{\mathrm{kg}}} = \sqrt{\frac{\mathrm{kg \cdot m^2}}{\mathrm{kg \cdot s^2}}} = \sqrt{\frac{\mathrm{m^2}}{\mathrm{s^2}}} = \frac{\mathrm{m}}{\mathrm{s}}$$

Das ist immerhin eine Geschwindigkeit, die ca. 10 % der Vakuumlichtgeschwindigkeit beträgt. Eine Verdopplung der Spannung führt zu einer Vergrößerung der Geschwindigkeit um den Faktor $\sqrt{2} = 1{,}414$.

Damit kommt man bereits bei einer einfachen Elektronenstrahlröhre, so wie sie in Oszillografen oder Fernsehgeräten mit herkömmlicher Bildröhre genutzt wird, in Bereiche, bei der unsere klassischen Vorstellungen ihre Grenzen haben.

Eine klassische Vorstellung ist: Ein geladenes Teilchen hat eine bestimmte Masse, unabhängig davon, ob es ruht oder ob es sich bewegt. Diese Vorstellung gilt für Geschwindigkeiten nahe der Lichtgeschwindigkeit nicht mehr. A. EINSTEIN hat erkannt: Bewegte Teilchen verändern mit der Geschwindigkeit ihre Masse und damit ihre Energie. Es gilt:

$$E = m \cdot c^2 = \frac{m_0}{\sqrt{1 - \frac{v^2}{c^2}}} \cdot c^2$$

Dabei ist m_0 die Masse des ruhenden Teilchens (Ruhemasse), c die Lichtgeschwindigkeit und v die Geschwindigkeit des Teilchens. Diese Masseänderung muss man bei Beschleunigern (↗ S. 82) beachten.

Bei $\frac{1}{10}$ der Lichtgeschwindigkeit vergrößert sich die Masse im Vergleich zur Ruhemasse um den Faktor 1,005, also um 0,5 %. Bei der Hälfte der Lichtgeschwindigkeit ist die Masse um den Faktor 1,15 größer. 10 % der Lichtgeschwindigkeit erreichen Elektronen schon bei einer Beschleunigungsspannung von 2,6 kV.

Eine andere klassische Vorstellung lautet: Überlagern sich zwei Geschwindigkeiten v_1 und v_2, so ist bei gleicher Bewegungsrichtung die Gesamtgeschwindigkeit $v = v_1 + v_2$. Auch diese Vorstellung gilt bei sehr großen Geschwindigkeiten nicht mehr (↗ S. 99). Die Grenzen klassischer Vorstellungen sind auf den Seiten 98 ff. ausführlich dargestellt.

Je nach der Feldrichtung und der Ladung der Teilchen im Feld erfolgt entweder eine gleichmäßig beschleunigte oder eine gleichmäßig verzögerte Bewegung.

Gleichmäßig beschleunigte Bewegung	**Gleichmäßig verzögerte Bewegung**
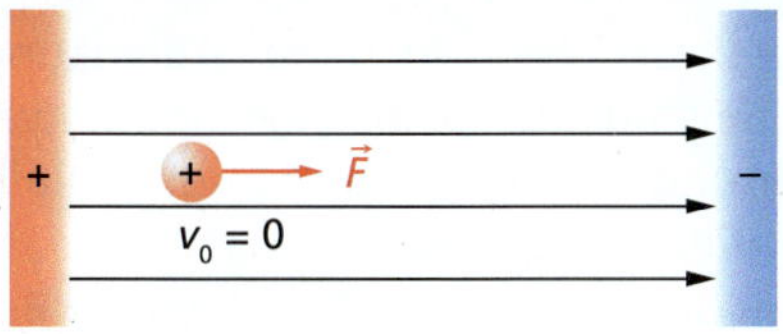 Anfangszustand: $v_0 = 0$ Endzustand: $v_0 > 0$	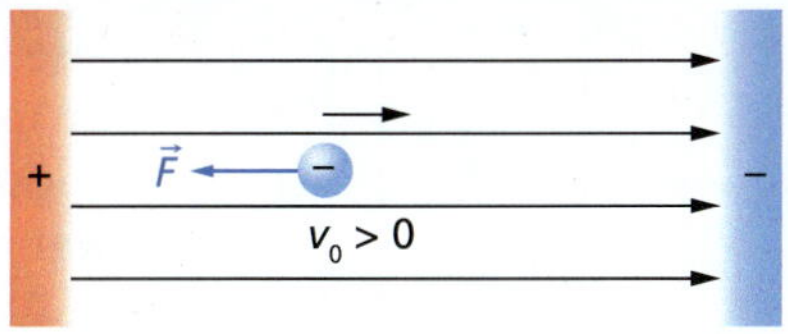 Anfangszustand: $v_0 > 0$ Endzustand: $v_0 = 0$
$a = \frac{F}{m} = q \cdot \frac{E}{m}$ $v = a \cdot t$ $s = \frac{a}{2} \cdot t^2$	$a = \frac{-F}{m} = -q \cdot \frac{E}{m}$ $v = v_0 - at$ $s = v_0 \cdot t - \frac{a}{2} \cdot t^2$

Bei der gleichmäßig beschleunigten Bewegung geht man davon aus, dass die Teilchen im Ausgangszustand die kinetische Energie null haben, also ruhen.

Die Gegenfeldmethode

Die Gegenfeldmethode ist ein Verfahren, mit dem man die Geschwindigkeit und damit die Energie von geladenen Teilchen (Elektronen, Ionen) bestimmen kann. Das Verfahren geht auf den deutschen Physiker Philipp Lenard (1862–1947) zurück, der sich große Verdienste um die Erforschung der Katodenstrahlen (Elektronenstrahlen) erworben hat.

Nutzbar ist die Gegenfeldmethode bei allen elektrisch geladenen Teilchen, die sich mit einer bestimmten Geschwindigkeit v bewegen. Das Prinzip ist in Abb. 1 dargestellt.

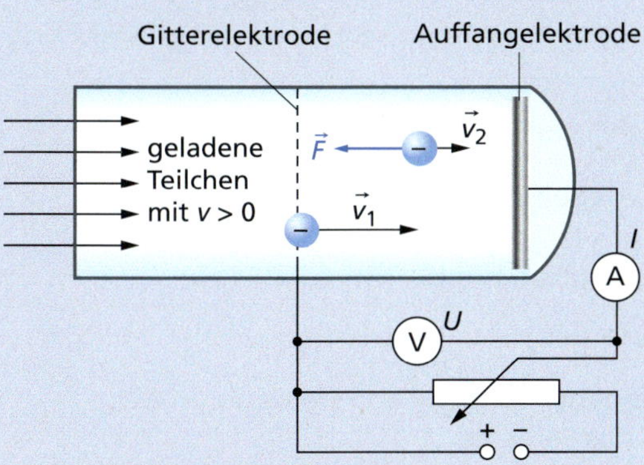

1 Die geladenen Teilchen werden durch ein Gegenfeld abgebremst.

Elektronen oder Ionen treten mit einer bestimmten Geschwindigkeit durch die Gitterelektrode hindurch. Das elektrische Feld zwischen den beiden Elektroden ist so gerichtet, dass die geladenen Teilchen abgebremst werden.
Bei geringer Gegenspannung gelangen geladene Teilchen zur Auffangelektrode. Am empfindlichen Amperemeter wird ein Strom registriert.

Wird die Spannung U vergrößert, so wird die Stromstärke schließlich null. Für diesen Grenzfall gilt:

kinetische Energie der geladenen Teilchen = Arbeit gegen das elektrische Feld

$$\frac{1}{2} m \cdot v^2 = q \cdot U$$

Die Umstellung nach der Geschwindigkeit v ergibt:

$$v^2 = 2U \cdot \frac{q}{m} \quad \text{oder}$$

$$v = \sqrt{2U \cdot \frac{q}{m}}$$

Die Spannung U (bei $I = 0$) kann gemessen werden, die spezifische Ladung $\frac{q}{m}$ der betreffenden Teilchen muss bekannt sein. Für Elektronen beträgt sie $1{,}759 \cdot 10^{11}$ C/kg. Ist die Geschwindigkeit der Teilchen unterschiedlich, so erhält man auf diese Weise die Geschwindigkeit der schnellsten Teilchen.

Bewegung geladener Teilchen im homogenen Querfeld

Tritt ein geladenes Teilchen mit einer Anfangsgeschwindigkeit $\vec{v}_0$ senkrecht zu den Feldlinien in ein homogenes elektrisches Feld ein, dann wirkt eine konstante Feldkraft mit dem Betrag $F_{el} = E \cdot q = \frac{U}{d} \cdot q$.

Die Bewegung des Teilchens ist vergleichbar mit der Bewegung eines Körpers beim **waagerechten Wurf.** Dort wirkt die konstante Gewichtskraft als beschleunigende (ablenkende) Kraft. Es überlagern sich eine gleichförmige Bewegung mit $\vec{v}_0$ in horizontaler Richtung mit einer gleichmäßig beschleunigten Bewegung in vertikaler Richtung.

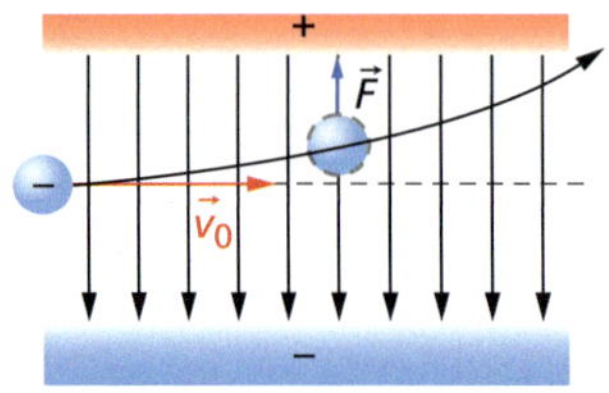

Diese Feldkraft bewirkt eine Ablenkung des Teilchens aus der ursprünglichen Bewegungsrichtung. Das Teilchen bewegt sich auf einer parabelförmigen Bahn.
Die Ablenkung kann mithilfe bekannter Bewegungsgesetze ermittelt werden.

Wir betrachten dazu zunächst die Bewegung des geladenen Teilchens innerhalb eines homogenen elektrischen Felds in einem *x*-*y*-Koordinatensystem, so wie es in der nachfolgenden Skizze dargestellt ist.

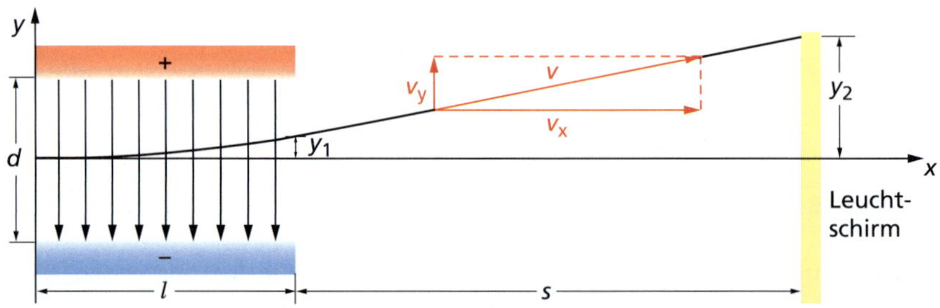

Die Bewegungen in *x*-Richtung und in *y*-Richtung verlaufen unabhängig voneinander.

Innerhalb des Felds überlagert sich eine gleichförmige Bewegung in *x*-Richtung mit einer gleichmäßig beschleunigten Bewegung in *y*-Richtung:

$$x = v_0 \cdot t \quad (1) \qquad y = \frac{1}{2} a \cdot t^2 \quad (2)$$

Mit $t = \frac{x}{v_0}$ ergibt sich:
$v_y = a \cdot t = a \cdot \frac{x}{v_0}$
und mit $a = \frac{U}{d} \cdot \frac{q}{m}$:
$v_y = \frac{U}{d} \cdot \frac{q}{m} \cdot \frac{x}{v_0}$
v_x bleibt $v_x = v_0$

Für die Beschleunigung *a* gilt nach dem newtonschen Grundgesetz $a = \frac{F}{m}$.
Mit $F = E \cdot q$ und $E = \frac{U}{d}$ erhält man für den Weg in *y*-Richtung:

$$y = \frac{1}{2} \frac{U}{d} \cdot \frac{q}{m} \cdot t^2 \qquad (3)$$

Stellt man Gleichung (1) nach *t* um ($t = \frac{x}{v_0}$) und setzt man das in Gleichung (3) ein, so erhält man:

$$y = \frac{1}{2} \frac{U}{d} \cdot \frac{q}{m} \cdot \frac{1}{v_0^2} \cdot x^2 \qquad (4)$$

Das ist die Gleichung für die parabelförmige Bahnkurve.

Für Elektronen ist $q = e$.

Die Ablenkung y_1 am Ende der Platten ergibt sich mit $x = l$ zu:

$$y_1 = \frac{1}{2} \frac{U}{d} \cdot \frac{q}{m} \cdot \frac{1}{v_0^2} \cdot l^2$$

Folglich ist die Ablenkung geladener Teilchen im Feld umso größer,
- je größer die Stärke $E = U/d$ des Felds ist,
- je größer die spezifische Ladung q/m der Teilchen ist und
- je kleiner ihre Anfangsgeschwindigkeit v_0 ist.

Nach Verlassen des elektrischen Felds bewegen sich die geladenen Teilchen geradlinig weiter. Die Ablenkung y_2 auf einem Schirm beträgt dann:

$$y_2 = \frac{U}{d} \cdot \frac{q}{m} \cdot \frac{l}{v_0^2} \left(\frac{l}{2} + s\right)$$

Setzt man die Geschwindigkeit $v_0 = \sqrt{2U_B \cdot \frac{q}{m}}$ ein, so erhält man:

$$y_2 = \frac{1}{2} \cdot \frac{U}{d} \cdot \frac{l}{U_B} \left(\frac{l}{2} + s\right)$$

U_B ist die Beschleunigungsspannung.

Die Ablenkung eines geladenen Teilchens hängt von der Ablenkspannung U, von der Beschleunigungsspannung U_B (Geschwindigkeit der Teilchen) und den Abmessungen der Anordnung ab. Sie ist unabhängig von der spezifischen Ladung der Teilchen, die sich im Feld bewegen.

Mit einer solchen Anordnung kann man demzufolge nicht die spezifische Ladung von Teilchen bestimmen.

■ Elektronen mit einer Energie von 420 eV treten senkrecht zu den Feldlinien in ein homogenes elektrisches Feld ein. Dieses Feld existiert zwischen zwei Platten, die 5,0 cm lang sind und einen Abstand von 2,6 cm voneinander haben.

a) *Welche Geschwindigkeit haben die Elektronen beim Eintritt in das elektrische Feld?*

b) *Wie groß muss die Ablenkspannung sein, damit die Ablenkung des Elektronenstrahls am Ende der Ablenkplatten 1,8 mm beträgt?*

Analyse:

Wir gehen von einer ungehinderten Bewegung der Elektronen aus. Die Geschwindigkeit der Elektronen ergibt sich aus ihrer Energie. Die Ablenkspannung kann aus der Ablenkung ermittelt werden.

Gesucht: v, U

Gegeben: $E = 420$ eV

$d = 2{,}6$ cm

$l = 5{,}0$ cm

$y_1 = 1{,}8$ mm

Lösung:

a) Aus der Definition der Einheit Elektronenvolt ergibt sich: $U_B = 420$ V
Damit erhält man als Geschwindigkeit der Elektronen:

$$v = \sqrt{2U_B \cdot \frac{e}{m}} = \sqrt{2 \cdot 420\ \text{V} \cdot 1{,}759 \cdot 10^{11}\ \frac{\text{C}}{\text{kg}}} = 1{,}2 \cdot 10^7\ \frac{\text{m}}{\text{s}}$$

b) Durch Umstellen der auf S. 70 genannten Gleichung erhält man:

$$U = 2y_1 \cdot \frac{m}{e} \cdot d \cdot \frac{v_0^2}{l^2}$$

$$U = 2 \cdot 1{,}8 \cdot 10^{-3}\ \text{m} \cdot \frac{\text{kg}}{1{,}759 \cdot 10^{11}\ \text{C}} \cdot 0{,}026\ \text{m} \cdot \frac{\left(1{,}2 \cdot 10^7\ \frac{\text{m}}{\text{s}}\right)^2}{(0{,}05\ \text{m})^2} = \underline{30{,}7\ \text{V}}$$

Ein **Elektronenvolt** (1 eV) ist die Energie, die ein Elektron nach Durchlaufen einer Spannung von 1 V besitzt:
1 eV = $1{,}602 \cdot 10^{-19}$ Ws

Ergebnis:

Elektronen mit einer Energie von 420 eV besitzen eine Geschwindigkeit von $1{,}2 \cdot 10^7\ \frac{\text{m}}{\text{s}}$. Bei einer Ablenkspannung von etwa 31 V beträgt die Ablenkung im Feld 1,8 mm.

Oszilloskop mit braunscher Röhre

Oszilloskope (Abb. 2) werden genutzt, um Wechselspannungen sichtbar zu machen, den Schwingungsverlauf bei Tönen oder Klängen zu erfassen oder um die Kennlinien bei Bauelementen aufzunehmen. In der Literatur findet man auch die Bezeichnungen Oszillograf, Katodenstrahloszillograf oder Elektronenstrahloszillograf.

Das entscheidende Bauteil eines solchen Oszilloskops ist eine Elektronenstrahlröhre. Sie wird nach ihrem Erfinder Carl Ferdinand Braun (1850–1918) auch als braunsche Röhre bezeichnet. Der Aufbau einer solchen Röhre ist in Abb. 1 dargestellt:

- In einem Strahlerzeugungssystem, bestehend aus Katode, Wehneltzylinder und Anode, wird ein Elektronenstrahl erzeugt (↗ S. 66).
- Zur Ablenkung des Elektronenstrahls nutzt man Plattenpaare. Die Ablenkung erfolgt im elektrischen Feld zwischen den Platten. Mit den *y*-Ablenkplatten erfolgt eine Ablenkung nach unten oder nach oben, mit den *x*-Ablenkplatten nach links oder rechts. Im Unterschied dazu erfolgt die Ablenkung bei herkömmlichen Fernsehbildröhren durch magnetische Felder.
- Der Elektronenstrahl trifft innen auf eine Leuchtschicht. Die betreffende Stelle des Bildschirms leuchtet auf.

Die gesamte Anordnung befindet sich in einem evakuierten Glaskolben. Um z. B. eine Wechselspannung darzustellen, wird an die *x*-Ablenkplatten eine Spannung angelegt, die durch einen Sägezahngenerator erzeugt wird (Abb. 3 oben). Dadurch bewegt sich der Leuchtpunkt horizontal und gleichförmig von links nach rechts.
Legt man an die *y*-Ablenkplatten eine Wechselspannung (Abb. 3 unten), so wird der Leuchtfleck gleichzeitig nach oben bzw. nach unten abgelenkt. Insgesamt erhält man das Bild einer Wechselspannung.

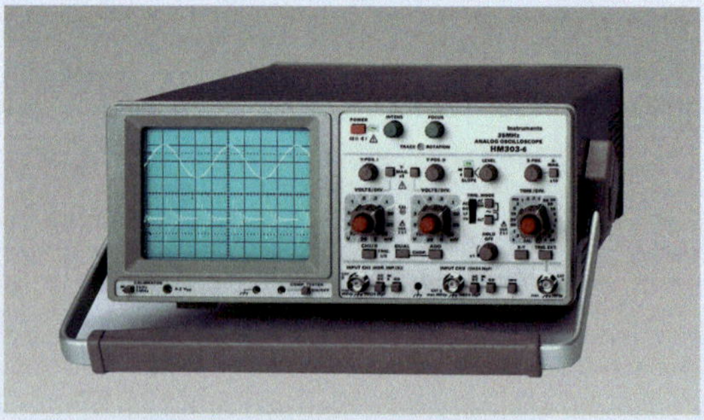

2 Modernes Oszilloskop

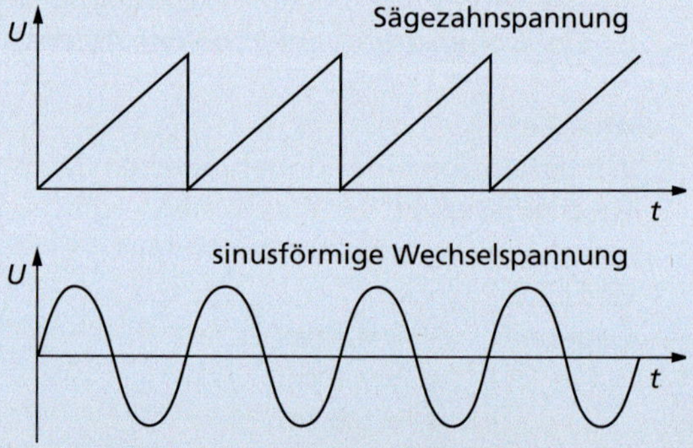

3 Spannungen an den Ablenkplatten

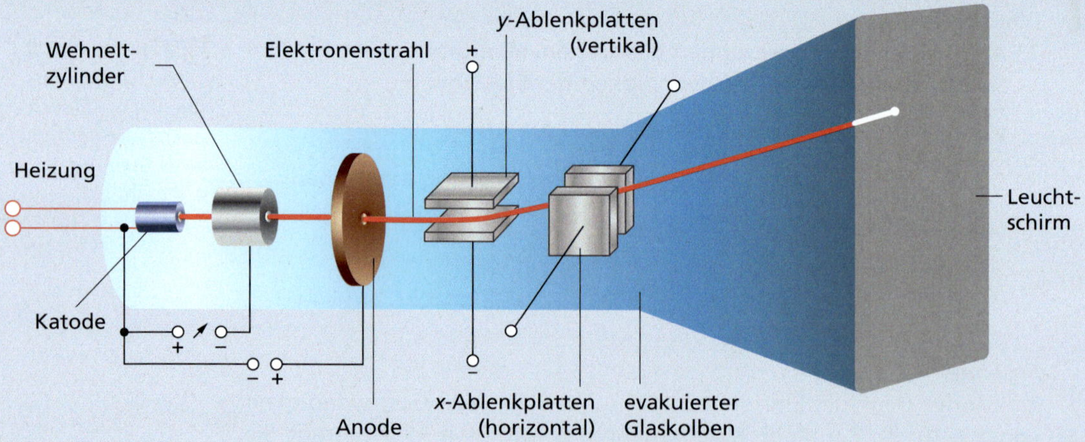

1 Prinzipieller Aufbau einer braunschen Röhre mit elektrischer Ablenkung

Ionentriebwerke – eine moderne Antriebsmöglichkeit

In der Nacht vom 27. zum 28. September 2003 startete die erste Mondmission der Europäer. Ein Ziel der Mission war die Erprobung eines Ionentriebwerks für Weltraumreisen. Mit der Raumsonde SMART-1 (Small Missions for Advanced Research in Technology) wurden neue Techniken für künftige Expeditionen ins Weltall getestet. Das Antriebsaggregat von SMART-1 war ein Ionentriebwerk.

Nachdem die Sonde mit einer Trägerrakete vom Typ Ariane-5 in eine Erdumlaufbahn transportiert wurde, begann dort das Ionentriebwerk zu arbeiten. Mit einer Schubkraft von etwa 70 Millinewton (!) war die Beschleunigung der anfangs 367 kg schweren Sonde (davon 82,3 kg Xenon als Treibstoff) außerordentlich klein. Sie reichte aber aus, um die Sonde auf einer spiralförmigen Bahn allmählich von der Erde in Richtung Mond zu bringen. Die Sonde legte innerhalb von 14 Monaten etwa 100 Millionen Kilometer zurück und schwenkte dann in eine Mondumlaufbahn ein. Nachdem sämtlicher Treibstoff verbraucht war, stürzte die Sonde, so wie geplant, am 3. 9. 2006 auf die Mondoberfläche.

Die Funktionsweise eines Ionentriebwerks ist aus Abb. 2 erkennbar. In einem keramischen Trichter von etwa 10 cm Durchmesser (Vorkammer) treten durch Glühemission Elektronen aus der Katode K_1 aus und werden im elektrischen Feld zwischen K_1 und G_1 beschleunigt.
Aus dem Tank wird geregelt Xenon zugeführt. Stoßen die beschleunigten Elektronen mit Xe-Atomen zusammen, so entstehen Xe-Ionen. Wenn diese Ionen die Gitterelektrode G_1 passiert haben, werden sie durch das starke elektrische Feld zwischen G_1 und G_2 beschleunigt. Der Impuls der austretenden Xe-Ionen ruft nach dem Rückstoßprinzip einen gleich großen Impuls in entgegengesetzter Richtung hervor, der die Sonde beschleunigt.
Katode K_2 führt den Xe-Ionen Elektronen zu. Damit wird eine ständige Aufladung der Sondenhülle verhindert.
Das Triebwerk lief insgesamt ca. 5 000 Stunden, die notwendige elektrische Energie lieferten Solarzellen mit einer Leistung von 1 900 W.
Der Vorteil eines solchen Triebwerks besteht vor allem in der geringen Menge an Treibstoff, die benötigt wird.
Ein Nachteil ist die geringe Schubkraft.

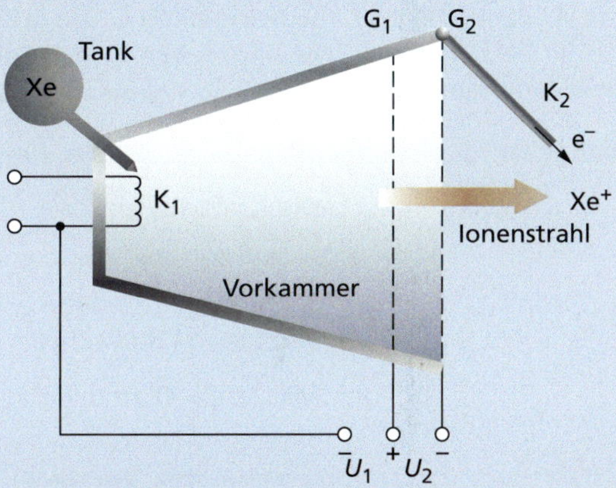

2 Aufbau eines Ionentriebwerks

1 SMART-1 mit Ionentriebwerk (Simulation). Das Foto rechts zeigt einen Test des Triebwerks im Labor.

3.2 Bewegung geladener Teilchen in homogenen magnetischen Feldern

Kräfte auf bewegte Ladungen

Benannt ist diese Kraft nach dem niederländischen Physiker HENDRIK ANTOON LORENTZ (1853 bis 1928), der sie 1895 in die Elektrodynamik einführte.

Bewegen sich geladene Teilchen senkrecht zu den magnetischen Feldlinien, so wird auf sie im Magnetfeld eine Kraft ausgeübt. Diese Kraft wird als **Lorentzkraft** bezeichnet.

> Die Lorentzkraft ist die Kraft, die auf einzelne bewegte Ladungsträger in einem Magnetfeld wirkt.

Der Betrag dieser Kraft kann unter der Voraussetzung, dass Bewegungsrichtung und Richtung des Magnetfelds senkrecht zueinander stehen, folgendermaßen ermittelt werden:
In einem Leiter bewegen sich Elektronen mit einer mittleren Driftgeschwindigkeit v. Die N Elektronen im Bereich eines Leiterstücks der Länge l bewegen sich in der Zeit t durch einen Leiterquerschnitt, haben also die Geschwindigkeit $v = \frac{l}{t}$. Dann beträgt die Stromstärke im Leiter:

$$I = \frac{Q}{t} = \frac{N \cdot e}{t} \qquad (1)$$

Die Kraft auf ein Leiterstück der Länge l in einem Magnetfeld beträgt:

$$F_L = B \cdot I \cdot l \qquad (2)$$

Setzt man (1) in (2) ein, so erhält man: $F_L = B \cdot N \cdot e \cdot \frac{l}{t}$

Mit $N \cdot e = Q$ und $\frac{l}{t} = v$ ergibt sich $F_L = Q \cdot v \cdot B$.

> Unter der Voraussetzung, dass die Bewegung geladener Teilchen senkrecht zur Richtung des Magnetfelds verläuft, kann der Betrag der Lorentzkraft berechnet werden mit der Gleichung:
>
> $F_L = Q \cdot v \cdot B$ $(\vec{v} \perp \vec{B})$
>
> Q Ladung des Teilchens
> v Geschwindigkeit der geladenen Teilchen
> B magnetische Flussdichte
>
> Die Lorentzkraft wirkt senkrecht zur Bewegungsrichtung und senkrecht zur Richtung des Magnetfelds (↗ S. 75).

Für Elektronen und Protonen beträgt die Ladung:
$Q = e = 1{,}602 \cdot 10^{-19}$ C

Aus der Gleichung und den Bedingungen ergibt sich:
- Da die Lorentzkraft immer senkrecht zur Bewegungsrichtung wirkt, ändert sich durch sie nur die Richtung, nicht aber der Betrag der Geschwindigkeit der geladenen Teilchen.
- In einem homogenen Magnetfeld ($\vec{B}$ = konstant) ist die Lorentzkraft konstant. Die geladenen Teilchen bewegen sich auf Kreisbahnen.

Die Lorentzkraft wirkt als Zentripetalkraft.

Die Richtung der Kraft auf geladene Teilchen ergibt sich wie bei stromdurchflossenen Leitern aus der **Rechte-Hand-Regel.**

Daumen: Bewegungsrichtung positiv geladener Teilchen (**U**rsache)
Zeigefinger: Richtung des magnetischen Felds (**V**ermittlung)
Mittelfinger: Richtung der Kraft (**W**irkung)

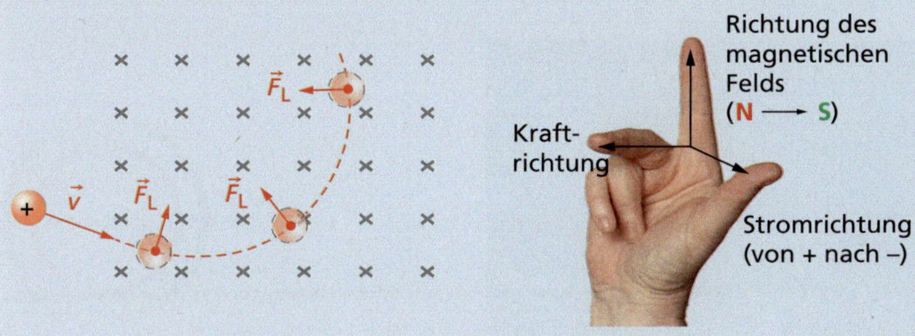

Bei dieser und allen folgenden Darstellungen bedeutet:

Das Magnetfeld zeigt in die Blattebene hinein. Die umgekehrte Richtung wird durch Punkte markiert.

Bewegen sich die geladenen Teilchen nicht senkrecht, sondern unter einem beliebigen Winkel α zur Richtung des Magnetfelds, dann gilt für den Betrag der Lorentzkraft:

$$F_L = Q \cdot v \cdot B \cdot \sin\alpha$$

Statt $\sin\alpha$ schreibt man auch häufig: $\sin \sphericalangle (\vec{v}, \vec{B})$
Der Zusammenhang ist aus der folgenden Skizze erkennbar: $\vec{B}$ und $\vec{v}$ liegen in einer Ebene.

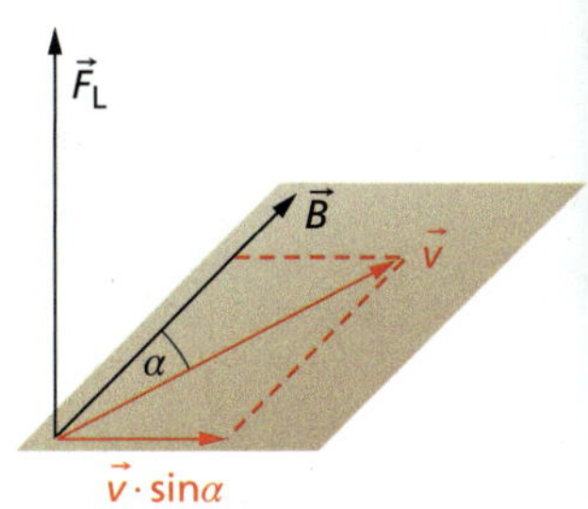

Daraus folgt:
- Bewegen sich geladene Teilchen parallel zu den Feldlinien des magnetischen Felds ($\alpha = 0$), so ist die Lorentzkraft null. Die Teilchen werden in ihrer Bewegung nicht beeinflusst.
- Bei senkrechtem Eintritt in das Feld wirkt die Lorentzkraft als Zentripetalkraft. Die geladenen Teilchen bewegen sich auf Kreisbahnen (Skizze unten links).
- Bei schrägem Eintritt in das Magnetfeld (Skizze unten rechts) wirkt ebenfalls die Lorentzkraft, aber mit dem Betrag $F = Q \cdot v_s \cdot B$. Dabei ist v_s die Geschwindigkeitskomponente senkrecht zu den Feldlinien. Die Geschwindigkeitskomponente v_P parallel zu den Feldlinien bewirkt, dass die Kreisbahn im dargestellten Fall nach rechts „auseinandergezogen" wird und damit eine spiralförmige Bahn entsteht.

<table>
<tr><th>Bewegung senkrecht zu den Feldlinien des Magnetfelds</th><th>Bewegung schräg zu den Feldlinien des Magnetfelds</th></tr>
<tr><td>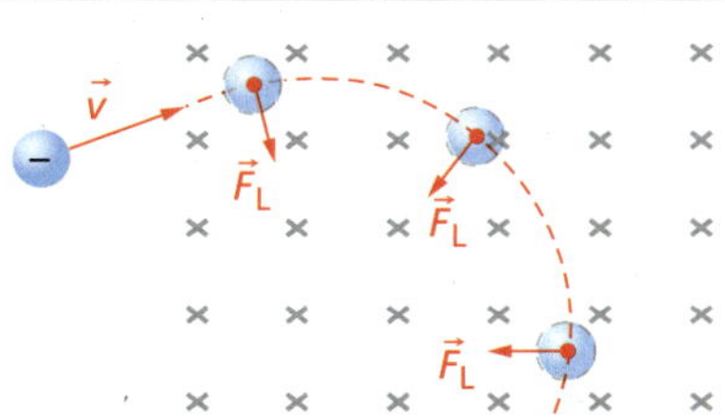
</td><td>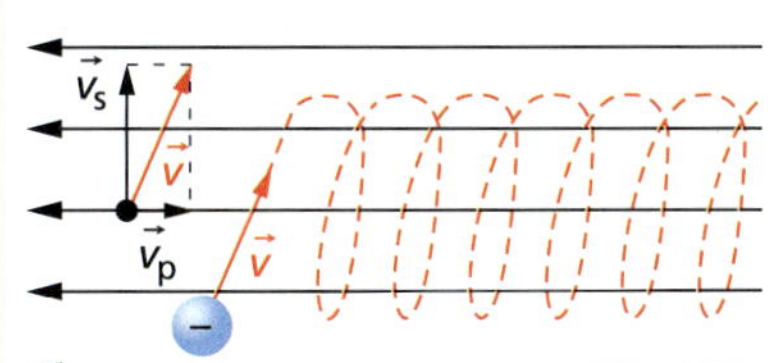
</td></tr>
<tr><td>Die Elektronen bewegen sich auf einer Kreisbahn.</td><td>Die Elektronen bewegen sich auf einer schraubenförmigen Bahn.</td></tr>
</table>

Bestimmung der spezifischen Ladung von Elektronen

In analoger Weise kann auch die spezifische Ladung von Protonen oder von anderen geladenen Teilchen ermittelt werden.

Die Ablenkung von Elektronen in homogenen Magnetfeldern kann genutzt werden, um ihre spezifische Ladung zu bestimmen. Dazu werden in einer speziellen Röhre, die sich im homogenen Magnetfeld von Helmholtz-Spulen (↗ S. 58) befindet, Elektronen im elektrischen Feld beschleunigt und im magnetischen Feld abgelenkt.

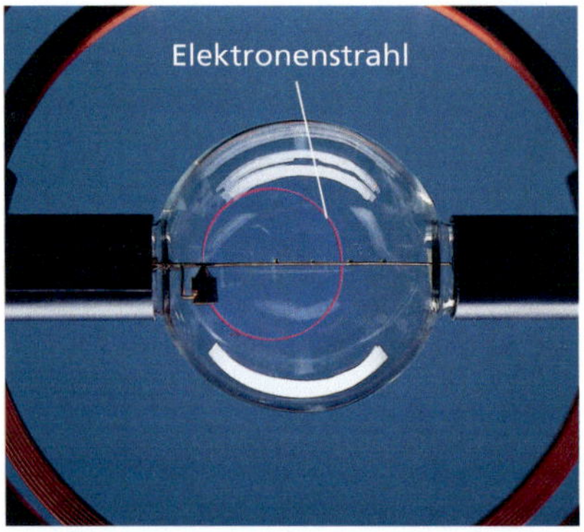

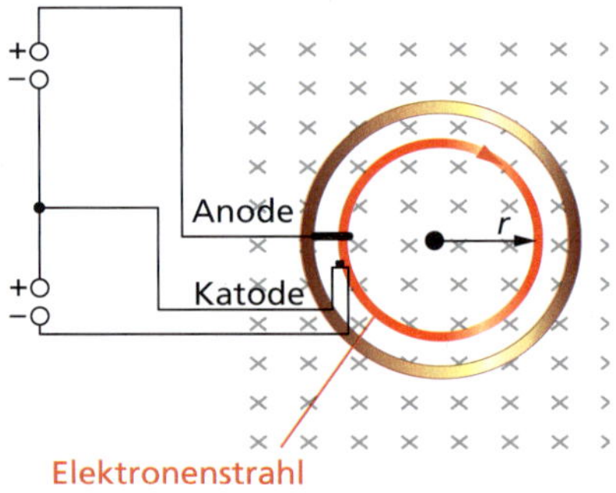

Durch eine Gasfüllung wird die Bahn der Elektronen sichtbar: Die schnellen Elektronen regen das Gas zum Leuchten an.

Aus einer Glühkatode treten Elektronen aus und werden im elektrischen Feld zwischen Katode und ringförmiger Anode durch eine Spannung U beschleunigt. Dabei erreichen sie die Geschwindigkeit $v = \sqrt{2U \cdot \frac{e}{m}}$ (1). Durch das homogene Magnetfeld werden sie auf eine Kreisbahn gezwungen. Die Lorentzkraft wirkt dabei als Zentripetalkraft. Es gilt:

Für die Zentripetalkraft gilt:
$F = m \cdot \frac{v^2}{r}$
$F = m \cdot \frac{4\pi^2 \cdot r}{T^2}$

$$m \cdot \frac{v^2}{r} = e \cdot v \cdot B \quad (2)$$

Dividiert man durch v und setzt (1) in (2) ein, so erhält man:

$$\frac{m \cdot \sqrt{2U \cdot \frac{e}{m}}}{r} = e \cdot B$$

Quadrieren der Gleichung und Umstellen nach $\frac{e}{m}$ ergibt:

$$\frac{e}{m} = \frac{2U}{B^2 \cdot r^2}$$

Alle rechts stehenden Größen sind messbar, damit die spezifische Ladung $\frac{e}{m}$ des Elektrons experimentell ermittelbar.

Die **magnetische Flussdichte** kann man entweder mit einer **Hall-Sonde** (↗ S. 80) direkt messen oder aus der räumlichen Anordnung der Helmholtz-Spulen bei Kenntnis der Stromstärke durch die Spulen berechnen (↗ S. 58).

■ Bei einer Beschleunigungsspannung von 200 V und einer magnetischen Flussdichte von 1,0 mT wird ein Durchmesser der Bahn des Elektronenstrahls von 9,50 cm ermittelt.
Bestimmen Sie aus diesen experimentellen Daten die spezifische Ladung des Elektrons!

Analyse:
Wir gehen davon aus, dass die Bedingungen für die Anwendbarkeit der abgeleiteten Gleichung (homogenes Magnetfeld, $\vec{v} \perp \vec{B}$, Geschwindigkeit der Elektronen unmittelbar nach Austritt aus der Katode null) erfüllt sind. Dann kann die obige Gleichung zur Berechnung der spezifischen Ladung von Elektronen genutzt werden.

Gesucht: $\frac{e}{m}$

Gegeben: $U = 200\ \text{V}$

$B = 1{,}0\ \text{mT} = 10^{-3}\ \text{T}$

$d = 9{,}50\ \text{cm} \longrightarrow r = 4{,}75\ \text{cm} = 4{,}75 \cdot 10^{-2}\ \text{m}$

Lösung:

$$\frac{e}{m} = \frac{2U}{B^2 \cdot r^2}$$

$$\frac{e}{m} = \frac{2 \cdot 200\ \text{V}}{(10^{-3}\ \text{T})^2 \cdot (4{,}75 \cdot 10^{-2}\ \text{m})^2}$$

$$\underline{\frac{e}{m} = 1{,}77 \cdot 10^{11}\ \frac{\text{C}}{\text{kg}}}$$

Für die Einheiten gilt:

$$1\ \frac{\text{V}}{\text{T}^2 \cdot \text{m}^2} = 1\ \frac{\text{V} \cdot \text{m}^4}{\text{V}^2 \cdot \text{s}^2 \cdot \text{m}^2} = 1\ \frac{\text{m}^2}{\text{V} \cdot \text{s}^2} = 1\ \frac{\text{kg} \cdot \text{m}^2}{\text{V} \cdot \text{s}^2 \cdot \text{kg}} = 1\ \frac{\text{N} \cdot \text{m}}{\text{V} \cdot \text{kg}} = 1\ \frac{\text{Ws}}{\text{V} \cdot \text{kg}} = 1\ \frac{\text{V} \cdot \text{A} \cdot \text{s}}{\text{V} \cdot \text{kg}} = 1\ \frac{\text{A} \cdot \text{s}}{\text{kg}} = 1\ \frac{\text{C}}{\text{kg}}$$

Ergebnis:

Aus den Messungen ergibt sich für die spezifische Ladung des Elektrons ein Wert von $1{,}77 \cdot 10^{11}\ \frac{\text{C}}{\text{kg}}$.

Der Tabellenwert der spezifischen Ladung des Elektrons beträgt $1{,}759 \cdot 10^{11}\ \frac{\text{C}}{\text{kg}}$. Kennt man die Elementarladung, so kann auch die Masse des Elektrons ermittelt werden.

Die spezifische Ladung des Elektrons beträgt $\frac{e}{m} = 1{,}759 \cdot 10^{11}\ \frac{\text{C}}{\text{kg}}$, seine Masse (Ruhemasse) $m_E = 9{,}109 \cdot 10^{-31}$ kg.

Bildröhren mit magnetischer Ablenkung

Die Ablenkung von Elektronen in Magnetfeldern wird in herkömmlichen Fernsehbildröhren genutzt. Den prinzipiellen Aufbau einer solchen Röhre zeigt die Skizze unten.

Das Strahlerzeugungssystem besteht aus Katode, Wehneltzylinder und Anode, das Ablenksystem aus Spulenpaaren, die außen auf den evakuierten Glaskolben aufgesetzt sind. Sie erzeugen paarweise ein Magnetfeld, das eine Ablenkung des Elektronenstrahls in vertikaler bzw. in horizontaler Richtung bewirkt.

Bei einer Fernsehbildröhre wird jeweils ein Elektronenstrahl für jede der drei Grundfarben Rot, Grün und Blau in 625 Zeilen 50-mal in jeder Sekunde von oben nach unten über den Bildschirm geführt, wobei in jeder Zeile 833 Bildpunkte zum Leuchten angeregt werden können. Moderne Flachbildschirme arbeiten nach völlig anderen Prinzipien.

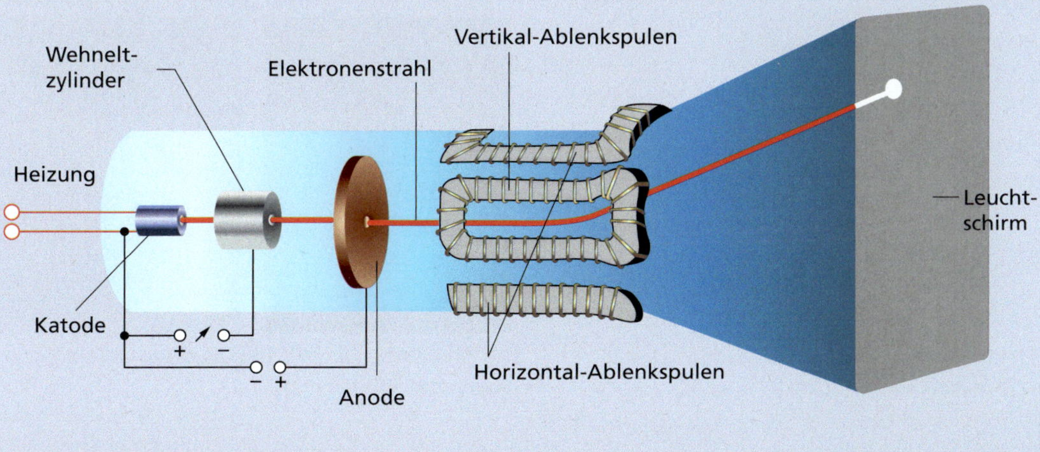

Elektrische Erscheinungen in der Atmosphäre

In der Erdatmosphäre vollziehen sich vielfältige elektrische Erscheinungen. Dazu gehören Blitze und andere Entladungserscheinungen ebenso wie Polarlichter oder die Existenz ionisierter Schichten (Heaviside-Kennelly-Schichten) oder von Strahlungsgürteln, die 1958 in Auswertung von Satellitenmessungen durch den amerikanischen Astrophysiker JAMES VAN ALLEN (1914–2006) entdeckt wurden.

Polarlichter

Eine besonders attraktive Erscheinung sind Polarlichter. Sie treten vorrangig zwischen dem 60. und 75. Grad nördlicher bzw. südlicher Breite auf.
Ursache für die Polarlichter ist der Sonnenwind, ein vom äußeren Bereich der Sonnenatmosphäre, der Korona, ausgehender Teilchenstrom, der vor allem aus Protonen und aus Elektronen besteht. Diese Teilchen treffen meist mit einer Geschwindigkeit von 300 bis 400 $\frac{km}{s}$ auf das Magnetfeld der Erde und werden unter dem Einfluss dieses Felds abgelenkt. Das Zusammenwirken des Sonnenwinds mit dem Erdmagnetfeld führt zu einem komplizierten System elektrischer Ströme.
Einer dieser Ströme besteht aus Elektronen, die sich auf spiralförmigen Bahnen längs der magnetischen Feldlinien des Erdmagnetfelds bewegen. In Höhen zwischen 500 und 100 km stoßen die Elektronen mit Gasmolekülen zusammen und regen diese zum Leuchten an. Die Frequenz und damit die Farbe des emittierten Lichts hängt von der Energie der stoßenden Elektronen und von der Art der getroffenen Gasmoleküle ab. Sauerstoffmoleküle senden beim Stoß mit energiereichen Elektronen grünes Licht mit einer Wellenlänge von 558 nm aus, bei energieärmeren Elektronen wird rotes Licht der Wellenlänge 630 nm ausgesendet. Blaue und violette Farbtöne ergeben sich beim Stoß von Elektronen mit Stickstoffmolekülen. Da nur energiereiche Teilchen tief in die Atmosphäre eindringen können, tritt grünes Polarlicht vorwiegend in Höhen von 100 bis 200 km auf, rotes Polarlicht dagegen in Höhen zwischen 200 und 500 km. Darüber hinaus kommen durch Farbmischungen weitere Farben zustande. Das Polarlicht enthält auch Anteile an infrarotem und ultraviolettem Licht.

Van-Allen-Strahlungsgürtel

Die 1958 entdeckten Strahlungsgürtel sind Bereiche energiereicher, geladener Teilchen um die Äquatorebene herum bis etwa 40° nördlicher bzw. südlicher Breite.
Der innere Gürtel in Höhen von 1000–6000 km besteht meist aus Protonen, der äußere Gürtel in 15000–25000 km Höhe aus Elektronen (Abb. 1).
Durch den Sonnenwind gelangen Protonen und Elektronen in den Bereich des Erdmagnetfelds. In Abhängigkeit von ihrer Geschwindigkeit und der Struktur des Erdmagnetfelds bewegen sie sich vorzugsweise in bestimmten Bereichen (Gürteln) längs der Feldlinien des Magnetfelds auf spiralförmigen Bahnen. Die Vergrößerung der magnetischen Flussdichte in Richtung Pole der Erde bewirkt, dass die geladenen Teilchen im skizzierten Bereich hin- und herpendeln. Das Erdmagnetfeld bildet für sie eine Art „magnetischer Flasche".
Für Weltraumunternehmen ist wichtig: Die Strahlenbelastung ist im Bereich der Van-Allen-Gürtel wesentlich größer als auf der Erdoberfläche.

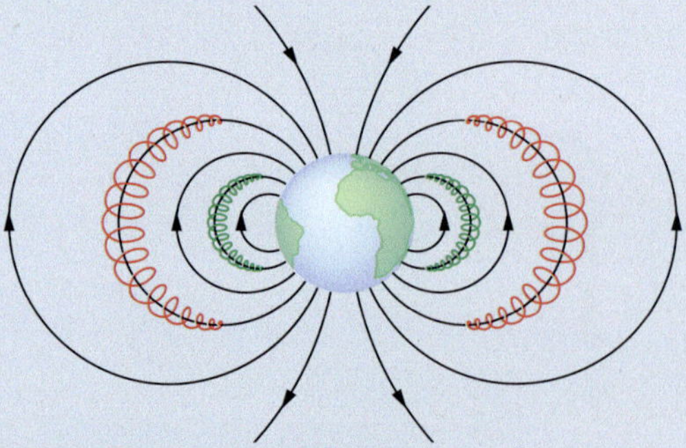

1 Elektronen und Protonen bewegen sich auf spiralförmigen Bahnen.

2 Polarlichter sind leuchtende Gase, vor allem Sauerstoff und Stickstoff.

Der Hall-Effekt

Die Erscheinung, dass geladene Teilchen, die sich im Magnetfeld bewegen, beeinflusst werden, zeigt sich auch bei stromdurchflossenen Leitern. Wird ein flächenhafter stromdurchflossener Leiter senkrecht zur Driftgeschwindigkeit der Elektronen von einem Magnetfeld durchsetzt, so kann man zwischen den Punkten A und B (Skizze) eine Spannung nachweisen.

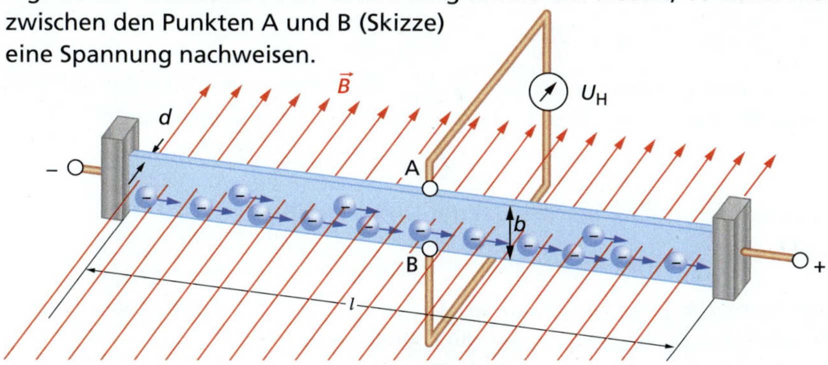

Benannt ist der Effekt nach dem amerikanischen Physiker EDWIN HERBERT HALL (1855–1938), der ihn 1879 entdeckte.

Diese Spannung wird als **Hall-Spannung** bezeichnet. Das Zustandekommen lässt sich mithilfe der Lorentzkraft deuten: Infolge ihrer Bewegung im Magnetfeld werden die Elektronen im skizzierten Fall nach unten abgelenkt. Es kommt im Punkt B zu einer Vergrößerung und im Punkt A zu einer Verringerung der Elektronenanzahl, demzufolge zu einer Spannung zwischen diesen beiden Punkten.

Die Richtung der Kraft auf die Elektronen kann man mithilfe der **Rechte-Hand-Regel** (↗ S. 75) ermitteln.

Ihr Betrag lässt sich folgendermaßen herleiten:
Aufgrund der Ladungsverschiebung bildet sich zwischen den Flächen, an denen sich die Anschlüsse A und B befinden, ein elektrisches Feld der Stärke $E_H = \frac{U_H}{b}$ heraus. Die Verschiebung der Ladungsträger durch die Lorentzkraft erfolgt so lange, bis Lorentzkraft und Feldkraft im elektrischen Feld gleich groß sind, also gilt:

$$e \cdot v \cdot B = e \cdot \frac{U_H}{b}$$

Damit erhält man für die Hall-Spannung: $$U_H = v \cdot B \cdot b \qquad (1)$$

v ist die Driftgeschwindigkeit der Ladungsträger.

- Diese Gleichung kann man nutzen, um die Driftgeschwindigkeit von Elektronen in Metallen abzuschätzen. In einem Experiment wurden für ein dünnes Kupferblech folgende Werte bestimmt:

  $B = 1{,}25$ T; $b = 20$ mm und $U_H = 0{,}024$ mV

  Durch Umstellen der Gleichung (1) nach *v* erhält man:

  $$v = \frac{U_H}{B \cdot b}$$

  Mit den gegebenen Werten ergibt sich:

  $$v = \frac{2{,}4 \cdot 10^{-5}\ \text{V}}{1{,}25\ \text{T} \cdot 2 \cdot 10^{-2}\ \text{m}} = 0{,}96 \cdot 10^{-3}\ \frac{\text{m}}{\text{s}} = 0{,}96\ \frac{\text{mm}}{\text{s}}$$

  Das stimmt gut mit dem in der Literatur häufig genannten Wert von $1\ \frac{\text{mm}}{\text{s}}$ überein.

Bei der nachfolgenden Herleitung beschränken wir uns auf Metalle, da sich in ihnen bei Stromfluss nur freie Elektronen bewegen.
Für Metalle gilt für den Zusammenhang zwischen Driftgeschwindigkeit v und Stromstärke I:

$$I = \frac{\Delta Q}{\Delta t} = \frac{N \cdot e}{\Delta t} \quad \text{und mit} \quad \Delta t = \frac{l}{v}$$

$$I = \frac{N \cdot e \cdot v}{l}$$

Die Umstellung nach v ergibt $v = \frac{I \cdot l}{N \cdot e}$ (2). Setzt man (2) in die auf S. 79 genannte Gleichung (1) ein, so erhält man für die Hall-Spannung:

$$U_H = \frac{I \cdot B \cdot l \cdot b}{N \cdot e} \qquad (3)$$

Die Erweiterung mit der Dicke d des Leiters ergibt:

$$U_H = \frac{I \cdot B \cdot l \cdot b \cdot d}{N \cdot e \cdot d}$$

Der Term $l \cdot b \cdot d$ ist das Volumen V des Leiters. Mit der Hall-Konstanten $R_H = \frac{l \cdot b \cdot d}{N \cdot e} = \frac{V}{N \cdot e}$ erhält man für die Hall-Spannung:

Der Faktor R_H ist eine Stoffkonstante und ist gleich dem Kehrwert der Ladungsträgerdichte im betreffenden Leiter:

$R_H = \frac{V}{N \cdot e}$

Die Hall-Spannung kann berechnet werden mit der Gleichung:

$$U_H = R_H \cdot \frac{I \cdot B}{d}$$

R_H Hall-Konstante (Stoffkonstante)
I Stromstärke
B magnetische Flussdichte
d Dicke des Leiters

Den genannten Zusammenhang kann man nutzen, um die magnetische Flussdichte und damit die Stärke von Magnetfeldern direkt zu messen.
Der Sensor wird als Hall-Sonde bezeichnet, die gesamte Messanordnung als Teslameter.

Genutzt wird z. B. Indiumantimonid ($R_H = 2{,}4 \cdot 10^{-4}\ \frac{m^3}{C}$) oder Indiumarsenid ($R_H = 1{,}0 \cdot 10^{-4}\ \frac{m^3}{C}$).

Moderne Hall-Sonden bestehen meist aus einem kleinen Halbleiterplättchen, da bei Halbleitern die Hall-Konstante R_H relativ groß ist. Bei angelegter Spannung U fließt ein Strom durch den Halbleiter. Die Hall-Spannung wird gemessen, am Messgerät in der Regel aber sofort die Flussdichte in Tesla oder Millitesla angezeigt. In der Praxis wird die Hall-Sonde mit allen anderen Komponenten (Verstärker, A/D-Wandler, Anschlüsse für die Stromversorgung) auf einem Chip integriert.

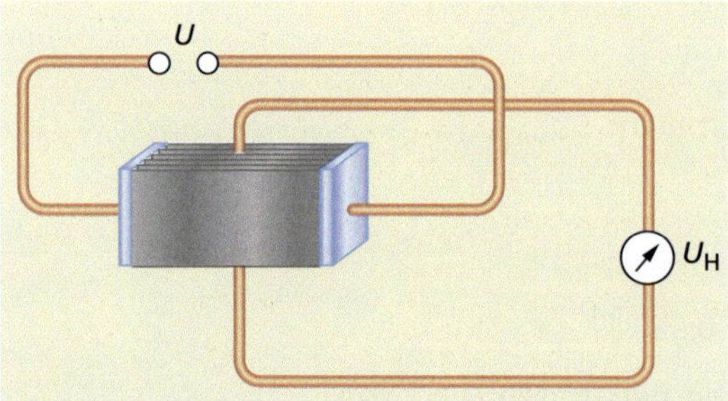

1 Aufbau einer Hall-Sonde

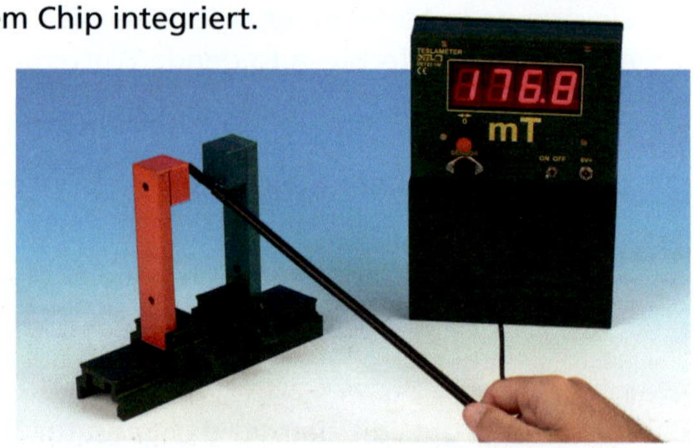

2 Messung mit einer Hall-Sonde

Massenspektrograf

Eine Anordnung, mit der geladene Teilchen kleinster Massedifferenzen voneinander getrennt werden können, wird als **Massenspektrograf** bezeichnet. Die Skizze zeigt den prinzipiellen Aufbau und den Bahnverlauf bei positiv geladenen Ionen.

Den ersten Nachweis eines Isotops mittels Ablenkung durch elektrische und magnetische Felder führten 1912 die britischen Physiker FRANCIS WILLIAM ASTON (1877–1945) und JOSEPH JOHN THOMSON (1856–1940). 1919 entwickelte ASTON einen **Massenspektrografen** mit gekreuztem elektrischen und magnetischen Feld (↗ Skizze). Für seine Arbeiten erhielt er 1922 den Nobelpreis für Chemie.

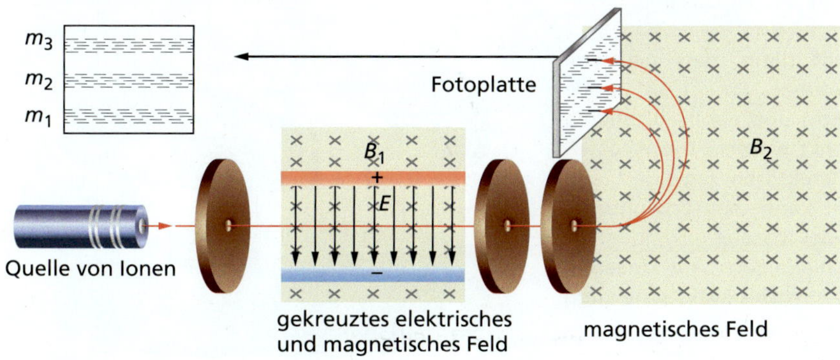

Von einer **Ionenquelle** treten geladene Ionen aus, die zunächst unterschiedliche Geschwindigkeiten besitzen. Sie treten in ein gekreuztes elektrisches und magnetisches Feld ein. Positiv geladene Ionen werden vom elektrischen Feld nach unten, vom magnetischen Feld nach oben abgelenkt. Nur die Ionen, bei denen die beiden Feldkräfte gleich groß sind, durchlaufen das gekreuzte Feld geradlinig. Das ist der Fall, wenn gilt:

$$F_{el} = Q \cdot E = Q \cdot v \cdot B_1 = F_{magn} \quad \text{und damit} \quad v = \frac{E}{B_1}$$

Das bedeutet: Alle geladenen Teilchen, die das gekreuzte Feld geradlinig durchlaufen, haben die gleiche Geschwindigkeit $v = \frac{E}{B_1}$. Das gekreuzte Feld wirkt als **Geschwindigkeitsfilter.**

Teilchen mit anderen Geschwindigkeiten werden nach oben oder unten abgelenkt und gelangen nicht in das zweite magnetische Feld.

Anschließend treten die geladenen Teilchen in ein zweites homogenes Magnetfeld ein. Die Ablenkung in diesem Magnetfeld erfolgt durch die Lorentzkraft. Es gilt:

$$Q \cdot v \cdot B_2 = m \cdot \frac{v^2}{r}$$

Mit $v = \frac{E}{B_1}$ erhält man die Gleichung:

$$\frac{Q}{m} = \frac{E}{r \cdot B_1 \cdot B_2} \quad \text{oder} \quad r = \frac{E}{B_1 \cdot B_2 \cdot \frac{Q}{m}}$$

Der Radius der Kreisbahn im magnetischen Feld ist bei konstanter Stärke des elektrischen und der beiden magnetischen Felder nur von der spezifischen Ladung der Teilchen abhängig. Aus E, r, B_1 und B_2 lässt sich die **spezifische Ladung** $\frac{Q}{m}$ bestimmen. Kennt man die Ladung der Ionen, kann man aus der spezifischen Ladung die **Ionenmasse** berechnen.

Die Entwicklung der **Massenspektroskopie** war ein wichtiger Schritt auf dem Weg zur Erforschung von Atomkernen. Mithilfe massenspektroskopischer Untersuchungen fand man heraus, dass fast alle Elemente aus verschiedenen Isotopen bestehen.

So besteht z. B. Wasserstoff aus den drei Isotopen:

^1_1H (99,985 %)

^2_1H (Deuterium; 0,015 %)

^3_1H (Tritium; 0,0001 %)

Ihre Massen verhalten sich wie 1 : 2 : 3.

Riesenbeschleuniger für kleinste Teilchen

Viele Erkenntnisse über die Struktur der Materie wurden in den letzten Jahrzehnten mithilfe von **Beschleunigern** gewonnen. Mit heutigen Beschleunigern lassen sich noch Strukturen wie die Quarks untersuchen, die höchstens ein Hundertmillionstel eines Atomdurchmessers groß sind.
Das **Grundprinzip** besteht darin, dass geladene Teilchen (Elektronen, Protonen, Ionen) auf große Geschwindigkeiten gebracht und dann auf andere Teilchen oder Stoffe gelenkt werden. Die Wechselwirkungen werden in Detektoren registriert und dann ausgewertet. Damit kann man Erkenntnisse über die Grundbausteine der Materie gewinnen.
Wichtige Arten von Beschleunigern sind **Linearbeschleuniger, Zyklotrone, Synchrozyklotrone** und **Synchrotrone.**

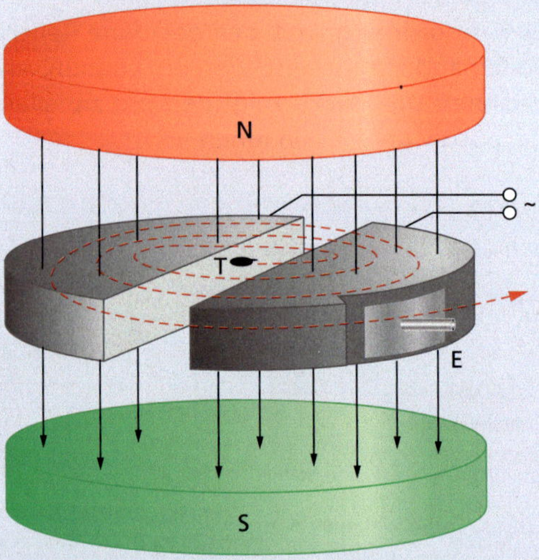

Linearbeschleuniger sind so aufgebaut, dass geladene Teilchen eine Reihe von röhrenförmigen Elektroden durchlaufen, die mit den Polen eines Hochfrequenzgenerators verbunden sind (Abb. unten). Das Innere der Röhren ist feldfrei. Entscheidend für die Beschleunigung sind die Zwischenräume. Während z.B. ein negativ geladenes Teilchen Rohr A durchläuft, verändert sich die Spannung an dieser Elektrode von ihrem positiven zu ihrem negativen Scheitelwert. Wenn das Teilchen Rohr A verlässt, ist A negativ und B positiv. Das Teilchen wird im elektrischen Feld beschleunigt. Das Gleiche passiert in den nachfolgenden Zwischenräumen. Da die Teilchengeschwindigkeit immer größer wird, muss bei konstanter Frequenz auch die Rohrlänge größer werden. Durch mehrfaches Durchlaufen der Beschleunigungsspannung im kV Bereich erreicht man Energien bis etwa 50 MeV. Dabei gilt:

$$1\ \text{eV} = 1{,}6 \cdot 10^{-19}\ \text{J}$$

Das erste **Zyklotron** wurde 1929/30 von den amerikanischen Physikern E. O. LAWRENCE und M. S. LIVINGSTONE konstruiert und in Betrieb genommen. LAWRENCE erhielt dafür 1939 den Nobelpreis für Physik.
Der grundsätzliche Aufbau eines solchen Zyklotrons ist in der Skizze rechts oben dargestellt.

Ein Zyklotron besteht aus einer flachen Kammer mit zwei halbkreisförmigen Dosen, die sich in einem Hochvakuum befinden. Die Dosen sind mit einem Hochfrequenzgenerator verbunden, sodass zwischen ihnen ein veränderliches elektrisches Feld besteht. Sie werden von einem konstanten, homogenen Magnetfeld senkrecht durchsetzt (Skizze oben). Die von einer Teilchenquelle T ausgehenden geladenen Teilchen werden durch das Magnetfeld umgelenkt, im elektrischen Feld zwischen den Dosen beschleunigt, wieder umgelenkt usw. Schließlich werden sie durch eine Elektrode E herausgelenkt und stehen dann für Experimente zur Verfügung.

Bei großen Geschwindigkeiten von Teilchen treten relativistische Effekte auf. Die Masse der Teilchen nimmt zu (↗S. 105) und es vergrößert sich damit ihre Umlaufzeit. Passt man die Hochfrequenz des elektrischen Felds der Veränderung der Umlaufzeit an, so können die Teilchen stärker beschleunigt werden als bei einem Zyklotron. Man nennt eine solche Anordnung mit veränderbarer Hochfrequenz ein **Synchrozyklotron.** Mit solchen Anlagen wurde in den 50-er bis 70-er Jahren des 20. Jahrhunderts eine Reihe neuer Erkenntnisse gewonnen.

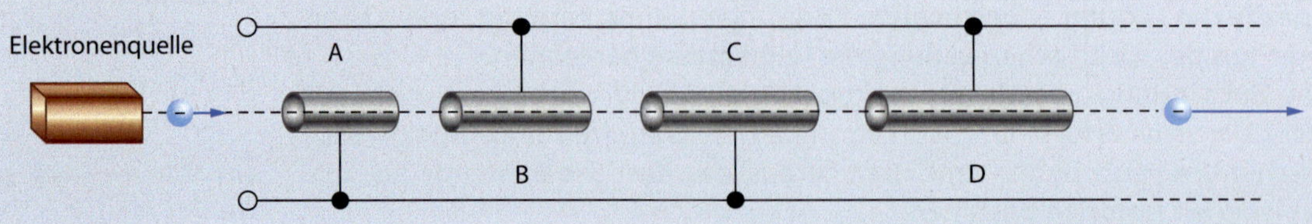

Um eine weitere Steigerung der Geschwindigkeit und damit der Energie von geladenen Teilchen zu erreichen, kann man elektrische und magnetische Felder in großen Beschleunigerringen anordnen. Man spricht dann von einem **Synchrotron.** Eine der größten Anordnungen dieser Art war das Deutsche Elektronen-Synchrotron (DESY) in Hamburg. Das Bild oben zeigt die riesigen Abmessungen der unterirdischen Anlagen PETRA (Positron-Elektron-Tandem-Ring-Anlage) mit 2,3 km Länge und HERA (Hadron-Elektron-Ring-Anlage) mit 6,3 km Länge.
Beide Anlagen sind nicht mehr in Betrieb. Die Auswertung der Messdaten wird allerdings noch mehrere Jahre in Anspruch nehmen.
Die weltweit größte und für das nächste Jahrzehnt einzigartige Anlage dieser Art wurde in den letzten Jahren bei der CERN in der Nähe von Genf gebaut und 2008 erstmals in Betrieb genommen.
Den grundsätzlichen Aufbau solcher Ringanlagen zeigt die Skizze unten. Elektronen bzw. Protonen werden durch die Magnete M umgelenkt und durch elektrische Felder E beschleunigt. Durch Ablenkmagnete A kann der Teilchenstrom in Experimentierhallen ausgelenkt und auf ein Target geschossen werden. Mit Detektoren werden die Wechselwirkungen registriert.

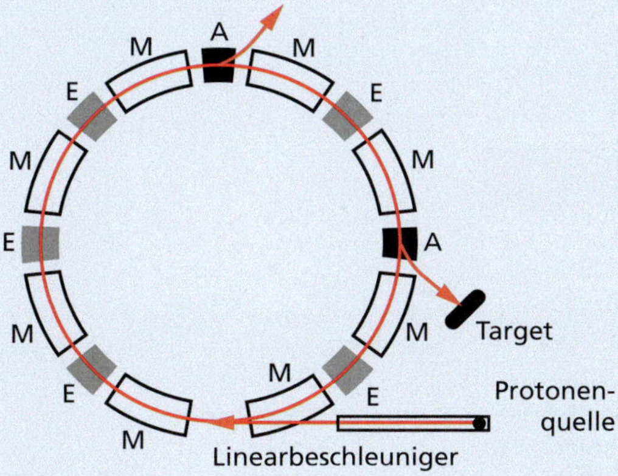

Der bei Genf gebaute LHC (Large Hadron Collider) hat eine Länge von knapp 27 km und ist in einem Tunnel untergebracht, der je nach den geografischen Verhältnissen 50 bis 175 m unter der Erdoberfläche verläuft.
Durch einen Vorbeschleuniger gelangen Protonen in den LHC und werden dort bis auf 99,9 % der Lichtgeschwindigkeit beschleunigt. Das nachfolgende Foto zeigt den Ringtunnel.

Supraleitende Ablenkmagnete sorgen dafür, dass sich die Protonen auf einer Kreisbahn bewegen. Die Wechselwirkungen der Teilchen beim Zusammenstoß werden in riesigen Detektoren (Foto unten) registriert.

Suchen und Präsentieren von Informationen

Ergebnisse der Arbeit zu einem Thema oder das, was Sie im Team erarbeitet haben, sollte den Mitschülern, vielleicht sogar allen Schülern der Schule oder der Öffentlichkeit, präsentiert werden.

Für die Präsentation von Informationen gibt es unterschiedliche Möglichkeiten, beispielsweise:
- einen Vortrag halten,
- eine Wandzeitung oder ein Poster für den Physikraum oder den Schulflur gestalten,
- eine Präsentation mit dem Computer anfertigen und vorführen,
- eine Internetseite zu einem Thema gestalten.

Vorbereiten eines Vortrags

Ein Vortrag muss gründlich und systematisch vorbereitet sein. Dabei ist es zweckmäßig, die folgenden Schritte zu beachten:
1. Verschaffen Sie sich einen Überblick über das Thema! Nutzen Sie dazu verschiedene Informationsquellen (Abb. unten)!
2. Wählen Sie die Schwerpunkte aus, zu denen Sie etwas vortragen wollen! Informieren Sie sich über diese Schwerpunkte genauer!
3. Gliedern Sie den Vortrag! Formulieren Sie die Schwerpunkte in Kurzform schriftlich (z. B. Kärtchen mit Stichwörtern)!
4. Stellen Sie Bilder, Folien oder Plakate bereit, die für den Vortrag genutzt werden sollen! Ein Vortrag mit Beamer bietet viele Gestaltungsmöglichkeiten.

Halten eines Vortrags

Ein Vortrag soll „ankommen". Damit das der Fall ist, sollten ein paar Regeln beachtet werden:

1. Wecken Sie am Anfang des Vortrags Interesse und Neugier und nennen Sie das Thema! Beginnen Sie mit: „Wusstet ihr überhaupt ...?" oder „Hättet ihr gedacht, dass ...".
2. Nennen und zeigen Sie die Gliederung (Tafel, Folie, Power-Point-Präsentation, Plakat)!
3. Sprechen Sie in kurzen Sätzen! Verwenden Sie nur Fachbegriffe, die Sie auch selbst erklären können!
4. Bemühen Sie sich, laut, langsam und deutlich zu sprechen! Nutzen Sie Ihre Notizen! Versuchen Sie trotzdem, frei zu sprechen und die Zuhörer anzuschauen!
5. Leiten Sie neue Teile deutlich ein, z. B.: „Ein weiterer Punkt ist ..." oder „Als Nächstes möchte ich ...".
6. Achten Sie auf die Zeit! Schließen Sie den Vortrag mit einer kurzen Zusammenfassung ab!

Teilchenbeschleuniger

- Was soll untersucht werden?
- Physikalische Grundlagen:
  - Beschleunigung in Feldern
  - Ablenkung in Feldern
- Überblick über Arten von Teichenbeschleunigern
  - Linearbeschleuniger
  - Zyklotron
  - Synchrozyklotron
  - Synchrotron
- Genauere Erläuterung:
  - Beschleunigung am CERN (Genf) x LEP, LHC

Informationsquellen

Elektronische Medien	Literatur	Schulbücher	Internet
Film	Lexika	Lehrbücher	Suchmaschinen
Fernsehen	Sachbücher	Tabellenwerke	Direktsuche
CD-ROMs, DVDs	Zeitschriften	Schülerlexika	www. ...

Anfertigen eines Posters

Poster eignen sich gut dazu, Informationen und Arbeitsergebnisse der Schulöffentlichkeit vorzustellen. Damit das auch gut gelingt, sollten ein paar Tipps beachtet werden:

1. Jedes Poster hat ein Thema, das über den Inhalt informieren und Neugier wecken soll. Es sollte auffällig (groß, farbig) gestaltet sein.
2. Verwenden Sie Abbildungen, Grafiken, Skizzen, Schemata! Gehen Sie sparsam mit Text um!
3. Ordnen Sie die Inhalte übersichtlich an!
4. Kennzeichnen Sie das, was inhaltlich zusammengehört, mit gleichen Schriftarten, Farben oder Formen! Verwenden Sie dabei aber keine zu große Vielfalt!
5. Testen Sie die Erkennbarkeit und Lesbarkeit aus größerer Entfernung!
6. Bei einem umfangreicheren Thema kann man mehrere Poster zu einer kleinen Ausstellung zusammenfassen.

Mikroskope

dienen dazu, mit dem bloßen Auge nicht mehr sichtbare Strukturen zu erforschen.

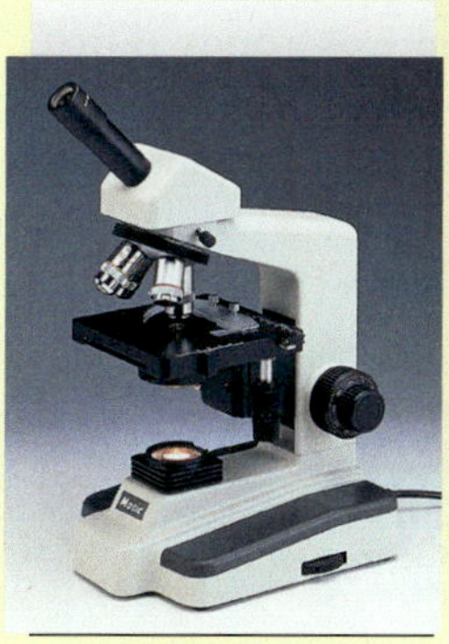

Bei Lichtmikroskopen wird in der Regel mit sichtbarem Licht gearbeitet.

Sinnvolle Vergrößerung: bis ca. 1000-fach

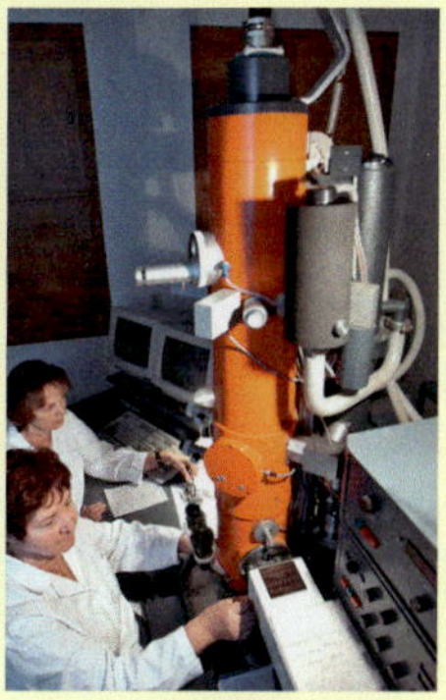

Elektronenmikroskope ermöglichen eine wesentlich stärkere Vergrößerung als Lichtmikroskope. Es wird nicht mit Licht, sondern mit Elektronenstrahlen gearbeitet.

Mögliche Vergrößerung: 10.000-fach bis einige 100.000-fach

Ob Vortrag, Poster oder Power-Point-Präsentation, jede Präsentationstechnik hat Vor- und Nachteile. Deshalb sollten bei der Auswahl der Präsentationstechnik folgende Fragen berücksichtigt werden:

- Welche Medien und Hilfsmittel unterstützen mich optimal bei der Vermittlung meiner Informationen? Will ich farbige Bilder, einfache Grafiken oder nur eine Gliederung zeigen?
- Wie flexibel möchte ich agieren können? Soll ein Schaubild entwickelt werden oder will ich es als komplettes Bild anbieten?
- Welche Medien und Bedingungen gibt es am Ort der Präsentation? Woher bekomme ich die nötigen Geräte und Hilfsmittel?

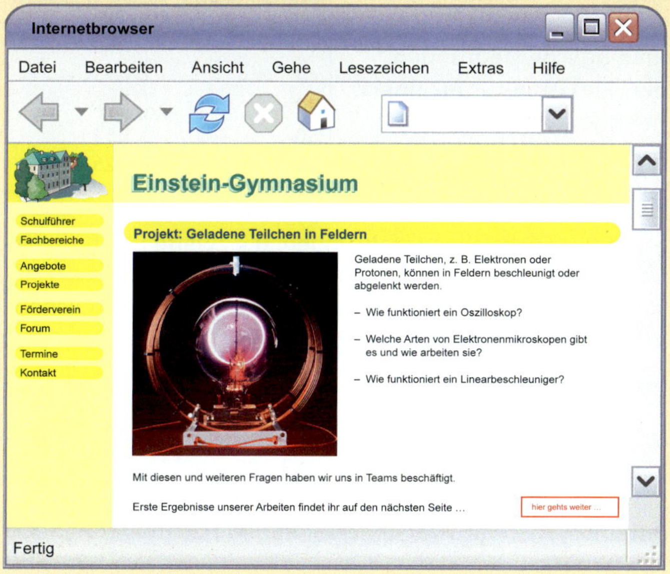

Gestaltung einer Internetseite

Im World Wide Web (www) kann man nicht nur Informationen suchen, sondern auch selbst Informationen präsentieren. Dazu ist eine eigene **Homepage** nötig oder es wird die Homepage der Schule genutzt.

Zur Erstellung der Seiten gibt es spezielle Programme.

Für die attraktive Gestaltung von Webseiten gelten die gleichen Hinweise wie für die Anfertigung eines Posters. Vorteil ist aber beim Web: Es können auch Animationen, Videos oder Audios mit eingebaut werden. Es können auch schnell Änderungen und Aktualisierungen vorgenommen werden. Beachten Sie: Für Bilder und Texte gilt das **Urheberrecht!**

Die Versuche von Kaufmann und Bucherer

Der deutsche Physiker Walter Kaufmann (1871–1947) führte 1901/02 eine Reihe von Versuchen zur Bestimmung der spezifischen Ladung von schnellen Elektronen durch. Alfred H. Bucherer (1863–1927) kam 1908/09 mit einer verbesserten Experimentieranordnung zu noch genaueren Ergebnissen. Den grundsätzlichen Versuchsaufbau zeigt die folgende Skizze.

Die Energie von β^--Strahlung liegt im Bereich von einigen keV bis zu einigen MeV.

1 eV = $1{,}6 \cdot 10^{-19}$ J

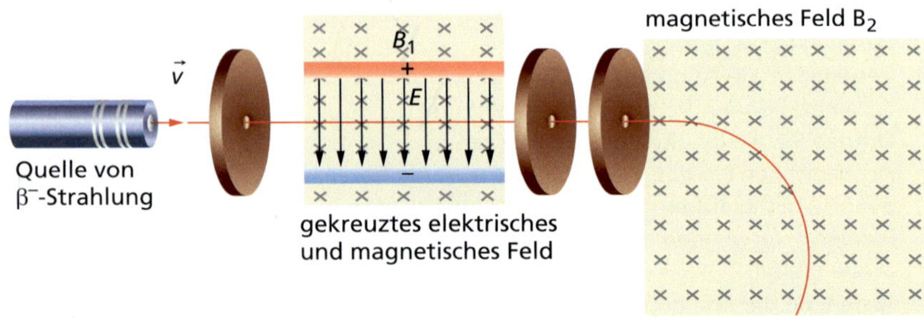

Als Quelle geladener Teilchen wurden radioaktive Präparate genutzt, die Betastrahlung abgaben. Betastrahlung besteht aus schnellen Elektronen. Diese Elektronen durchlaufen ein Geschwindigkeitsfilter (gekreuztes elektrisches und magnetisches Feld) und treten anschließend mit einer bestimmten Geschwindigkeit in ein Magnetfeld der Flussdichte B_2 ein. Dort bewegen sich die Elektronen auf einer Kreisbahn mit dem Radius r. Für die spezifische Ladung der Elektronen ergibt sich:

Die Herleitung dieser Gleichung ist auf Seite 81 zu finden.

$$\frac{e}{m} = \frac{E}{r \cdot B_1 \cdot B_2}$$

Die Präzisionsmessungen ergaben:
Mit zunehmender Geschwindigkeit wird der Wert für die spezifische Ladung $\frac{e}{m}$ immer kleiner.
Dafür gibt es zwei mögliche Deutungen:
- Die Ladung der Elektronen verringert sich mit zunehmender Geschwindigkeit.
- Die Masse der Elektronen vergrößert sich mit zunehmender Geschwindigkeit.

v in % der Vakuumlichtgeschwindigkeit	**$\frac{e}{m}$ in $10^{11}\ \frac{\text{C}}{\text{kg}}$**
1	1,76
10	1,75
30	1,68
50	1,52
70	1,26

Bis zu etwa 10 % der Lichtgeschwindigkeit kann man die Masse eines Teilchens als konstant ansehen.

Die erste Deutung widerspricht allen Erfahrungen, die zweite Deutung dagegen stimmt gut mit den Erkenntnissen überein, die Albert Einstein 1905 veröffentlichte: Die Masse eines schnell bewegten Körpers oder Teilchens vergrößert sich mit der Geschwindigkeit. Es gilt:

$$m = \frac{m_0}{\sqrt{1 - \frac{v^2}{c^2}}}$$

Dabei ist m_0 die Ruhemasse des Elektrons ($m_0 = 9{,}109 \cdot 10^{-31}$ kg), v die Geschwindigkeit und c die Vakuumlichtgeschwindigkeit. Ausführliche Informationen zur einsteinschen Relativitätstheorie sind im nachfolgenden Kapitel des Lehrbuchs gegeben.

Der Begriff Relativitätstheorie wurde 1906 von A. Bucherer geprägt.

Bewegung geladener Teilchen in Feldern

Befinden sich frei bewegliche, elektrisch geladene Teilchen im homogenen elektrischen oder magnetischen Feld, so wird die Bewegung dieser Teilchen je nach den gegebenen Bedingungen beeinflusst.

In einem **homogenen elektrischen Feld** wirkt auf geladene Teilchen eine konstante Feldkraft $F_{el} = q \cdot E$ in Richtung der Feldlinien oder entgegengesetzt zu ihnen. Im elektrischen Längsfeld (links) erfolgt eine Beschleunigung oder Abbremsung, im Querfeld (rechts) eine Ablenkung.

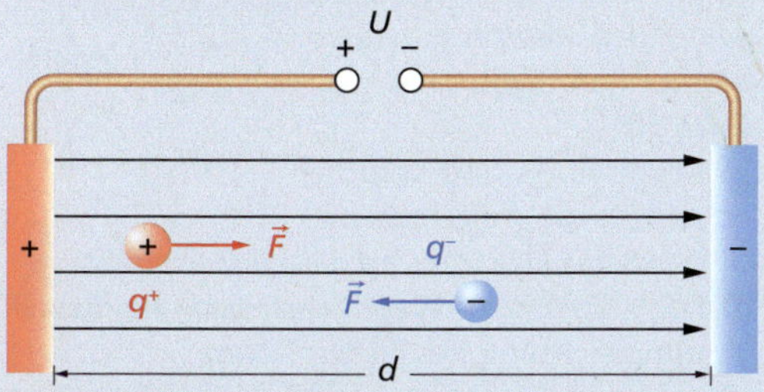

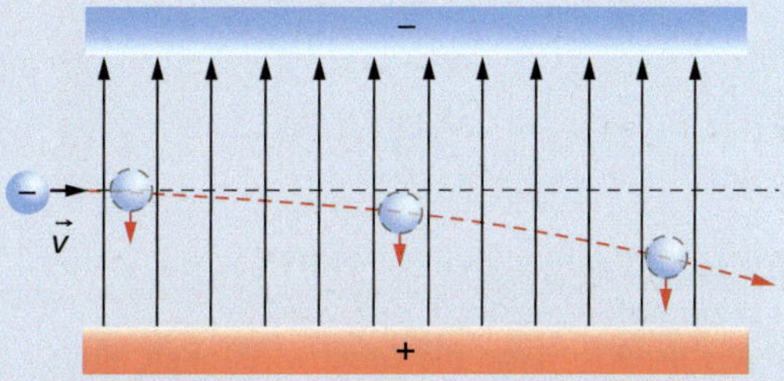

Positiv und negativ geladene Teilchen werden aus der Ruhe beschleunigt.

$$q \cdot U = \frac{1}{2} m \cdot v^2$$
$$v = \sqrt{2U \cdot \frac{q}{m}}$$

Positiv geladene Teilchen werden in Feldrichtung (nach oben), negativ geladene Teilchen entgegen der Feldrichtung (nach unten) beschleunigt und damit abgelenkt.
Die Bahnkurve verläuft parabelförmig.

Bei Geschwindigkeiten von mehr als 10 % der Vakuumlichtgeschwindigkeit kann die Zunahme der Masse mit der Geschwindigkeit nicht mehr vernachlässigt werden.
Die **Energie von geladenen Teilchen** wird häufig in der Einheit Elektronenvolt (1 eV) angegeben.
Es gilt: $1 \text{ eV} = 1{,}602 \cdot 10^{-19}$ J
In einem **homogenen magnetischen Feld** wirkt auf bewegte geladene Teilchen eine Kraft senkrecht zur Bewegungsrichtung und senkrecht zur Richtung des Magnetfelds. Die Richtung der Ablenkung hängt auch von der Art der Ladung ab.

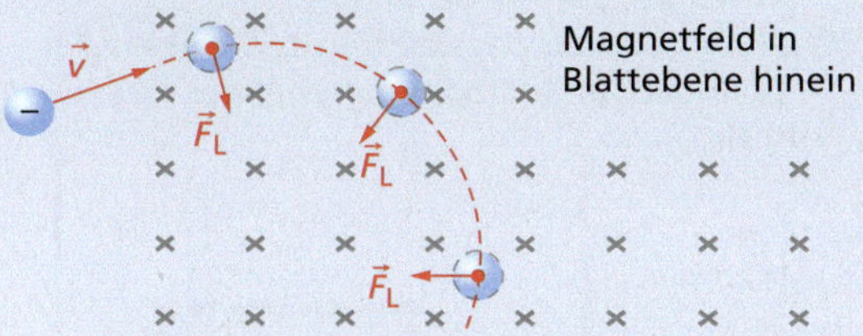

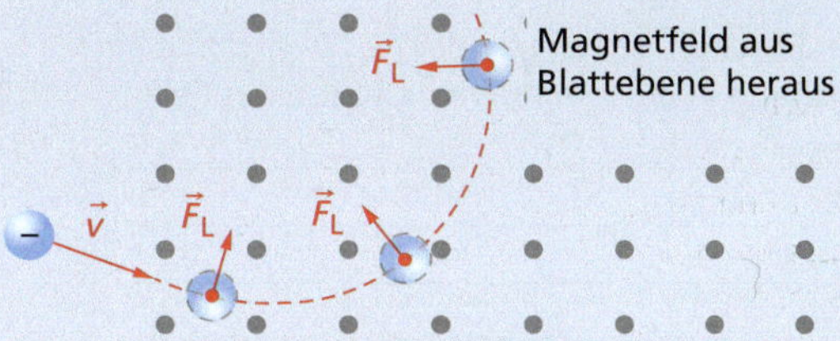

Der **Betrag der Lorentzkraft** kann mit folgender Gleichung berechnet werden:

$$F_L = Q \cdot v \cdot B$$

Die Richtung der Lorentzkraft ergibt sich mit der Rechte-Hand-Regel.
Unter der Voraussetzung $\vec{v} \perp \vec{B}$ wirkt die Lorentzkraft als Zentripetalkraft:

$$Q \cdot v \cdot B = m \cdot \frac{v^2}{r} \quad \text{oder} \quad \frac{Q}{m} = \frac{v}{r \cdot B}$$

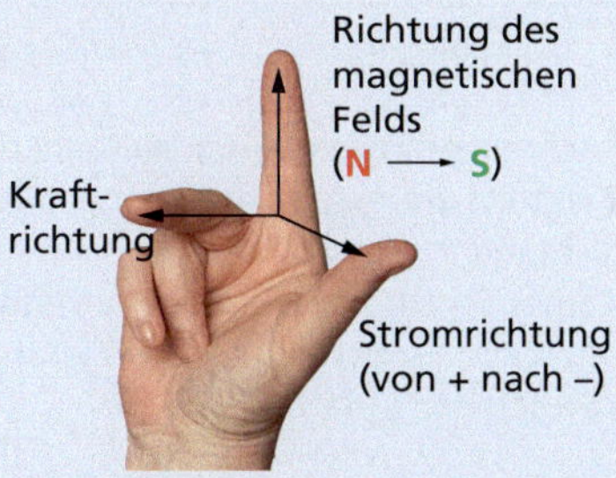

Überlagern sich ein elektrisches und ein magnetisches Feld, so wirken diese gekreuzten Felder bei $\vec{E} \perp \vec{B}$ als Geschwindigkeitsfilter. Ladungsträger mit $v = \frac{E}{B}$ durchlaufen das Gebiet geradlinig.

Aufgaben

1. Zwischen zwei 20 cm voneinander entfernten Platten liegt eine Spannung von 1 V an. Elektronen bewegen sich von der einen zur anderen Platte.

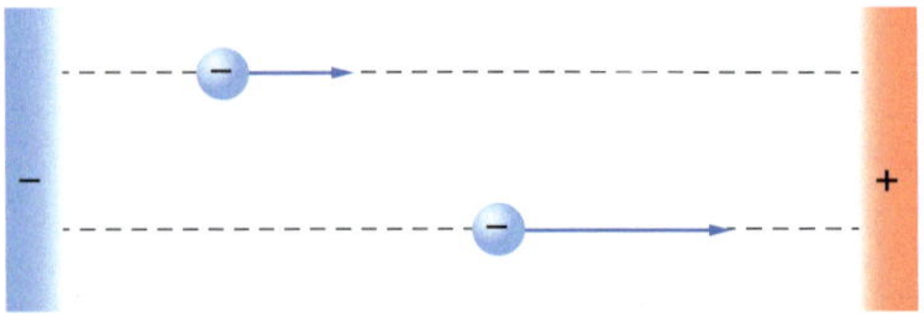

a) Welche Energie erreicht ein Elektron, wenn seine Anfangsenergie null war?

b) Wie groß ist dann die Geschwindigkeit eines Elektrons? Seine Masse beträgt $9{,}1 \cdot 10^{-31}$ kg.

2. Protonen ($m = 1{,}67 \cdot 10^{-27}$ kg) werden in einem homogenen elektrischen Feld aus der Ruhe heraus beschleunigt. Die beschleunigende Kraft beträgt $1{,}6 \cdot 10^{-16}$ N. Die Beschleunigung kann mit dem newtonschen Grundgesetz berechnet werden.

a) Wie lautet das newtonsche Grundgesetz?

b) Wie groß ist die Beschleunigung der Protonen im elektrischen Feld?

c) Vergleichen Sie diesen Wert mit der Beschleunigung eines Pkw, der aus dem Stand in 8,7 s eine Geschwindigkeit von 100 km/h erreicht!

3. Ein Elektron tritt mit $v = 1{,}875 \cdot 10^7\ \frac{\text{m}}{\text{s}}$ durch eine Öffnung in ein homogenes elektrisches Feld.

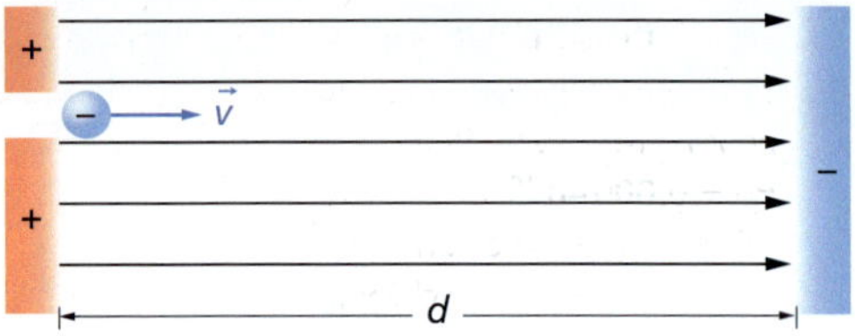

a) Welche Spannung muss angelegt werden, damit das Elektron die negativ geladene Platte gerade nicht mehr erreicht?

b) Bei konstanter Spannung wird der Plattenabstand d halbiert. Erreicht dann das Elektron die negativ geladene Platte?

4. Zur Bestimmung der Energie von bewegten Elektronen kann die Gegenfeldmethode genutzt werden.

a) Erkunden Sie, wie diese Methode funktioniert! Fertigen Sie eine Skizze an!

b) In einem Experiment registriert man bei einer Spannung von 83 V gerade die Stromstärke $I = 0$. Welche Energie und welche Geschwindigkeit hatten die Elektronen ursprünglich?

5. Ein Elektron bewegt sich zwischen zwei ungleichnamig geladenen Platten zu einem bestimmten Zeitpunkt mit $v = 2 \cdot 10^7\ \frac{\text{m}}{\text{s}}$.

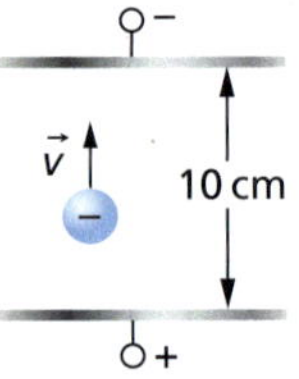

a) Beschreiben und begründen Sie die weitere Bewegung des Elektrons ab diesem Zeitpunkt!

*b) Nach welchem Weg kehrt sich die Bewegungsrichtung des Elektrons um? Ausgangspunkt ist der oben beschriebene Zeitpunkt. Die Spannung zwischen den beiden Platten beträgt 8,0 kV.

c) Wie groß ist die Energie eines Elektrons nach Durchlaufen von 8,0 kV?

6. Ein Elektron verlässt die Katode und wird in Richtung Anode gleichmäßig beschleunigt. Anschließend tritt das Elektron in ein homogenes elektrisches Feld ein, das senkrecht zur Bewegungsrichtung steht (↗ Skizze).

a) Beschreiben und begründen Sie die Bewegung des Elektrons!

b) Mit welcher Geschwindigkeit tritt das Elektron durch die Anode hindurch?

*c) Prüfen Sie, ob das Elektron das elektrische Querfeld verlässt oder auf eine der Platten trifft!

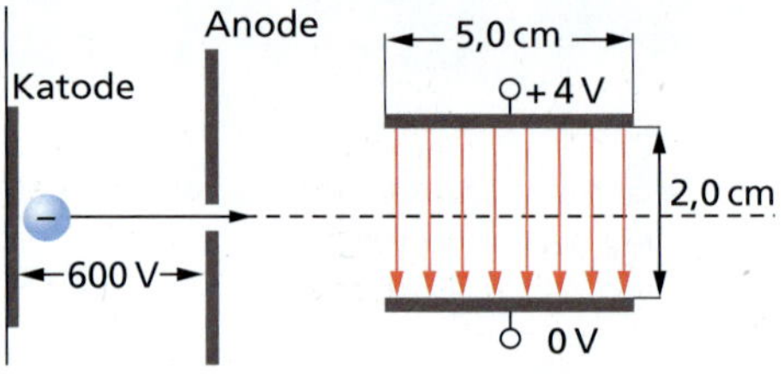

7. Im Lehrbuch auf Seite 73 ist die Wirkungsweise eines Ionentriebwerks beschrieben.

a) Xe-Ionen werden in diesem Triebwerk durch das elektrische Feld zwischen den Elektroden G_1 und G_2 auf $40\ \frac{\text{km}}{\text{s}}$ beschleunigt. Wie groß muss die Beschleunigungsspannung sein?

*b) Für das Triebwerk gibt die ESA einen Wirkungsgrad von 46 % an. Entwickeln Sie eine

Möglichkeit zur Abschätzung der mittleren Schubkraft unter Nutzung der auf S. 73 angegebenen Daten!

***c)** Welche Möglichkeiten gibt es, die Schubkraft des Ionentriebwerks zu erhöhen? Nutzen Sie zur Beantwortung der Frage die Gleichungen für die Austrittsgeschwindigkeit der Ionen und für die Schubkraft!

8. Elektronen und Protonen treten in verschiedener Weise in homogene Magnetfelder ein. Übernehmen Sie die Skizzen ins Heft, zeichnen Sie den weiteren Bahnverlauf ein und begründen Sie ihn!

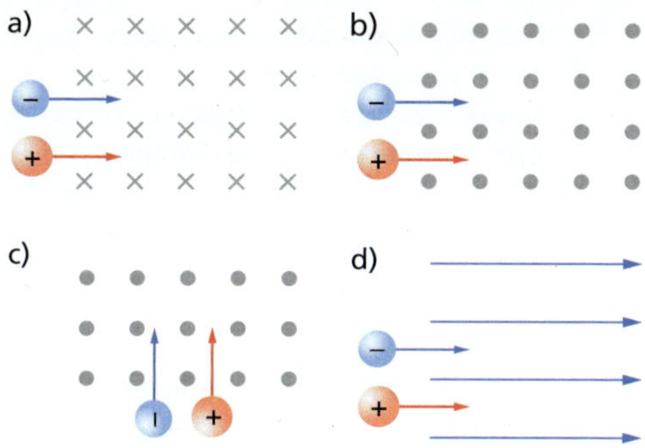

9. Elektronen mit einer Energie von 500 eV bewegen sich in einem homogenen Magnetfeld auf einer kreisförmigen Bahn mit $r = 2{,}6$ cm.
Wie stark ist das Magnetfeld?

10. Elektronen und Protonen sollen in elektrischen Feldern auf die gleiche Geschwindigkeit gebracht werden.

a) In welchem Verhältnis müssen die Beschleunigungsspannungen zueinanderstehen?

b) Die Elektronen und Protonen bewegen sich anschließend mit der gleichen Geschwindigkeit im gleichen homogenen Magnetfeld auf Kreisbahnen. Vergleichen Sie die Radien und die Umlauffrequenzen miteinander!

11. Im Jahr 1958 wurden in Auswertung der Daten von Weltraumsonden durch J. VAN ALLEN Strahlungsgürtel entdeckt.

a) Erkunden Sie, was man unter einem Strahlungsgürtel versteht und wie diese Strahlungsgürtel zustande kommen! Fertigen Sie dazu eine kurze Präsentation an!

b) Vergleichen Sie die durchschnittliche Strahlenbelastung durch ionisierende Strahlung in Deutschland mit der Strahlenbelastung, die beim Durchqueren der Van-Allen-Gürtel auftritt!

12. Als Detektoren für geladene Teilchen eignen sich Kammern, in denen die Spuren der Teilchen sichtbar werden (Blasenkammern, Nebelkammern). Damit man Teilchen verschiedener spezifischer Ladung bzw. verschiedener Geschwindigkeit voneinander unterscheiden kann, wird ein Magnetfeld so angeordnet, dass es die Kammer senkrecht durchsetzt.
Die Spur von β^--Strahlung bildet bei einer magnetischen Flussdichte von 10 mT eine Kreisbahn mit einem Radius von 4,6 cm.

a) Leiten Sie eine Gleichung zur Bestimmung der kinetischen Energie von β^--Teilchen her!

b) Berechnen Sie die kinetische Energie der β^--Teilchen in MeV!

13. Geladene Teilchen, die ein gekreuztes elektrisches und magnetisches Feld geradlinig durchlaufen, haben die gleiche Geschwindigkeit.

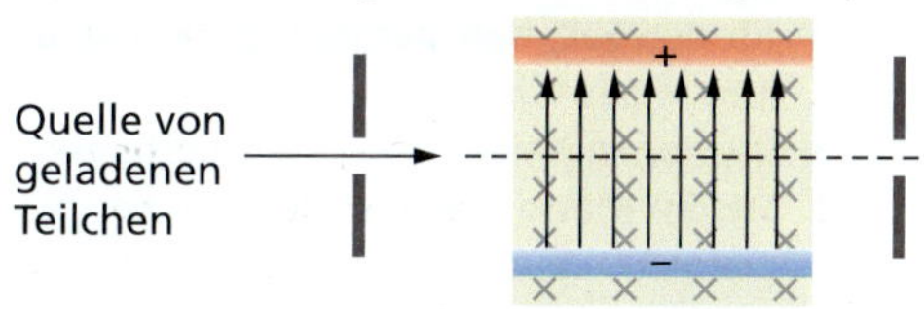

a) Begründen Sie diese Aussage!

***b)** Geben Sie sinnvolle Kombinationen von elektrischer Feldstärke und magnetischer Flussdichte an, wenn Ionen mit der Geschwindigkeit von $2{,}5 \cdot 10^6 \frac{\text{m}}{\text{s}}$ erzeugt werden sollen!

14. Eine Tür soll mit einem Schließmechanismus versehen werden. Dazu wird am beweglichen Teil der Tür eine Hall-Sonde ($d = 1$ mm, $R_H = 0{,}000\,40 \frac{\text{m}^3}{\text{C}}$) eingebaut. Am Türrahmen wird ein Permanentmagnet befestigt, dessen Magnetfeld bei geschlossener Tür die Hall-Sonde mit 850 mT senkrecht durchsetzt.
Wie groß ist die Hall-Spannung, die dann durch eine elektronische Schaltung den Schließmechanismus auslöst? Die Energieversorgung der Hall-Sonde erfolgt durch eine Gleichspannung von 12 V. Dabei fließt ein Strom von 0,30 A.

15. Informieren Sie sich über Einsatzmöglichkeiten von Hall-Sonden!
Wählen Sie ein Beispiel aus und fertigen Sie dazu eine Präsentation an!

16. Ionen eines Gases treten mit unterschiedlichen Geschwindigkeiten senkrecht zu den Feldlinien in ein magnetisches Feld der Flussdichte 1,2 T ein, so wie es in der Skizze dargestellt ist.

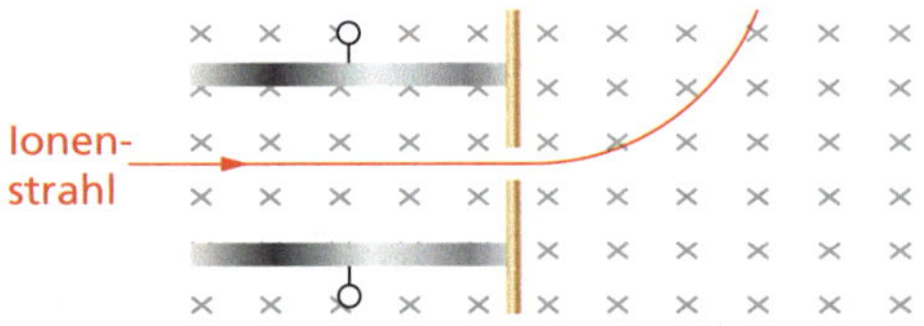

Das magnetische Feld wird von einem dazu senkrechten elektrischen Feld eines Plattenkondensators durchsetzt, sodass nur Ionen mit $v = 4{,}0 \cdot 10^4\ \frac{m}{s}$ das gekreuzte Feld geradlinig durchlaufen.

a) Geben Sie die Richtung des elektrischen Felds an! Begründen Sie Ihre Aussage!

b) Wie groß muss die elektrische Feldstärke sein, damit sich die Ionen geradlinig bewegen?

c) Begründen Sie, dass sich die Ionen hinter der Blende auf einer Kreisbahn bewegen! Berechnen Sie die spezifische Ladung der Ionen für den Fall, dass der Radius des Kreisbogens 4,5 cm beträgt!

d) Die Ionen sind einfach ionisiert. Berechnen Sie die Masse eines Ions! Um Ionen welchen Elements könnte es sich handeln?

***17.** Die Skizze zeigt den prinzipiellen Aufbau einer Seite einer magnetischen Flasche. Protonen bewegen sich hier von links nach rechts. An den eingezeichneten Positionen 1 und 2 bewegt sich das Proton jeweils in die Blattebene hinein.

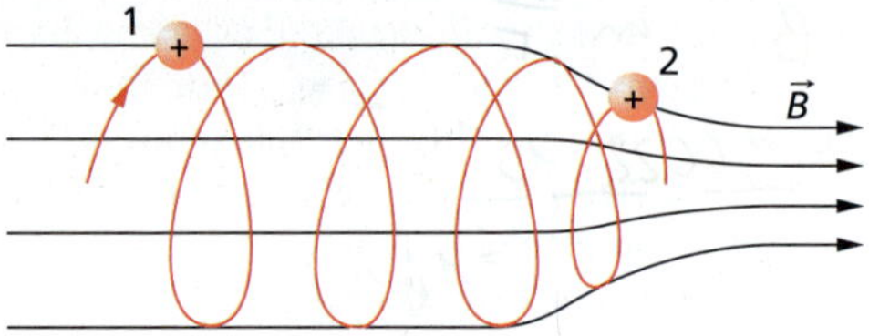

a) Begründen Sie, warum sich der Radius der spiralförmigen Bahn bei Bewegung in Richtung der Position 2 verkleinert!

b) Übernehmen Sie die Skizze ins Heft und zeichnen Sie für beide Positionen die Lorentzkraft ein! Was kann man aus dieser Kraft für die Bewegung des Protons ableiten?

c) Wie müsste die magnetische Flasche aufgebaut sein, damit geladene Teilchen zwischen zwei Bereichen hin- und herpendeln?

***18.** Zur Beschleunigung geladener Teilchen kann man ein Zyklotron verwenden.

a) Beschreiben Sie den grundsätzlichen Aufbau und die Wirkungsweise eines Zyklotrons!

b) Im Zyklotron sollen β^--Teilchen beschleunigt werden. Skizzieren Sie die Richtung des Magnetfelds und die Bewegungsrichtung der β^--Teilchen in diesem Feld!

c) Die maximale kinetische Energie, die die Teilchen erreichen können, ist von der magnetischen Flussdichte und von den Abmessungen des Zyklotrons (Radius) abhängig. Begründen Sie diese Aussage!

d) Wie groß sind Geschwindigkeit und Energie der β^--Teilchen bei einer magnetischen Flussdichte von 12 mT und einem maximalen Bahnradius von 60 mm?
Diskutieren Sie das Ergebnis für ein großes Zyklotron mit 1,2 T und 600 mm!

e) Welche Möglichkeiten gibt es, die Energie der Teilchen zu vergrößern?

19. Mit dem Teilchenbeschleuniger LHC im Kernforschungszentrum CERN sollen neue Erkenntnisse über die Struktur der Materie gewonnen werden. Informieren Sie sich im Internet und in anderen Quellen über dieses aktuelle Forschungsvorhaben!
Bereiten Sie dazu eine Präsentation vor!

***20.** Die Skizze zeigt einen möglichen Aufbau eines Massenspektrometers. Elektrisches und magnetisches Feld haben die gleiche Richtung und stehen senkrecht auf der Bewegungsrichtung der geladenen Teilchen.

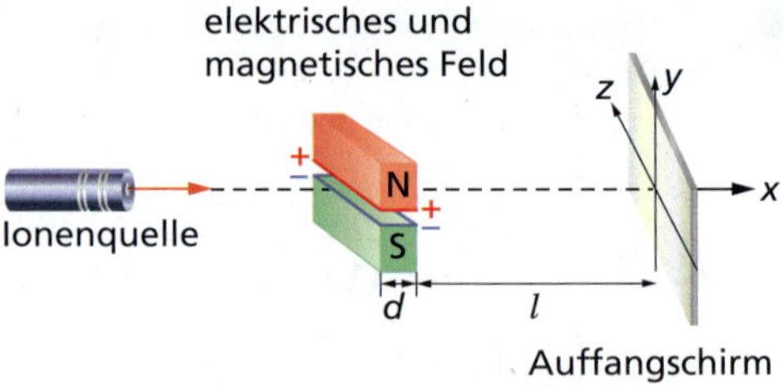

a) Beschreiben Sie, in welche Richtung positiv geladene Ionen durch das elektrische bzw. das magnetische Feld abgelenkt werden! Wovon ist die Ablenkung abhängig?

b) Welche Aufgabe hat ein Massenspektrometer? Erklären Sie die Wirkungsweise der dargestellten Anordnung!

4 Einblicke in die spezielle Relativitätstheorie

4.1 Von der klassischen Physik zur Relativitätstheorie

Der deutsche Physiker ALBERT EINSTEIN (1879–1955) entwickelte in seiner 1905 veröffentlichten Arbeit „Zur Elektrodynamik bewegter Körper" neue Vorstellungen über Raum und Zeit. Die Veröffentlichung dieser Arbeit war die „Geburtsstunde" der speziellen Relativitätstheorie.

Wenn heute im Auto ein modernes Funknavigationssystem benutzt wird, auf einer Funkuhr die Zeit abgelesen wird oder Flugzeuge mithilfe eines satellitengestützten Systems navigieren, denkt kaum jemand daran, dass dabei Erkenntnisse der speziellen Relativitätstheorie eine Rolle spielen.

Am Ende des 19. Jahrhunderts waren die Grundlagen der klassischen Physik, insbesondere der newtonschen Mechanik, weitgehend systematisch erforscht. Die grundlegenden Aussagen von ISAAC NEWTON (1643–1727) beruhten auf einem erkenntnistheoretischen Fundament, zu dessen wesentlichen Bausteinen Vorstellungen über einen **absoluten Raum** und eine **absolute Zeit** gehörten. Gleichzeitig gab es einzelne experimentelle Befunde und auch theoretische Ansätze, die mit diesen allgemein anerkannten erkenntnistheoretischen Grundlagen nicht vereinbar waren. Dazu zählten Experimente zur **Äthertheorie** (Experimente von MICHELSON und MORLEY) und auch Erkenntnisse aus dem relativ neuen Gebiet der Elektrodynamik (Maxwell-Gleichungen).

Der entscheidende Schritt gelang 1905 ALBERT EINSTEIN (1879–1955) mit seiner Arbeit „Zur Elektrodynamik bewegter Körper", in der er neue Vorstellungen über Raum und Zeit entwickelte und damit ein verändertes physikalisches Weltbild begründete. Diese Arbeit von ALBERT EINSTEIN war zugleich die Begründung einer neuen physikalischen Theorie, der **speziellen Relativitätstheorie.**

Die klassischen Vorstellungen von Raum und Zeit

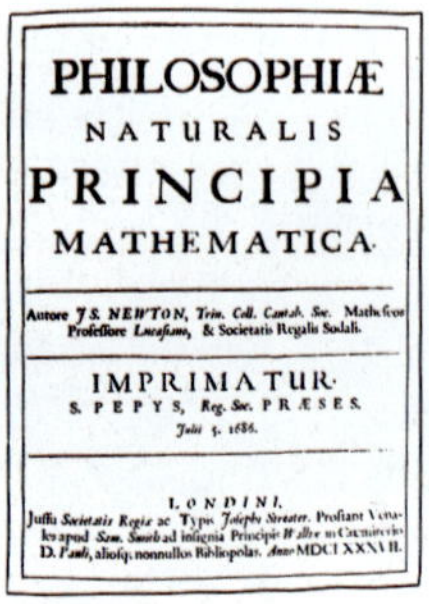

PHILOSOPHIÆ
NATURALIS
PRINCIPIA
MATHEMATICA.

Autore JS. NEWTON, Trin. Coll. Cantab. Soc. Matheseos Professore Lucasiano, & Societatis Regalis Sodali.

IMPRIMATUR.
S. PEPYS, Reg. Soc. PRÆSES.
Julii 5. 1686.

LONDINI,
Jussu Societatis Regiæ ac Typis Josephi Streater. Prostant Venales apud Sam. Smith ad insignia Principis Walliæ in Coemiterio D. Pauli, aliosq; nonnullos Bibliopolas. Anno MDCLXXXVII.

Die klassischen Vorstellungen über Raum und Zeit formulierte der englische Naturforscher ISAAC NEWTON (1643–1727) im Jahre 1686 in seinem Werk „Die mathematischen Prinzipien der Naturlehre".

Über viele Jahrhunderte hinweg hatten sich die Vorstellungen über Raum und Zeit entwickelt.

Wichtige Grundlagen schufen ARISTOTELES (384–322 v. Chr.), GALILEO GALILEI (1564–1642) und ISAAC NEWTON (1643–1727), der in seinem Werk „Philosophiae Naturalis Principia Mathematica" Grundpositionen bezüglich Raum und Zeit formulierte, die sich als Grundlagen der klassischen Mechanik glänzend bewährten:

Der absolute Raum ist vermöge seiner Natur und ohne Beziehung auf einen äußeren Gegenstand stets gleich und unbeweglich.

1 ARISTOTELES

2 GALILEO GALILEI

3 ISAAC NEWTON

Die absolute, wahre und mathematische Zeit verfließt an sich und vermöge ihrer Natur gleichförmig und ohne Beziehung auf irgendeinen äußeren Gegenstand.

Zusammenfassend lassen sich die bis ins 20. Jahrhundert hinein anerkannten Grundpositionen zu Raum und Zeit so kennzeichnen:

- Raum und Zeit existieren objektiv und unabhängig vom Bewegungszustand eines Körpers.
- Es gibt keine Wechselbeziehungen zwischen Raum und Zeit, d. h., sie beeinflussen sich nicht gegenseitig.
- Der Raum ist unendlich ausgedehnt. Alle Punkte und alle Richtungen des Raums sind gleichberechtigt.
- Die Zeit ist unendlich ausgedehnt und nur von einer Dimension. Alle Zeitpunkte sind gleichberechtigt.
- Raum und Zeit sind universell, d. h., die räumlichen Abmessungen eines Körpers und die Zeitdauer eines Vorgangs sind unabhängig vom Bezugssystem.

Schon bei NEWTON findet sich die Vorstellung, dass der absolute Raum mit einem Stoff ausgefüllt sei, der als Äther bezeichnet wurde. Die Ätherhypothese entwickelte sich im 19. Jahrhundert zu der dominierenden Vorstellung. Insbesondere ging man davon aus, dass der im absoluten Raum ruhende Äther der Träger der Lichtwellen sei, ähnlich wie sich in Luft die Schallwellen ausbreiten.

Die klassische Physik geht von einem absoluten Raum und einer absoluten Zeit aus.

Die auf diesen Vorstellungen basierende newtonsche Mechanik galt als Kernstück der klassischen Physik und als eine abgeschlossene Theorie, die sich in der Praxis hervorragend bewährt hatte.

Inertialsysteme und das galileische Relativitätsprinzip

Bewegungen oder wirkende Kräfte können in unterschiedlichen Bezugssystemen beschrieben werden. Eine spezielle Gruppe von Bezugssystemen sind **Inertialsysteme,** also Bezugssysteme, in denen das Trägheitsgesetz gilt. Befindet man sich in einem solchen Inertialsystem, dann wirkt auf einen an der Feder hängenden Körper eine konstante Kraft. Ein Stein fällt nach den Gesetzen des freien Falls. Eine Kugel rollt mit $\vec{v}$ = konstant, also geradlinig und gleichförmig. Das gilt auch in jedem Inertialsystem, das sich gegenüber einem anderen gleichförmig und geradlinig bewegt. Das ist das Wesen des **galileischen Relativitätsprinzips.**

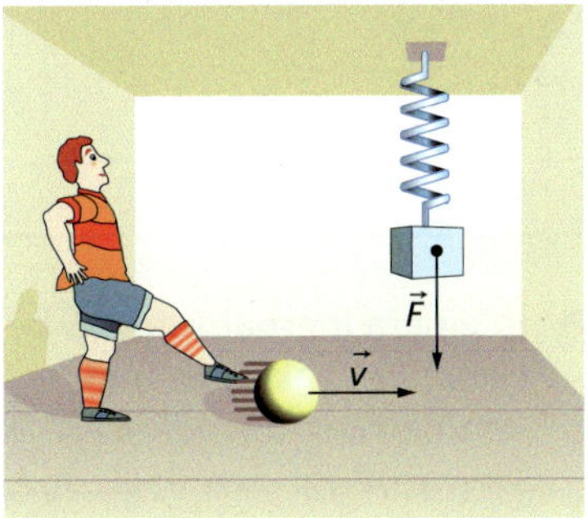

Das Gegenstück zu **Inertialsystemen** sind **beschleunigte Bezugssysteme.** Ein mit der Erdoberfläche verbundenes Bezugssystem ist streng genommen wegen der Rotation der Erde kein Inertialsystem.

Inertialsysteme sind Bezugssysteme, in denen das Trägheitsgesetz gilt. Alle Inertialsysteme sind gleichberechtigt. In ihnen gelten die gleichen physikalischen Gesetze.

Bei den betrachteten Beispielen wird von der Reibung abgesehen.

Aus dem galileischen Relativitätsprinzip folgt nicht, dass z. B. die Koordinaten und die Geschwindigkeit eines Körpers, die von zwei verschiedenen Inertialsystemen aus beschrieben werden, gleich sind. Während der Autofahrer z. B. im System S' ruht, bewegt er sich gegenüber dem System S mit konstanter Geschwindigkeit.

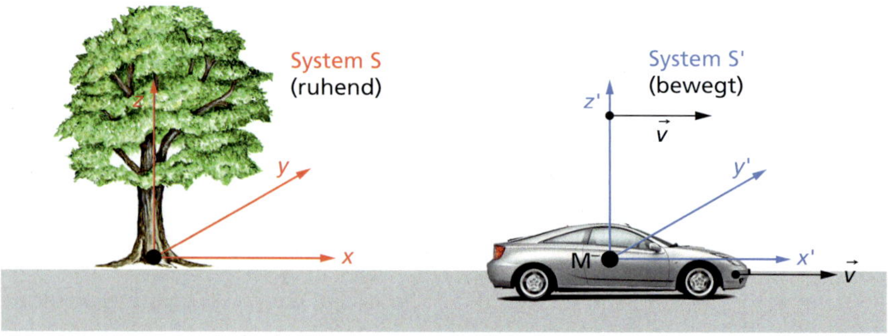

Die Gleichungen, die es ermöglichen, die räumlichen und zeitlichen Koordinaten eines Punkts von einem Inertialsystem in ein anderes umzurechnen, werden als Galilei-Transformation bezeichnet.

Wir gehen von folgenden Bedingungen aus:
- Betrachtet wird die Bewegung des Massenmittelpunkts M des Autos.
- Das System S' bewegt sich bezüglich des Systems S mit konstanter Geschwindigkeit v entlang der x-Achse.
- Zum Zeitpunkt $t = t' = 0$ ist auch $x = x' = 0$.

Bei anderer Wahl der Bedingungen können die Transformationsgleichungen eine andere Form haben. Die Zeit vergeht in allen **Inertialsystemen** gleich. Es gilt immer $t = t'$.

Für das einzelne System ist die Beschreibung gut überschaubar. Für die Umrechnung von einem System in das andere ergibt sich:

Umrechnung von S nach S'	**Umrechnung von S' nach S**
$x' = x - v \cdot t$ $y' = y$ $z' = z$	$x = x' + v \cdot t'$ $y = y'$ $z = z'$
$t' = t$	$t = t'$

In einem Inertialsystem S bewegen sich zwei Körper K_1 und K_2 mit der Geschwindigkeit u_1 und u_2 längs der x-Achse. Ihre Relativgeschwindigkeit beträgt $u = u_2 - u_1$.
Wie groß ist ihre Relativgeschwindigkeit in einem System S', das sich gegenüber S mit der Geschwindigkeit v nach rechts bewegt?

Das klassische Gesetz für die Addition von Geschwindigkeiten gilt, wenn $u_1, u_2 << c$.

Analyse:
Auf beide Körper lässt sich die Galilei-Transformation in der oben genannten Form anwenden. Es gilt das klassische Gesetz für die Addition von Geschwindigkeiten.

Lösung:
Im System S' erhält man dann für die beiden Körper die folgenden Geschwindigkeiten:

$$u_1' = u_1 - v \qquad u_2' = u_2 - v$$

Damit ergibt sich für die Relativgeschwindigkeit:

$$\Delta u' = u_2' - u_1'$$

$$\Delta u' = (u_2 - v) - (u_1 - v)$$

$$\Delta u' = u_2 - u_1 = \Delta u$$

Ergebnis:
Die Relativgeschwindigkeit zweier Körper ist unabhängig vom Bezugssystem. Sie ist eine Invariante.

In der Physik werden physikalische Größen, die einen Sachverhalt erfassen und beschreiben, als invariant bezeichnet, wenn sie beim Übergang von einem **Bezugssystem** in ein anderes unverändert bleiben, also von der Wahl des Bezugssystems unabhängig sind.

Mithilfe der Galilei-Transformation kann man untersuchen, welche Größen und Gesetze der newtonschen Mechanik invariant sind, also unabhängig von der Wahl des Inertialsystems den gleichen Wert bzw. die gleiche Form besitzen.

- Bei der physikalischen Größe Zeit nehmen wir als natürlich an, dass sie unabhängig von der Wahl des Bezugssystems ist, also stets $t = t'$ gilt.
- Von der Wahl des Bezugssystems ist auch die Länge eines Körpers und damit der Abstand zweier Punkte unabhängig.

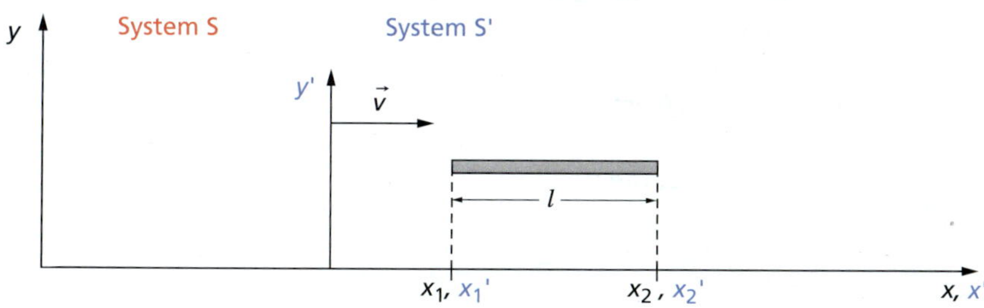

Mit $x_1 = x_1' + v \cdot t'$ und $x_2 = x_2' + v \cdot t'$ folgt
$$l = x_2 - x_1 = (x_2' + v \cdot t) - (x_1' + v \cdot t) = x_2' - x_1'$$

- Die Geschwindigkeit eines Körpers und damit auch der zurückgelegte Weg sind abhängig von der Wahl des Bezugssystems und demzufolge nicht invariant.
- Invariant ist dagegen die Änderung der Geschwindigkeit eines Körpers.
- Ebenfalls unabhängig von der Wahl des Bezugssystems sind die Beschleunigung, die Masse und die Kraft.

Von der Wahl des Bezugssystems unabhängig und damit invariant gegenüber der Galilei-Transformation sind Zeit, Länge, Beschleunigung, Masse und Kraft.
Nicht invariant sind dagegen Weg und Geschwindigkeit.

Das Michelson-Morley-Experiment

Ausgangspunkte

Ende des 19. Jahrhunderts waren die technischen Voraussetzungen gegeben, um erkenntnistheoretische Grundpositionen der klassischen Physik überprüfen zu können. Ein Ziel war der **Nachweis eines ruhenden Äthers,** in dem sich die Erde bewegt. Der Nachweis eines ruhenden Äthers wäre zugleich ein wichtiger Beleg für die Existenz eines absoluten Raumes (↗ S. 93) gewesen.

Die Annahme eines Äthers – man spricht auch von der Ätherhypothese – erfolgte, um die Ausbreitung von Licht erklären zu können. Ausgangspunkt dafür waren Analogien zwischen Schall und Licht. Die Ausbreitung von Schall in Luft war gut erklärbar. Für die Ausbreitung von Licht wurde ein spezielles Medium, der Äther, angenommen. Dieser Äther sollte den gesamten Weltraum ausfüllen. Auch die Erde sollte sich in diesem ruhenden Äther bewegen. Alle Versuche, den Äther genauer zu charakterisieren oder nachzuweisen, blieben erfolglos.

Ein neuer Ansatz zum Nachweis des Äthers wurde um 1880 mit einem Experiment gemacht, das als Michelson-Morley-Experiment in die Geschichte der Physik einging.

Versuchsanordnung und Durchführung

Die Idee zu diesem Experiment geht auf J. C. Maxwell (1838–1879) zurück. Realisiert wurde es mehrfach von A. A. Michelson (1852–1931) und E. W. Morley (1838–1923) mit einem speziell dafür entwickelten **Michelson-Interferometer.**

Albert A. Michelson (Bild unten) führte sein berühmtes Experiment erstmals 1881 in Potsdam durch und wiederholte es 1887 zusammen mit Edward W. Morley in Cleveland/Ohio. Die Skizze oben zeigt den prinzipiellen Versuchsaufbau.

Der Versuch wurde folgendermaßen durchgeführt: Die Apparatur war auf einer massiven Steinplatte aufgebaut, die in einem mit Quecksilber gefüllten Trog schwamm. Dadurch sollten störende Schwingungen vermieden werden.

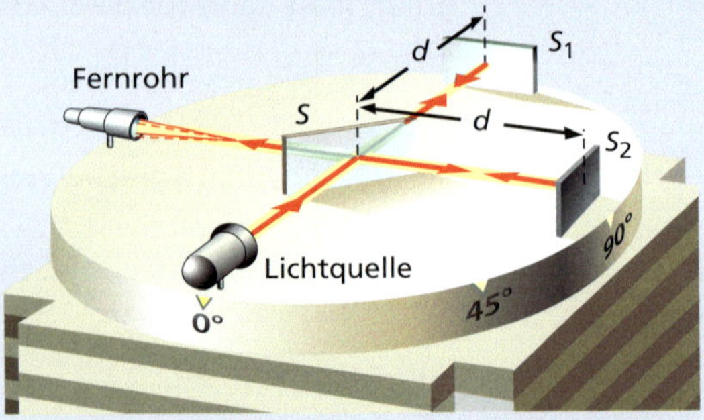

1 Die Skizze zeigt die Versuchsanordnung, die Michelson nutzte.

Das von einer Lichtquelle ausgehende Licht wird durch einen halb durchlässigen Spiegel S in zwei Anteile aufgespalten. Ein Anteil läuft zum Spiegel S_1, wird dort reflektiert und gelangt über den halb durchlässigen Spiegel zum Fernrohr. Der andere Anteil wird zum Spiegel S_2 reflektiert und gelangt dann zum Fernrohr. Dort kommt es zur Überlagerung der Anteile und damit aufgrund der vermuteten unterschiedlich langen Laufzeiten des Lichts quer bzw. parallel zur Bewegung der Erde im Äther zu einer bestimmten Anordnung der Interferenzstreifen.

Bei Drehung der gesamten Anordnung um 90° müsste sich die Lage der Interferenzstreifen ändern, da sich damit auch die Lichtwege relativ zum Äther ändern würden.

Das erwartete Ergebnis

Nimmt man an, dass die Strecke $[SS_1]$ in Richtung der Erdbewegung liegt und sich die Erde mit der Geschwindigkeit v ($v = 30\ \frac{\text{km}}{\text{s}}$) bewegt, dann ergeben sich für den Weg $[SS_1]$ folgende Laufzeiten für das Licht, das sich mit der Lichtgeschwindigkeit c ausbreitet:

$$S \longrightarrow S_1: \quad t_{\text{par},1} = \frac{d}{c-v}$$

$$S_1 \longrightarrow S: \quad t_{\text{par},2} = \frac{d}{c+v}$$

parallel zur Erdbewegung

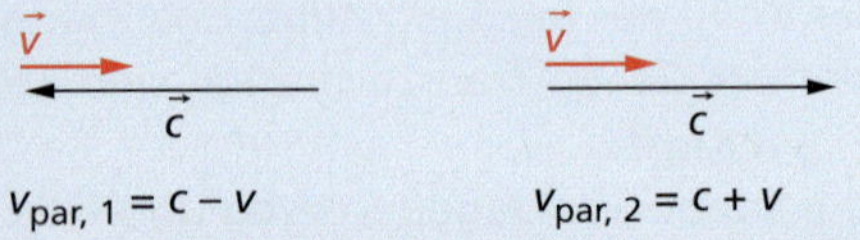

Für Hin- und Rückweg parallel zur Bewegungsrichtung der Erde ergibt sich:

$$t_{par} = t_{par,\,1} + t_{par,\,2} = \frac{d}{c-v} + \frac{d}{c+v} = \frac{2d}{c} \cdot \frac{1}{1-\frac{v^2}{c^2}} \qquad (1)$$

Die Strecke $[SS_2]$ liegt dann senkrecht zur Richtung der Erdbewegung. Die Laufzeiten für das Licht sind bei Hin- und Rückweg gleich groß:

senkrecht zur Erdbewegung

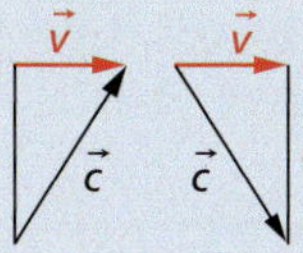

$$v_{senkr} = \sqrt{c^2 - v^2}$$

Damit erhält man:

$$t_{senkr,\,1} = t_{senkr,\,2} = \frac{d}{\sqrt{c^2 - v^2}}$$

und damit für Hin- und Rückweg:

$$t_{senkr} = \frac{2d}{c} \cdot \frac{1}{\sqrt{1-\frac{v^2}{c^2}}} \qquad (2)$$

Damit ergibt sich eine Laufzeitdifferenz, da $t_{senkr} < t_{par}$ ist. Bei Drehung der Anordnung um 90° vertauschen sich die Wege und die Laufzeiten. Das müsste eine Verschiebung der Interferenzstreifen bewirken.

Das experimentelle Ergebnis

Zur Überraschung vieler Physiker zeigte es: Es trat bei keinem der Versuche irgendeine Verschiebung der Interferenzstreifen auf. Ein Einfluss eines Äthers auf die Lichtgeschwindigkeit wurde nicht gefunden. Das negative Ergebnis war letztlich eine Bestätigung für die Konstanz der Lichtgeschwindigkeit. Mit dieser Annahme ist das experimentelle Ergebnis widerspruchsfrei erklärbar.

In unterschiedlich bewegten Systemen wird stets der gleiche Wert für die Lichtgeschwindigkeit gemessen. Es gibt keinen bevorzugten absoluten Raum.

Damit ergab sich ein fundamentaler Widerspruch zwischen Grundannahmen der klassischen Physik (Existenz eines absoluten Raums mit Äther) und einem experimentellen Ergebnis. Die mehrfach verbesserte Anordnung von MICHELSON und MORLEY war ein Musterbeispiel für gerätetechnische Präzision.

Obwohl die Laufzeitdifferenzen aufgrund der gegenüber der **Lichtgeschwindigkeit** (300 000 $\frac{km}{s}$) kleinen Erdgeschwindigkeit (30 $\frac{km}{s}$) sehr gering waren, hätte man mit der Experimentieranordnung noch eine Laufzeitdifferenz bestimmen können, die bei etwa 1 % der berechneten Laufzeitdifferenz lag.

Die Experimente von MICHELSON und MORLEY sind ein wichtiger Beleg dafür, dass es keinen Äther gibt. Alle Versuche, ihn nachzuweisen, schlugen fehl.

Für diese Untersuchungen erhielt MICHELSON als erster amerikanische Wissenschaftler im Jahr 1907 den Nobelpreis für Physik.

Ob das beschriebene Experiment ein wesentlicher Ausgangspunkt für die Überlegungen von ALBERT EINSTEIN bei der Formulierung seiner 1905 veröffentlichten speziellen Relativitätstheorie war, ist umstritten. In seinem berühmten Artikel „Zur Elektrodynamik bewegter Körper", in dem er die spezielle Relativitätstheorie begründet, formuliert A. EINSTEIN dazu einleitend:

„... die mißlungenen Versuche, eine Bewegung der Erde relativ zu einem „Lichtmedium" zu konstatieren, führen zu der Vermutung, daß dem Begriff der absoluten Ruhe nicht nur in der Mechanik, sondern auch in der Elektrodynamik keine Eigenschaften der Erscheinungen entsprechen, sondern daß vielmehr für alle Koordinatensysteme, für welche die mechanischen Gleichungen gelten, auch die gleichen elektrodynamischen und optischen Gesetze gelten, wie dies für die Größen erster Ordnung bereits erwiesen ist.

Wir wollen diese Vermutung (deren Inhalt im folgenden „Prinzip der Relativität" genannt werden wird) zur Voraussetzung erheben und außerdem die mit ihm nur scheinbar unverträgliche Voraussetzung einführen, daß sich das Licht im leeren Raume stets mit einer bestimmten, vom Bewegungszustande des emittierenden Körpers unabhängigen Geschwindigkeit v fortpflanze.

Diese beiden Voraussetzungen genügen, um zu einer einfachen und widerspruchsfreien Elektrodynamik bewegter Körper zu gelangen ... Die Einführung eines „Lichtäthers" wird sich insofern als überflüssig erweisen, als nach der zu entwickelnden Auffassung weder ein mit besonderen Eigenschaften ausgestatteter „absolut ruhender Raum" eingeführt, noch einem Punkte des leeren Raumes, in welchem elektromagnetische Prozesse stattfinden, ein Geschwindigkeitsvektor zugeordnet wird."

4.2 Grundaussagen der speziellen Relativitätstheorie

Die zwei Postulate von Einstein

Dargestellt sind die Grundzüge der SRT in dem 1905 veröffentlichten Beitrag „Zur Elektrodynamik bewegter Körper". Im gleichen Jahr veröffentlichte A. EINSTEIN zwei weitere grundlegende Arbeiten, eine über die Photonenhypothese und eine über die atomistische Deutung der brownschen Bewegung, die der Atomtheorie mit zum Durchbruch verhalf.

Die von ALBERT EINSTEIN (1879–1955) entwickelte spezielle Relativitätstheorie, kurz auch als **SRT** bezeichnet, geht von zwei grundlegenden Postulaten aus, die relativ einfach erscheinen, aber Kernpunkte des bis dahin allgemein anerkannten physikalischen Weltbilds berühren. Das erste Postulat ist das **Relativitätsprinzip.**

Alle Inertialsysteme sind bezüglich physikalischer Gesetze gleichberechtigt. Die fundamentalen Naturgesetze gelten in jedem Inertialsystem in gleicher Weise.

Mit der Gleichberechtigung aller Bezugssysteme ist die Vorstellung eines materiellen Äthers als Träger eines bevorzugten Bezugssystems, eines absoluten Raums, unvereinbar.
Das zweite Postulat ist das von der **Konstanz der Lichtgeschwindigkeit.**

Die Lichtgeschwindigkeit im Vakuum ist in allen Inertialsystemen stets gleich groß. Sie ist unabhängig vom Bewegungszustand der Lichtquelle und des Beobachters bei der Messung.

Ihr Wert beträgt: $c = 299\,792{,}458\ \frac{\text{km}}{\text{s}} \approx 300\,000\ \frac{\text{km}}{\text{s}}$

J. C. MAXWELL (1831–1879) stellte fest, dass für die Vakuumlichtgeschwindigkeit gilt:

$c = \frac{1}{\sqrt{\varepsilon_0 \cdot \mu_0}}$

ε_0 ist die elektrische Feldkonstante, μ_0 die magnetische Feldkonstante.

Aus der Konstanz der Vakuumlichtgeschwindigkeit ergibt sich, dass sie eine Grenzgeschwindigkeit für Körper und für Energieübertragungen, damit auch für Signalübertragungen, ist.
Aus der Konstanz der Vakuumgeschwindigkeit folgt unmittelbar die Relativität des Begriffs der **Gleichzeitigkeit.** Dass Licht eine bestimmte Laufzeit hat, muss beim Vergleich verschiedener Uhren beachtet werden. EINSTEIN stellte sich **Lichtuhren** vor, die auf dem 2. Postulat beruhen.

Eine **Lichtuhr** ist eine Röhre mit spiegelnden Enden, in der das Licht hin- und herläuft. Die Laufzeit des Lichts ist ein Maß für die Zeitdauer.

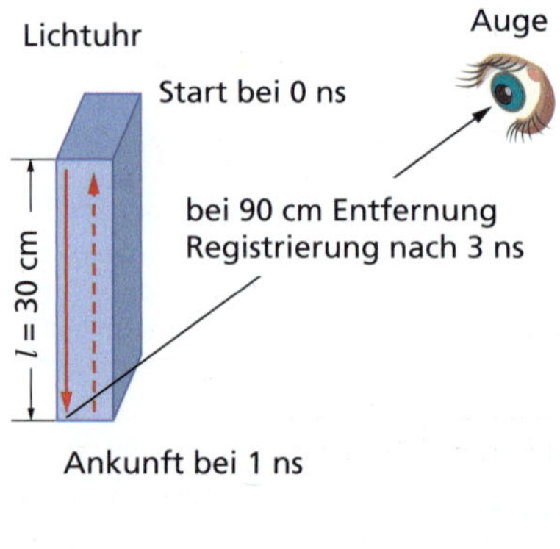

Zum Durchlaufen einer Länge von 30 cm braucht das Licht bei einer Geschwindigkeit von $300\,000\ \frac{\text{km}}{\text{s}}$ eine Zeit von 10^{-9} s = 1 ns.
Für das Auge zeigt die Uhr aufgrund der Lichtlaufzeit schon eine vergangene Zeit. Ereignisse erfolgen in einem Bezugssystem nur dann gleichzeitig, wenn Uhren in diesem Bezugssystem synchron laufen, also die Messungen unter Beachtung der Lichtlaufzeiten erfolgen.

Hinweise zum **Synchronisieren von Uhren** sind auf S. 100 zu finden.

4.3 Relativistische Kinematik

Addition von Geschwindigkeiten

In der klassischen Physik ($v << c$) setzen sich die einzelnen Geschwindigkeiten additiv zusammen. Bei gleicher Bewegungsrichtung gilt für die Beträge (Skizze unten links):

$$v = v_1 + v_2$$

Eine Folgerung daraus ist, dass ein Körper jede beliebige Geschwindigkeit erreichen könnte. Das widerspricht aber der Tatsache, dass die Vakuumlichtgeschwindigkeit eine Grenzgeschwindigkeit ist. In der Relativitätstheorie ist deshalb das genannte Gesetz nicht anwendbar.

Für die relativistische Addition von Geschwindigkeiten gilt:

$$v = \frac{v_1 + v_2}{1 + \frac{v_1 \cdot v_2}{c^2}}$$

- v_1 Geschwindigkeit im System 1
- v_2 Geschwindigkeit im System 2
- v resultierende Geschwindigkeit

Für kleine Geschwindigkeiten ist der Term $\frac{v_1 \cdot v_2}{c^2}$ vernachlässigbar klein.

Damit geht die Gleichung in $v = v_1 + v_2$ über.

Eine Rakete bewegt sich mit 0,6 c in Richtung Erde und schickt eine Sonde mit 0,5 c relativ zur Rakete in diese Richtung. In der klassischen Physik würde sich $v = 1{,}1\,c$ ergeben, also Überlichtgeschwindigkeit, die physikalisch nicht möglich ist.
Die Geschwindigkeit muss relativistisch berechnet werden. Für die von der Erde aus gemessene Geschwindigkeit der Sonde ergibt sich:

$$v = \frac{v_1 + v_2}{1 + \frac{v_1 \cdot v_2}{c^2}} = \frac{0{,}6\,c + 0{,}5\,c}{1 + \frac{0{,}6\,c \cdot 0{,}5\,c}{c^2}} = \frac{1{,}1\,c}{1 + 0{,}3} = 0{,}85\,c$$

Die Sonde bewegt sich mit 0,85 c in Richtung Erde.

Klassische Betrachtungsweise

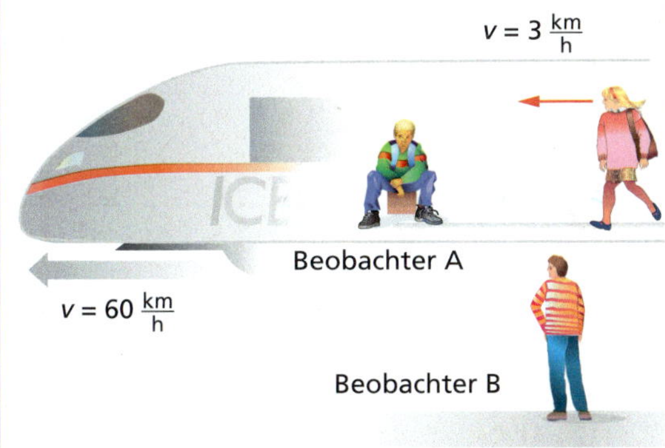

Für einen Beobachter außerhalb des Zugs addieren sich die Geschwindigkeiten.

Relativistische Betrachtungsweise

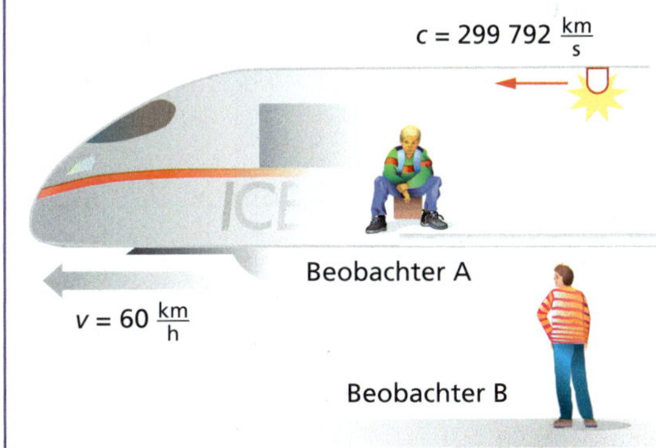

Für beide Beobachter breitet sich das Licht mit der gleichen Geschwindigkeit aus.

Relativität der Gleichzeitigkeit

Ob zwei räumlich getrennte Ereignisse gleichzeitig erfolgen, hängt davon ab, wie man den Begriff der Gleichzeitigkeit fasst. EINSTEIN betrachtete dazu ein System S, in dem an verschiedenen Orten A und B ein Ereignis vor sich geht.

Befindet sich ein Beobachter in C und geht von den Orten A und B gleichzeitig Licht aus, dann registriert der Beobachter in C das Licht von beiden Orten zum gleichen Zeitpunkt. Das gilt für alle Punkte, die sich auf der rot gezeichneten Linie befinden, da für diese Punkte die Laufzeiten für das von A und B ausgehende Licht gleich groß sind. Man kann deshalb definieren:

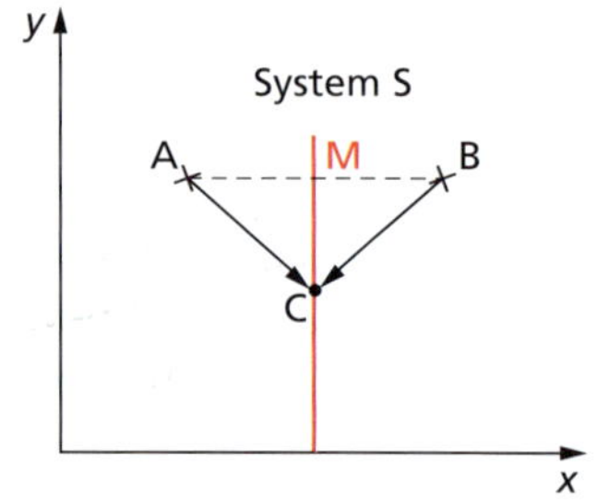

> Zwei Ereignisse an voneinander getrennten Orten erfolgen in einem Inertialsystem dann **gleichzeitig,** wenn sich das zur Zeit der Ereignisse ausgesendete Licht in der Mitte ihrer Verbindungslinie trifft.

Diese Art von Synchronisation bezeichnet man als Einstein-Synchronisation, da dieses Verfahren auf A. EINSTEIN zurückgeht.

Diese Definition der Gleichzeitigkeit kann man nutzen, um Uhren zu synchronisieren. Zwei Uhren werden dann gestartet, wenn Lichtsignale dort eintreffen, die zum gleichen Zeitpunkt von der Mitte zwischen den beiden Uhren ausgegangen sind. Beide Uhren laufen dann synchron (Skizzen unten).

Praktisch realisiert wird die **Synchronisation von Atomuhren** so: Eine Atomuhr, die synchronisiert werden soll, erhält von einer anderen Atomuhr ein Funksignal, das beim Eintreffen sofort zurückgesendet wird. Aus der Konstanz der Lichtgeschwindigkeit ergibt sich der genaue Zeitpunkt des Eintreffens aus der halben Gesamtlaufzeit.

Auf diese Weise können Atomuhren bis auf eine Genauigkeit von einer Nanosekunde synchronisiert werden.

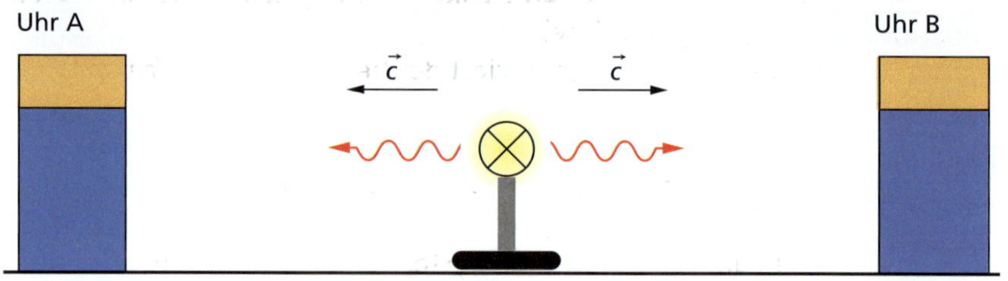

Bisher haben wir das Problem der Gleichzeitigkeit in einem Inertialsystem beschrieben. Etwas komplizierter ist die Situation, wenn man bestimmte Ereignisse von verschiedenen Inertialsystemen aus beobachtet und beschreibt.

Zwei Ereignisse sollen im Inertialsystem S gleichzeitig stattfinden. Betrachtet man dieselben Ereignisse von einem anderen Inertialsystem S' aus, das sich gegenüber dem System S bewegt, dann erfolgen die Ereignisse nicht gleichzeitig. Das wird bei folgendem Gedankenexperiment deutlich, das auf EINSTEIN zurückgeht. Betrachtet wird die Bewegung eines sehr langen Zugs (System S'), der sich längs eines geraden Bahndamms (System S) mit hoher Geschwindigkeit bewegt. Von den Punkten A und B wird gleichzeitig ein Lichtblitz ausgesendet.

Ein Gedankenexperiment ist eine Erkenntnismethode. Das Ergebnis eines Gedankenexperiments bedarf immer der experimentellen Bestätigung.

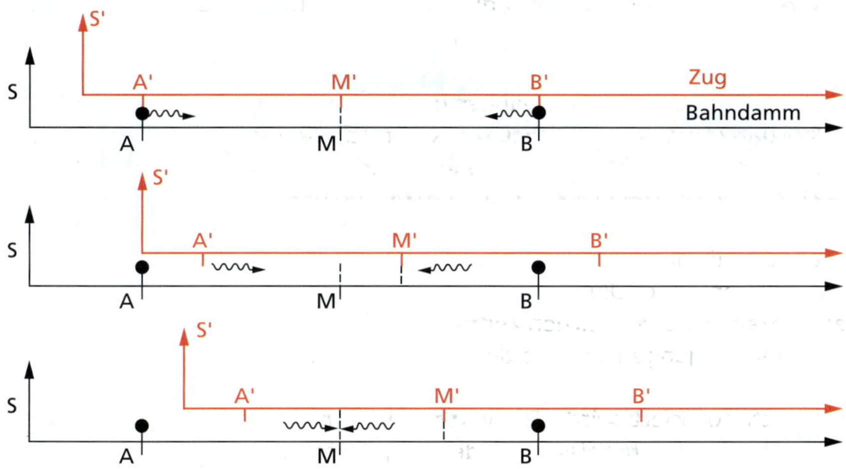

Dargestellt ist in den Skizzen der Sachverhalt aus der Sicht eines Beobachters im System S.

Für einen Beobachter, der sich am Punkt M im System S befindet, ergibt sich:
- Der Lichtblitz von B erreicht den Punkt M' im System S' früher als der Lichtblitz von A (mittlere Skizze).
- Zu einem späteren Zeitpunkt registriert der Beobachter in M beide Lichtblitze gleichzeitig.

Aus der Sicht eines Beobachters im System S' stellt sich der Sachverhalt umgekehrt dar: Ein Beobachter in M' registriert die Lichtblitze gleichzeitig und für M nicht gleichzeitig.

Dieser Sachverhalt wird **Relativität der Gleichzeitigkeit** genannt.

> Zwei Ereignisse, die in einem Inertialsystem S an verschiedenen Orten gleichzeitig stattfinden, erfolgen in einem dazu bewegten Inertialsystem S' nicht gleichzeitig.

Das bedeutet: Es gibt keine universelle Gleichzeitigkeit. Die Feststellung, ob Ereignisse gleichzeitig ablaufen oder nicht, hängt davon ab, in welchem Bezugssystem sich ein Beobachter befindet. Das, was für einen Beobachter gleichzeitig abläuft, registriert ein dazu bewegter Beobachter nicht gleichzeitig.

Die Zeitdilatation

Die Relativität der Gleichzeitigkeit ist mit der Vorstellung einer absoluten Zeit nicht vereinbar. Damit entsteht die Frage, wovon die Zeitdauer eines Vorgangs in einem Inertialsystem abhängt und ob sie sich verändert, wenn man den gleichen Vorgang von einem dazu bewegten Bezugssystem aus beschreibt. Die Zusammenhänge lassen sich mithilfe eines Gedankenexperiments mit Lichtuhren (↗ S. 100) verdeutlichen.

Als ruhend bezeichnet man ein Inertialsystem, in dem sich mindestens zwei synchronisierte Uhren befinden und das insofern gegenüber anderen Inertialsystemen ausgezeichnet ist.

In einem ruhenden Inertialsystem S befinden sich zwei synchronisierte Lichtuhren A und B. In einem dazu bewegten Inertialsystem S' befindet sich eine Lichtuhr C, die sich mit hoher Geschwindigkeit an A und B vorbeibewegt. Wir betrachten drei verschiedene Positionen der sich bewegenden Uhr C.

Zur Vereinfachung gehen wir bei dem Gedankenexperiment von folgenden Bedingungen aus:
- Wenn sich die Lichtuhr C an A vorbeibewegt, werden die synchron laufenden Uhren A und B gestartet.
- Während der Bewegung der Uhr C von A nach B läuft das Licht in den Uhren A und B zweimal hin und her.

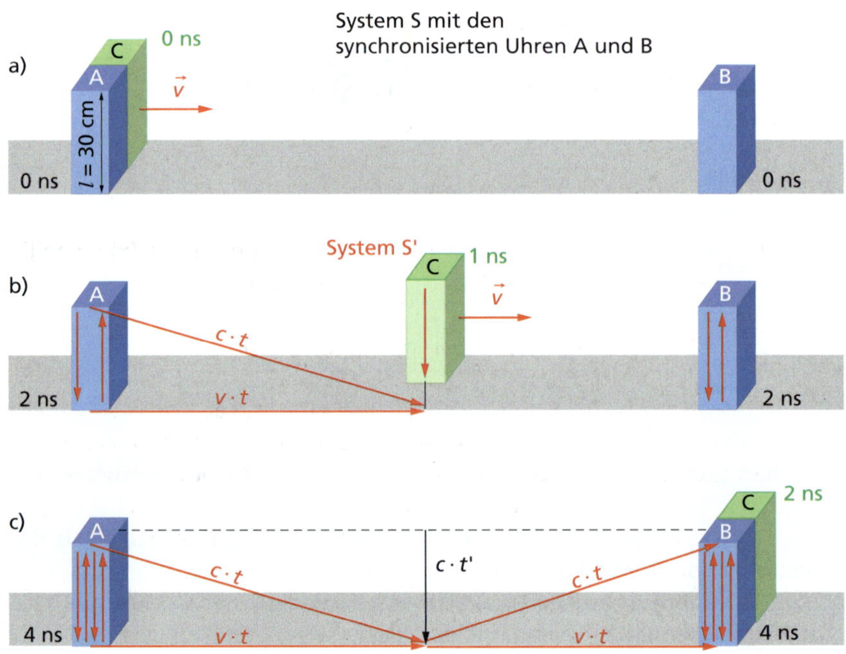

Vom System S aus betrachtet ergibt sich:
- In den synchronisierten Lichtuhren A und B läuft das Licht zweimal hin und her. Bei einer Länge der Lichtuhren von 30 cm entspricht das 4 ns.
- In der bewegten Lichtuhr C verläuft das Licht schräg und hat einen wesentlich größeren Weg zurückzulegen. Es läuft in der Lichtuhr C im gleichen Zeitraum gerade einmal hin und her.

Vom System S' aus betrachtet ergibt sich:
- Das Licht läuft zwischen den beiden Spiegeln der Lichtuhr während der Bewegung von A nach B gerade einmal hin und her.

Das bedeutet: Im System S (Uhren A und B) wird eine andere Zeit gemessen als im dazu bewegten System S' (Uhr C).

Dieser an einem speziellen Beispiel dargestellte Zusammenhang für Zeiten gilt allgemein.

Die Zeit, die ein Beobachter in seinem Inertialsystem misst, ist die **Eigenzeit.**

Eine Uhr, die sich relativ zu einem Beobachter schnell bewegt, geht für diesen Beobachter langsamer.

Für einen Vorgang, der eine bestimmte Zeit lang dauert, bedeutet das: Ein Vorgang dauert in dem System, in dem sich der Beobachter befindet, am kürzesten. Von einem dazu bewegten System aus wird die Zeitdauer des gleichen Vorgangs größer gemessen. Diese Erscheinung wird als **Zeitdilatation** oder Zeitdehnung bezeichnet.

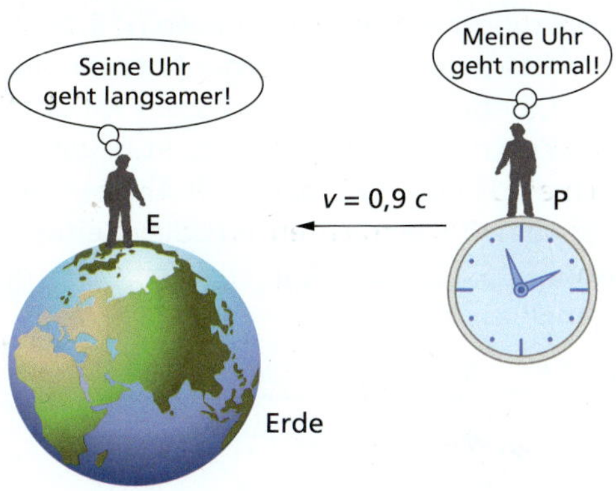

Abgeleitet ist die Bezeichnung Dilatation von *dilatare*, lat. = dehnen.

Die Gleichung für die Zeitdilatation lautet:

$$t = t' \cdot \frac{1}{\sqrt{1 - \frac{v^2}{c^2}}} = t' \cdot \gamma$$

t' Zeit im mitbewegten System (Eigenzeit)
v Relativgeschwindigkeit
c Lichtgeschwindigkeit im Vakuum
γ Lorentzfaktor (↗ Randspalte)

In einem Bezugssystem, z. B. auf der Erdoberfläche, dauert ein Vorgang eine Minute. Ein Beobachter in einer Rakete bewegt sich relativ zur Erde mit einer Geschwindigkeit von 0,9 *c*. Das sind etwa 270 000 $\frac{km}{s}$.
Welche Zeit würde er für diesen Vorgang messen?

Analyse:
Die Relativgeschwindigkeit beträgt 0,9 *c*. Die Zeit, die man misst, hängt vom jeweiligen Bezugssystem ab.

Gesucht: t
Gegeben: $t' = 1\ \text{min} = 60\ \text{s}$
$v = 0{,}9\ c = 270\,000\ \frac{km}{s}$
$c = 300\,000\ \frac{km}{s}$

Lösung:

$$t = 60\ \text{s} \cdot \frac{1}{\sqrt{1 - \frac{(270\,000\ \frac{km}{s})^2}{(300\,000\ \frac{km}{s})^2}}}$$

$$t = 138\ \text{s} = 2{,}3\ \text{min}$$

Ergebnis:
Für einen Beobachter auf der Erde dauert der Vorgang eine Minute, der gleiche Vorgang für den Beobachter in der Rakete aber 2,3 Minuten.

Der Term

$$\gamma = \frac{1}{\sqrt{1 - \frac{v^2}{c^2}}}$$

wird als **Lorentzfaktor** bezeichnet.

Es gilt:

$\frac{v}{c}$	γ
0,01	1,000 05
0,1	1,005
0,2	1,021
0,4	1,091
0,6	1,250
0,8	1,667
0,9	2,294
0,99	7,089

Die Längenkontraktion

In der klassischen Physik ist die Länge eines Körpers und damit der Abstand zweier Punkte eine invariante Größe. In relativistischer Betrachtungsweise hängt aber die Länge ebenso wie die Zeit von der Bewegung des Bezugssystems ab.

Wir betrachten dazu eine sehr schnell fliegende Rakete, die in A und B zwei synchronisierte Lichtuhren (↗ S. 100) mitführt. Sie bewegt sich mit hoher Geschwindigkeit v gegenüber einem System S, in dem sich eine Lichtuhr C befindet. In diesem System wird die Zeit gemessen.

Die Zeit des Vorbeiflugs wird in beiden Systemen gemessen. Für S' ergibt sich die Zeit $\Delta t'$ und damit als Abstand $\overline{AB} = l' = v \cdot \Delta t'$.

Für das System S ergibt die Zeitmessung aufgrund der Zeitdilatation (↗ S. 103) die kürzere Zeit und damit auch einen kleineren Abstand $l = v \cdot \Delta t$.

Die Länge, die ein Beobachter in seinem Inertialsystem für eine ruhende Strecke misst, nennt man **Eigenlänge.**

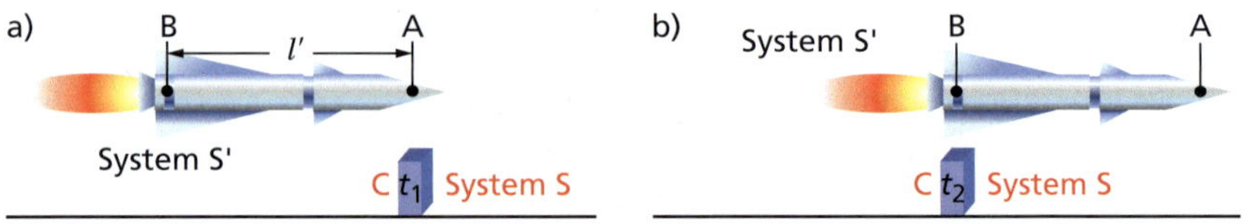

Das bedeutet: In seinem Ruhesystem hat ein Körper seine größte Länge.

> Körper, die sich relativ zu einem Beobachter schnell bewegen, erscheinen für diesen in Bewegungsrichtung verkürzt.

Dieser relativistische Effekt der Längenverkürzung wird als **Längenkontraktion** bezeichnet. Für die Längenkontraktion gilt die Gleichung:

Abgeleitet ist diese Bezeichnung von *contrahere*, lat. = verkürzen.

$$l = l' \sqrt{1 - \frac{v^2}{c^2}} = \frac{l'}{\gamma}$$

l'	Länge im ruhenden System (Eigenlänge)
v	Relativgeschwindigkeit
c	Lichtgeschwindigkeit im Vakuum
γ	Lorentzfaktor

■ Betrachten wir eine Person, die mit 90 % der Lichtgeschwindigkeit an der Erde vorbeifliegt (↗ Skizze).

Der 1 m lange Stab, der mit ihr fliegt, hat im System der Person P immer eine Länge von 1 m. Ein Beobachter E auf der Erde misst aber eine kleinere Länge:

$$l = 1\,\text{m} \cdot \sqrt{1 - \left(\frac{0{,}9\,c}{c}\right)^2}$$

$$\underline{l = 0{,}44\ \text{m}}$$

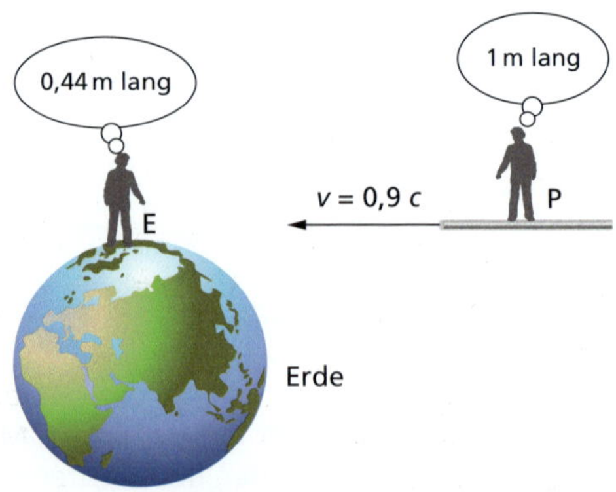

Umgekehrt würde für P ein 1 m langer Stab, der auf der Erde liegt, nur 0,44 m lang sein.

4.4 Relativistische Dynamik

Relativität der Masse

In der klassischen Physik ist die Masse als Maß für die Trägheit und die Schwere eines Körpers definiert. Sie wird als konstant angesehen.
Für ein abgeschlossenes System gilt der Satz von der Erhaltung der Masse. Diese Aussagen gelten uneingeschränkt für einen Beobachter in einem Inertialsystem mit Körpern, die sich gegenüber dem Beobachter mit Geschwindigkeiten bewegen, die klein gegenüber der Lichtgeschwindigkeit sind.

Bereits 1904 berechnete der österreichische Physiker FRIEDRICH HASENÖHRL (1874–1915), dass der elektromagnetischen Feldenergie eine **Trägheit** von $\frac{E}{c^2}$ entspricht. Wichtige Vorarbeiten leistete auch der französische Mathematiker und Physiker JULES HENRI POINCARÉ (1854–1912).

Die Masse eines Körpers oder Teilchens, die ein Beobachter registriert, der sich in einem Inertialsystem gegenüber dem Körper oder dem Teilchen in Ruhe befindet, wird als Ruhemasse m_0 bezeichnet.

Werden aber z. B. Elektronen durch elektrische Felder beschleunigt, dann zeigt sich, dass die Masse nicht konstant ist, sondern mit der Geschwindigkeit zunimmt, so wie es die nachfolgende Grafik zeigt.

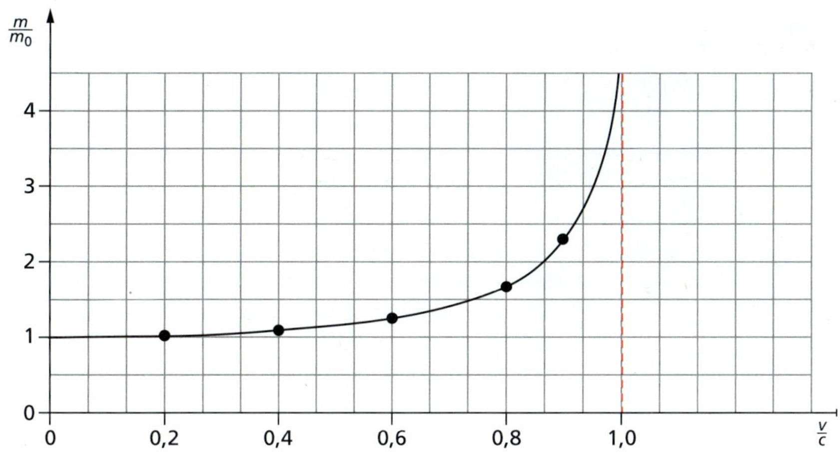

Bei den im Alltag auftretenden Geschwindigkeiten ist die Massezunahme vernachlässigbar. Selbst bei $\frac{1}{10}$ der Lichtgeschwindigkeit vergrößert sich die Masse nur um den Faktor 1,005 (↗ γ-Faktor S. 103), also um 0,5 %.

Die Masse eines Körpers oder Teilchens nimmt mit seiner Geschwindigkeit zu. Allgemein gilt:

$$m = \frac{m_0}{\sqrt{1-\frac{v^2}{c^2}}} = \gamma \cdot m_0$$

m	Masse des bewegten Körpers oder Teilchens
m_0	Ruhemasse
v	Geschwindigkeit
γ	Lorentzfaktor

Der Zusammenhang zwischen **Masse** und **Geschwindigkeit** kann mithilfe des **Impulserhaltungssatzes** hergeleitet werden. Experimentell wurde die Vergrößerung der Masse mit der Geschwindigkeit erstmals 1908/1909 durch die Physiker KAUFMANN und BUCHERER bei Elektronen nachgewiesen (↗ S. 86).

Die Masse m eines bewegten Körpers oder Teilchens wird im Unterschied zur Ruhemasse auch als relativistische Masse oder als dynamische Masse bezeichnet.

In den meisten Fällen ist es ausreichend, mit dem gerundeten Wert

$c = 300\,000\ \frac{km}{s}$

$= 3{,}0 \cdot 10^8\ \frac{m}{s}$

zu rechnen.

■ *Wie schnell müsste sich ein Körper bewegen, damit seine Masse doppelt so groß wie die Ruhemasse wird?*

Gesucht: v

Gegeben: $m = 2m_0$

$c = 3{,}0 \cdot 10^8\ \frac{m}{s}$

Lösung:

Die Umstellung der Gleichung $m = \frac{m_0}{\sqrt{1 - \frac{v^2}{c^2}}}$ nach v ergibt:

$$v = c\sqrt{1 - \frac{{m_0}^2}{m^2}} = 3{,}0 \cdot 10^8\ \frac{m}{s} \cdot \sqrt{1 - \frac{{m_0}^2}{4{m_0}^2}} = \underline{2{,}6 \cdot 10^8\ \frac{m}{s}}$$

Ergebnis:

Damit die Masse eines Körpers doppelt so groß wie seine Ruhemasse ist, müsste er sich mit einer Geschwindigkeit von etwa 260 000 $\frac{km}{s}$ bewegen. Das sind ca. 87 % der Vakuumlichtgeschwindigkeit und mehr als die Lichtgeschwindigkeit in Wasser (225 000 $\frac{km}{s}$).

Die Wechselwirkung zwischen Elementarteilchen wird in Detektoren (Foto) registriert.

Die relativistische Massezunahme spielt in der Physik vor allem bei Teilchenbeschleunigern eine Rolle. In solchen Beschleunigern werden verschiedene Teilchen, z. B. Elektronen oder Protonen, nahezu auf Lichtgeschwindigkeit beschleunigt. Um die Teilchen durch Magnetfelder auf eine Kreisbahn zu zwingen, sind aufgrund der relativistischen Masse entsprechend starke Magnetfelder erforderlich.

Schon bei einer Beschleunigung durch eine Spannung von 10 000 V erreichen Elektronen ca. 20 % der Lichtgeschwindigkeit. In Beschleunigern werden γ-Werte von 100 bis 50 000 erreicht.

Äquivalenz von Masse und Energie

In einer grundlegenden Arbeit, die Albert Einstein (1879–1955) 1905 unter dem Titel „Ist die Trägheit eines Körpers von seinem Energiegehalt abhängig?" veröffentlichte, stellte er fest: *„Die Masse eines Körpers ist ein Maß für dessen Energiegehalt."* Er traf dort die fundamentale Feststellung:

Diese Gleichung ist die wahrscheinlich bekannteste physikalische Gleichung. Sie hat fundamentale Bedeutung.

Die Gesamtenergie eines Körpers und seine dynamische Masse sind zueinander proportional. Masse und Energie sind äquivalent. Es gilt:

$E = m \cdot c^2$

E	Gesamtenergie eines Körpers
m	Masse eines Körpers
c	Vakuumlichtgeschwindigkeit

Äquivalenz von Energie und Masse bedeutet, dass jeder Art von Energie eine Masse zuzuordnen ist und umgekehrt jeder Masse eine Energie zugeordnet werden kann.
Daraus ergibt sich:

- In jedem abgeschlossenen System ist die Erhaltung der Energie gleichbedeutend mit der Erhaltung der Masse. In relativistischer Betrachtungsweise umfasst somit der allgemeine Energieerhaltungssatz den Satz von der Erhaltung der Masse. Dieser wiederum wäre einem Satz von der Erhaltung der dynamischen Masse äquivalent. In der Physik ist es aber üblich, den Energieerhaltungssatz in den Vordergrund zu stellen.
- Der Zusammenhang zwischen Energie und Masse ist nicht auf mechanische Vorgänge beschränkt, sondern gilt für beliebige Vorgänge in der Makrophysik und in der Mikrophysik.

In der klassischen Physik gibt es dagegen zwei voneinander unabhängige Erhaltungssätze, den **Energieerhaltungssatz** und den **Satz von der Erhaltung der Masse.**

Wird einem Körper Wärme zugeführt, so erhöht sich seine innere Energie. Das führt zu einem entsprechenden Zuwachs an Masse. Wird z. B. 1 Liter Wasser von 20 auf 100 °C erhitzt, so muss ihm eine Energie von 335 kJ zugeführt werden. Das entspricht einer Masse von $\Delta m = \frac{E}{c^2} \approx 3{,}7 \cdot 10^{-12}$ kg.

Abkühlung eines Körpers bedeutet Verringerung seiner Energie und damit Verkleinerung der dazu äquivalenten Masse. Im Innern der Sonne verschmelzen in jeder Sekunde 567 Mio. Tonnen Wasserstoff zu 562,7 Mio. Tonnen Helium. Der Massendefekt von 4,3 Mio. Tonnen entspricht einer Energie von $3{,}85 \cdot 10^{26}$ J. Die Strahlungsleistung der Sonne beträgt somit $3{,}85 \cdot 10^{26}$ W.

Im Alltag spielen solche Veränderungen der Masse keine Rolle. Sie bleiben unbemerkt.

Die Strahlungsleistung eines Sterns wird als Leuchtkraft bezeichnet.

- Ein ruhender Körper mit bestimmter Masse besitzt aufgrund der Beziehung $E = m \cdot c^2$ eine bestimmte Energie. Analog zur Ruhemasse m_0 wird diese Energie als Ruheenergie bezeichnet. Es gilt:

$$E_0 = m_0 \cdot c^2$$

- Ein bewegter Körper verändert mit der Geschwindigkeit seine Masse und damit seine Energie. Der Energiezuwachs beträgt $\Delta E = \Delta m \cdot c^2$. Die relativistische kinetische Energie ergibt sich dann als:

$$E_{kin} = (m - m_0)\,c^2 = m_0 \cdot c^2\left(\frac{1}{\sqrt{1 - \frac{v^2}{c^2}}} - 1\right)$$

- Die Gesamtenergie E eines Körpers beträgt demzufolge:

$$E = E_0 + E_{kin} = m \cdot c^2 = \frac{m_0}{\sqrt{1 - \frac{v^2}{c^2}}} \cdot c^2 = \gamma \cdot m_0 \cdot c^2$$

Positronen-Emissions-Tomografie

Bildgebende Verfahren in der Medizin

In der Medizin existiert heute eine Reihe von bildgebenden Verfahren, die detaillierte Einblicke in den menschlichen Körper ermöglichen. Neben dem einfachen Röntgen sind das vor allem die Computertomografie (CT), die Szintigrafie, die Sonografie, die Kernspinresonanztomografie (MRT) oder die Positronen-Emissions-Tomografie (PET).

Welches der Verfahren im jeweiligen Fall genutzt wird, hängt davon ab, was untersucht werden soll. Bei einem einfachen Knochenbruch sind meist Röntgenaufnahmen ausreichend, um qualifiziert behandeln zu können. Detaillierte Einblicke ins Körperinnere ermöglicht die **Computertomografie.** Dabei wird mithilfe von Röntgenstrahlung ein dreidimensionales Bild erzeugt. Abb. 2 zeigt ein Beispiel für ein solches Bild.

Im Unterschied dazu wird bei der Kernspinresonanztomografie (auch einfach Kernspintomografie genannt) weder mit Röntgenstrahlung noch mit radioaktiver Strahlung gearbeitet, sondern mit starken Magnetfeldern und Radiowellen. Mit diesem Verfahren lassen sich Strukturen und Funktionen von Gewebe und Organen darstellen.

Die Positronen-Emissions-Tomografie

Die Positronen-Emissions-Tomografie ist ein Verfahren, das speziell für die Darstellung von Stoffwechselvorgängen entwickelt worden ist.

Das Grundprinzip des PET besteht in Folgendem: Dem Patienten wird zu Beginn der Untersuchung ein Radionuklid injiziert. Dieser Stoff reichert sich

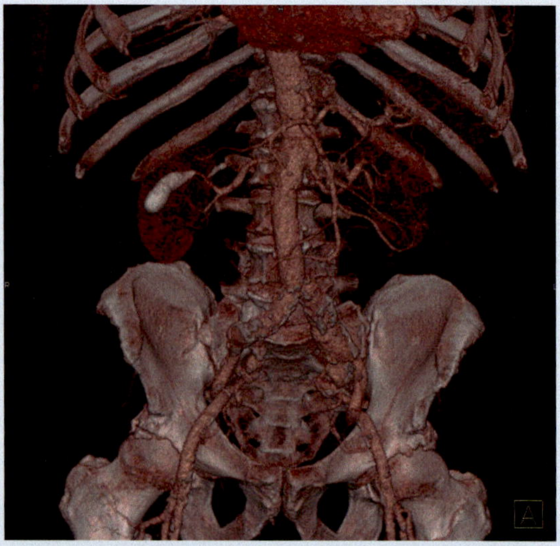

2 Ein solches Bild lässt sich mithilfe der Computertomografie gewinnen.

vorrangig an bestimmten Stellen des Körpers, z. B. in Tumoren, an. Dort emittiert das Radionuklid Positronen (β^+-Strahlung).

Bei der Wechselwirkung eines Positrons mit einem Elektron werden zwei Photonen gebildet und ausgesendet. Diese werden durch Detektoren registriert. Über eine spezielle Software wird daraus auf die räumliche Verteilung des radioaktiven Stoffs geschlossen und ein dreidimensionales Bild der Strahlungsquellen im Körper dargestellt.

In Kombination mit einer Computertomografie entstehen sehr aussagekräftige Bilder. Ein Beispiel dafür ist auf Seite 109 unten dargestellt.

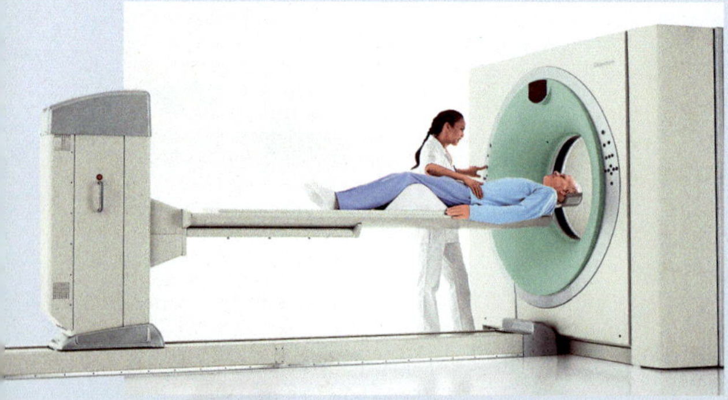

1 Bild einer typischen Positronen-Emissions-Tomografie-Einrichtung

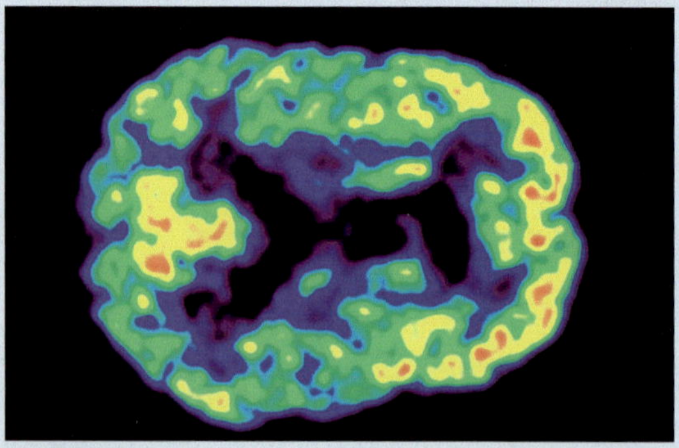

3 Schnittbild des menschlichen Gehirns, erzeugt mithilfe von PET

Genutzte Radionuklide und ihre Herstellung

Zumeist wird bei der PET das Radionuklid Fluor-18 mit einer Halbwertszeit von etwa 110 Minuten genutzt, daneben auch die Radionuklide C-11, N-13, O-15 oder Ga-68. Wir betrachten als Beispiel das Radionuklid C-11. Dieses Kohlenstoffnuklid hat eine Halbwertszeit von 20,3 Minuten. Es wird in einem Zyklotron erzeugt, das sich meist in unmittelbarer Nähe der Untersuchungseinheit befindet.

Zur Herstellung werden im Zyklotron ruhende Stickstoffkerne $^{14}_{7}N$ mit zuvor beschleunigten Protonen beschossen. Die Reaktionsgleichung lautet:

$$^{1}_{1}H + ^{14}_{7}N \longrightarrow ^{11}_{6}C + ^{4}_{2}He$$

Berechnet man den Massendefekt für diese Reaktion, so ergibt sich:

$$\Delta m = -0{,}003\,138\ u$$

Da der Massendefekt negativ ist, würde diese Reaktion nicht von selbst ablaufen. Die dafür mindestens notwendige Aktivierungsenergie beträgt:

$$E = |\Delta m| \cdot c^2 = 4{,}69 \cdot 10^{-13}\ \text{J} \approx 2{,}93\ \text{MeV}$$

Diese Aktivierungsenergie wird durch die kinetische Energie der Protonen bereitgestellt. Aus den genannten Werten lässt sich die Mindestgeschwindigkeit der Protonen berechnen:

$$v = \sqrt{\frac{2E}{m}} = \sqrt{\frac{2 \cdot 4{,}69 \cdot 10^{-13}\ \text{J}}{1{,}673 \cdot 10^{-27}\ \text{kg}}} = 2{,}37 \cdot 10^7\ \frac{\text{m}}{\text{s}}$$

Da $\frac{v}{c} = 0{,}08$ ist, kann in diesem Fall nichtrelativistisch gerechnet werden. Das Ergebnis bedeutet: Im Zyklotron müssten die Protonen mindestens auf $2{,}37 \cdot 10^7\ \frac{\text{m}}{\text{s}}$ beschleunigt werden, damit das Radionuklid $^{11}_{6}C$ entsteht.

	vor der Wechselwirkung	nach der Wechselwirkung
Reaktion	$e^+ + e^-$	2γ
Massen	Ruhemasse $2 \cdot 9{,}109 \cdot 10^{-31}$ kg, keine Impulsmasse	keine Ruhemasse Impulsmasse $2 \cdot 9{,}109 \cdot 10^{-31}$ kg
Energien	$2 \cdot 0{,}51$ MeV (Ruheenergie)	$2 \cdot 0{,}51$ MeV (Energie der zwei Photonen)

Zerfall von C-11 und Erzeugung von Photonen

Das im Zyklotron erzeugte $^{11}_{6}C$ wird mit geeigneter Trägersubstanz vom Körper aufgenommen, lagert sich an besonders aktiven Stellen ab und zerfällt unter Aussendung von Positronen (β^+-Strahlung). Die Reaktionsgleichung lautet:

$$^{11}_{6}C \longrightarrow ^{11}_{5}B + ^{0}_{1}e^+ + \nu$$

ν ist das Symbol für ein Neutrino. Tritt nun ein Positron (e^+) mit einem Elektron (e^-) des Körpergewebes in Wechselwirkung, so entstehen zwei Photonen (γ-Quanten). Das geschieht im Körper in einer Entfernung von wenigen Millimetern vom Entstehungsort des Positrons. Die Reaktionsgleichung lautet:

$$e^+ + e^- \longrightarrow 2\gamma \quad \text{(Paarzerstrahlung)}$$

Die Photonenpaare werden mit rund um den Körper angebrachten Detektoren registriert und aus den Daten wird der gemeinsame Entstehungsort der Photonen im Körper berechnet.

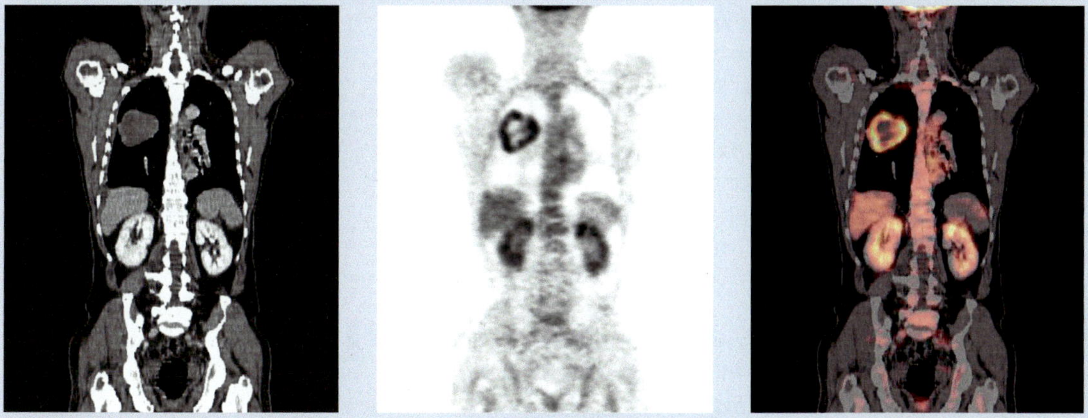

1 Computertomografie (links), PET (Mitte) und zusammengesetztes Bild (rechts): Erst im zusammengesetzten Bild sind die einzelnen Details erkennbar.

4.5 Hinweise zur allgemeinen Relativitätstheorie

Ebenso wie die spezielle Relativitätstheorie ist auch die allgemeine Relativitätstheorie grundlegend für das physikalische Weltbild. EINSTEIN ging es mit seiner Theorie wie vielen Erfindern und Entdeckern: *„Die allgemeine Relativitätstheorie wurde in ihrer frühen Entwicklungsphase von den zeitgenössischen Physikern völlig ignoriert, wenig verstanden und von niemandem anerkannt."* (LEOPOLD INFELD, Erinnerungen an EINSTEIN)

Wie jede physikalische Theorie besitzt auch die spezielle Relativitätstheorie einen bestimmten Gültigkeitsbereich:

- Alle Betrachtungen beziehen sich auf Inertialsysteme. Beschleunigte Bezugssysteme werden nicht betrachtet.
- Der Einfluss der Gravitation auf Vorgänge wird ausgeblendet.

Seit 1907 arbeitete A. EINSTEIN an einer Verallgemeinerung seiner speziellen Relativitätstheorie. In Zusammenfassung seiner langjährigen Untersuchungen zu Trägheit und Gravitation veröffentlichte er 1916 die Arbeit „Die Grundlage der allgemeinen Relativitätstheorie". EINSTEIN ging dabei von zwei grundlegenden Prinzipien aus:

Äquivalenzprinzip:
In hinreichend kleinen Raum-Zeit-Gebieten lassen sich Trägheit und Schwere experimentell nicht voneinander unterscheiden.

- In einem abgeschlossenen Kasten befindet sich ein Beobachter sowie ein Federkraftmesser, an dem ein Massestück befestigt ist. Der Beobachter kann nicht unterscheiden, ob die Auslenkung der Feder durch eine Gravitationskraft (Schwere) oder durch eine beschleunigte Bewegung des Kastens (Trägheit) zustande kommt.

Allgemeines Relativitätsprinzip:
Alle Naturgesetze lassen sich so formulieren, dass sie in allen lokalen Bezugssystemen (also auch in beschleunigten oder einem Gravitationsfeld ausgesetzten) gleich lauten.

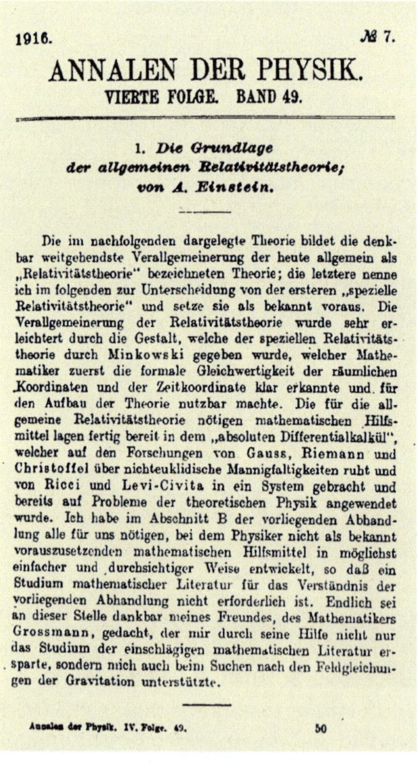

1916. № 7.

ANNALEN DER PHYSIK.
VIERTE FOLGE. BAND 49.

1. *Die Grundlage der allgemeinen Relativitätstheorie;*
von A. Einstein.

Die im nachfolgenden dargelegte Theorie bildet die denkbar weitgehendste Verallgemeinerung der heute allgemein als „Relativitätstheorie" bezeichneten Theorie; die letztere nenne ich im folgenden zur Unterscheidung von der ersteren „spezielle Relativitätstheorie" und setze sie als bekannt voraus. Die Verallgemeinerung der Relativitätstheorie wurde sehr erleichtert durch die Gestalt, welche der speziellen Relativitätstheorie durch Minkowski gegeben wurde, welcher Mathematiker zuerst die formale Gleichwertigkeit der räumlichen Koordinaten und der Zeitkoordinate klar erkannte und für den Aufbau der Theorie nutzbar machte. Die für die allgemeine Relativitätstheorie nötigen mathematischen Hilfsmittel lagen fertig bereit in dem „absoluten Differentialkalkül", welcher auf den Forschungen von Gauss, Riemann und Christoffel über nichteuklidische Mannigfaltigkeiten ruht und von Ricci und Levi-Civita in ein System gebracht und bereits auf Probleme der theoretischen Physik angewendet wurde. Ich habe im Abschnitt B der vorliegenden Abhandlung alle für uns nötigen, bei dem Physiker nicht als bekannt vorauszusetzenden mathematischen Hilfsmittel in möglichst einfacher und durchsichtiger Weise entwickelt, so daß ein Studium mathematischer Literatur für das Verständnis der vorliegenden Abhandlung nicht erforderlich ist. Endlich sei an dieser Stelle dankbar meines Freundes, des Mathematikers Grossmann, gedacht, der mir durch seine Hilfe nicht nur das Studium der einschlägigen mathematischen Literatur ersparte, sondern mich auch beim Suchen nach den Feldgleichungen der Gravitation unterstützte.

Annalen der Physik. IV. Folge. 49. 50

EINSTEIN selbst nannte drei astronomische Erscheinungen, an denen sich die Gültigkeit der neuen Theorie nachweisen ließ: Der **erste Effekt** ist die **Periheldrehung des Merkurs.** Das Perihel ist der sonnennächste Punkt auf der elliptischen Bahn eines Planeten. Es war schon seit Langem bekannt, dass sich das Perihel des Planeten Merkur im Laufe eines Jahrhunderts um etwa 43 Bogensekunden mehr verschiebt, als es nach dem Gravitationsgesetz erfolgen müsste. Mithilfe der allgemeinen Relativitätstheorie konnte die Periheldrehung des Merkurs erklärt werden.

Der zweite Effekt ist die Krümmung von Lichtstrahlen, die von Sternen ausgehen, im Schwerefeld der Sonne.

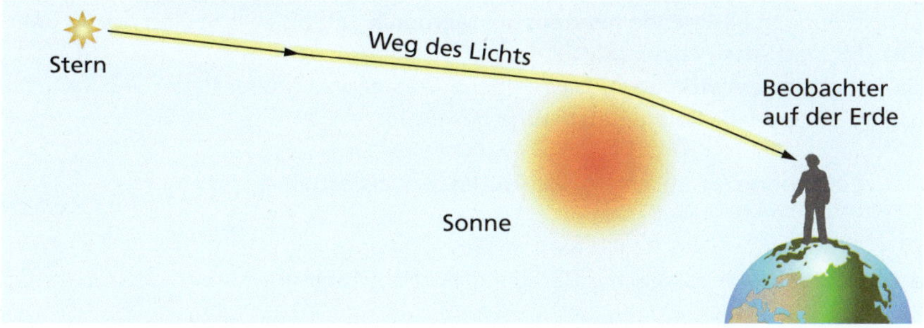

EINSTEIN berechnete eine maximale Ablenkung von 1,7 Bogensekunden. 1919 wurde der Effekt von einer englischen Sonnenfinsternis-Expedition unter Leitung des Astrophysikers EDDINGTON erstmals bestätigt.
Eine weitere Bestätigung für die Ablenkung von Licht durch eine große Masse sind die 1979 entdeckten **Gravitationslinsen.** Das sind massereiche Objekte (z. B. Galaxien), die das Licht eines dahinter befindlichen Objekts ablenken und dadurch Mehrfachbilder oder ringförmige Strukturen hervorrufen.

Die Bestätigung dieser Vorhersage erregte großes Aufsehen und trug entscheidend zum Weltruhm ALBERT EINSTEINS bei.

So wirkt z. B. der extrem massereiche Galaxienhaufen 0024 + 1654 als Gravitationslinse für Objekte, die sich von der Erde aus betrachtet hinter ihm befinden. Dadurch kommen die ringförmigen Strukturen zustande, die auf dem Bild zu erkennen sind. Das Foto zeigt eine Aufnahme des Hubble-Weltraumteleskops.

Inzwischen kennt man eine Reihe kosmischer Objekte, die nachweisbar als **Gravitationslinsen** wirken.

Ein anderer Beleg für den genannten Effekt ist die Existenz **schwarzer Löcher.** Das sind extrem massereiche Gebilde, deren Gravitationswirkung so groß ist, dass Licht den betreffenden Bereich nicht verlassen kann. Auch im Zentrum unserer Galaxis, dem Milchstraßensystem, wird ein solches schwarzes Loch vermutet.
Der dritte Effekt, den EINSTEIN nannte, ist die **relativistische Rotverschiebung.** Auch dieser Effekt ist inzwischen nachgewiesen. So wurde z. B. eine solche relativistische Rotverschiebung bei einem weißen Zwerg (etwa erdgroße Sterne mit einer Dichte von 10^5 bis 10^6 g/cm^3) gefunden.
Im Unterschied zur speziellen Relativitätstheorie hat die allgemeine Relativitätstheorie noch keine direkten Auswirkungen auf unser Leben. Ihre Bedeutung liegt auch nicht in den genannten Effekten, sondern in der Vereinfachung der theoretischen Grundlagen der gesamten Physik und in der Vertiefung des Verständnisses der uns umgebenden Welt.

Die Existenz von schwarzen Löchern lässt sich nur indirekt belegen, z. B. dadurch, dass ein anderes kosmisches Objekt verschwindet.

Eine Ausnahme ist die satellitengestützte Navigation.

Spezielle Relativitätstheorie (SRT)

Die klassische Physik geht von einem absoluten Raum und einer davon unabhängigen absoluten Zeit aus. Die auf diesen Vorstellungen basierende **newtonsche Mechanik** galt bis zum Beginn des 20. Jahrhunderts als Kernstück der klassischen Physik.
Zu Beginn des 20. Jahrhunderts entwickelte A. EINSTEIN neue Vorstellungen über Raum und Zeit. Die betreffende Theorie wird als **spezielle Relativitätstheorie** bezeichnet.

In der speziellen Relativitätstheorie formulierte A. EINSTEIN 1905 zwei Postulate.

Relativitätsprinzip:
Alle Inertialsysteme sind bezüglich physikalischer Gesetze gleichberechtigt.

Prinzip von der Konstanz der Lichtgeschwindigkeit:
Die Lichtgeschwindigkeit im Vakuum ist in allen Inertialsystemen stets gleich groß. Sie ist unabhängig vom Bewegungszustand der Lichtquelle und des Beobachters bei der Messung.
Ihr Wert beträgt $c = 299\,792{,}458\ \frac{\text{km}}{\text{s}}$.

Aus diesen Postulaten ergeben sich wichtige Folgerungen und neue Vorstellungen über Raum und Zeit. Insbesondere sind Raum und Zeit nicht unabhängig voneinander und auch nicht absolut.

Relativität der Gleichzeitigkeit
Zwei Ereignisse, die in einem Inertialsystem S gleichzeitig stattfinden, erfolgen in einem dazu bewegten Inertialsystem S' nicht gleichzeitig.

Relativität der Zeitmessung
In seinem Ruhesystem dauert ein physikalischer Vorgang am kürzesten (Eigenzeit). Von einem dazu bewegten System aus wird die Zeitdauer größer gemessen. Für die **Zeitdilatation** gilt:

$$t = t' \cdot \frac{1}{\sqrt{1 - \frac{v^2}{c^2}}} = t' \cdot \gamma$$

Relativität der Längenmessung
In seinem Ruhesystem hat ein Körper seine größte Länge (Eigenlänge). In einem dazu bewegten System ist die Länge geringer. Für die **Längenkontraktion** gilt:

$$l = l' \cdot \sqrt{1 - \frac{v^2}{c^2}} = \frac{l'}{\gamma}$$

Die **Masse von Körpern** bzw. **Teilchen** nimmt mit der Geschwindigkeit zu. Es gilt:

$$m = \frac{m_0}{\sqrt{1 - \frac{v^2}{c^2}}} = \gamma \cdot m_0$$

Die **Gesamtenergie *E*** eines Körpers und seine **dynamische Masse *m*** sind zueinander proportional. Es gilt:

$$E = m \cdot c^2$$

$$E = \frac{m_0 \cdot c^2}{\sqrt{1 - \frac{v^2}{c^2}}}$$

$$E = \gamma \cdot m_0 \cdot c^2$$

Die **Ruheenergie** beträgt $E_0 = m_0 \cdot c^2$, die relativistische kinetische Energie $E_{kin} = (m - m_0) \cdot c^2$.
Auch in der Relativitätstheorie gelten der **Energieerhaltungssatz** und der **Impulserhaltungssatz.**
Wegen der Äquivalenz von Masse und Energie ist der Satz von der Erhaltung der Masse im allgemeinen Energieerhaltungssatz enthalten.

Aufgaben

1. Die spezielle Relativitätstheorie (SRT) wurde von Albert Einstein entwickelt. Informieren Sie sich über sein Leben und Wirken! Bereiten Sie dazu einen Vortrag vor! Gehen Sie dabei insbesondere auf die Entwicklung der SRT ein und auch auf die Leistungen anderer Wissenschaftler!

2. Am südlichen Sternhimmel befindet sich der Fixstern Alpha Centauri in einer Entfernung von 4,5 Lichtjahren von uns.
   a) Wie lange benötigt (von der Erde aus betrachtet) ein Raumschiff für den Hin- und Rückflug, wenn es mit einer konstanten Geschwindigkeit von 0,4 c fliegen würde?
   b) Welche Zeit vergeht während des Fluges im Raumschiff?

3. Eine Rakete hat in ihrem Ruhesystem S' die Länge $l' = 600$ m und bewegt sich gegenüber einem Inertialsystem S mit einer Geschwindigkeit von $v = \frac{2}{5}c$. Welche Länge wird im System S gemessen?

4. Die Eigenlänge eines Pkw beträgt 4,56 m.
   a) Wie groß ist die Längenverkürzung bei $100\ \frac{\text{km}}{\text{h}}$, bei $1\,000\ \frac{\text{km}}{\text{h}}$ und bei 0,1 c?
   b) Weshalb können wir in unserem Erfahrungsbereich weder eine Längenkontraktion noch eine Zeitdilatation feststellen?

5. Von einer Weltraumstation S wird die Länge einer mit $v = \frac{3}{8}c$ vorbeifliegenden Rakete zu $l = 750$ m bestimmt. Welche Länge besitzt die Rakete in ihrem Ruhesystem S'?

6. In welcher Größenordnung würde ein Beobachter auf der Sonne die Erde in Bewegungsrichtung verkürzt bestimmen? Die Erde bewegt sich mit $v = 30\ \frac{\text{km}}{\text{s}}$ um die Sonne. Der Radius der Erde beträgt am Äquator 6378 km.

7. Eine Rakete fliegt mit 0,9 c an der Erde vorbei.

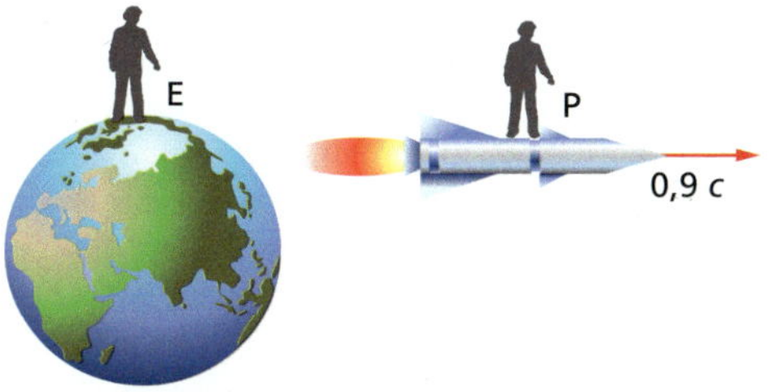

   a) Auf der Erde steht ein Auto ($l = 5{,}0$ m). Welche Länge messen die Beobachter E und P?
   b) In der Rakete befindet sich eine 5,0 m lange Versuchsanordnung. Was stellen die Beobachter E und P fest?
   c) P misst für einen Vorgang 5 Minuten. Welche Zeit stellt E für diesen Vorgang fest?

8. Bei der satellitengestützten Navigation (GPS) spielen die Ganggenauigkeit von Uhren und ihre Synchronisation eine entscheidende Rolle.

   a) Die Satelliten des GPS bewegen sich in etwa 20200 km Höhe über der Erdoberfläche. Wie groß ist mindestens die Laufzeit eines Signals zwischen Satellit und GPS-Empfänger auf der Erdoberfläche?
   b) Wir nehmen an: Zwischen den Uhren von Satellit und Empfänger besteht ein Zeitunterschied von einer Millionstelsekunde.
   Welcher Entfernungsunterschied ergibt sich daraus?

9. Bei welcher Geschwindigkeit ist die relativistische Masse eines Körpers gleich der doppelten Ruhemasse?

10. Ein Elektron wird auf eine Geschwindigkeit von 0,8 c beschleunigt. Wie groß ist seine Masse?

11. Angenommen, ein Mensch mit einer (Ruhe-) Masse von 75 kg befindet sich in einer Rakete, die sich mit $v = 0{,}8\ c$ an der Erde vorbeibewegt. Mit einer vorhandenen Waage bestimmt er seine Masse. Stellt er eine größere Masse als in Ruhe fest?
   Welcher Zusammenhang besteht zu der Geschwindigkeit der Rakete?

12. **a)** Welchen Wert hat die Ruheenergie eines Elektrons in Joule und in eV?
   b) Die Masse von Elementarteilchen wird manchmal in der Einheit $\frac{\text{MeV}}{c^2}$ angegeben. Erläutern Sie das!

13. Bestimmen Sie die Geschwindigkeit, bei der die Masse von Elektronen im Vergleich zur Ruhemasse um 1 % zunimmt? Wie viel Prozent der Lichtgeschwindigkeit entspricht diese Geschwindigkeit?

14. Die Sonne liefert uns kostenlos Energie. Außerhalb der atmosphärischen Hülle der Erde werden etwa $1{,}4\ \text{kW/m}^2$ „geliefert". Wie groß ist die äquivalente Masse der auf die Erde an einem Tag eingestrahlten Sonnenenergie?

***15.** Ein Elektron hat nach der Beschleunigung in einem Linearbeschleuniger eine Gesamtenergie von 50 MeV.
Wie groß ist der Anteil der kinetischen Energie, das Verhältnis der Gesamtmasse zu seiner Ruhemasse und die Geschwindigkeit des Elektrons?

***16.** Die Energieerzeugung im Innern der Sonne erfolgt durch Kernfusion.
Als Endprodukt des Proton-Proton-Zyklus in der Sonne entstehen $^4_2$He-Kerne. Der Gesamtprozess ergibt sich aus $4\,^1_1\text{H} \longrightarrow {}^4_2\text{He} + 2\,\text{e}^+ + 2\gamma$.
Die nachfolgenden Massen sind sehr genau bekannt: $m_{\text{H}} = 1{,}007\,940\ u$, $m_{\text{n}} = 1{,}008\,665\ u$, $m_{\text{He}} = 4{,}002\,601\ u$
Berechnen Sie aus diesen Daten die Massendifferenz bei der Bildung eines Heliumkerns!
Welche Energie wird bei der Fusion eines Heliumkerns frei?

17. In einem Beschleuniger werden α-Teilchen (doppelt positiv geladene Heliumkerne) beschleunigt.
a) Welcher Zusammenhang besteht zwischen der Beschleunigungsspannung und der erreichten Geschwindigkeit?
b) Stellen Sie die Abhängigkeit der Masse von der Geschwindigkeit grafisch dar! Interpretieren Sie das Diagramm!
c) Welche Beschleunigungsspannung ist erforderlich, damit sich die Masse der α-Teilchen gegenüber der Ruhemasse verdoppelt?

18. Die Masse der Sonne beträgt $1{,}99 \cdot 10^{30}$ kg. Sie strahlt in einer Sekunde eine Energie von $3{,}85 \cdot 10^{26}$ J ab.
Wie groß ist der Massenverlust der Sonne durch die thermonuklearen Prozesse pro Jahr? Wie lange könnte die Sonne demzufolge theoretisch noch „leuchten"?

19. Im weltweit größten Teilchenbeschleuniger, dem LHC der CERN bei Genf, sollen Protonen mit einer Energie von 7 000 GeV erzeugt werden.
a) Wie groß ist die relativistische Masse dieser Protonen im Vergleich zu ihrer Ruhemasse?
b) Mit welcher Geschwindigkeit bewegen sich die Protonen vor der Kollision?

20. In einem Experiment werden α-Teilchen mit der Geschwindigkeit v in ein homogenes Magnetfeld der Flussdichte B ($\vec{v} \perp \vec{B}$) eingeschossen. Sie bewegen sich im Vakuum auf einer Kreisbahn mit dem Radius r.
a) Leiten Sie eine Gleichung für den Betrag der Flussdichte in Abhängigkeit von der spezifischen Ladung $\frac{q}{m}$ und der Umlaufzeit T her!
b) Wenn die Geschwindigkeit der α-Teilchen zu groß wird ($v > 0{,}1\ c$), führen klassische Betrachtungen der physikalischen Vorgänge zu Fehlern. Es müssen relativistische Effekte berücksichtigt werden.
Die α-Teilchen durchlaufen in dem Experiment in $T = 5{,}0 \cdot 10^{-8}$ s einen Kreis mit $r = 1{,}0$ m. Überprüfen Sie, ob die magnetische Flussdichte B relativistisch oder klassisch berechnet werden muss! Berechnen Sie den Betrag von B!

21. In ein homogenes Magnetfeld werden Elektronen mit einer Geschwindigkeit v senkrecht zur Feldrichtung eingeschossen. Sie beschreiben dort Kreisbahnen.

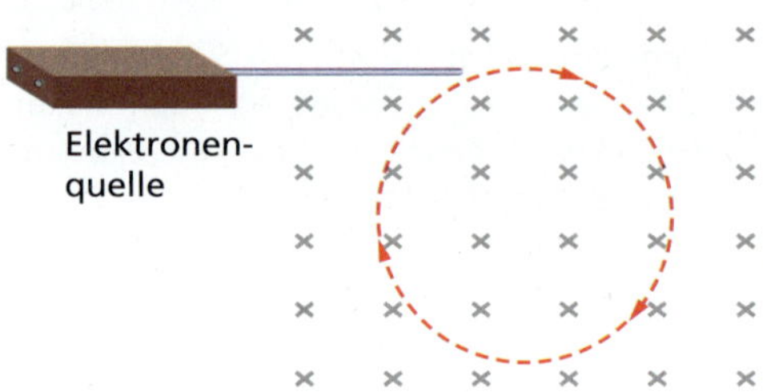

a) In der klassischen Physik ist die Umlaufzeit T der Elektronen nicht von ihrer Geschwindigkeit abhängig. Leiten Sie allgemein eine Gleichung für die Berechnung der Umlaufzeit T der Elektronen her! Interpretieren Sie diese Gleichung!
***b)** Wie hängt allgemein die Umlaufzeit T von der Geschwindigkeit v ab, wenn man den relativistischen Massezuwachs der Elektronen berücksichtigen muss?

5 Elektromagnetische Induktion

5.1 Induktion im bewegten und im ruhenden Leiter

Der Begriff „Induktion" ist abgeleitet von *inducere,* lat. = hineinführen.

Wichtige Untersuchungen zum Elektromagnetismus führte auch A. M. Ampère (1775 –1836) durch. Er entdeckte 1820 die Kräfte zwischen stromdurchflossenen Leitern.

Im Jahr 1820 fand Hans Christian Oersted (1777–1851) den Zusammenhang zwischen elektrischem Strom und Magnetismus: Jeder stromdurchflossene Leiter ist von einem Magnetfeld umgeben.
In den nachfolgenden Jahren untersuchte M. Faraday (1791–1867) intensiv den Zusammenhang zwischen Magnetfeldern und Strömen, ausgehend von der Frage: Kann man mithilfe von Magnetismus elektrischen Strom erzeugen? Das führte ihn 1831 zur Entdeckung der elektromagnetischen Induktion und des Induktionsgesetzes.
Das Induktionsgesetz ist eine entscheidende physikalische Grundlage für die gesamte Elektrotechnik. So beruht z. B. die Wirkungsweise von Generatoren und Transformatoren auf diesem Gesetz.

Induktion in einem Leiter

Sie wissen bereits:
Befindet sich ein beweglicher stromdurchflossener Leiter in einem Magnetfeld, so wirkt auf ihn eine Kraft (Skizze links). Er bewegt sich. Das wird als **elektromotorisches Prinzip** bezeichnet.
Wird dagegen ein Leiter senkrecht zu den Feldlinien im Magnetfeld durch eine Kraft bewegt (Skizze rechts), so kann man zwischen den Enden des Leiters eine Spannung feststellen. Diese Umkehrung des elektromotorischen Prinzips wird als Generatorprinzip bezeichnet.

Die Richtung der Kraft bzw. die Richtung des Stroms kann mithilfe der Rechte-Hand-Regel (↗ S. 53) bestimmt werden. Bei der Bewegung eines Leiters im Magnetfeld gilt: Zeigt der Daumen der rechten Hand in Bewegungsrichtung und der Zeigefinger in Richtung des Magnetfelds, dann gibt der Mittelfinger die Stromrichtung (von + nach –) an.

Elektromotorisches Prinzip	Generatorprinzip
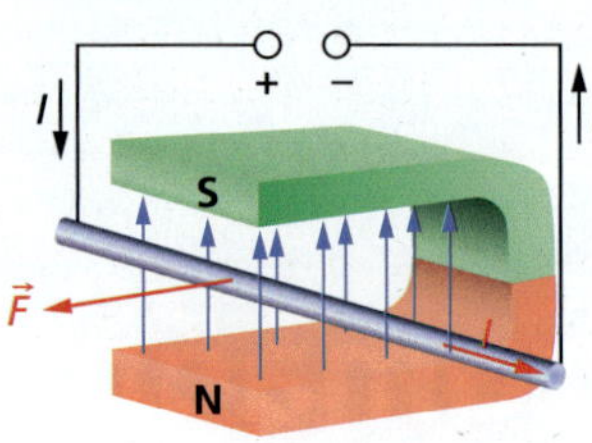	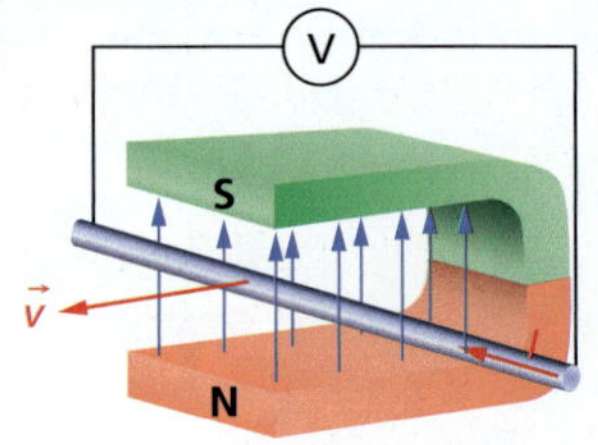
Auf einen stromdurchflossenen Leiter im Magnetfeld wirkt eine Kraft ($\vec{F} \perp \vec{B}$).	Bei einem bewegten Leiter im Magnetfeld entsteht eine Spannung ($\vec{v} \perp \vec{B}$).

Das Entstehen einer Spannung kann man experimentell leicht nachweisen, z. B. mit der dargestellten Versuchsanordnung.
Dabei ist es egal, ob der Magnet oder die Leiterschleife oder beide bewegt werden. Entscheidend ist die Relativbewegung zwischen Leiterschleife und Magnet.

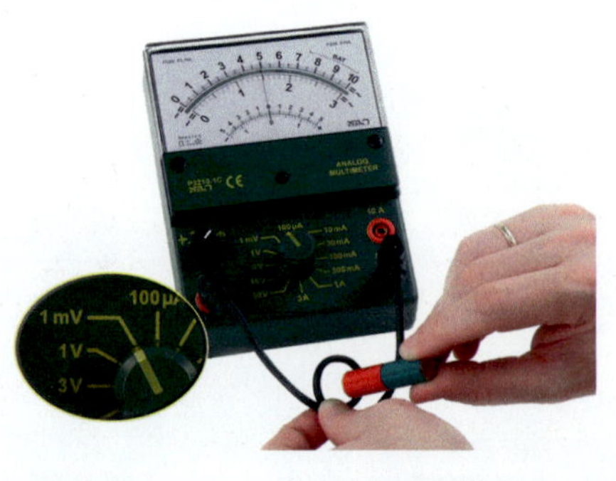

Die Entdeckung der elektromagnetischen Induktion

1 MICHAEL FARADAY (1791–1867) entdeckte die elektromagnetische Induktion.

Durch die Entdeckungen von LUIGI GALVANI (1737 bis 1798) und ALESSANDRO VOLTA (1745–1827) konnten erstmals leistungsfähige elektrische Quellen entwickelt werden. Mit diesen elektrischen Quellen wurden ab dem Jahre 1800 viele Untersuchungen zu Wirkungen des elektrischen Stroms durchgeführt.

Zu dieser Zeit waren Vorstellungen von der Einheit der Naturkräfte in der Wissenschaft weitverbreitet. Auch zwischen Elektrizität und Magnetismus vermutete man Zusammenhänge, gab es doch auffällige Analogien zwischen elektrischen und magnetischen Erscheinungen, wie z. B. die Polarität oder die Anziehung und Abstoßung zwischen Polen bzw. elektrischen Ladungen.

Der dänische Physiker HANS CHRISTIAN OERSTED (1777 bis 1851) war ein Anhänger der Auffassung vom Zusammenhang zwischen Elektrizität und Magnetismus. 1820 entdeckte er bei einer Vorlesung zufällig die magnetische Wirkung des elektrischen Stroms, also die Erzeugung von Magnetismus durch elektrischen Strom.
Die Entdeckung von OERSTED wurde von anderen Wissenschaftlern aufgegriffen und weiterentwickelt. So fand ANDRÉ MARIE AMPÈRE (1775–1836), dass sich stromdurchflossene Leiter je nach Stromrichtung anziehen oder abstoßen, und schuf die Grundlagen für den Elektromotor und das Stromstärkemessgerät.

Auch der englische Naturforscher MICHAEL FARADAY (Abb. 1) baute die Experimente von OERSTED nach. OERSTEDS Entdeckung veranlasste FARADAY zur Umkehrung der Fragestellung, zur Suche nach der Erzeugung von elektrischem Strom durch Magnetismus. 1822 schrieb FARADAY in sein Tagebuch *„Verwandlung von Magnetismus in Elektrizität“* als Aufgabe. Etwa zehn Jahre benötigte FARADAY, bis er 1831 die elektromagnetische Induktion entdeckte und das Induktionsgesetz formulierte.

Innerhalb von drei Monaten entwickelte FARADAY alle wichtigen Grundversuche zur elektromagnetischen Induktion und eine Urform eines Generators. Insbesondere fand er, dass die Ursache für die Entstehung einer Induktionsspannung in einer Spule die Änderung des von ihr umschlossenen Magnetfelds ist. Er entdeckte damit physikalische Zusammenhänge, die eine Grundlage der gesamten Elektrotechnik sind.

MICHAEL FARADAY leistete auch in anderen Bereichen der Physik Hervorragendes. So entwickelte er eine anschauliche Vorstellung von magnetischen Feldern mithilfe von Feldlinien. Er fand grundlegende Gesetze zum Stromfluss in leitenden Flüssigkeiten (faradaysche Gesetze) und prägte solche Begriffe wie Elektrode, Elektrolyt, Anode, Katode und Ion.
FARADAY entwickelte auch Vorstellungen über das Wesen des Lichts, die sich erst lange Zeit nach seinem Tod als weitgehend zutreffend erwiesen.

Benannt sind nach FARADAY die Einheit für die Kapazität (1 Farad) und die Faraday-Konstante, eine Naturkonstante der Elektrochemie.

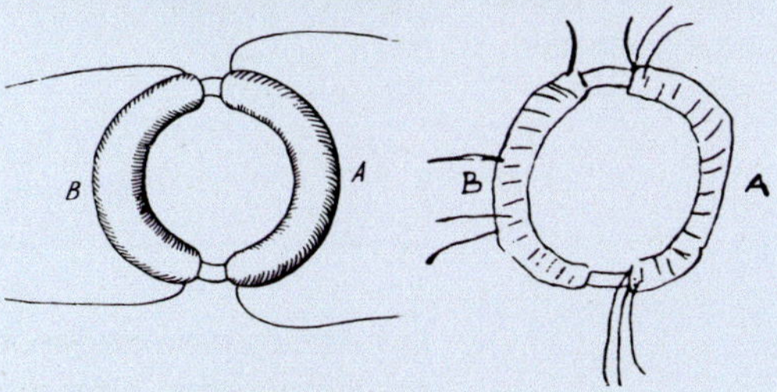

2 Versuchsgeräte FARADAYS: Zwei Spulen befinden sich auf einem eisernen Ring.

Die Spannung, die man zwischen den Enden eines Leiters messen kann, wird **Induktionsspannung** genannt. Der dadurch bei geschlossenem Stromkreis fließende Strom heißt **Induktionsstrom.**

Die Ursache für die Entstehung einer Spannung ist die Lorentzkraft, die bei Bewegung eines Leiters im Magnetfeld auf die Leitungselektronen im Leiter wirkt. Die Lorentzkraft bewirkt, dass sich die Elektronen an dem einen Ende des Leiters sammeln. Dort besteht dann Elektronenüberschuss, am anderen Ende Elektronenmangel. Damit existiert zwischen den beiden Enden ein Ladungsunterschied und folglich eine Spannung.

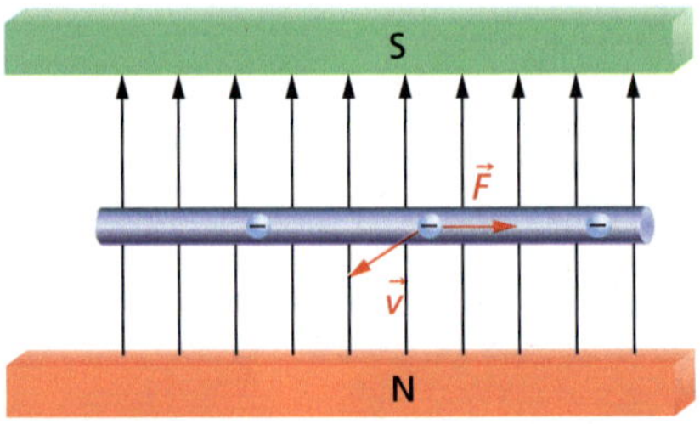

Besteht zwischen den Enden eines Leiters der Länge l eine Spannung U, so beträgt die Feldstärke im Leiter $E = \frac{U}{l}$ und die Feldkraft auf ein Elektron:

$F_{el} = e \cdot E = e \cdot \frac{U}{l}$

Für ein homogenes Magnetfeld und bei Bewegung des Leiters senkrecht zu den Feldlinien ergibt sich der Betrag der Spannung aus folgender Überlegung: Auf die Elektronen im Leiter wirkt die Lorentzkraft. Ist die Ladungsverschiebung beendet, dann wirkt weiter die Lorentzkraft $F_L = B \cdot e \cdot v$. Zugleich wirkt in entgegengesetzter Richtung eine elektrische Feldkraft, denn zwischen den beiden unterschiedlich geladenen Enden des Leiters besteht ein elektrisches Feld. Im Gleichgewichtszustand gilt:

$$F_L = F_{el}$$

Setzt man für die Lorentzkraft und die Feldkraft die genannten Terme ein, so erhält man:

$$B \cdot e \cdot v = e \cdot \frac{U}{l}$$

Die Umstellung der Gleichung nach der Spannung U ergibt:

$$U = B \cdot l \cdot v$$

Damit kann allgemein für die in einem Leiter induzierte Spannung formuliert werden:

Wird der Leiter parallel zu den Feldlinien bewegt, so wird in ihm keine Spannung induziert.

Wird ein Leiter der Länge l in einem homogenen Magnetfeld senkrecht zu den Feldlinien gleichförmig bewegt, so kann die zwischen seinen Enden auftretende Spannung berechnet werden mit der Gleichung:

$U_i = B \cdot l \cdot v$	B	magnetische Flussdichte
$(\vec{B} \perp \vec{v})$	l	Länge des Leiters
	v	Geschwindigkeit des Leiters

Induktionsspannungen treten auch auf, wenn Spulen in Magnetfeldern bewegt werden oder wenn sich das von einer Spule umfasste Magnetfeld ändert, also stärker oder schwächer wird. Die charakteristischen Fälle sind in der Übersicht S. 119 oben dargestellt.

Induktion im zeitlich konstanten Magnetfeld	**Induktion im zeitlich veränderlichen Magnetfeld**
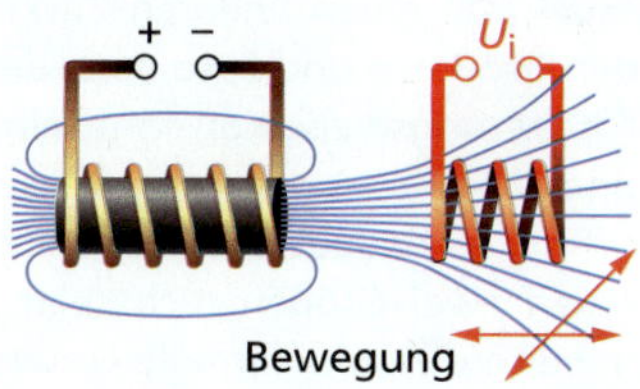	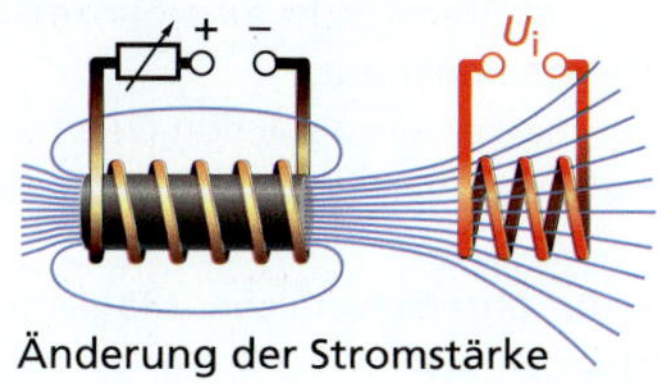
Durch Bewegung einer Spule im Magnetfeld wird eine Spannung induziert.	Durch Änderung der Stärke des Magnetfelds wird in der Spule eine Spannung induziert.

Alle experimentellen Untersuchungen zur elektromagnetischen Induktion zeigen:

> In einer Spule wird eine Spannung induziert, wenn sich das von der Spule umfasste Magnetfeld ändert.

■ Eine Leiterschleife wird mit einer Geschwindigkeit von 85 $\frac{cm}{s}$ in ein homogenes Magnetfeld der Flussdichte 2,8 mT hineinbewegt.
Wie groß ist die induzierte Spannung?

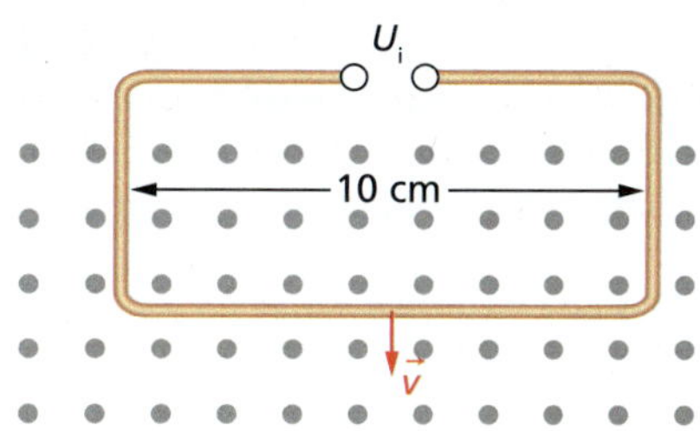

Analyse:
Im homogenen Magnetfeld bewegt sich das untere Leiterstück gleichförmig senkrecht zu den Feldlinien des Magnetfelds. Damit ist die Gleichung $U_i = B \cdot l \cdot v$ anwendbar.

Die anderen Teile der Leiterschleife spielen keine Rolle, weil in diesen Teilen keine Spannung induziert wird.

Gesucht: U_i
Gegeben: $v = 85 \frac{cm}{s} = 0{,}85 \frac{m}{s}$
$l = 10\ cm = 0{,}10\ m$
$B = 2{,}8\ mT = 2{,}8 \cdot 10^{-3}\ T$

Lösung:
Für die Induktionsspannung gilt $U_i = B \cdot l \cdot v$. Einsetzen der Werte in die Gleichung ergibt:

$$U_i = 2{,}8 \cdot 10^{-3}\ T \cdot 0{,}10\ m \cdot 0{,}85 \frac{m}{s}$$

$$\underline{U_i = 0{,}24\ mV}$$

Für die Einheiten gilt:
$1 \frac{T \cdot m \cdot m}{s}$
$= 1 \frac{V \cdot s \cdot m^2}{m^2 \cdot s}$
$= 1\ V$

Ergebnis:
Bei Bewegung der Leiterschleife mit 85 $\frac{cm}{s}$ in ein Magnetfeld mit $B = 2{,}8$ mT hinein beträgt die im Leiterstück induzierte Spannung 0,24 mV.

Wege zum Finden physikalischer Gesetze

Aus dem Physikunterricht ist eine ganze Reihe physikalischer Gesetze bekannt.
Wie gelangt man aber zu solchen Gesetzen?
Welche Methoden wendet der Physiker an?

Es gibt dafür unterschiedliche Möglichkeiten, die darüber hinaus noch miteinander kombiniert werden können. Nachfolgend sind einige für die Physik typische Methoden dargestellt und am Beispiel der elektromagnetischen Induktion erläutert.

Die induktive Methode

Eine häufig angewandte Methode ist die induktive Methode (Abb. 1).
Es soll z. B. untersucht werden, wovon die Induktionsspannung bei der Bewegung einer Leiterschleife im homogenen Magnetfeld abhängt.
Aus Beobachtungen bei ersten Experimenten könnte man vermuten:

- Je schneller die Leiterschleife bewegt wird, desto größer ist die Induktionsspannung.
- Je stärker das Magnetfeld ist, desto größer ist die Induktionsspannung.
- Je größer die Leiterschleife ist, desto größer ist die Induktionsspannung.

Aus diesen und weiteren Erfahrungen kann man ableiten: Die Induktionsspannung hängt bei einer Leiterschleife von der Flussdichte B des Magnetfelds, von der Geschwindigkeit v der Leiterschleife im Feld und von der Fläche A der Leiterschleife ab.

Im nächsten Schritt plant und realisiert man Experimente, mit denen man die vermuteten Zusammenhänge genauer untersuchen kann. Dabei ist zu beachten: Wenn man den Zusammenhang zwischen zwei Größen untersucht, müssen alle anderen Größen und Bedingungen konstant gehalten werden. Wird also die Induktionsspannung U_i in Abhängigkeit von der Geschwindigkeit v untersucht, dann muss das mit einer Leiterschleife bei B = konstant erfolgen.
Man erhält damit Messreihen für jeweils zwei Größen. Ist der Zusammenhang zwischen diesen beiden Größen nicht sofort erkennbar, so stellt man die Wertepaare in einem Diagramm dar oder wendet mathematische Methoden an, so wie sie in der Übersicht S. 121 oben dargestellt sind.

Vermutet man z. B. einen linearen Zusammenhang zwischen den Größen a und b, so muss der jeweilige Quotient $\frac{a}{b}$ näherungsweise konstant sein.
Dabei ist aber immer zu beachten: Messwerte sind fehlerbehaftet. Das bedeutet: Wenn der Zusammenhang zwischen zwei Größen nicht klar erkennbar ist, müssen weitere experimentelle Untersuchungen (andere Versuchsanordnung, genauere Messungen) erfolgen.
In unserem Beispiel findet man folgende Zusammenhänge:

$$U_i \sim B \quad \text{und} \quad U_i \sim v$$

Ein Zusammenhang zwischen U_i und A besteht nicht. Vielmehr ist U_i proportional zur Länge l des Leiters.
In einem weiteren Schritt fasst man die gefundenen Zusammenhänge zu einer Formel zusammen. Dabei gilt allgemein:

Wenn $a \sim b$ und $a \sim c$, dann ist: $a \sim b \cdot c$

Wenn $a \sim b$ und $a \sim \frac{1}{c}$, dann ist: $a \sim \frac{b}{c}$

Für unser Beispiel kann man demzufolge aus den experimentell gefundenen Zusammenhängen folgern:

$$U_i \sim B \cdot l \cdot v \quad \text{oder} \quad \frac{U_i}{B \cdot l \cdot v} = \text{konstant} = C$$

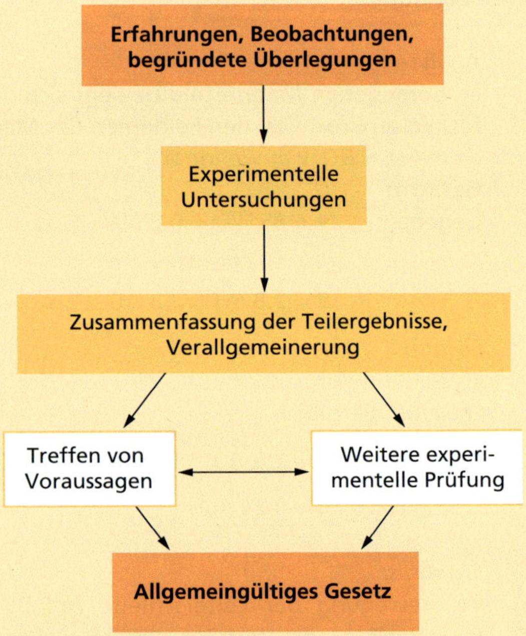

1 Die induktive Methode im Überblick

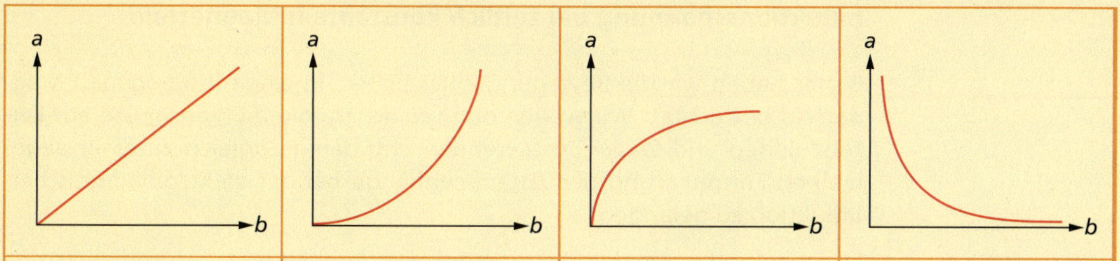

$a \sim b$	$a \sim b^2$	$a \sim \sqrt{b}$	$a \sim \frac{1}{b}$
$\frac{a}{b}$ = konstant	$\frac{a}{b^2}$ = konstant	$\frac{a}{\sqrt{b}}$ = konstant	$a \cdot b$ = konstant

1 Einige typische Diagramme und die möglichen mathematischen Zusammenhänge. Aus einem Diagramm kann man nur eine Vermutung ableiten.

Der konstante Wert *C* wird in der Physik als **Proportionalitätsfaktor** bezeichnet. Aus physikalischer Sicht kann es
- eine Gerätekonstante,
- eine Materialkonstante oder
- eine universelle Konstante

sein. In unserem Fall ist es, wie schon eine Einheitenbetrachtung zeigt, eine Zahl. Sie hat den Wert 1.

Demzufolge erhalten wir die Formel:

$$U_i = B \cdot l \cdot v$$

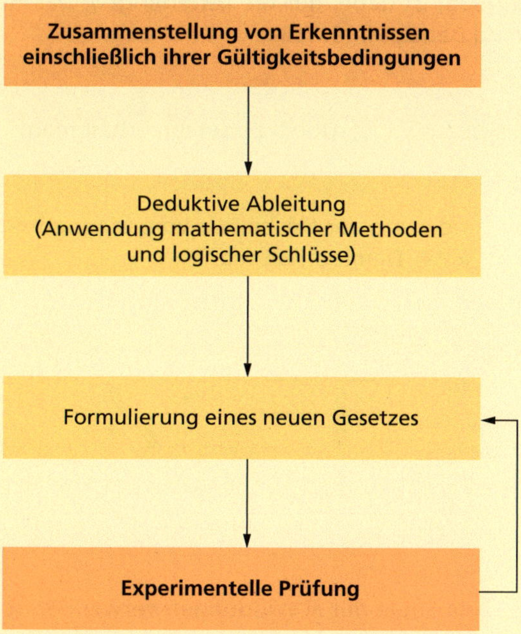

2 Die deduktive Methode im Überblick

Die deduktive Methode

Bei der deduktiven Methode geht man von bekannten Zusammenhängen und Gesetzen sowie von deren Gültigkeitsbedingungen aus (Abb. 2). Unter Nutzung mathematischer Verfahren leitet man daraus ein neues Gesetz ab, das dann immer auch experimentell geprüft werden muss. Ein Beispiel ist auf S. 118 gegeben.

Heuristische Methoden

In Physik und Technik werden neben den beschriebenen Methoden auch **heuristische Methoden** angewendet. Abgeleitet ist dieser Begriff vom griechischen *heuriskein* = finden, entdecken. Dabei spielen neben Erkenntnissen und Erfahrungen auch Intuition und Zufall eine Rolle. Solche heuristischen Methoden lassen sich kaum in eindeutigen Schritten erfassen.

Typische Herangehensweisen sind z. B.
- das Problemlösen mit Versuch und Irrtum (trial and error),
- die intuitive Formulierung von Zusammenhängen,
- das Ausprobieren von begründeten Varianten.

Bei unserem Beispiel könnte man aus ersten Experimenten intuitiv eine Formel aufstellen, z. B.:

$$U_i \sim B \cdot v$$

Ob das die Zusammenhänge zwischen den Größen richtig wiedergibt, muss experimentell geprüft, die Gleichung den experimentellen Ergebnissen angepasst werden.

Induktionsspannung bei zeitlich konstantem Magnetfeld

Bisher haben wir die Bewegung eines Leiters in einem homogenen Magnetfeld betrachtet. Wir wollen nun versuchen, diese Erkenntnisse auf Leiterschleifen und Spulen anzuwenden und damit zugleich zu einer allgemeinen Formulierung der Zusammenhänge bei der elektromagnetischen Induktion zu gelangen.

Dazu betrachten wir die Bewegung einer Leiterschleife in ein homogenes Magnetfeld hinein (Skizze). Die Fläche der Leiterscheife befindet sich senkrecht zu den Feldlinien des Magnetfelds.

Alle nachfolgenden Betrachtungen werden am Beispiel einer rechteckigen Leiterschleife durchgeführt. Eine solche Leiterschleife kann aufgefasst werden als eine Windung einer Rechteckspule, eine Spule demzufolge als Reihenschaltung von Leiterschleifen.

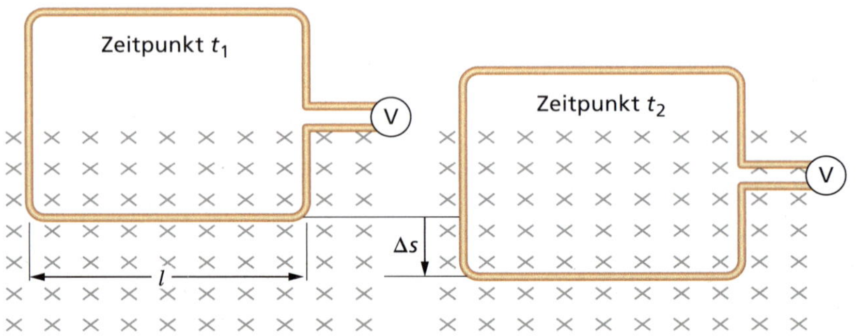

Ein zeitlich konstantes Magnetfeld kann durch einen Dauermagneten oder einen Elektromagneten bei konstanter Stromstärke hervorgerufen werden. Wird die Leiterschleife in das Magnetfeld hineinbewegt, so entsteht eine Induktionsspannung. Wirksam ist dabei nur die Leiterlänge l. Die im Leiterstück induzierte Spannung beträgt (↗ S. 118):

Das Vorzeichen der Spannung hängt vom Vorzeichen der Änderung des magnetischen Flusses ab. Unter Berücksichtigung des **lenzschen Gesetzes** (↗ S. 130) wird deshalb das Minuszeichen eingeführt.

$$U_i = -B \cdot l \cdot v$$

Die Geschwindigkeit v ergibt sich aus $v = \frac{\Delta s}{\Delta t}$. Durch Einsetzen erhält man:

$$U_i = -B \cdot l \cdot \frac{\Delta s}{\Delta t}$$

Das Produkt $l \cdot \Delta s$ ist gleich der Änderung der Fläche, die vom Magnetfeld durchsetzt wird. Es gilt also $l \cdot \Delta s = \Delta A$. Damit erhält man:

$$U_i = -B \cdot \frac{\Delta A}{\Delta t}$$

Die Fläche einer Leiterschleife, die von einem Magnetfeld senkrecht durchsetzt wird, bezeichnet man als **wirksame Fläche.**

Befindet sich die Leiterschleife nicht senkrecht, sondern unter einem beliebigen Winkel zu den Feldlinien, dann ist die **wirksame Fläche** A_W kleiner als die Fläche der Leiterschleife A. Sie hat den Betrag:

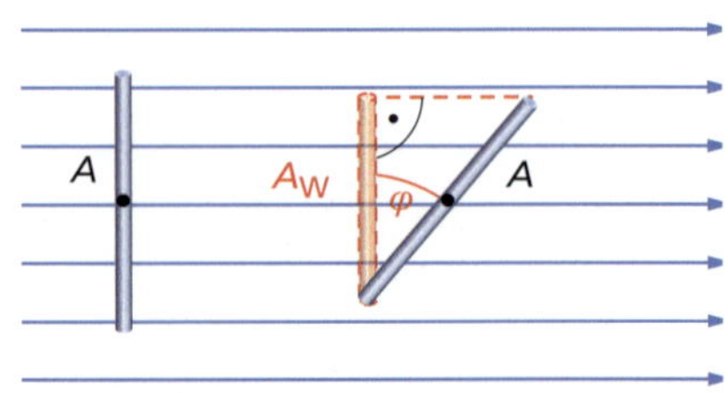

$$A_W = A \cdot \cos \varphi$$

Wird statt einer Leiterschleife eine Spule mit N Windungen verwendet, so addieren sich die Teilspannungen. Die induzierte Spannung ist N-mal so groß wie bei einer einzelnen Leiterschleife.

Im zeitlich konstanten Magnetfeld hängt die induzierte Spannung von der Änderungsgeschwindigkeit der wirksamen Fläche ab.
Für Spulen gilt:

$U_i = -N \cdot B \cdot \frac{\Delta A}{\Delta t}$

N	Windungszahl der Spule
B	magnetische Flussdichte
ΔA	Änderung der wirksamen Fläche
Δt	Zeitintervall

In differenzieller Schreibweise lautet die Gleichung:

$U_i = -N \cdot B \cdot \frac{dA}{dt}$

$\frac{dA}{dt}$ bzw. $\dot{A}$ ist die Änderungsgeschwindigkeit (zeitliche Änderung) der Fläche. Genutzt wird diese Art der Spannungserzeugung bei **Generatoren.**

Rotiert z. B. eine Leiterschleife in einem Magnetfeld, so ändert sich ständig die wirksame Fläche und damit das von der Leiterschleife umfasste Magnetfeld. Anschaulich lässt sich das mit dem Modell Feldlinienbild deuten: Eine Änderung des von der Leiterschleife umfassten Magnetfelds bedeutet eine Änderung der Anzahl der Feldlinien, die durch die Fläche der Leiterschleife verlaufen (↗ Abb. unten).

In einem homogenen Magnetfeld mit der Flussdichte 0,36 T befindet sich eine quadratische Spule mit 7,3 cm Kantenlänge und einer Windungszahl von 350. Die Spule liegt so, dass ihre Längsachse mit der Richtung der Feldlinien zusammenfällt.
Wie groß ist die Induktionsspannung, wenn die Spule in 0,20 s um 90° gedreht wird?

Die Darstellung im Ausgangszustand lässt sich mathematisch so beschreiben:

$A \perp \vec{B}$ oder $\vec{A} \parallel \vec{B}$

Dabei ist $\vec{A}$ die Flächennormale.

Analyse:
Die Spule kann um verschiedene Achsen gedreht werden. Bei Drehung um die Längsachse wird keine Spannung induziert. Im skizzierten Fall wird die maximale Spannung induziert.

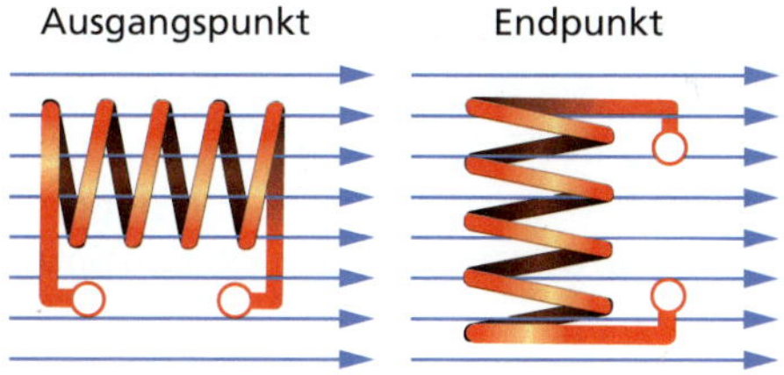

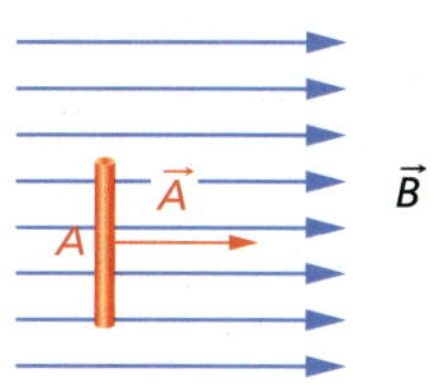

Für diesen Fall ist die oben genannte Gleichung anwendbar.
Gesucht: U_i
Gegeben: $B = 0{,}36\ \text{T}$
$l = 7{,}3\ \text{cm} \longrightarrow A = 53\ \text{cm}^2 \qquad \Delta A = 5{,}3 \cdot 10^{-3}\ \text{m}^2$
$N = 350$
$\Delta t = 0{,}20\ \text{s}$

Lösung:
Für den betrachteten Fall gilt:

$$U_i = -N \cdot B \cdot \frac{\Delta A}{\Delta t}$$

$$U_i = -350 \cdot 0{,}36\ \text{T} \cdot \frac{5{,}3 \cdot 10^{-3}\ \text{m}^2}{0{,}20\ \text{s}} = \underline{-3{,}3\ \text{V}}$$

Für die Einheiten gilt:

$1\ \frac{\text{T} \cdot \text{m}^2}{\text{s}} = 1\ \frac{\text{V} \cdot \text{s} \cdot \text{m}^2}{\text{m}^2 \cdot \text{s}} = 1\ \text{V}$

Ergebnis:
Bei einer Drehung um 90° wird zwischen den Enden der Spule eine Spannung mit dem Betrag 3,3 V induziert.

Induktionsspannung bei zeitlich veränderlichem Magnetfeld

Ein zeitlich veränderliches Magnetfeld entsteht, wenn sich bei einem Elektromagneten die Stromstärke ändert, z. B. durch Ein- und Ausschalten des Stroms oder durch Nutzung einer Wechselspannungsquelle. Ein solches Magnetfeld entsteht auch beim Verschieben eines Eisenkerns in einer Spule. Ändert sich das von einer Leiterschleife oder einer Spule umfasste Magnetfeld mit der Zeit, so wird ebenfalls eine Spannung induziert.
Ursache für die Induktionsspannung ist in diesem Falle nicht die Bewegung zwischen Induktionsspule und Magnetfeld, sondern die zeitliche Änderung des von der Spule umfassten magnetischen Felds. Experimentelle Untersuchungen zeigen, dass der Betrag der induzierten Spannung von der Schnelligkeit der Änderung der magnetischen Flussdichte abhängt. Es gilt:

Im zeitlich veränderlichen Magnetfeld hängt die induzierte Spannung von der Änderungsgeschwindigkeit der magnetischen Flussdichte ab.

Für Spulen gilt:

$U_i = -N \cdot A \cdot \frac{\Delta B}{\Delta t}$

N	Windungszahl der Spule
A	wirksame Fläche
ΔB	Änderung der magnetischen Flussdichte
Δt	Zeitintervall

In differenzieller Schreibweise lautet die Gleichung:

$U_i = -N \cdot A \cdot \frac{dB}{dt}$

$\frac{dB}{dt}$ bzw. $\dot{B}$

ist die Änderungsgeschwindigkeit (zeitliche Änderung) der magnetischen Flussdichte. Genutzt wird diese Art der Spannungserzeugung bei Transformatoren (↗ S. 126). Alle hier genannten Zusammenhänge lassen sich auch deduktiv aus der allgemeinen Formulierung des **Induktionsgesetzes** (↗ S. 126) ableiten.

In einer 20 cm langen Spule mit 560 Windungen befindet sich eine kleine, quadratische Induktionsspule (l_i = 5,0 cm, A_i = 25 cm², N_i = 200). Die Längsachsen der Spulen fallen zusammen. Die lange Spule ist über einen Schalter mit einer Gleichspannungsquelle (U = 20 V) verbunden. Wird der Schalter geschlossen, so fließt durch die Spule ein Strom von 2,4 A. Diese Stromstärke wird innerhalb von $\frac{2}{100}$ Sekunden erreicht.
Wie groß ist die in der kleinen Spule induzierte Spannung?

Analyse:
Im Innern der langen Spule bildet sich bei Stromfluss ein homogenes Magnetfeld aus, das die Induktionsspule durchsetzt. Damit ändert sich das von dieser Spule umfasste Magnetfeld. Die Flussdichte kann mit den gegebenen Daten errechnet werden.

Gesucht: U_i

Gegeben:
$l_{Sp} = 20\ \text{cm} = 0{,}20\ \text{m}$
$\Delta I = 2{,}4\ \text{A}$
$N_{Sp} = 560$
$l_i = 5{,}0\ \text{cm}$ $\quad A_i = 25\ \text{cm}^2 = 2{,}5 \cdot 10^{-3}\ \text{m}^2$
$N_i = 200$ $\quad \Delta t = 0{,}020\ \text{s}$

Lösung:

$$\Delta B = \mu_0 \cdot \frac{N_{Sp} \cdot \Delta I}{l_{Sp}}$$

$$\Delta B = 1{,}257 \cdot 10^{-6}\ \frac{\text{Vs}}{\text{Am}} \cdot \frac{560 \cdot 2{,}4\ \text{A}}{0{,}2\ \text{m}} = \underline{8{,}4 \cdot 10^{-3}\ \text{T}}$$

Für die Induktionsspannung ergibt sich dann:

$$U_i = -N_i \cdot A_i \cdot \frac{\Delta B}{\Delta t}$$

$$U_i = -200 \cdot 2{,}5 \cdot 10^{-3}\ \text{m}^2 \cdot \frac{8{,}4 \cdot 10^{-3}\ \text{T}}{0{,}020\ \text{s}}$$

$$\underline{U_i = -0{,}21\ \text{V}}$$

Für die Einheiten gilt:

$$1\ \frac{\text{m}^2 \cdot \text{T}}{\text{s}} = 1\ \frac{\text{m}^2 \cdot \text{V} \cdot \text{s}}{\text{m}^2 \cdot \text{s}} = 1\ \text{V}$$

Ergebnis:
Beim Einschalten des Stroms durch die lange Spule wird in der Induktionsspule eine Spannung mit dem Betrag 0,21 V induziert.

Der magnetische Fluss

Aus den oben genannten Gleichungen ist erkennbar, dass der Betrag der Induktionsspannung sowohl von der zeitlichen Änderung der wirksamen Fläche $\Delta A/\Delta t$ als auch von der zeitlichen Änderung der magnetischen Flussdichte $\Delta B/\Delta t$ abhängt.
Beide Änderungen können auch gleichzeitig auftreten und führen dann ebenfalls zu einer Induktionsspannung. Es ist deshalb sinnvoll, für eine kürzere und zugleich allgemeine Formulierung des Induktionsgesetzes die beiden Größen Fläche A und magnetische Flussdichte B miteinander zu verknüpfen. Das geschieht durch die Größe **magnetischer Fluss.**

Benannt ist die Einheit des magnetischen Flusses nach dem deutschen Physiker Wilhelm Eduard Weber (1804 bis 1891), der in Göttingen eng mit Carl Friedrich Gauss (1777–1855) zusammenarbeitete.

Der magnetische Fluss ist ein Maß für das die Fläche einer Leiterschleife oder Spule durchsetzende Magnetfeld.

Formelzeichen: Φ
Einheit: ein Weber (1 Wb), 1 Wb = 1 V·s

Unter der Voraussetzung, dass die Fläche senkrecht zum Magnetfeld liegt, gilt für den magnetischen Fluss:

$\Phi = B \cdot A$ — B magnetische Flussdichte, A wirksame Fläche

Anschaulich gedeutet werden kann nach M. Faraday diese Größe folgendermaßen:

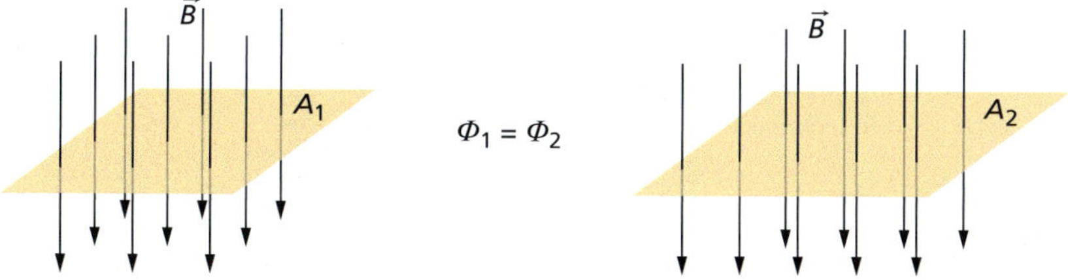

Die magnetische Flussdichte $\vec{B}$ ist dagegen ein Maß dafür, wie dicht die Feldlinien liegen. In den Skizzen ist die Flussdichte links größer als rechts.

Der **magnetische Fluss** Φ ist ein Maß für die Anzahl der Feldlinien, die senkrecht durch eine Fläche hindurchtreten. Demzufolge ist der magnetische Fluss in beiden Fällen gleich groß.

Das Induktionsgesetz

Nach seinem Entdecker wird das Gesetz auch **faradaysches Induktionsgesetz** genannt.

Mithilfe der Größe magnetischer Fluss lässt sich das **Induktionsgesetz** so formulieren, dass es alle Spezialfälle umfasst.
Diese Spezialfälle sind auf den Seiten 123 und 124 angegeben.

Zeitlich konstantes Magnetfeld	**Zeitlich veränderliches Magnetfeld**
$U_i = -N \cdot B \cdot \frac{\Delta A}{\Delta t}$ Mit $B \cdot \Delta A = \Delta \Phi$ erhält man: $U_i = -N \cdot \frac{\Delta \Phi}{\Delta t}$	$U_i = -N \cdot A \cdot \frac{\Delta B}{\Delta t}$ Mit $A \cdot \Delta B = \Delta \Phi$ erhält man: $U_i = -N \cdot \frac{\Delta \Phi}{\Delta t}$

In der zuletzt genannten Formulierung sind alle vorher betrachteten Fälle enthalten. Folglich lässt sich das **Induktionsgesetz** in allgemeiner Form so formulieren:

In differenzieller Schreibweise lautet die Gleichung:

$U_i = -N \cdot \frac{d\Phi}{dt}$

oder

$U_i = -N \cdot \dot{\Phi}$

In einer Leiterschleife oder Spule wird eine Spannung induziert, solange sich der magnetische Fluss durch die Leiterschleife oder Spule zeitlich ändert. Der Betrag der Induktionsspannung kann berechnet werden mit der Gleichung:

$U_i = -N \cdot \frac{\Delta \Phi}{\Delta t}$

N Windungszahl der Spule
$\Delta \Phi$ Änderung des magnetischen Flusses
Δt Zeitintervall

In differenzieller Form kann man das Induktionsgesetz folgendermaßen schreiben:

$$U_i = -N \cdot \frac{d\Phi}{dt} = -N \cdot \frac{d(B \cdot A)}{dt} = -N \cdot \left(B \cdot \frac{dA}{dt} + A \cdot \frac{dB}{dt}\right)$$

Aus der Technik

Der Transformator

Ein Beispiel für die technische Nutzung des Induktionsgesetzes sind Transformatoren, mit denen eine Primärspannung U_p in eine Sekundärspannung U_s umgewandelt werden kann.
Durch die Primärspule wird ein zeitlich veränderliches Magnetfeld erzeugt, das auch die Sekundärspule durchsetzt. Dadurch wird in der Sekundärspule eine Spannung induziert.
Für den idealen Transformator gilt:

$$\frac{U_p}{U_s} = \frac{N_p}{N_s} \quad \text{und} \quad \frac{I_p}{I_s} = \frac{N_s}{N_p}$$

Für die Leistungen gilt dann bei $\eta = 1$:

$$U_p \cdot I_p = U_s \cdot I_s$$

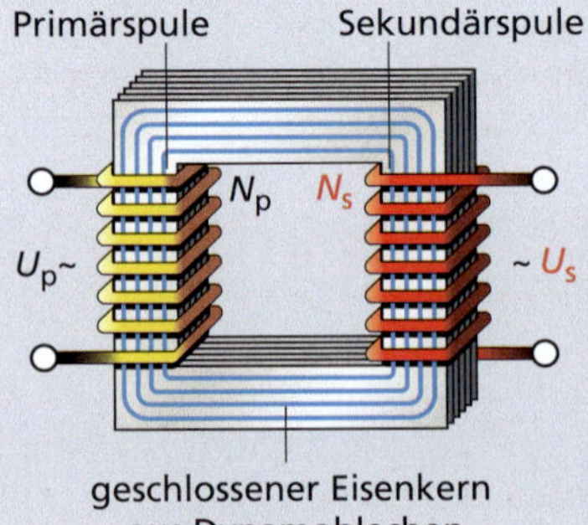

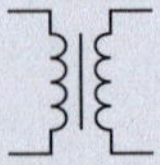

Moderne Transformatoren haben heute einen Wirkungsgrad von bis zu 99 %.

Wie groß ist die Induktionsspannung zwischen den Enden einer Spule mit 750 Windungen, die sich in einem Magnetfeld mit einer magnetischen Flussdichte von 30 mT befindet?
Die Spule hat eine Länge von 15 cm und einen Durchmesser von 4,0 cm. Das Magnetfeld wird innerhalb von 0,10 s gleichmäßig auf null verringert. Die Längsachse der Spule schließt mit den Feldlinien einen Winkel von 30° ein.

Analyse:
Es ändert sich die magnetische Flussdichte zeitlich. Die wirksame Fläche ist konstant. Dabei muss berücksichtigt werden, dass die wirksame Fläche kleiner als die Spulenfläche ist. Die Spulenfläche kann aus dem Spulendurchmesser berechnet werden. Die wirksame Fläche ergibt sich mit $A_W = A \cdot \cos\varphi$.

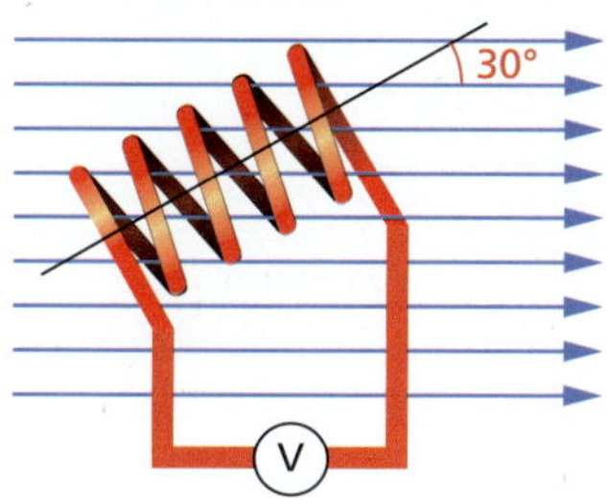

Gesucht: U_i
Gegeben: $N = 750$
$d = 4{,}0 \text{ cm} = 0{,}040 \text{ m}$
$\Delta B = -30 \text{ mT} = -3{,}0 \cdot 10^{-2} \text{ T}$
$\Delta t = 0{,}10 \text{ s}$
$\varphi = 30°$

Lösung:
Aus $U_i = -N \cdot \frac{\Delta\Phi}{\Delta t}$ folgt $U_i = -N \cdot A \cdot \frac{\Delta B}{\Delta t}$

Mit $A = \frac{\pi \cdot d^2}{4} \cdot \cos\varphi$ erhält man:

$$U_i = -N \cdot \frac{\pi \cdot d^2}{4} \cdot \cos\varphi \cdot \frac{\Delta B}{\Delta t}$$

$$U_i = -750 \cdot \frac{\pi \cdot (0{,}040 \text{ m})^2}{4} \cdot \cos 30° \cdot \frac{-3{,}0 \cdot 10^{-2} \text{ T}}{0{,}10 \text{ s}}$$

$$\underline{U_i = 0{,}24 \text{ V}}$$

Für die Einheiten gilt:

$$1 \frac{\text{m}^2 \cdot \text{T}}{\text{s}} = 1 \frac{\text{m}^2 \cdot \text{V} \cdot \text{s}}{\text{m}^2 \cdot \text{s}} = 1 \text{ V}$$

Ergebnis:
Unter den gegebenen Bedingungen wird zwischen den Enden der Spule eine Spannung von 0,24 V induziert.

Wie verändert sich die Spannung bei sonst gleichen Bedingungen, wenn die Spule einen Eisenkern mit einer Permeabilitätszahl von 500 hat?

Durch den Eisenkern wird das Magnetfeld in der Spule und damit das von der Spule umfasste Magnetfeld um den Faktor μ_r (Permeabilitätszahl) verstärkt, denn für eine solche Spule gilt:

$$B = \mu_r \cdot B_0$$

Demzufolge ändert sich die magnetische Flussdichte wesentlich stärker als in dem Fall, in dem sich Luft in der Spule befindet. Die induzierte Spannung ist ebenfalls um den Faktor μ_r größer, hat also einen Betrag von ca. 120 V. Das ist aber nur dann der Fall, wenn der Eisenkern durch das äußere Magnetfeld vollständig magnetisiert wird.

Erzeugung sinusförmiger Wechselspannung

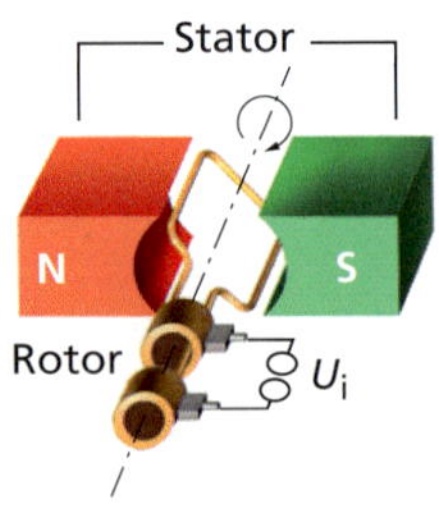

Unsere Netzwechselspannung hat einen sinusförmigen Verlauf. Sie wird in Kraftwerken mit **Wechselstromgeneratoren** gewonnen. Wie dabei eine sinusförmige Wechselspannung zustande kommt, ist nachfolgend dargestellt. Wir betrachten zur Vereinfachung die gleichförmige Rotation einer Leiterschleife der Fläche *A* im homogenen Magnetfeld. Die nachfolgende Skizze zeigt verschiedene Stellungen einer rotierenden Leiterschleife und die zugehörigen Induktionsspannungen.

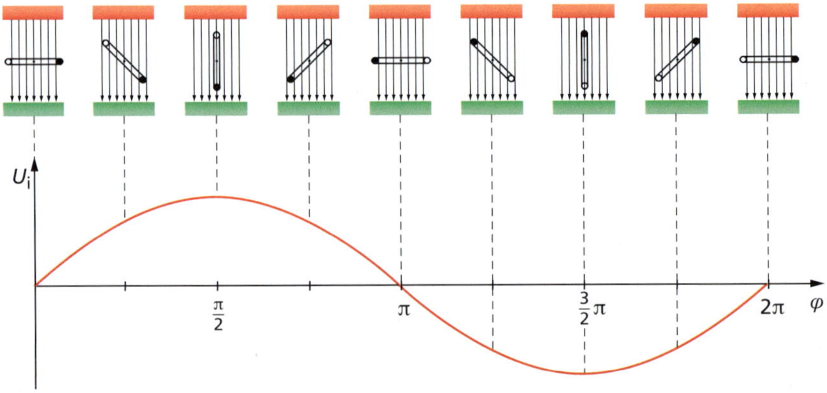

Durch die Rotation ändert sich ständig die wirksame Fläche (↗ S. 122). Die induzierte Spannung beträgt nach dem Induktionsgesetz für eine Leiterschleife:

$$U_i = -\frac{\Delta\Phi}{\Delta t} = -\frac{B \cdot \Delta A}{\Delta t}$$

Die Winkelgeschwindigkeit ω ist so definiert:

$$\omega = \frac{\Delta\varphi}{\Delta t} = \frac{2\pi}{T}$$

Die wirksame Fläche der Leiterschleife beträgt $A_W = A \cdot \cos\varphi$, wobei der Winkel φ auch mithilfe der Winkelgeschwindigkeit ω ausgedrückt werden kann. Mit $\varphi = \omega \cdot t$ erhält man $A \cdot \cos\varphi = A \cdot \cos(\omega t)$ und damit als Induktionsspannung:

$$U_i = -B \cdot A \cdot \frac{\Delta(\cos(\omega t))}{\Delta t}$$

In differenzieller Schreibweise lautet die Gleichung:

$$U_i = -B \cdot A \cdot \frac{d(\cos(\omega t))}{dt}$$

Die Differenziation ergibt: $U_i = B \cdot A \cdot \omega \cdot \sin(\omega t)$

Bei gleichförmiger Rotation einer Spule der Windungszahl *N* erhält man den *N*-fachen Wert für die Induktionsspannung.

Eine sinusförmige Wechselspannung ergibt sich bei gleichförmiger Rotation einer Leiterschleife oder einer Spule in einem homogenen Magnetfeld. Für die Induktionsspannung gilt in diesem Falle:

$U_i = N \cdot B \cdot A \cdot \omega \cdot \sin(\omega t)$

Der Term $N \cdot B \cdot A \cdot \omega$ ist eine Spannung. Da $\sin(\omega t)$ maximal den Wert 1 annimmt, bezeichnet man sie mit U_{max}, so ergibt sich: $U_i = U_{max} \cdot \sin(\omega t)$. Das entspricht der Gleichung für eine harmonische Schwingung.

Wechselstromgenerator und Effektivwerte der Wechselspannung

Einen der ersten handbetriebenen Generatoren baute 1832 H. PIXII (1808–1835). Es handelte sich dabei um einen mit einer Handkurbel angetriebenen Hufeisenmagneten, der sich an einer Spule mit Eisenkern vorbeibewegte.
Für die technische Anwendung war die Nutzung des **dynamoelektrischen Prinzips** durch WERNER VON SIEMENS (1816–1892) von entscheidender Bedeutung. Es besagt: Ein Elektromagnet mit Eisenkern besitzt nach Abschalten des Stroms einen Restmagnetismus. Dieser Restmagnetismus reicht aus, um in einem Generator eine kleine Spannung zu induzieren. Diese Spannung kann man nutzen, um den Elektromagneten zu betreiben und sein Magnetfeld zu verstärken. Dadurch wird eine größere Spannung induziert. So schaukeln sich das Magnetfeld des Elektromagneten und die induzierte Spannung wechselseitig bis zur vollen Leistung des Generators hoch. Maschinen, die dieses Prinzip der Eigenerregung nutzen, wurden als Dynamomaschinen bezeichnet.

Moderne Generatoren in Kraftwerken (Abb. 1) liefern Wechselspannungen von bis zu 20 000 V und Wechselströme von bis zu 50 000 A. Auch die Lichtmaschine eines Pkw oder der Dynamo eines Fahrrads sind kleine Wechselstromgeneratoren.

Den prinzipiellen Aufbau zeigt Abb. 2: Im Innern des Generators rotiert ein Elektromagnet. Die **Induktionsspulen** sind fest mit dem Stator verbunden. Eine solche Anordnung nennt man eine Innenpolmaschine. Der Vorteil dieser Konstruktion besteht darin, dass hohe Induktionsspannungen und große Induktionsströme nicht über Schleifkontakte abgegriffen werden müssen.

1 Läufer eines Generators in einem Kraftwerk. Seine Abmessungen kann man anhand der Person abschätzen.

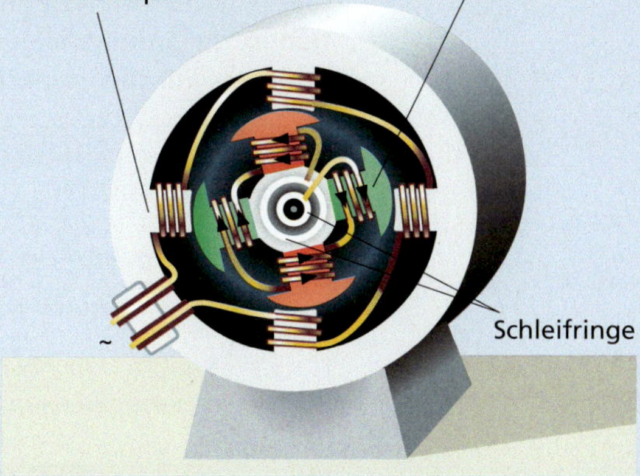

2 Aufbau eines Wechselstromgenerators

Die von Kraftwerken zur Verfügung gestellte Spannung ist sinusförmig. Der Spannungsverlauf kann so beschrieben werden:

$$U = U_{max} \cdot \sin(\omega t)$$

Der Maximalwert der Netzspannung, die wir im Haushalt verwenden, beträgt 325 V. Der meist angegebene Wert von 230 V ist der Effektivwert. Eine Wechselspannung mit diesem Effektivwert hat die gleichen Wirkungen wie eine Gleichspannung von 230 V. Für den Zusammenhang zwischen Effektivwert und Maximalwert gilt bei sinusförmiger Wechselspannung:

$$U_{eff} = \frac{U_{max}}{\sqrt{2}} \approx 0{,}7 \cdot U_{max}$$

Eine analoge Beziehung gilt für die Stromstärke:

$$I_{eff} = \frac{I_{max}}{\sqrt{2}} \approx 0{,}7 \cdot I_{max}$$

Der in der Abbildung dargestellte **Fahrraddynamo** ist, wie ein Kraftwerksgenerator, eine Innenpolmaschine. Ein tonnenförmiger Dauermagnet rotiert im Innern von Statorspulen, die am Gehäuse befestigt sind.

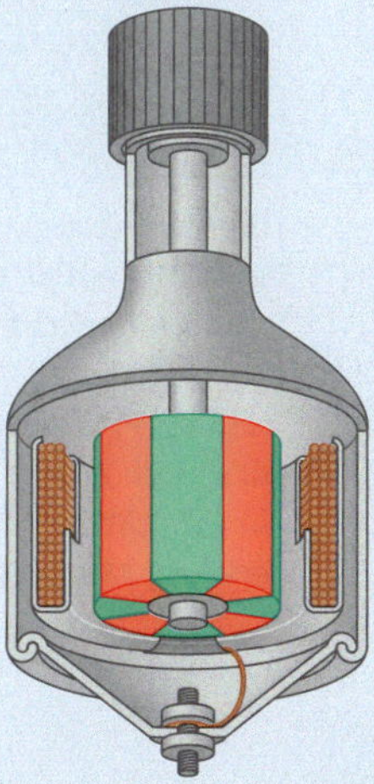

Energieerhaltung und lenzsches Gesetz

Für Induktionsvorgänge gilt wie für alle anderen Vorgänge in abgeschlossenen Systemen der Energieerhaltungssatz: In einem abgeschlossenen System ist die Summe aller Energien stets konstant. Die Gesamtenergie bleibt erhalten. Für die Induktion bedeutet das:

Induktion im zeitlich konstanten Magnetfeld	**Induktion im zeitlich veränderlichen Magnetfeld**
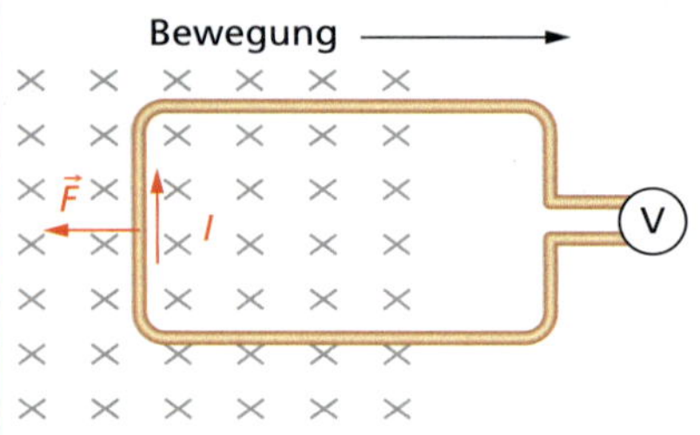	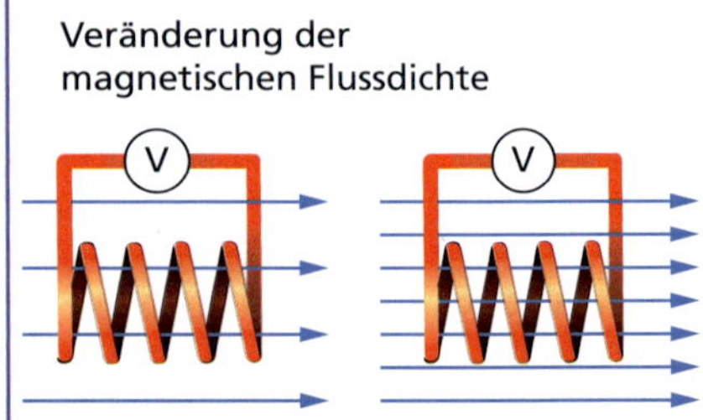
Wird eine Leiterschleife im Magnetfeld bewegt, so wird in ihr eine Spannung induziert und damit ein Strom hervorgerufen.	Vergrößert sich die magnetische Flussdichte, so wird eine Spannung induziert und damit ein Strom hervorgerufen.
Der Induktionsstrom ist so gerichtet, dass er eine Kraft entgegen der Bewegungsrichtung hervorruft.	Der Induktionsstrom ist so gerichtet, dass er ein Magnetfeld hervorruft, das der Verstärkung des magnetischen Flusses entgegenwirkt.
Es wird mechanische Energie in elektrische Energie umgewandelt.	Es wird Energie des magnetischen Felds in elektrische Energie umgewandelt.

Heinrich Friedrich Emil Lenz (1804–1865) war ein deutscher Physiker, der ab 1836 als Professor für Physik an der Universität St. Petersburg tätig war.

Die experimentellen Ergebnisse zur Richtung des Induktionsstroms fasste der Physiker H. F. E. Lenz 1833 zu einem Gesetz zusammen, das als **lenzsche Regel** oder als **lenzsches Gesetz** bezeichnet wird.

> Der Induktionsstrom ist stets so gerichtet, dass er der Ursache seiner Entstehung entgegenwirkt.

Das lenzsche Gesetz ist eine Formulierung des **Energieerhaltungssatzes** für die elektromagnetische Induktion. Aus historischen Gründen – Lenz entdeckte das Gesetz 1833, der Energieerhaltungssatz wurde von J. R. Mayer erstmals 1841 formuliert – wird es als gesondertes Gesetz betrachtet. Die oben genannte Formulierung hat darüber hinaus den Vorteil, dass man mithilfe dieses Gesetzes viele Erscheinungen anschaulich erklären kann.

- Dass man mechanische Energie aufwenden muss, um elektrische Energie zu gewinnen, merkt man z. B. beim Radfahren. Bei eingeschaltetem Dynamo muss man unter sonst gleichen Bedingungen kräftiger treten.

Wirbelströme

Induktionsspannungen und -ströme treten nicht nur bei Leiterschleifen und Spulen auf. Ändert sich das Magnetfeld, das von einem massiven Metallkörper umfasst wird, so tritt ebenfalls elektromagnetische Induktion auf. Aufgrund der räumlichen Ausdehnung der Leiter entstehen Ringströme, die als **Wirbelströme** bezeichnet werden.

Durch **Dynamobleche** können Wirbelströme weitgehend verhindert werden. Das sind dünne, gegeneinander isolierte Bleche. Die Kerne von **Transformatoren** setzt man deshalb aus solchen Dynamoblechen zusammen.

Zeitlich konstantes Magnetfeld	Zeitlich veränderliches Magnetfeld
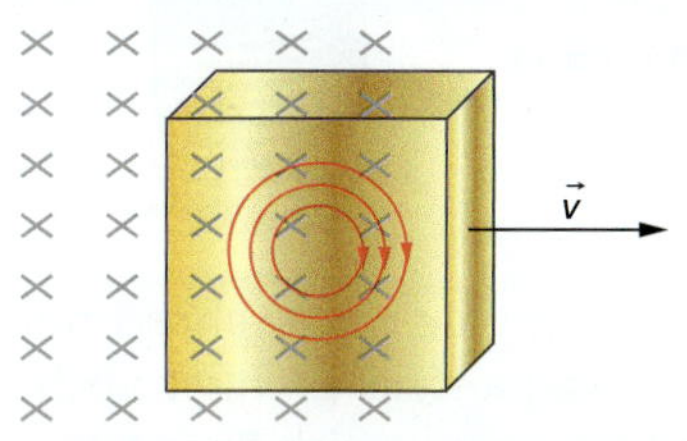	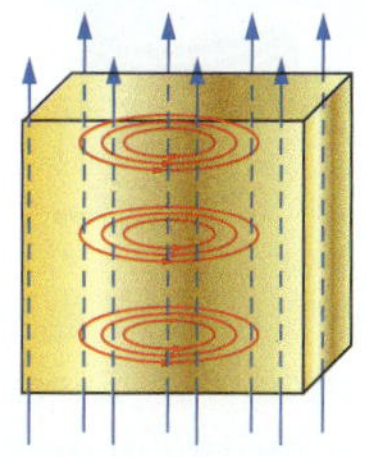
Wirbelströme sind abhängig von der Bewegungsrichtung und der Richtung des Magnetfelds.	Wirbelströme sind abhängig von der Änderung der magnetischen Flussdichte und der Richtung des Magnetfelds.

Wirbelströme sind teilweise erwünscht, teilweise auch unerwünscht. Erwünscht sind Wirbelströme bei solchen technischen Anwendungen wie dem **Induktionshärten** von metallischen Werkstücken (Bild links) oder bei **Wirbelstrombremsen** (Bild rechts).

Durch Induktionsströme wird das Werkstück zum Glühen gebracht und anschließend abgekühlt.

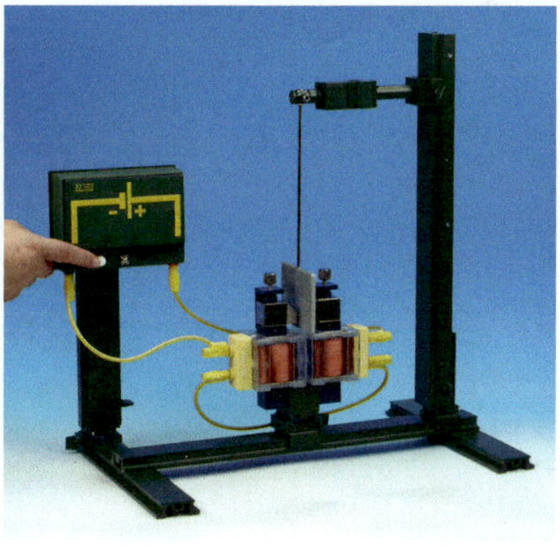

Bei Bewegung im Magnetfeld wird eine metallische Scheibe stark abgebremst.

Wirbelstrombremsen werden z. B. zur Dämpfung der Zeigerbewegung in Messgeräten (**Drehspulmessgerät, Dreheisenmessgerät)** genutzt.

Die Wirbelströme sind nach dem lenzschen Gesetz so gerichtet, dass sie der Ursache ihrer Entstehung (Bewegung) entgegenwirken, also die Bewegung abbremsen.

Genutzt werden Wirbelströme auch bei **Induktionsherden** und bei Induktionszählern (Elektrizitätszählern).
Unerwünscht sind sie bei **Transformatoren, Generatoren** oder **Elektromotoren,** da sie dort zu erheblichen Energieverlusten führen können.

Eine solche Anordnung wird als **Induktionskanone** bezeichnet, weil der Aluminiumring mit erheblicher Geschwindigkeit nach oben geschleudert werden kann.

■ Ein Aluminiumring liegt auf einer Spule mit Eisenkern. Wird der Schalter geschlossen, bewegt sich der Aluminiumring nach oben. Bei Verwendung eines geschlitzten Rings passiert dagegen nichts.
Wie sind diese Effekte zu erklären?

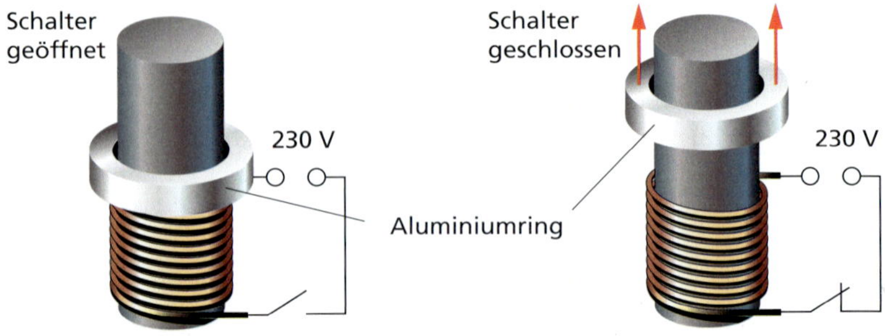

Ein analoger Effekt tritt auf, wenn man einen Aluminiumring bifilar aufhängt und einen Stabmagneten hineinstößt. Der Metallring weicht aus.

Wird der Schalter geschlossen, so baut sich um die Spule sehr schnell ein Magnetfeld auf. Dieses sich ändernde Magnetfeld umfasst auch den Aluminiumring, in dem nach dem Induktionsgesetz eine Spannung und damit ein Strom induziert wird. Das durch den Induktionsstrom hervorgerufene Magnetfeld wirkt nach dem lenzschen Gesetz seiner Ursache (Anwachsen der magnetischen Flussdichte) entgegen. Beide Magnetfelder haben somit eine entgegengesetzte Richtung. Demzufolge wirkt eine abstoßende Kraft. Der Aluminiumring fliegt nach oben. Bei einem geschlitzten Ring kann kein Strom fließen.

Interessantes aus der Technik

Der Induktionsherd

Bei modernen Einbauherden mit Glaskeramikoberfläche gibt es mehrere Kochfelder. Dabei werden zwei grundsätzlich verschiedene Möglichkeiten der Heizung genutzt:
- Das Kochfeld wird mit einer Heizspirale erwärmt. Sie ist meist gut sichtbar.
- Die Erwärmung des Topfes erfolgt induktiv durch Wirbelströme.

Elektroherde, die die zweite Variante nutzen, werden als **Induktionsherde** bezeichnet.

Bei Ihnen befindet sich unter dem jeweiligen Kochfeld eine einlagig gewickelte Kupferspule (Abb. 1). Mithilfe dieser Spule und einer elektronischen Schaltung wird ein veränderliches Magnetfeld erzeugt, das die Glaskeramikoberfläche durchdringt. Die dabei genutzten Frequenzen liegen zwischen 25 und 50 kHz.
Befindet sich ein Topf mit einem Boden aus ferromagnetischem Stoff auf dem Kochfeld, so werden durch das hochfrequente magnetische Wechselfeld im Topfboden Wirbelströme induziert, die zu einer Erwärmung des Bodens führen. Die Vorteile eines solchen Herds bestehen vor allem in kurzen Vorwärmzeiten und darin, dass relativ wenig Energie nutzlos an die Umgebung abgegeben wird.
Als ein Nachteil ist zu nennen, dass spezielles Kochgeschirr notwendig ist. Aluminiumtöpfe oder nicht leitende Töpfe sind ungeeignet.

1 Induktionskochfeld: Das magnetische Wechselfeld wird durch die Kupferspule erzeugt.

5.2 Selbstinduktion

Ein- und Ausschaltvorgang bei einer Spule

Wird ein Stromkreis mit Spule geschlossen, so wird um diese Spule ein Magnetfeld aufgebaut. Dieses sich ändernde Magnetfeld umfasst die Spule selbst und induziert in ihr eine Spannung, die einen Strom bewirkt. Dieser Effekt tritt beim Öffnen des Stromkreises und bei Verwendung von Wechselspannung ebenfalls auf.

Liegt eine **Wechselspannung** an, so erfolgt in der Spule ständig Selbstinduktion. Die Spule behindert den Stromfluss und wirkt als Widerstand.

> Die Erscheinung, dass in einer felderzeugenden Spule selbst eine Spannung und ein Strom induziert werden, bezeichnet man in der Physik als **Selbstinduktion.**

Liegt ein Stromkreis mit Spule vor, so bewirkt die Selbstinduktion einen charakteristischen Verlauf von Stromstärke und Spannung beim Schließen und Öffnen des Stromkreises. Dieser Verlauf ist in dem *t*-*I*- und *t*-*U*-Diagramm unten dargestellt.

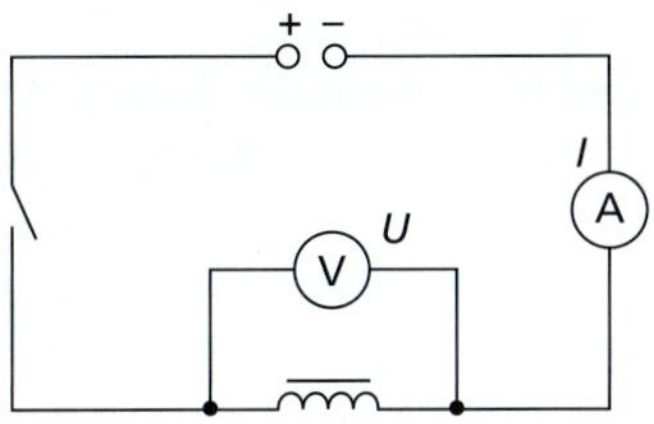

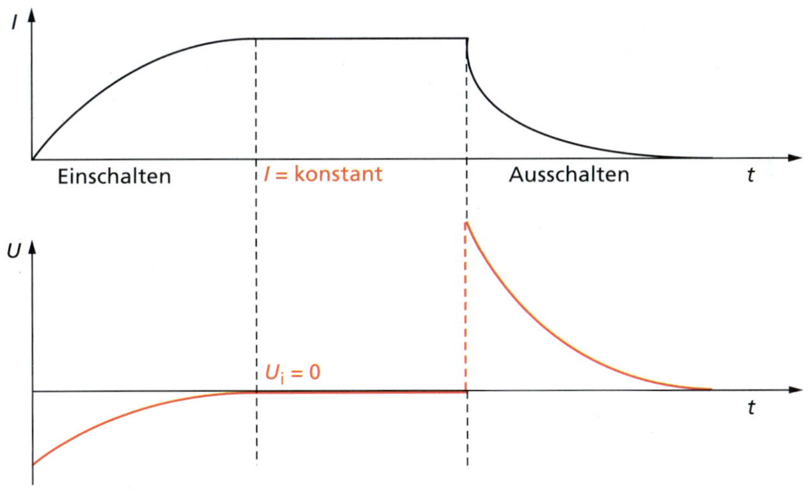

Da nach der Lenzschen Regel die Induktion ihrer Ursache entgegenwirkt, verzögert sie die Änderung der Stromstärke, beim Ein- und Ausschalten

Die Selbstinduktionsspannung ist proportional zur Änderung des Felds und somit zur Änderung der Stromstärke.

Selbstinduktion tritt in allen Stromkreisen mit Spulen bei Änderung der Stromstärke und damit bei Änderung des von der Spule umfassten Magnetfelds auf. Insbesondere bei Ausschaltvorgängen können dabei kurzzeitig hohe Induktionsspannungen entstehen, weil sich in diesem Fall die magnetische Flussdichte in kurzer Zeit stark ändert.

Genutzt werden solche beim Öffnen eines Stromkreises entstehenden „Spannungsspitzen" bei **Zündspulen** von Kraftfahrzeugen oder zum Zünden von **Leuchtstofflampen** und **Glimmlampen.**

Beim Einschalten verzögert die Selbstinduktionsspannung den Anstieg der Stromstärke, beim Ausschalten bewirkt sie ein Weiterfließen.

Induktivität und Selbstinduktionsspannung

Wir betrachten nachfolgend eine lange Spule. Da für die Selbstinduktion wie für jeden anderen Induktionsvorgang das Induktionsgesetz gilt, kann man mit ihm die Selbstinduktionsspannung bestimmen. Für eine Spule, bei der sich das von ihr umfasste Magnetfeld ändert, gilt:

$$U_i = -N \cdot A \cdot \frac{\Delta B}{\Delta t}$$

Setzt man für die magnetische Flussdichte in einer langen Spule $B = \mu_0 \cdot \mu_r \cdot \frac{I \cdot N}{l}$ ein, so erhält man:

$$U_i = -N \cdot A \cdot \frac{\Delta\left(\mu_0 \cdot \mu_r \cdot \frac{I \cdot N}{l}\right)}{\Delta t}$$

Bei differenzieller Schreibweise steht statt $\frac{\Delta I}{\Delta t}$ der Ausdruck $\frac{dI}{dt}$ oder $\dot{I}$.

Die einzige Größe, die sich zeitlich ändert, ist die Stromstärke. Folglich kann man auch schreiben:

$$U_i = -\mu_0 \cdot \mu_r \cdot \frac{N^2 \cdot A}{l} \cdot \frac{\Delta I}{\Delta t}$$

Der für eine Spule konstante Faktor vor dem zweiten Quotienten charakterisiert den Bau der Spule und wird als **Induktivität** bezeichnet.

Die Einheit 1 H ist nach dem amerikanischen Physiker JOSEPH HENRY (1797 bis 1878) benannt. Es gilt:

$1 \text{ H} = 1 \frac{\text{V} \cdot \text{s}}{\text{A}}$

Die Induktivität einer Spule gibt an, wie stark die Änderung der Stromstärke in der Spule aufgrund der Selbstinduktion behindert wird.

Formelzeichen: L
Einheit: ein Henry (1 H)

Die Induktivität einer langen Spule kann mit folgender Gleichung berechnet werden:

$$L = \mu_0 \cdot \mu_r \cdot N^2 \cdot \frac{A}{l}$$

A	Querschnittsfläche der Spule
l	Länge der Spule
N	Windungszahl der Spule
μ_0	magnetische Feldkonstante
μ_r	Permeabilitätszahl

Eine Spule hat eine Induktivität von 1 H, wenn bei einer Änderung der Stromstärke von 1 A in einer Zeit von 1 s die Spannung 1 V durch Selbstinduktion in ihr induziert wird.

Mit der Induktivität L gilt für die Selbstinduktionsspannung in einer langen Spule und auch allgemein:

$$U_i = -L \cdot \frac{\Delta I}{\Delta t}$$

Das bedeutet:
- Die Selbstinduktionsspannung hängt vom Bau der Spule (Querschnittsfläche, Länge, Windungszahl, Eisenkern) ab.
- Die Selbstinduktionsspannung ist umso größer, je schneller sich die Stromstärke ändert.

Die in der Spule selbst induzierte Spannung und der damit verbundene Strom überlagern sich mit der im Stromkreis vorhandenen Spannung der Spannungsquelle und dem dadurch hervorgerufenen Strom.

Bei Verwendung von Wechselstrom ändert sich die Stromstärke zeitlich periodisch. Demzufolge wird dann in der Spule ständig eine Spannung induziert, die einen Strom hervorruft, der seiner Ursache entgegenwirkt. Eine Spule im Wechselstromkreis wirkt damit als Widerstand.

■ Eine quadratische Spule (l = 20 cm, Kantenlänge 5 cm) hat 1 000 Windungen und einen Eisenkern (μ_r = 300).
Wie groß ist die Induktivität dieser Spule?

Analyse:
Es kann die auf Seite 134 genannte Gleichung angewendet werden.

Gesucht: L

Gegeben:
$l = 20\ \text{cm} = 0{,}20\ \text{m}$
$a = 5{,}0\ \text{cm} = 0{,}050\ \text{m}$
$N = 1000$
$\mu_r = 300$
$\mu_0 = 1{,}257 \cdot 10^{-6}\ \frac{\text{V} \cdot \text{s}}{\text{A} \cdot \text{m}}$

Lösung:

$$L = \mu_0 \cdot \mu_r \cdot N^2 \cdot \frac{A}{l} \qquad A = a^2 = 0{,}0025\ \text{m}^2$$

$$L = \frac{1{,}257 \cdot 10^{-6}\ \text{V} \cdot \text{s} \cdot 300 \cdot 1000^2 \cdot 0{,}0025\ \text{m}^2}{\text{A} \cdot \text{m} \cdot 0{,}20\ \text{m}} = 4{,}7\ \text{H}$$

Ergebnis:
Die Spule mit den genannten Daten hat eine Induktivität von 4,7 H.

Das Ergebnis lässt sich interpretieren: Bei einer Stromstärkeänderung von 1 A in einer Zeit von 1 s wird eine Spannung von 4,7 V in der Spule induziert.

Die Zündung von Energiesparlampen

Energiesparlampen sind Leuchtstofflampen. Es gibt sie in unterschiedlichen Formen – als röhrenförmige Lampen, als stab- oder kugelförmige Lampen oder in einer Form, die der herkömmlicher Glühlampen entspricht.

Leuchtstofflampen haben gegenüber Glühlampen den Vorteil, dass sie für dieselbe Lichtausbeute nur $\frac{1}{3}$ bis $\frac{1}{6}$ der elektrischen Energie benötigen, die eine Glühlampe braucht. Daher kommt die Bezeichnung Energiesparlampe. Darüber hinaus ist die Lebensdauer einer Energiesparlampe in der Regel wesentlich größer als die einer Glühlampe.

Eine Leuchtstofflampe wird mit Netzspannung (230 V) betrieben. Zum Zünden ist jedoch eine Zündspannung von 300–450 V erforderlich.

Um diese Zündspannung beim Einschalten zu erreichen, benötigt man eine Schaltung, wie sie vereinfacht rechts dargestellt ist. Die Drosselspule und der Starter befinden sich im Sockel der Lampe.

Der Starter ist eine Glimmlampe, bei der eine Elektrode ein Bimetallstreifen ist. Nach dem Betätigen des Schalters kommt es zu einer Glimmentladung, wobei ein kleiner Strom im Stromkreis fließt. Der Bimetallstreifen schließt die beiden Elektroden kurz, wodurch ein stärkerer Strom fließt.

Dadurch beginnen die Wolframdrähte zu glühen und emittieren Elektronen. Das Gas in der Leuchtstofflampe wird elektrisch leitend. Gleichzeitig kühlt sich die Bimetallelektrode im Starter ab und unterbricht den Stromkreis plötzlich.

Das führt in der Drosselspule aufgrund der Selbstinduktion zu einem kurzen Spannungsstoß, der zum Zünden der Lampe ausreicht.

Im Betrieb begrenzt die Drosselspule aufgrund der Selbstinduktion die Stromstärke im Stromkreis auf einen bestimmten Wert.

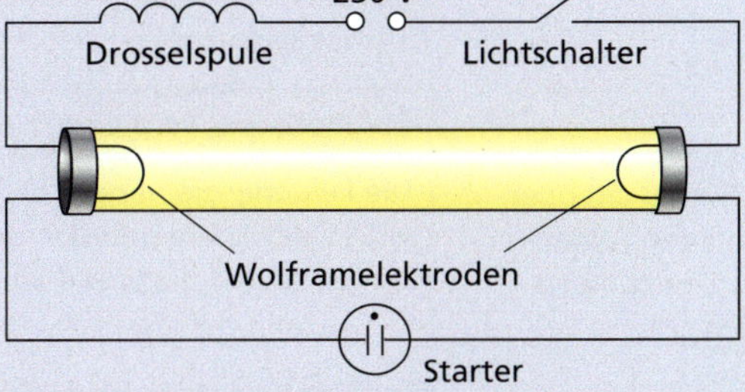

Die Energie des magnetischen Felds

Eine analoge Betrachtung ist das Aufladen und das Entladen eines Kondensators (↗S. 32 ff.).

Damit um eine Spule ein Magnetfeld aufgebaut wird, muss Energie aufgewendet werden. Diese Energie ist dann im Magnetfeld der Spule gespeichert. Wird der Strom im Stromkreis unterbrochen, so verschwindet das Magnetfeld. Die in ihm gespeicherte Energie wird freigesetzt.

Letzteres kann man experimentell nachweisen. Bei geschlossenem Schalter leuchtet die Lampe schwach. Wird der Schalter geöffnet, so leuchtet die Lampe kurzzeitig hell auf. Ursache dafür sind die Selbstinduktionsspannung und der damit verbundene Strom. Für ein kleines Zeitintervall ergibt sich für die umgesetzte Energie:

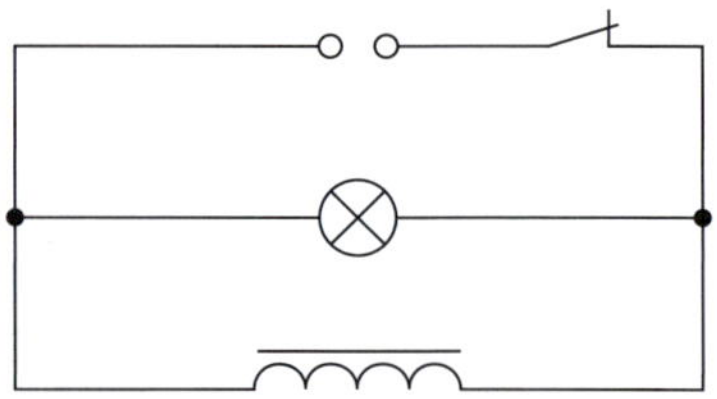

$$\Delta E = U_L \cdot I \cdot \Delta t$$

Mit $U_L = -L \cdot \frac{\Delta I}{\Delta t}$ erhält man:

$$\Delta E = -L \cdot I \cdot \Delta I$$

Addiert man über den gesamten Zeitraum des Verschwindens des Magnetfelds alle ΔE, so erhält man die insgesamt im Magnetfeld gespeicherte Energie E.

In Analogie zum elektrischen Feld (↗S. 33) ergibt sich für das Magnetfeld einer Spule:

Für die Einheiten gilt:

$1\ H \cdot A^2$
$= 1\ \frac{V \cdot s \cdot A^2}{A}$
$= 1\ V \cdot A \cdot s$
$= 1\ J$

Im Magnetfeld einer Spule ist Energie gespeichert. Für die Energie des Magnetfelds einer stromdurchflossenen langen Spule gilt:

$E = \frac{1}{2} L \cdot I^2$

L Induktivität der Spule
I Stromstärke durch die Spule

Die Gleichung für die Energie gilt für beliebige Spulen.

Hat z. B. eine Spule eine Induktivität von 4,7 H, so würde im Magnetfeld der Spule bei einer Stromstärke von 0,50 A folgende Energie gespeichert sein:

$$E = \frac{1}{2} \cdot 4{,}7\ H \cdot (0{,}50\ A)^2 = 0{,}59\ J$$

Die Gleichung für die Energie des Magnetfelds einer Spule hat eine analoge Struktur wie die Gleichung für die Energie des elektrischen Felds eines Kondensators.

Eine Übersicht über die beiden Felder ist auf Seite 59 zu finden.

Magnetisches Feld einer Spule	**Elektrisches Feld eines Kondensators**
Die Feldenergie hängt von der Induktivität L der Spule und von der Stromstärke I durch die Spule ab: $E = \frac{1}{2} L \cdot I^2$	Die Feldenergie hängt von der Kapazität C des Kondensators und von der Spannung U am Kondensator ab: $E = \frac{1}{2} C \cdot U^2$

Elektromagnetische Induktion

Wird ein Leiter der Länge l senkrecht zu den Feldlinien im homogenen Magnetfeld gleichförmig bewegt, so gilt für die in ihm induzierte Spannung:

$$U_i = -B \cdot l \cdot v$$

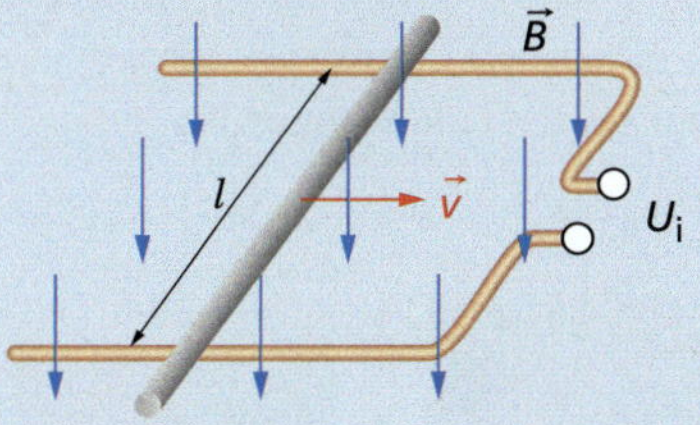

Allgemein gilt:
In einer Leiterschleife oder in einer Spule wird eine Spannung induziert, solange sich der magnetische Fluss durch die Leiterschleife oder Spule zeitlich ändert. Diese Änderung kann in unterschiedlicher Weise erfolgen.

<table>
<tr><td>Relativbewegung zwischen Spule und Magnet
(zeitlich konstantes Magnetfeld)</td><td>Änderung der Stärke des Magnetfelds
(zeitlich veränderliches Magnetfeld)</td></tr>
<tr><td>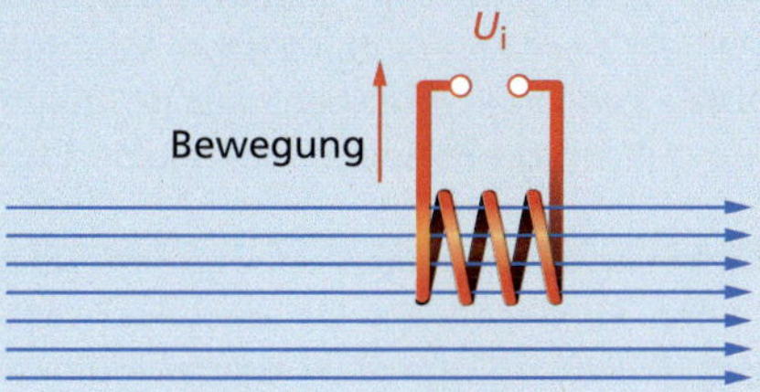
$U_i = -N \cdot B \cdot \frac{\Delta A}{\Delta t}$</td><td>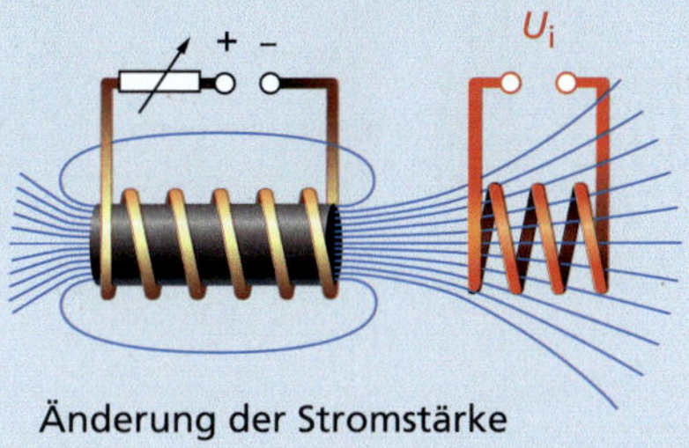
$U_i = -N \cdot A \cdot \frac{\Delta B}{\Delta t}$</td></tr>
<tr><td colspan="2">Für beliebige Fälle gilt das Induktionsgesetz:
$U_i = -N \cdot \frac{\Delta \Phi}{\Delta t} = -N \cdot \frac{\Delta (B \cdot A)}{\Delta t}$ $\quad U_i = N \cdot \dot{\Phi}$</td></tr>
<tr><td>Anwendung: Generator
Bei gleichförmiger Rotation einer Spule in einem homogenen Magnetfeld entsteht eine sinusförmige Wechselspannung:
$U = U_{max} \cdot \sin(\omega t)$</td><td>Anwendung: Transformator
Für einen unbelasteten Transformator gilt:
$\frac{U_p}{U_s} = \frac{N_p}{N_s}$
Für einen belasteten Transformator gilt:
$\frac{I_p}{I_s} = \frac{N_s}{N_p}$</td></tr>
</table>

Für die elektromagnetische Induktion gilt der **Energieerhaltungssatz:**

Der Induktionsstrom ist immer so gerichtet, dass er der Ursache seiner Entstehung entgegenwirkt (lenzsches Gesetz).

Im Magnetfeld einer Spule ist die Energie $E = \frac{1}{2} L \cdot I^2$ gespeichert. In einer felderzeugenden Spule selbst wird eine Spannung induziert, wenn sich das von ihr umfasste Magnetfeld ändert (Selbstinduktion). Der Betrag der Selbstinduktionsspannung hängt von der Induktivität L ab.

$$L = \mu_0 \cdot \mu_r \cdot \frac{N^2 \cdot A}{l}$$

$$U_i = -L \cdot \frac{\Delta I}{\Delta t}$$

Aufgaben

1. Ein Dauermagnet wird in unterschiedlicher Weise vor einer Spule bewegt.

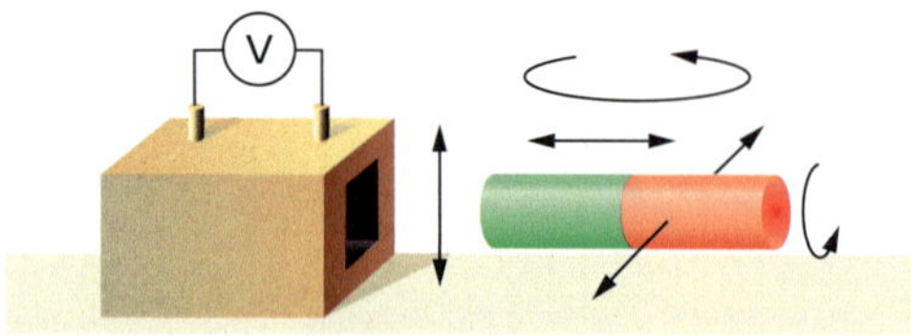

Bei welcher der fünf Bewegungen entsteht eine Induktionsspannung, bei welcher nicht? Begründen Sie Ihre Aussagen!

2. In einem Magnetfeld wird eine Spule in unterschiedlicher Weise bewegt.

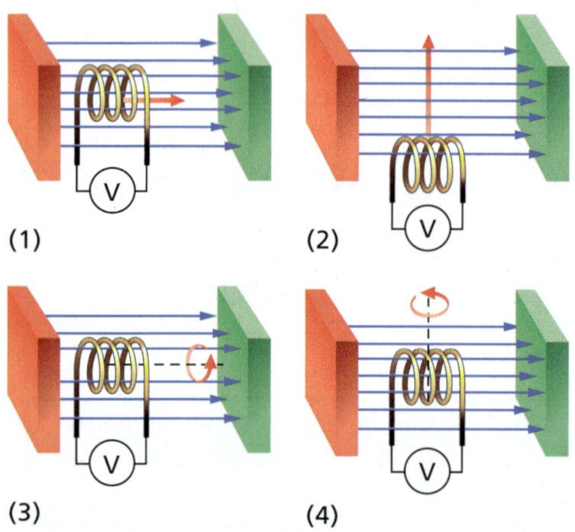

a) In welchen Fällen wird eine Spannung induziert, in welchen nicht? Begründen Sie!
b) Geben Sie jeweils eine weitere Variante an, bei der eine Spannung induziert wird bzw. bei der keine Spannung induziert wird!

3. Eine bewegliche Spule befindet sich so wie angegeben in einem homogenen Magnetfeld. Geben Sie Bewegungen an,

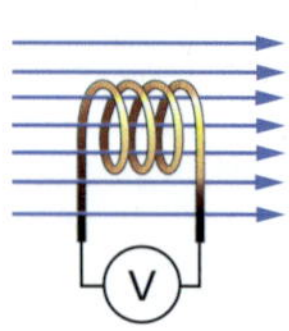

a) bei denen eine Spannung induziert wird,
b) bei denen keine Spannung induziert wird!
Begründen Sie jeweils Ihre Aussage!

4. Beschreiben Sie je ein typisches Experiment zur Erzeugung einer Induktionsspannung,
a) wenn keine Relativbewegung zwischen Magnetfeld und Leiter (Spule) vorliegt,
b) wenn eine Relativbewegung zwischen Magnetfeld und Leiter (Spule) vorliegt! Unter welchen Bedingungen wird in einem Leiter bzw. einer Spule eine Spannung induziert?

5. Auf einem Eisenkern befinden sich eine felderzeugende Spule 1 und eine Induktionsspule 2.

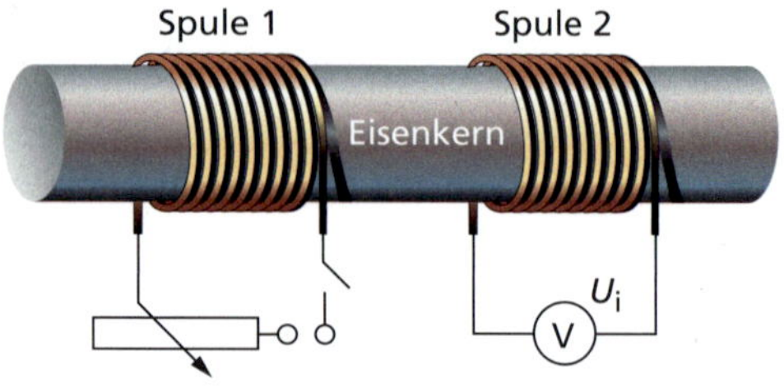

a) Geben Sie mindestens drei Möglichkeiten der Erzeugung einer Induktionsspannung in Spule 2 an! Begründen Sie Ihre Vorschläge!
b) Wie kann man erreichen, dass in Spule 2 eine möglichst große Spannung induziert wird?

6. Ein 15 cm langer Leiter bewegt sich senkrecht zu den Feldlinien eines homogenen Magnetfelds (B = 2,6 mT) mit einer Geschwindigkeit von 80 cm/s. Wie groß ist die Induktionsspannung zwischen den Enden des Leiters?

7. Ein gerader Leiter von 10 cm Länge wird losgelassen, fällt herunter und trifft nach 50 cm so auf ein homogenes Magnetfeld, wie es nachfolgend skizziert ist.

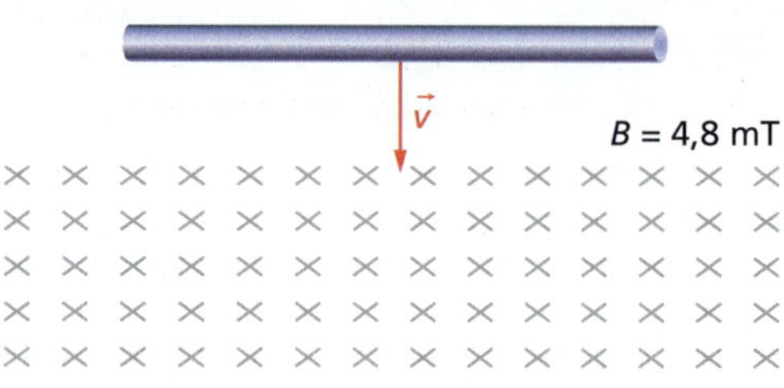

a) Mit welcher Geschwindigkeit tritt der Leiter in das Magnetfeld ein?
b) In welche Richtung bewegen sich dann die Elektronen im Leiter?
c) Wie groß ist unmittelbar nach dem Eintreten in das Magnetfeld die zwischen den Enden des Leiters bestehende Spannung?
d) Wie verändert sich diese Spannung, wenn der Leiter im Feld weiter frei fällt?

8. Mithilfe einer in der Straße eingelassenen Induktionsschleife kann z. B. die Schaltung einer Ampel gesteuert werden.

a) Beschreiben Sie die Funktionsweise einer solchen Induktionsschleife!

b) Würde eine solche Anordnung auch ohne Spannungsquelle funktionieren?

c) Geben Sie eine Möglichkeit an, wie man mithilfe von Induktionsschleifen die Geschwindigkeit von Fahrzeugen ermitteln könnte!

d) Wie groß ist die Geschwindigkeit des Fahrzeugs, wenn zwei Leiterschleifen 5,2 m voneinander entfernt sind und zwischen den Spannungsstößen eine Zeit von 0,28 Sekunden gemessen wird?

9. Bei Anwendungen der elektromagnetischen Induktion ändert sich entweder die magnetische Flussdichte oder die wirksame Fläche mit der Zeit. Beschrieben werden können diese beiden Möglichkeiten mit den Gleichungen:

$U_i = -N \cdot A \cdot \frac{\Delta B}{\Delta t}$ bzw. $U_i = -N \cdot B \cdot \frac{\Delta A}{\Delta t}$

a) Nennen Sie je ein technisches Gerät, dessen Wirkungsweise auf den in den Gleichungen beschriebenen Zusammenhängen basiert!

b) Beschreiben Sie den Aufbau und die Wirkungsweise der betreffenden Geräte!

10. Ein wichtiges Gerät, bei dem die elektromagnetische Induktion genutzt wird, ist der Transformator.
Fertigen Sie eine Präsentation zu Aufbau, Wirkungsweise und Nutzungsmöglichkeiten von Transformatoren an!

11. Ein Transformator hat einen Wirkungsgrad von 98 %. Wie groß ist die Primärstromstärke, wenn die Primärspannung 220 kV beträgt und auf der Sekundärseite eine Leistung von 15 MW entnommen wird?

12. Der abgebildete Transformator ist sekundärseitig (rechts) durch eine Windung (Schmelztiegel) kurzgeschlossen. Erklären Sie die Funktionsweise eines solchen Schmelztiegels!

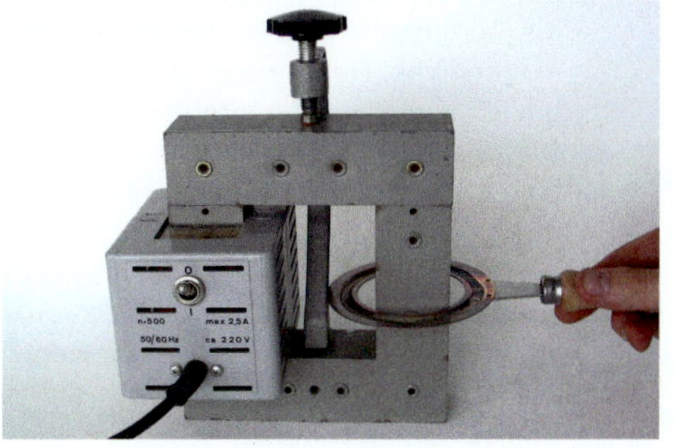

13. Um in Pkw-Motoren (Ottomotoren) das Kraftstoff-Luft-Gemisch zu zünden, benutzt man Zündkerzen, an denen bei einer Spannung von etwa 15 000 V ein Funke zwischen zwei Elektroden überspringt. Die Lichtmaschine des Pkw liefert aber nur 12 V. Deshalb schaltet man die Zündkerze in einen Stromkreis mit einer Zündspule und einem Unterbrecher.

a) Skizzieren Sie die Anordnung!

b) Wie kann mit einer solchen Schaltung die für die Zündung erforderliche Spannung erzeugt werden?

14. Beschreiben Sie die Energieumwandlungen bei folgenden technischen Geräten!

a) Elektromotor

b) Wechselstromgenerator

c) Transformator

15. Im Diagramm ist für ein magnetisches Feld, das eine Spule durchsetzt, die zeitliche Abhängigkeit des magnetisches Flusses dargestellt.
Vergleichen Sie die in den einzelnen Abschnitten entstehenden Induktionsspannungen!

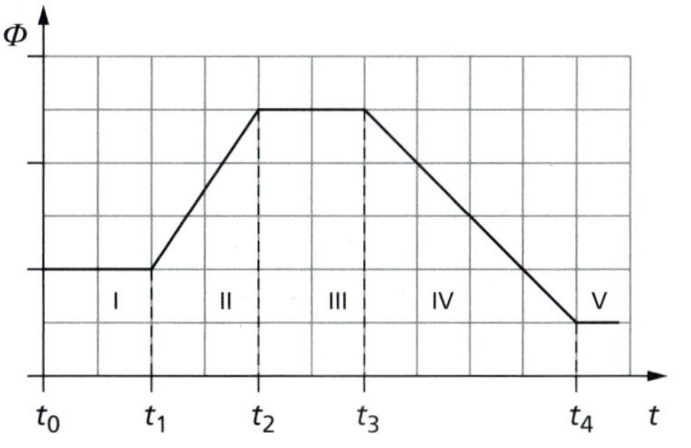

16. Eine quadratische Leiterschleife mit einer Seitenlänge von 6,0 cm befindet sich vollständig in einem homogenen Magnetfeld ($B = 4{,}5$ mT) und wird von diesem senkrecht durchsetzt.

a) Berechnen Sie den magnetischen Fluss durch die Leiterschleife! Wie verändert sich der magnetische Fluss, wenn die Leiterschleife um 45° bzw. um 90° gedreht wird?

b) Die Leiterschleife wird parallel zu den Feldlinien bewegt. Welche Aussage kann man über die Induktionsspannung treffen?

c) Die vom magnetischen Feld senkrecht durchsetzte Leiterschleife wird innerhalb von 0,50 s vollständig aus dem Feld herausbewegt. Welche Aussage kann man dann über die Induktionsspannung treffen?

***17.** Eine Spule mit 20 Windungen wird wie abgebildet gleichförmig mit einer Geschwindigkeit von $0{,}1\ \frac{\text{m}}{\text{s}}$ von links nach rechts durch ein homogenes Magnetfeld ($B = 0{,}02$ T) geführt.

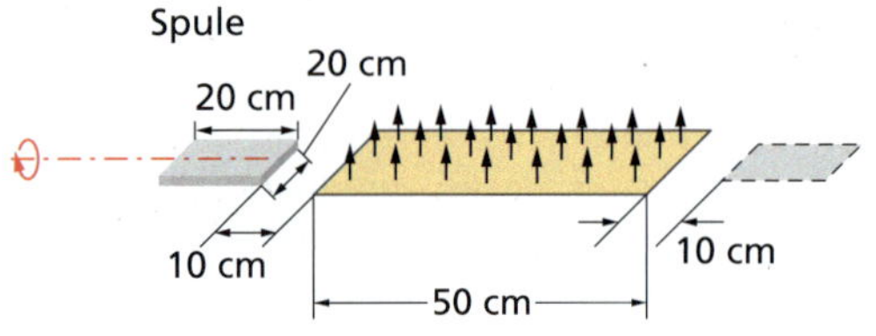

a) Zeichnen Sie das auf die Spulenfläche bezogene t-Φ-Diagramm und das zugehörige t-U_i-Diagramm!

b) In einem zweiten Teilversuch befindet sich die Spule vollständig im Magnetfeld und rotiert mit 50 Hz um die eingezeichnete Drehachse. Beschreiben Sie den zu erwartenden t-U_i-Zusammenhang mittels Gleichung und Diagramm!

18. Bei Induktionsherden wird die elektromagnetische Induktion ausgenutzt. Unter der Kochfläche befindet sich eine Spule, die von Wechselstrom durchflossen wird.

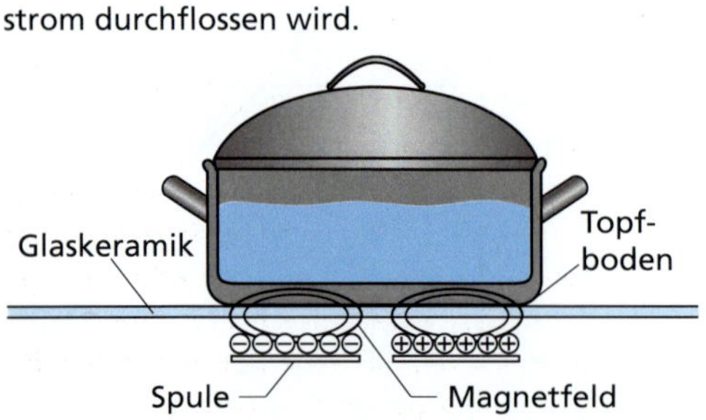

a) Erklären Sie die Wirkungsweise eines solchen Induktionsherds!

b) Warum können auf Induktionsherden nur bestimmte Metalltöpfe genutzt werden?

c) Welche Vorteile bzw. Nachteile haben Induktionsherde gegenüber herkömmlichen Herden?

***19.** Die Skizze zeigt vereinfacht den Aufbau eines Fehlerstromschutzschalters (FI-Schalter). Erklären Sie seine Wirkungsweise!

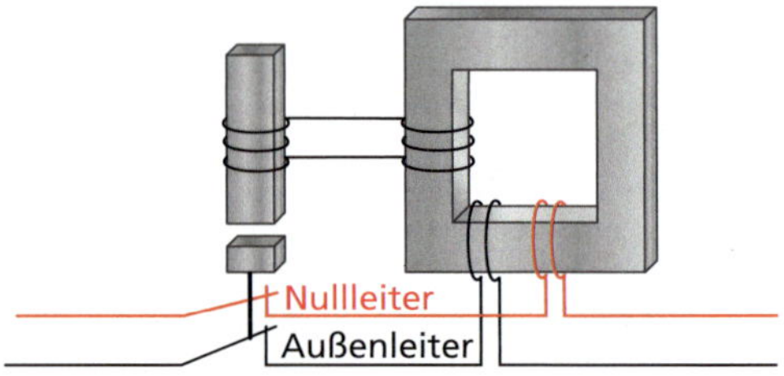

20. Lässt man einen Dauermagneten in einer Metallröhre fallen, so zeigt sich ein merkwürdiger Effekt: Der Dauermagnet fällt relativ langsam und gleichförmig nach unten.
Bei Verwendung einer Plastikröhre fällt er dagegen gleichmäßig beschleunigt.
Wie sind diese Effekte zu erklären?

21. Eine 20 cm lange Zylinderspule mit 500 Windungen und 5,2 cm Durchmesser wird von einem zeitlich veränderlichen Strom durchflossen.

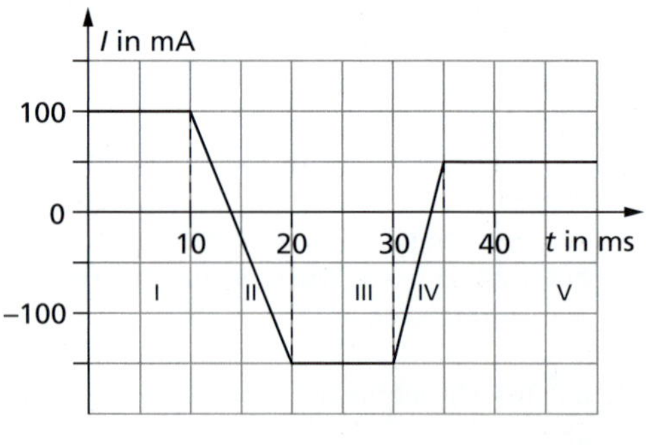

Ermitteln Sie die entstehenden Selbstinduktionsspannungen! Stellen Sie diese in Abhängigkeit von der Zeit dar!

22. **a)** Leiten Sie aus dem Induktionsgesetz die Gleichung $U_i = -L \cdot \frac{\Delta I}{\Delta t}$ für die Selbstinduktionsspannung her!

b) Durch eine Spule mit 1 500 Windungen fließt ein Strom der Stärke 0,75 A. Die 10 cm lange Spule hat eine Windungsfläche von 6,6 cm^2 und einen Eisenkern ($\mu_r = 20$). Welche Spannung wird induziert, wenn der Strom abgeschaltet wird und der Ausschaltvorgang 9 ms dauert?

23. In elektronischen Schaltungen nutzt man Drosselspulen. Erkunden Sie, was man unter einer Drosselspule versteht, wie sie funktioniert und wozu sie genutzt wird! Fertigen Sie dazu eine kurze Präsentation an!

24. An eine Reihenschaltung aus einer Spule mit Eisenkern und einer Glühlampe wird Gleich- bzw. Wechselspannung (jeweils 10 V) gelegt.

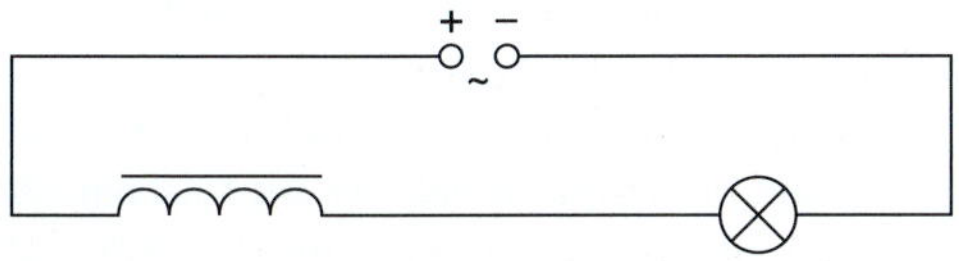

Bei Gleichspannung leuchtet die Lampe hell, bei Wechselspannung leuchtet sie kaum noch. Erklären Sie diese Erscheinung!

25. Für eine sinusförmige Wechselspannung gilt die Gleichung: $U = 10\ \text{V} \cdot \sin\left(\frac{2\pi}{0{,}01\ \text{s}} \cdot t\right)$

a) Wie groß sind Maximalwert, Frequenz und Effektivwert der Spannung?

b) Zeichnen Sie für diese Wechselspannung das *t*-*U*-Diagramm!

26. Sinusförmige Wechselspannung kann allgemein mit der Gleichung $U = U_{max} \cdot \sin(\omega t)$ beschrieben werden. Geben Sie die entsprechende Gleichung für die Netzspannung an!

27. Eine Spule wird zunächst mit einer Gleichspannungsquelle und anschließend mit einer Wechselspannungsquelle verbunden.
Die Messwerte sind in der Skizze angegeben.

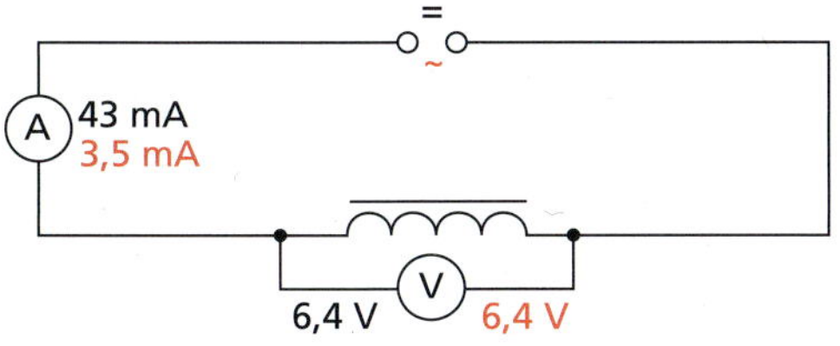

a) Berechnen Sie den Gleichstrom- und den Wechselstromwiderstand!

b) Erklären Sie den Unterschied!

***28.** Eine zylindrische Luftspule mit einer Querschnittsfläche von 60 cm^2 und einer Länge von 30 cm hat 1 000 Windungen aus 1,5 mm dickem Kupferdraht.
Wie groß sind bei Netzfrequenz die Induktivität der Spule und ihr ohmscher Widerstand?

29. Durch eine Zylinderspule mit 500 Windungen, einer Länge von 15 cm und einem Durchmesser von 5,6 cm fließt ein Strom von 3,0 A.

a) Wie groß ist die im Feld der Spule gespeicherte Energie?

b) Wie ändert sich diese Energie, wenn die Stromstärke halb so groß beziehungsweise doppelt so groß wird?

c) Welche Spannung müsste an einem Kondensator der Kapazität $C = 6{,}2\ \mu\text{F}$ anliegen, wenn in ihm die gleiche Energie wie in a) berechnet gespeichert sein soll?

d) Welche Spannung wird beim Ausschalten des Stroms (3,0 A) zwischen den Enden der Spule induziert, wenn der Ausschaltvorgang 0,020 s dauert?

30. Eine lange Spule mit Eisenkern ($l = 25$ cm, $N = 1\,500$, $A = 85\ \text{cm}^2$, $\mu_r = 480$) wird von einem Strom der Stärke $I = 4{,}2$ A durchflossen.

a) Wie viel Energie ist dann im Magnetfeld der Spule gespeichert?

b) Wie hoch könnte man damit einen 100 g schweren Körper (Tafel Schokolade) heben?

c) Wie verändert sich die im Magnetfeld gespeicherte Energie, wenn der Eisenkern aus der Spule entfernt wird? Begründen Sie!

31. Im elektrischen Feld eines Kondensators ist ebenso wie im magnetischen Feld einer Spule Energie gespeichert.

a) Vergleichen Sie diese Energien für einen Kondensator ($C = 2{,}4\ \mu\text{F}$, $U = 120$ V) und eine Spule ($L = 1{,}2$ H, $I = 2{,}5$ A)!

b) Geben Sie eine sinnvolle Kombination für Spule und Kondensator an, bei der die in den Feldern gespeicherte Energie gleich groß ist!

c) Geben Sie für einen Körper der Masse $m = 500$ g eine Höhe h und eine Geschwindigkeit v an, bei denen potenzielle und kinetische Energie gleich groß sind!

***32.** Isolierter Kupferdraht ($\varrho = 0{,}0017\ \Omega \cdot \text{mm}^2/\text{m}$) wird auf einen Zylinder aus Plastik ($d = 5{,}0$ cm) aufgewickelt. Der Kupferdraht besitzt einen Durchmesser von 1,0 mm. Die fertige Spule hat 250 Windungen und eine Länge von 25 cm.

a) Bestimmen Sie den elektrischen Widerstand der Spule!

b) Wie groß ist die Stromstärke, wenn an die Enden der Spule eine Spannung von 24 V angelegt wird?

c) Welche Induktivität hat die Spule?

d) Welche Energie ist in der Spule gespeichert, wenn eine Gleichspannung von 24 V anliegt?

33. Das Foto zeigt eine Experimentieranordnung. Bei geschlossenem Schalter leuchten die beiden gleichartigen Glühlampen (6 V/0,1 A) gleich hell.

a) Skizzieren Sie das Schaltbild!

b) Bei geschlossenem Schalter fließt durch den Zweig des Stromkreises mit dem Widerstand 100 Ω ein Strom der Stärke 0,10 A, an den Glühlampen liegen jeweils 6,0 V an. Geben Sie an, welche Spannungen am 100-Ω-Widerstand und an der Spule anliegen! Wie groß ist die Spannung der Spannungsquelle?

c) Es wird folgendes Experiment durchgeführt: Der geöffnete Schalter wird geschlossen. Sagen Sie voraus, was man beobachten wird!

34. In einem Stromkreis befindet sich eine Spule mit Eisenkern ($N = 250$, $A = 15\ \text{cm}^2$, $l = 20$ cm, $\mu_r = 320$). Es fließt ein Strom von 4,3 A.

a) Wie groß ist die im Magnetfeld gespeicherte Energie?

b) Was geschieht mit dieser Energie, wenn der Stromkreis durch einen Schalter geöffnet wird?

***35.** Ein homogenes Magnetfeld mit der Flussdichte $B = 0{,}60$ T verläuft senkrecht zur Zeichenebene. Es ist räumlich so begrenzt, wie es die Skizze zeigt.

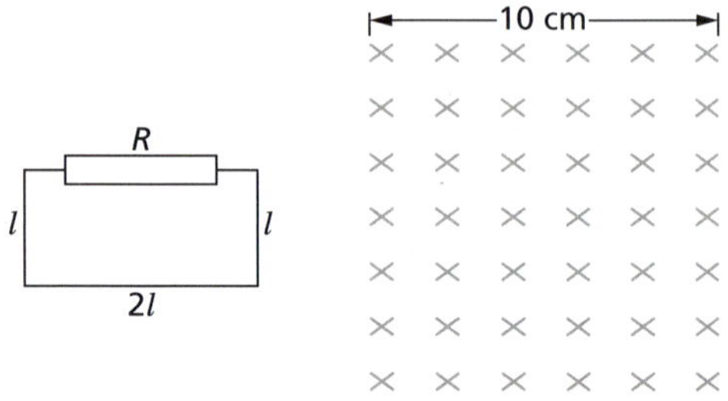

Durch dieses Magnetfeld wird ein rechteckiger Drahtrahmen ($l = 4{,}0$ cm), der einen Widerstand von $R = 3{,}0\ \Omega$ hat, mit $v = 2{,}5\ \frac{\text{cm}}{\text{s}}$ von links nach rechts hindurchbewegt. Die Zeitmessung beginnt, wenn sich der Rand des Drahtrahmens 5,0 cm vom Magnetfeld entfernt befindet. Sie endet nach 10 Sekunden.

a) Bestimmen Sie die Induktionsspannungen, die im Zeitintervall $0 \leq t \leq 10$ s am Widerstand auftreten! Fertigen Sie ein t-U-Diagramm an!

b) Berechnen Sie die Beträge der Kräfte, die durch die Induktion auf den Drahtrahmen wirken! Geben Sie deren Richtung an! Begründen Sie!

c) In einem zweiten Versuch wird die Anordnung so aufgestellt, dass der Drahtrahmen mit dem Widerstand frei in das Magnetfeld hineinfallen kann. Die Feldlinien des Magnetfelds durchsetzen dabei die Fläche des Drahtrahmens senkrecht.

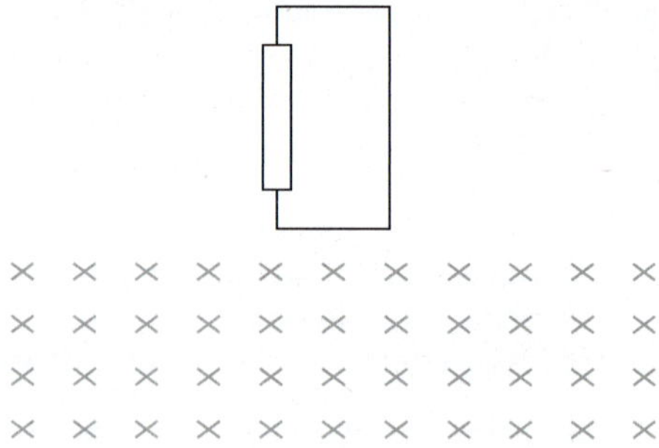

Erläutern Sie (ohne Berechnung), wie der Fall des Drahtrahmens durch das Magnetfeld beeinflusst wird! Wie wirkt sich eine Vergrößerung des Widerstands auf die Bewegung aus?

6 Elektromagnetische Schwingungen und Wellen

6.1 Elektromagnetische Schwingungen

Von mechanischen Schwingungen wissen wir:

- Eine mechanische Schwingung ist eine zeitlich periodische Bewegung eines Körpers um eine Gleichgewichtslage.
- Mechanische Schwingungen entstehen, wenn
  - schwingungsfähige Körper bzw. Teilchen vorhanden sind,
  - eine Auslenkung von Schwingern aus der Gleichgewichtslage erfolgt und
  - eine zur Gleichgewichtslage rücktreibende Kraft vorhanden ist.

■ Beispiele für mechanische Schwingungen sind das Fadenpendel und das Federpendel.

Als rücktreibende Kräfte wirken beim Fadenpendel eine Komponente der Gewichtskraft, beim Federpendel die Resultierende aus Gewichtskraft und Federkraft.

Fadenpendel	**Federpendel**
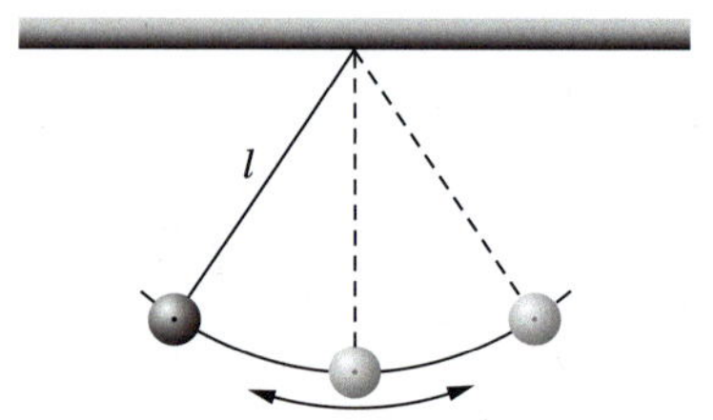	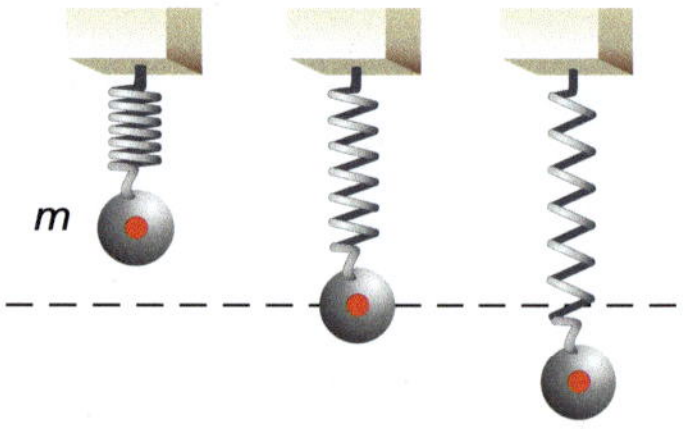
Für die Schwingungsdauer T gilt bei kleinen Auslenkungen: $T = 2\pi\sqrt{\frac{l}{g}}$ l Länge des Pendels g Fallbeschleunigung	Für die Schwingungsdauer T gilt: $T = 2\pi\sqrt{\frac{m}{D}}$ m Masse des Körpers D Federkonstante

- Bei harmonischen (sinusförmigen) Schwingungen ist die rücktreibende Kraft F proportional zur Auslenkung y. Die Funktionsgleichung für eine harmonische Schwingung lautet:

$$y(t) = A \cdot \sin\left(\frac{2\pi}{T} \cdot t\right) = A \cdot \sin(\omega \cdot t)$$

  Dabei sind A die Amplitude, T die Schwingungsdauer, t die Zeit und ω die Kreisfrequenz $\left(\omega = \frac{2\pi}{T}\right)$.

Einheit der Frequenz ist ein Hertz:

1 Hz = 1 s^{-1}

- Zwischen der Schwingungsdauer T und der Frequenz f besteht die Beziehung $T = \frac{1}{f}$ bzw. $f = \frac{1}{T}$.
- Mechanische Schwingungen können ungedämpft oder gedämpft verlaufen.

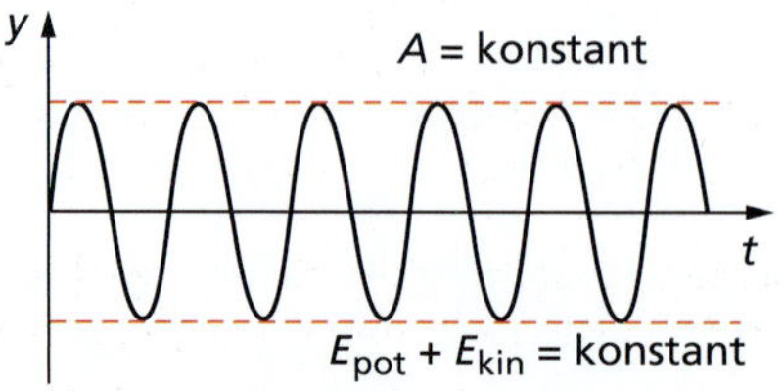

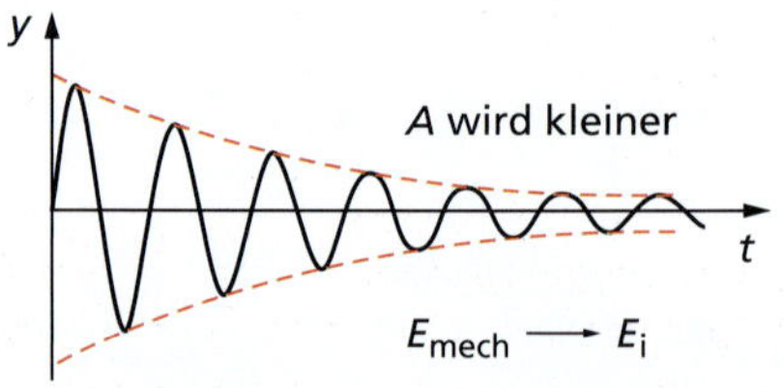

Erzeugung elektromagnetischer Schwingungen

In analoger Weise wie mechanische Schwingungen (↗ S. 144) lassen sich elektromagnetische Schwingungen erzeugen.
Eine geeignete Anordnung, mit deren Hilfe man elektromagnetische Schwingungen erzeugen kann, ist eine Schaltung aus einem Kondensator und einer Spule. Eine solche Anordnung wird als **Schwingkreis** bezeichnet.

Energie wird durch eine elektrische Quelle zugeführt. Bei Schalterstellung 1 wird der Kondensator aufgeladen und damit elektrische Energie im Feld des Kondensators gespeichert. Bringt man den Schalter in Stellung 2, so wird der Schwingkreis von der elektrischen Quelle getrennt und es gehen die unten beschriebenen Veränderungen vor sich.

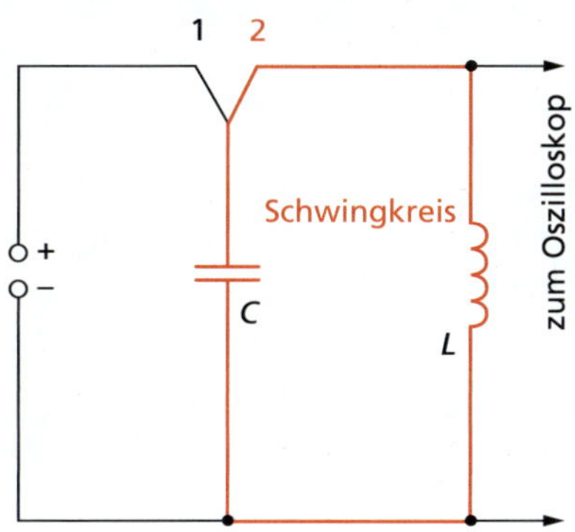

Experimentell lassen sich diese Schwingungen nachweisen, wenn an den Schwingkreis ein Oszilloskop angeschlossen wird.

Bei allen nachfolgenden Betrachtungen wird der ohmsche Widerstand vernachlässigt.

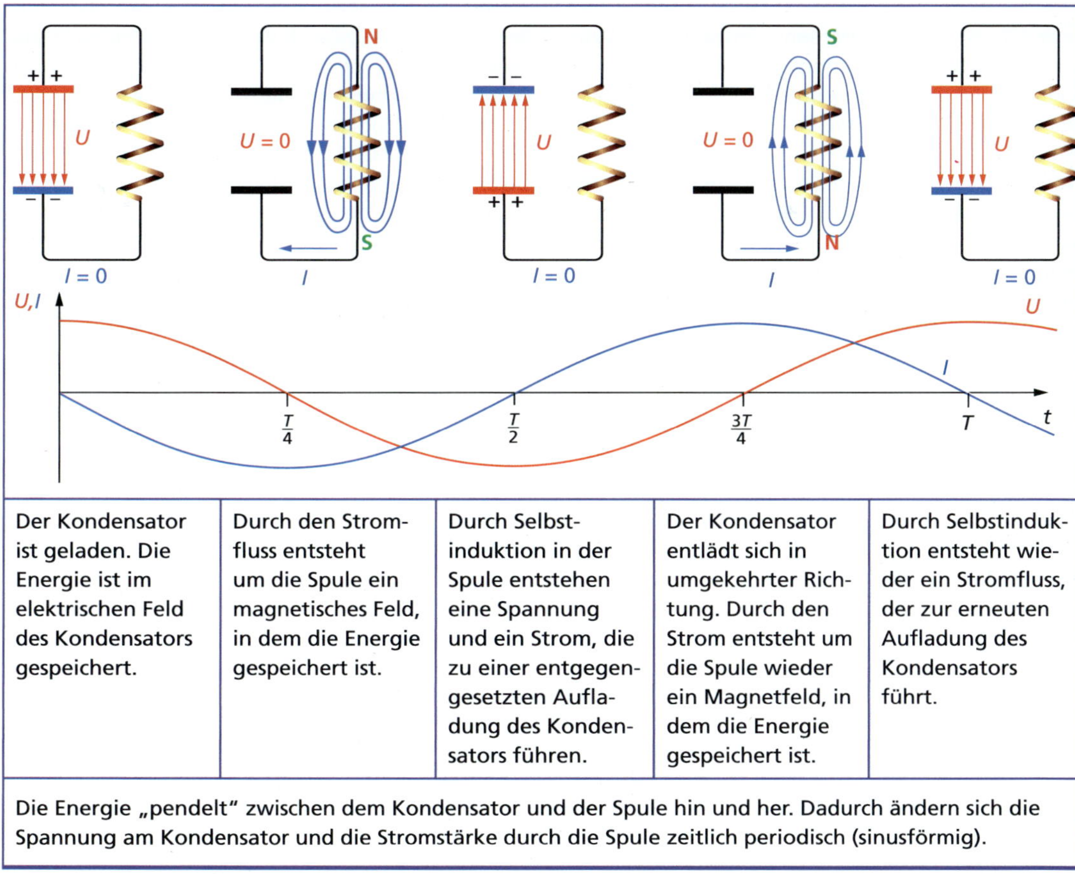

Der Kondensator ist geladen. Die Energie ist im elektrischen Feld des Kondensators gespeichert.	Durch den Stromfluss entsteht um die Spule ein magnetisches Feld, in dem die Energie gespeichert ist.	Durch Selbstinduktion in der Spule entstehen eine Spannung und ein Strom, die zu einer entgegengesetzten Aufladung des Kondensators führen.	Der Kondensator entlädt sich in umgekehrter Richtung. Durch den Strom entsteht um die Spule wieder ein Magnetfeld, in dem die Energie gespeichert ist.	Durch Selbstinduktion entsteht wieder ein Stromfluss, der zur erneuten Aufladung des Kondensators führt.

Die Energie „pendelt" zwischen dem Kondensator und der Spule hin und her. Dadurch ändern sich die Spannung am Kondensator und die Stromstärke durch die Spule zeitlich periodisch (sinusförmig).

Die Analogiemethode – eine typische Arbeitsweise in der Physik

Aus der Umgangssprache ist der Begriff Analogie (griech. *analogia* = Verhältnis) vielen Menschen bekannt. Wir ziehen meist unbewusst Analogieschlüsse. Beispielsweise sehen wir als Kinder immer wieder, dass Gegenstände, die aus der Hand gleiten, unausweichlich zum Erdboden fallen. Wir nehmen deshalb an, dass grundsätzlich alle Gegenstände, einmal losgelassen, stets herunterfallen. Diese Annahme beruht auf der Ähnlichkeit der jeweiligen Vorgänge. Es scheint keine Rolle zu spielen, ob ein Ball, ein Stein oder ein Mensch zu Boden fällt. Doch wir sind überrascht, wenn wir zum ersten Mal sehen, wie ein mit Helium gefüllter Luftballon nicht fällt, sondern aufsteigt.

Dieses Beispiel aus der Alltagswelt verdeutlicht die Stärke und die Schwäche von Analogieschlüssen. Sie führen in vielen Fällen zu richtigen Erkenntnissen. Es handelt sich aber nicht um eine zwingende Schlussweise.

In der Physik ist diese Herangehensweise, die **Analogiemethode,** eine Erkenntnismethode zur Gewinnung von Erkenntnissen unter Nutzung von Analogien und Analogieschlüssen.

Wenn verschiedene physikalische Prozesse oder physikalische Objekte ähnliche Eigenschaften besitzen oder wenn sie in gewissen Merkmalen übereinstimmen, dann kann man erwarten, dass diese Prozesse oder Objekte auch ein ähnliches Verhalten aufweisen. Bei der Analogiemethode wird diese Erfahrungstatsache zur Formulierung von Vorhersagen genutzt. Stets müssen Experimente die für ein Objekt vorhergesagte Eigenschaft auch belegen.
Die Analogiemethode wird in allen Gebieten der Physik verwendet.

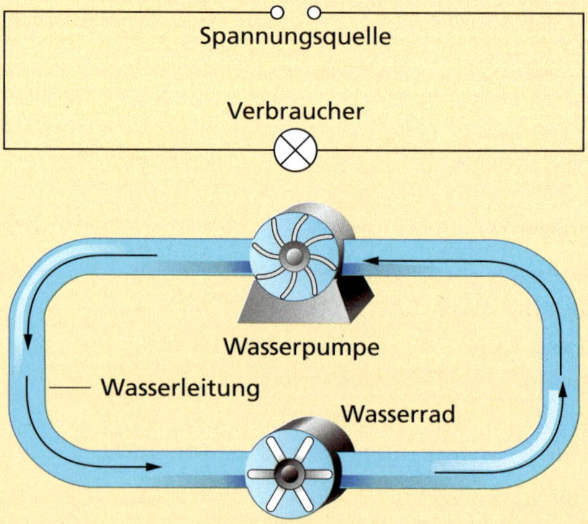

Beispiel:
Da der elektrische Strom eine gerichtete Bewegung von Ladungsträgern darstellt, wird er häufig mit einer Wasserströmung in einer Rohrleitung verglichen (Abb. oben). Weil ein Strömungswiderstand im Wasser die Strömungsgeschwindigkeit vermindert, gelangt man zur Vorhersage, dass ein elektrischer Widerstand im Stromkreis die Stromstärke verkleinert.
In dieser Analogie würde ein elektrischer Verbraucher einem Wasserrad entsprechen, das sich in der Strömung dreht. Das Analogon zur Spannungsquelle ist eine Pumpe, den Verbindungsleitern entsprechen Rohrleitungen.

Die Analogie zwischen einem Federpendel und einem Schwingkreis beruht ebenfalls auf der Feststellung gemeinsamer Merkmale. Federpendel und Schwingkreis ermöglichen Energieumwandlungen. Sie stellen schwingungsfähige Systeme dar und sollten deshalb auf ähnliche Weise beschreibbar sein.

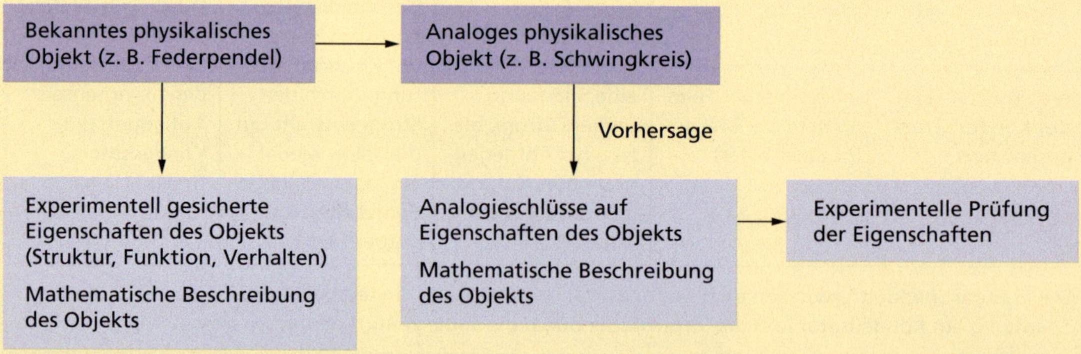

Analogien zwischen mechanischen und elektromagnetischen Schwingungen

Zwischen mechanischen und elektromagnetischen Schwingungen gibt es eine Reihe von Analogien, die in der nachfolgenden Übersicht dargestellt sind. Analogiebetrachtungen bzw. die Analogiemethode (↗ S. 146) sind typische Vorgehensweisen in der Physik.

Mechanische Schwingungen	Elektromagnetische Schwingungen
Eine mechanische Schwingung ist eine zeitlich periodische Bewegung eines Körpers um eine Gleichgewichtslage. **Beispiel:** Federpendel 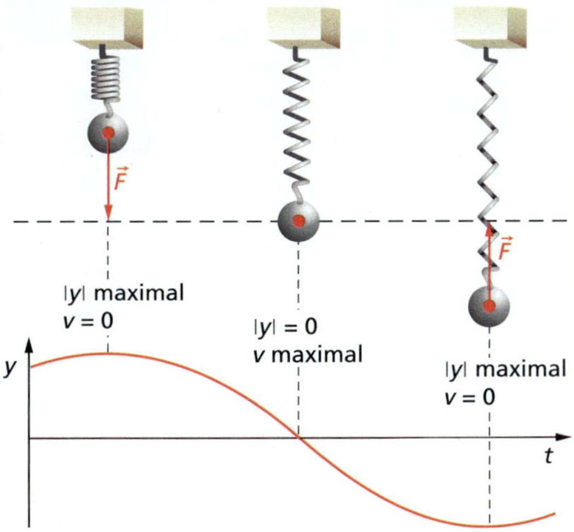 Es wird potenzielle Energie in kinetische Energie umgewandelt und umgekehrt.	Eine elektromagnetische Schwingung ist eine zeitlich periodische Änderung der Stärke des elektrischen beziehungsweise des magnetischen Felds. **Beispiel:** Schwingkreis 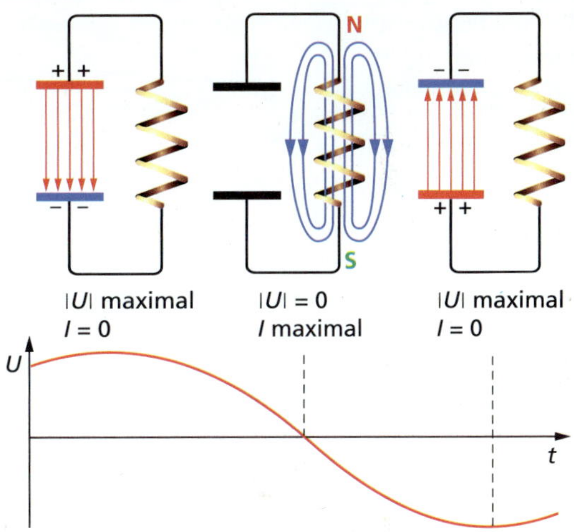 Es wird Energie des elektrischen Felds in Energie des magnetischen Felds umgewandelt und umgekehrt.
Ohne Energiezufuhr verläuft die Schwingung gedämpft. 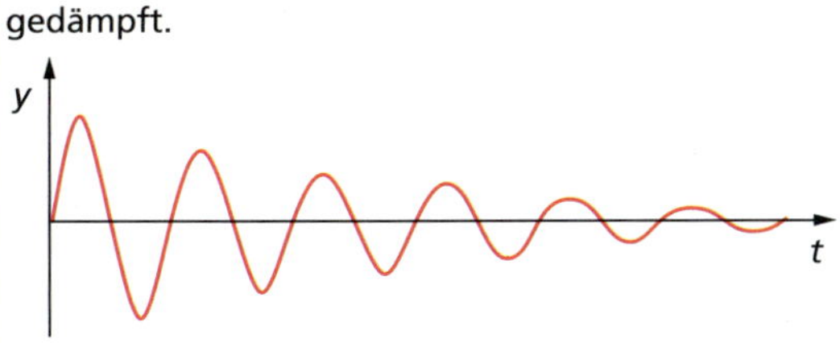 **Ursache:** Durch Reibung wird mechanische Energie in innere Energie umgewandelt.	Ohne Energiezufuhr verläuft die Schwingung gedämpft. 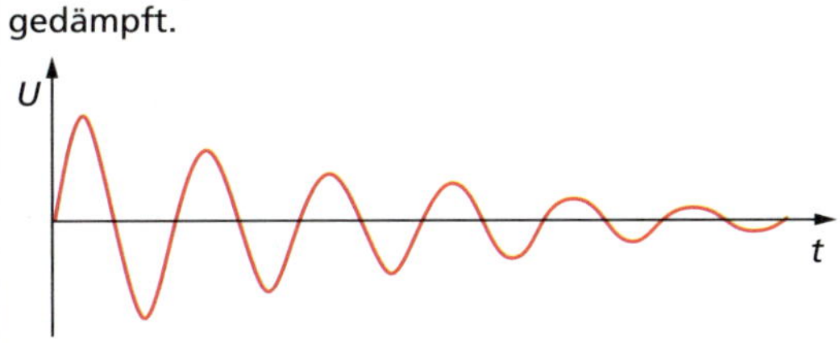 **Ursache:** Durch den ohmschen Widerstand im Stromkreis wird elektrische Energie in innere Energie umgewandelt.
Für die Schwingungsdauer gilt: $T = 2\pi\sqrt{\frac{m}{D}}$ m Masse des Körpers D Federkonstante	Für die Schwingungsdauer gilt: $T = 2\pi\sqrt{L \cdot C}$ (↗ S. 149) L Induktivität der Spule C Kapazität des Kondensators

Die thomsonsche Schwingungsgleichung

Wie bei mechanischen Schwingungen ist auch bei elektromagnetischen Schwingungen die Frage von Interesse, wovon die Schwingungsdauer abhängig ist und wie man sie berechnen kann.
Wir betrachten dazu einen Schwingkreis mit einer Spule der Induktivität *L* und einem Kondensator der Kapazität *C*. Bei Kenntnis der Gesetze im Wechselstromkreis kann man die Schwingungsdauer theoretisch herleiten. Da uns diese Gesetze nicht zur Verfügung stehen, wählen wir den experimentellen Weg.
Zur experimentellen Untersuchung eignet sich eine Versuchsanordnung, wie sie nachfolgend dargestellt ist.

Eine Erklärung für die Funktionsweise dieser Schaltung ist auf S. 151 gegeben.

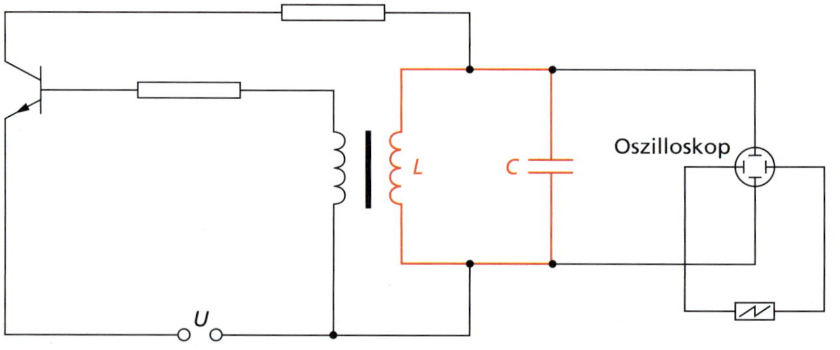

Mit einer solchen Schaltung lassen sich ungedämpfte elektromagnetische Schwingungen erzeugen. Die jeweilige Schwingungsdauer kann mithilfe eines Oszilloskops bestimmt werden.

Bei allen diesen Betrachtungen wird der ohmsche Widerstand *R* des Schwingkreises vernachlässigt.

Es können nun folgende Größen variiert werden:
- die Spannung *U*, mit der der Kondensator des Schwingkreises aufgeladen wird,
- die Kapazität *C* des Kondensators und
- die Induktivität *L* der Spule.

Die experimentellen Untersuchungen zeigen:
- Die Spannung *U* beeinflusst nur die Amplitude der elektromagnetischen Schwingung, nicht aber die Schwingungsdauer.
- Je größer die Induktivität *L* der Spule ist, desto größer ist die Schwingungsdauer *T*.
- Je größer die Kapazität *C* des Kondensators ist, desto größer ist die Schwingungsdauer *T*.

Allerdings besteht jeweils keine einfache direkte Proportionalität.

Durch systematisches Probieren oder intuitiv findet man heraus:

$$T \sim \sqrt{L \cdot C}$$

Den Proportionalitätsfaktor kann man experimentell bestimmen. Er beträgt für **alle** Schwingungsvorgänge 2π (↗ S. 144).

Unter der Bedingung, dass der ohmsche Widerstand im Schwingkreis null ist, gelten für die Eigenfrequenz *f* des Schwingkreises bzw. für die Schwingungsdauer *T* folgende Gleichungen :

$T = 2\pi\sqrt{L \cdot C}$

$f = \frac{1}{2\pi\sqrt{L \cdot C}}$

L Induktivität der Spule
C Kapazität des Kondensators

Als Erster leitete 1853 WILLIAM THOMSON (1824 bis 1907), der spätere Lord KELVIN OF LARGS, die Gleichung zur Berechnung der Schwingungsdauer ab. Sie wird deshalb thomsonsche Schwingungsgleichung genannt.

Berücksichtigt man den in einem Schwingkreis stets vorhandenen ohmschen Widerstand *R*, so ergibt sich gegenüber dem bisher betrachteten Fall mit $R = 0$ eine Verkleinerung der Frequenz und damit eine Vergrößerung der Schwingungsdauer. Für die Eigenfrequenz des Schwingkreises gilt dann:

$$f = \frac{1}{2\pi}\sqrt{\frac{1}{L \cdot C} - \frac{R^2}{4L^2}}$$

■ Ein Tonfrequenzgenerator besitzt einen Schwingkreis und erzeugt einen Ton mit der Frequenz 800 Hz. Die Spule des Schwingkreises hat eine Induktivität von 0,4 H.
Welche Kapazität hat der Kondensator des Schwingkreises?
Wie groß müsste die Kapazität des Kondensators sein, wenn der Generator einen Ton mit halber Frequenz erzeugen soll?

Mit einem Tonfrequenzgenerator kann man Töne in frei wählbaren Frequenzen einstellen. Dazu werden die in einem Schwingkreis ablaufenden elektromagnetischen Schwingungen mit einem Lautsprecher hörbar gemacht.

Analyse:
Unter der Bedingung, dass man vom ohmschen Widerstand der Spule absieht, gilt die thomsonsche Schwingungsgleichung.

Gesucht: C_1 für 800 Hz
C_2 für 400 Hz

Gegeben: $f_1 = 800\ \text{Hz} = 800\ \frac{1}{\text{s}}$
$f_2 = 400\ \text{Hz} = 400\ \frac{1}{\text{s}}$
$L = 0{,}4\ \text{H} = 0{,}4\ \frac{\text{V} \cdot \text{s}}{\text{A}}$

Für die Einheiten gilt:

$1\ \text{H} = 1\ \frac{\text{V} \cdot \text{s}}{\text{A}}$

Lösung:

Aus $f_1 = \frac{1}{2\pi \cdot \sqrt{L \cdot C_1}}$ erhält man durch Umstellen nach C_1:

$$C_1 = \frac{1}{4\pi^2 \cdot L \cdot f_1^2}$$

$$C_1 = \frac{1 \cdot \text{A} \cdot \text{s}^2}{4 \cdot 3{,}14^2 \cdot 0{,}4\ \text{V} \cdot \text{s} \cdot 800^2} = 99\ \text{nF}$$

Für den zweiten Kondensator erhält man wegen $C \sim \frac{1}{f^2}$:

$$C_2 = 4 \cdot 99\ \text{nF} = 396\ \text{nF}$$

Für die Einheiten gilt:

$1\ \frac{\text{A} \cdot \text{s}}{\text{V}} = 1\ \text{F}$

$1 \cdot 10^{-9}\ \text{F} = 1\ \text{nF}$

Der Zusammenhang

$f^2 \sim \frac{1}{C}$ oder $C \sim \frac{1}{f^2}$

ergibt sich aus der Gleichung:

$f = \frac{1}{2\pi \cdot \sqrt{L \cdot C}}$

Ergebnis:
Für einen Ton mit einer Frequenz von 800 Hz muss der Kondensator des Schwingkreises eine Kapazität von 99 nF haben.
Für einen 400-Hz-Ton muss die Kapazität das Vierfache betragen, also $C = 396$ nF sein.

Gedämpfte und ungedämpfte elektromagnetische Schwingungen

Es handelt sich dabei um eine freie **Schwingung** bzw. **Eigenschwingung** mit der Eigenfrequenz f_0, die durch Induktivität und Kapazität bestimmt ist.

Wird einem geschlossenen Schwingkreis einmalig Energie zugeführt, z. B. durch Aufladen des Kondensators, so kommt die elektromagnetische Schwingung im Schwingkreis nach einer bestimmten Zeit zum Erliegen. Es liegt eine **gedämpfte Schwingung** vor. Ursache dafür ist der ohmsche Widerstand im Schwingkreis, durch den elektrische Energie in innere Energie umgewandelt wird.

Gedämpfte Schwingung	Ungedämpfte Schwingung
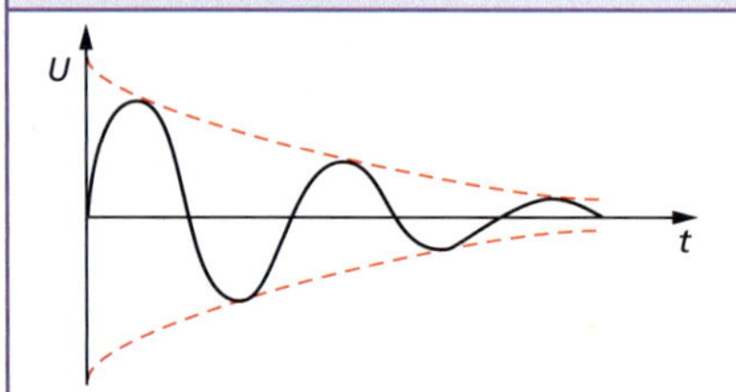	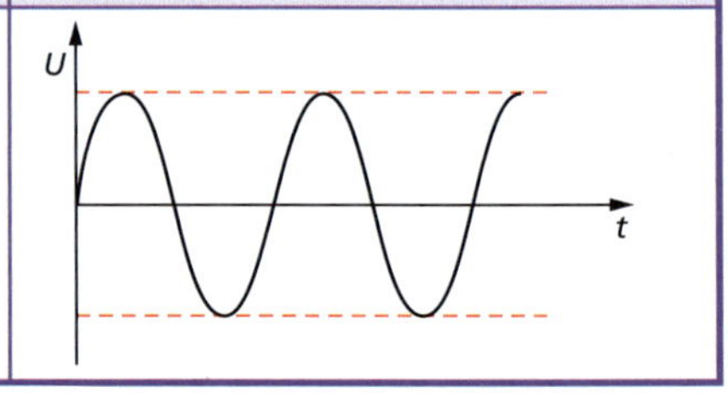

Um eine **ungedämpfte Schwingung** zu erhalten, muss dem Schwingkreis im zeitlichen Mittel ständig so viel Energie zugeführt werden, wie in innere Energie umgewandelt wird. Außerdem muss die Energie auch noch im Takt der Schwingung zugeführt werden. Von einer Kinderschaukel ist das Prinzip bekannt. Man kann die Abnahme der Schwingungsweite verhindern, wenn man die Schaukel immer wieder im Rhythmus ihrer Eigenfrequenz anstößt. Das muss darüber hinaus im richtigen Takt erfolgen.

Resonanz bei elektromagnetischen Schwingungen kann erwünscht oder unerwünscht sein. Erwünscht ist sie z. B. beim **Abstimmkreis** in einem Rundfunkempfänger. Unerwünscht ist sie bei der **Rückkopplung** einer Verstärkeranlage mit einem Mikrofon.

Ein Maximum der Amplitude wird dann erreicht, wenn die Erregerfrequenz genauso groß wie die Eigenfrequenz des Schwingkreises ist.
In diesem Fall liegt **Resonanz** vor. Die Amplituden von Wechselspannung und Wechselstromstärke im Schwingkreis erreichen ein Maximum.
Die Resonanzbedingung für erzwungene Schwingungen lautet:

> Die Resonanzbedingung für erzwungene Schwingungen lautet:
>
> $f_E = f_0$
>
> f_E Erregerfrequenz
> f_0 Eigenfrequenz des Schwingkreises

Für technische Anwendungen sucht man natürlich nach Lösungen, bei denen die periodische Energiezufuhr im richtigen Takt ohne menschliches Zutun erfolgt. Dazu muss das schwingende System von allein auf eine äußere Energiequelle zugreifen. Systeme, denen das möglich ist, werden in der Physik als **rückgekoppelte Systeme** bezeichnet (↗ S. 151). Das physikalische Prinzip nennt man **Rückkopplung.**

Weitere Beispiele für Rückkopplung sind auf den Seiten 152 bis 153 zu finden.

Dieses Prinzip kann bei Schwingkreisen genutzt werden. Die entsprechende Schaltung wird als Rückkopplungsschaltung bezeichnet. Die bekannteste Rückkopplungsschaltung ist die **meißnersche Rückkopplungsschaltung.** Sie geht auf den deutschen Techniker ALEXANDER MEISSNER (1883–1958) zurück, der sie 1913 entwickelt hat.

Die Abbildung zeigt die meißnersche Rückkopplungsschaltung. Das Kernstück dieser Schaltung ist ein Transistor. Der stets mit drei Anschlüssen (1, 2, 3) versehene Transistor besitzt folgende Eigenschaften, die durch mikrophysikalische Effekte im Innern zustande kommen:

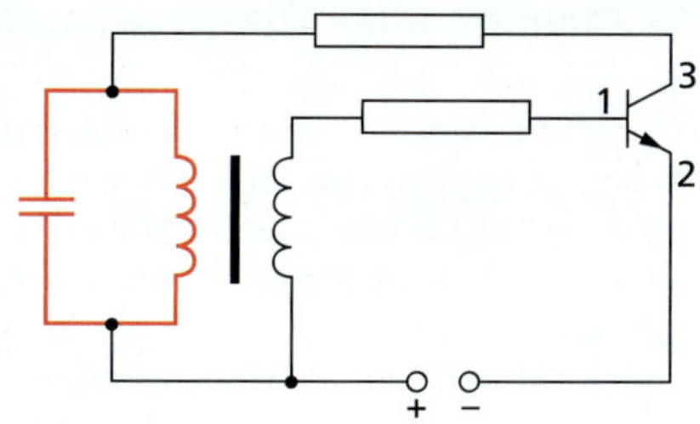

ALEXANDER MEISSNER verwendete statt eines Transistors eine Elektronenröhre (Triode). Transistoren waren Anfang des 20. Jahrhunderts unbekannt. Der erste Transistor wurde erst Mitte der Vierzigerjahre des 20. Jahrhunderts entwickelt.

- Liegt zwischen den Anschlüssen 1 und 2 keine Spannung an oder befindet sich am Anschluss 1 der negative Pol einer Spannungsquelle, dann ist der elektrische Widerstand zwischen den Anschlüssen 2 und 3 sehr groß.
- Legt man jedoch zwischen den Anschlüssen 1 und 2 eine Spannung von etwa +1 V an, dann wird die Verbindung zwischen den Anschlüssen 2 und 3 schlagartig elektrisch leitend. Der Widerstand wird sehr klein. Zwischen 2 und 3 fällt keine Spannung mehr ab.

Die Funktionsweise der meißnerschen Rückkopplungsschaltung lässt sich mit diesen Kenntnissen so erklären:

- Dem Schwingkreis (rot eingezeichnet) wird an der Spule ein kleiner Teil der Energie entzogen. Das geschieht mithilfe einer zweiten Spule (schwarz eingezeichnet), in der das veränderliche Magnetfeld der Schwingkreisspule eine sinusförmig verlaufende Spannung induziert.
- Gelangt die positive Halbschwingung im schwarz gezeichneten Rückkopplungskreis zum Transistor, dann wird der Übergang zwischen den Anschlüssen 2 und 3 elektrisch leitend. Die an der Spannungsquelle bereitgestellte Spannung fällt in diesem Moment ganz über dem Schwingkreis ab. Dadurch werden die Ladungsträger im Schwingkreis beschleunigt, und zwar gerade dann, wenn sie mit maximaler Stromstärke die Spule durchfließen. Der Schwingkreis erhält somit von außen Energie.
- Gelangt die negative Halbschwingung der Spannung zum Transistor, dann wird der Übergang zwischen den Anschlüssen 2 und 3 am Transistor nicht leitend. Infolge des hohen ohmschen Widerstands fällt nun fast die gesamte Spannung der Spannungsquelle am Transistor und nicht am Schwingkreis ab. Die Energiezufuhr zum Schwingkreis ist unterbrochen.

Es liegt eine induktive Kopplung vor.

Insgesamt darf man sich vorstellen, dass der Schwingkreis – ähnlich wie eine Kinderschaukel – im Takt seiner Eigenfrequenz „angestoßen" wird, ihm also von außen periodisch Energie zugeführt wird.

Die meißnersche Rückkopplungsschaltung wird u. a. in Tonfrequenzgeneratoren angewendet, um hörbaren Schall oder Ultraschall zu erzeugen. Sie kann auch zu Erzeugung hochfrequenter Schwingungen verwendet werden. Rückgekoppelte Systeme treten in Natur und Technik vielfältig auf. Sie werden zum Teil genutzt (↗ oben), sind aber zum Teil auch unerwünscht. Befinden sich z. B. Mikrofon und Lautsprecher in einem Raum, so kann sich die Rückkopplung in einem schrillen Pfeifton äußern.

Eigenschwingungen von Bauwerken können durch äußere Einflüsse (Wind, Erdbeben) so stark werden, dass es zu Zerstörungen kommt.

Rückkopplung - eine Physik voller Überraschungen

Bei vielen natürlichen und technischen Prozessen ändern sich Größen. Die am Beginn der Prozesse stehenden **Eingangsgrößen** können dabei erheblichen Veränderungen unterliegen, sodass die am Ende der Prozesse stehenden **Ausgangsgrößen** in typischen Eigenschaften wie Menge oder Intensität verändert sind.

Ein Beispiel für einen solchen natürlichen Prozess ist die Geburtenabfolge in einer Gemeinschaft von Tieren.
Die Anzahl der Nachkommen in einer Tierpopulation kann gegenüber der Elterngeneration deutlich vergrößert sein. Von **Rückkopplung** spricht man, wenn eine oder mehrere Ausgangsgrößen Einfluss auf die Eingangsgrößen haben bzw. wenn sie selbst als Eingangsgrößen auftreten. Schematisch lässt sich das so darstellen:

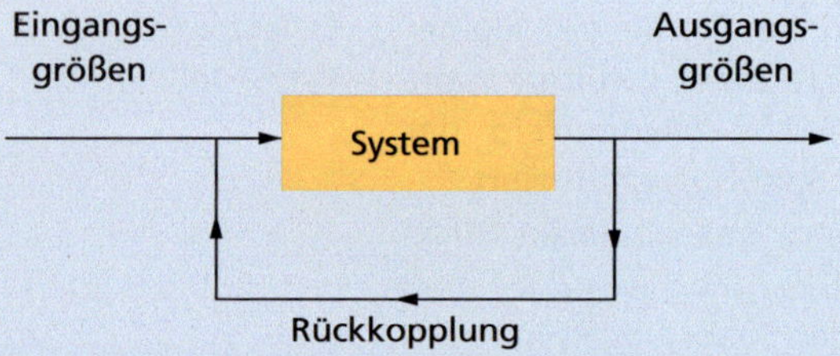

Im Beispiel der Tierpopulation ist die Rückkopplung unmittelbar zu sehen, denn die Nachkommen treten irgendwann als Elterngeneration auf. Gibt es keine natürlichen Feinde und ist ausreichend Nahrung vorhanden, dann werden durch mehr Nachkommen bald mehr Eltern vorhanden sein, und diese wiederum bringen noch mehr Nachkommen hervor. Eine solche Rückkopplung wird dazu führen, dass sich die Ausgangsgröße, in diesem Fall die Anzahl der Lebewesen, ständig vergrößert. Man spricht von **positiver Rückkopplung.**
Bei einer **negativen Rückkopplung** wird die Ausgangsgröße geschwächt. Kommen z.B. auf Dauer weniger Nachkommen zur Welt als Eltern vorhanden sind, stirbt die Population letztendlich aus.

Rückgekoppelte Systeme sind ein häufiges Phänomen. So wird z.B. das gesamte Erdklima durch Rückkopplungen gesteuert. Auch an der Entstehung von Eiszeiten sind positive Rückkopplungen beteiligt. Die bekannteste hiervon ist die Eis-Albedo-Rückkopplung: Durch eine geringfügig verminderte Sonneneinstrahlung in hohen geografischen Breiten fällt etwas mehr Schnee. Dadurch erhöht sich das Rückstrahlvermögen (die sogenannte Albedo) der Erdoberfläche. Es wird mehr Sonnenlicht reflektiert, sodass sich die betreffende Region weiter abkühlt. Nun fällt noch mehr Schnee, es wird noch kälter usw.

Auch biologische und gesellschaftliche Prozesse werden durch Rückkopplungen beeinflusst. Ein Beispiel aus der Physik ist der Fall eines Körpers mit Berücksichtigung des Luftwiderstands (Abb. 2): Mit Vergrößerung der Geschwindigkeit vergrößert sich die Luftwiderstandskraft. Damit verkleinert sich die Beschleunigung des fallenden Körpers.

In der Technik werden Rückkopplungen genutzt, um Abläufe zu regeln, ohne dass beständig durch menschliches Handeln eingegriffen werden muss. Dabei spielen rückgekoppelte Schwingungen häufig eine zentrale Rolle.

1 Beim Abschmelzen von Gletschern treten ebenfalls Rückkopplungen auf.

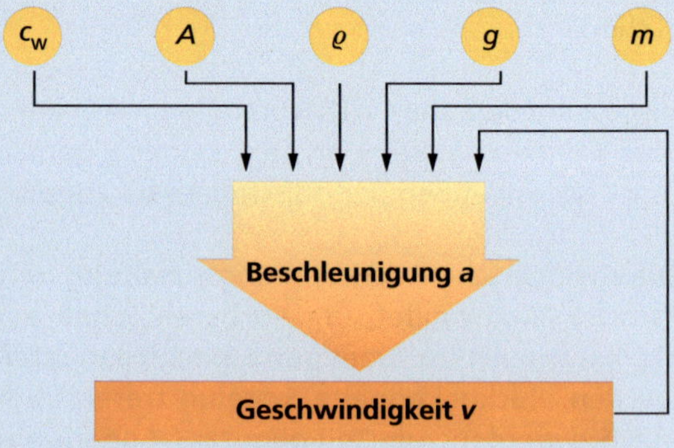

2 Größen, die die Beschleunigung *a* eines in Luft fallenden Körpers beeinflussen

Zu den ersten technischen Anwendungen einer rückgekoppelten Schwingung zählt die Pendeluhr. Schon vor über 1 000 Jahren hatte man begonnen, mit auf Walzen gewickelten Seilen und angehängten Körpern Uhrwerke anzutreiben. Doch solche Uhren liefen ungenau, da ihnen eine feste Zeitperiode als Taktgeber fehlte.
Erst CHRISTIAAN HUYGENS (1629–1695) hatte die Idee, die Schwingungen eines Pendels als exaktes Zeitmaß zu nutzen. Das war naheliegend, denn er konnte aus den von ihm erforschten Pendelgesetzen die exakte Schwingungsdauer berechnen.
Jedes mechanische Pendel unterliegt jedoch der Dämpfung durch Reibung, sodass eine freie Schwingung im Laufe der Zeit abklingt. Wie kann man das verhindern? Die Lösung des Problems lag darin, dem Pendel bei jeder Schwingung Energie zuzuführen. Dazu war eine Erfindung notwendig, die Pendelhemmung mit Rückkopplung (nachfolgende Abbildung).

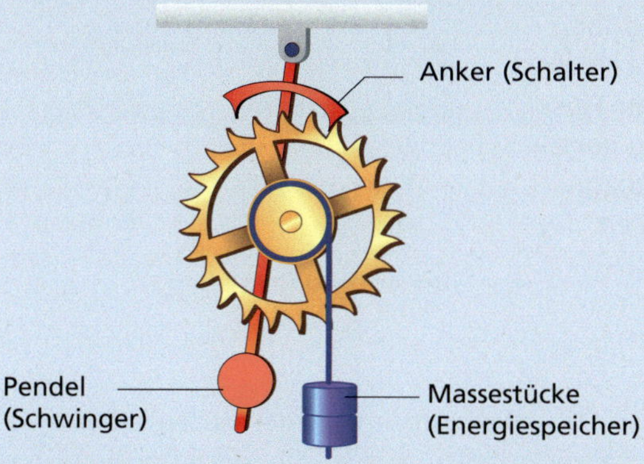

Man bringt am Pendel einen Mechanismus (Anker) an, der bei jeder Hin- und Herbewegung des Pendels in ein Zahnrad eingreift. Die Zähne sind an einer Seite schräg geformt. Dadurch wird bei jedem Takt Rotationsenergie des Zahnrads auf das Pendel übertragen. Diese Rotationsenergie stammt letztendlich aus der potenziellen Energie der angehängten Massestücke.

Die Kunst berühmter Uhrenbauer der Vergangenheit beruhte auch darauf, die Hemmung des Pendels so zu konstruieren, dass die mechanische Schwingung trotz Rückkopplung eine exakte Periodendauer beibehielt. Ein Meister seines Fachs war SIEGMUND RIEFLER (1847–1912) aus Nesselwang im Allgäu. Die von ihm erfundene Riefler-Hemmung ermöglichte die Konstruktion von Präzisionsuhren, die weniger als eine Hundertstelsekunde am Tag falsch gingen.

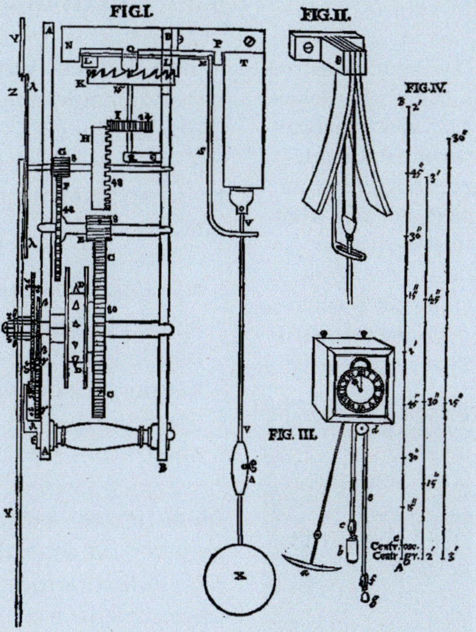

1 Pendeluhr von CHRISTIAAN HUYGENS

Solche Uhren dienten noch bis Mitte des letzten Jahrhunderts in vielen Forschungseinrichtungen als Zeitgeber und wurden erst durch die Erfindung der hochgenauen Atomuhren überflüssig.

Neben rein mechanischen Rückkopplungen oder der elektromagnetischen Rückkopplung beim Schwingkreis gibt es weitere Möglichkeiten. Ein Beispiel dafür ist die magnetomechanische Rückkopplung bei einer Klingel (Abb. 2). Beim Betätigen des Klingelknopfs erfolgt durch die Bewegung des Klöppels ein periodisches Öffnen und Schließen des Stromkreises. Es entsteht das charakteristische Klingelgeräusch.

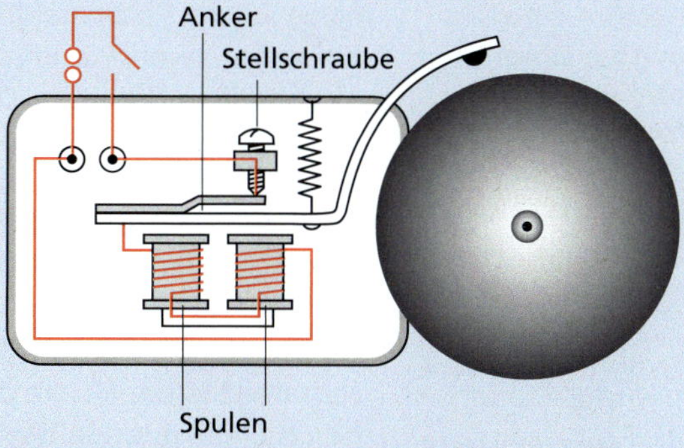

2 Eine Rückkopplung bewirkt ein andauerndes Klingeln.

6.2 Elektromagnetische Wechselfelder

Die Theorie elektromagnetischer Felder, auch **elektromagnetische Feldtheorie** genannt, wurde ab 1855 von dem schottischen Physiker JAMES CLERK MAXWELL (1831–1879) entwickelt und mathematisch ausgearbeitet.

Sie basiert auf der von MICHAEL FARADAY (1791–1867) entwickelten Feldtheorie.

In den Kapiteln 1 und 2 wurden elektrische und magnetische Felder weitgehend unabhängig voneinander betrachtet. Das ist bei statischen Feldern durchaus sinnvoll. Bereits beim magnetischen Feld (↗ S. 53) und auch bei der elektromagnetischen Induktion (↗ S. 116 ff.) wird aber deutlich, dass es zwischen elektrischen und magnetischen Feldern sehr enge Verbindungen gibt:

- Der durch ein elektrisches Feld hervorgerufene Strom in einem geradlinigen Leiter oder in einer Spule ist immer mit einem Magnetfeld verbunden (↗ S. 50).
- Bei der Änderung eines Magnetfelds, das eine Leiterschleife oder eine Spule durchsetzt, wird eine Spannung induziert (↗ S. 119), damit also ein elektrisches Feld hervorgerufen.

Diese letzte Aussage soll etwas genauer untersucht werden. Nach dem Induktionsgesetz wird in einer Leiterschleife eine Spannung induziert, wenn sie von einem zeitlich veränderlichen magnetischen Fluss durchsetzt wird (↗ S. 126). Im gegebenen Fall ändert sich die magnetische Flussdichte B mit der Zeit:

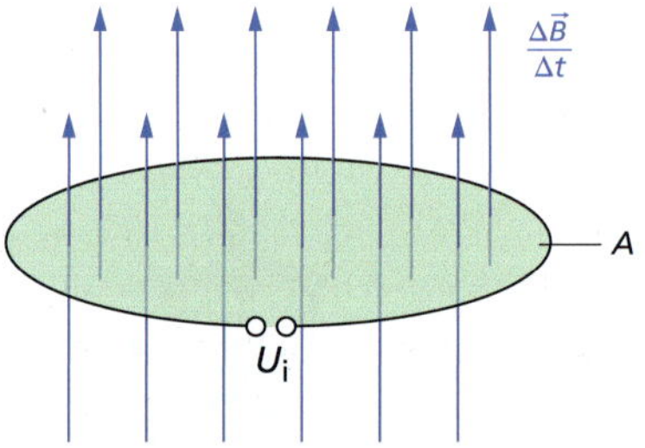

$$U_i = -A \cdot \frac{\Delta B}{\Delta t}$$ Diese Gleichung gilt für $\vec{B} \parallel \vec{A}$.

Allgemein ist: $$U_i = -\frac{\Delta \Phi}{\Delta t} = -\frac{\Delta (B \cdot A)}{\Delta t}$$

Für technische Anwendungen (Transformatoren, Generatoren) ist das Induktionsgesetz in dieser Form zweckmäßig, da man die Induktionswirkung so auffassen kann, als würde durch sie eine Spannungsquelle in einem Stromkreis gebildet.

Die Bedingung, dass die magnetische Flussdichte $\vec{B}$ eine Fläche A senkrecht durchsetzt, kann man verschieden formulieren:
a) $\vec{B}$ und die senkrecht zur Fläche stehende Flächennormale $\vec{A}$ haben die gleiche Richtung: $\vec{B} \parallel \vec{A}$
b) $\vec{B}$ steht senkrecht zur Fläche A: $\vec{B} \perp A$

Allerdings ist eine elektrische Spannung U als Potenzialdifferenz $\Delta\varphi$ zwischen zwei Punkten im elektrischen Feld definiert. Daher ist zu erwarten, dass ursächlich nicht als Erstes eine Spannung, sondern vielmehr zunächst ein elektrisches Feld durch ein zeitlich veränderliches Magnetfeld hervorgerufen wird. Für diesen Vorgang ist die Anwesenheit einer Leiterschleife am Ort der Magnetfeldänderung nicht nötig. Der Sachverhalt ist in der Skizze dargestellt. Sofern man aber eine Leiterschleife mit freien Elektronen in das induzierte elektrische Feld bringt, dann bewegen sie sich entgegen der Feldrichtung. Es entsteht ein Strom und zwischen den Enden der Leiterschleife eine Spannung.

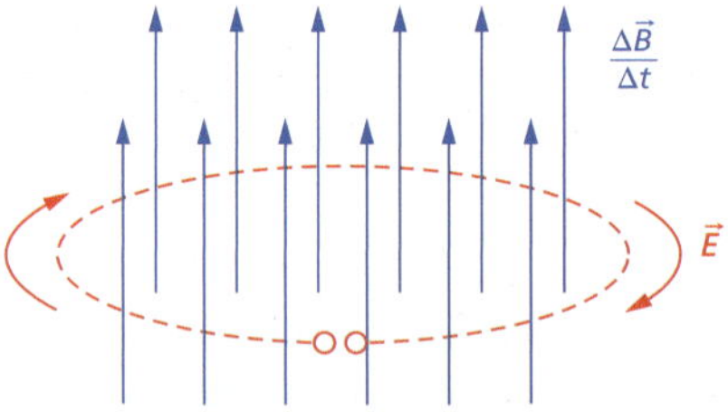

Wenn das zeitlich veränderliche magnetische Feld homogen ist, kann man davon ausgehen, dass das induzierte elektrische Feld überall im Kreisring die gleiche Stärke besitzt und parallel zum Verlauf der Leiterschleife orientiert ist. Beträgt die Länge des geschlossenen Rings s, dann ist $U_i = E \cdot s$ und das Induktionsgesetz kann in folgender Form geschrieben werden:

$$E \cdot s = -A \cdot \frac{\Delta B}{\Delta t}$$

Ist $\vec{E} \parallel \vec{s}$, so gilt für ein homogenes elektrisches Feld:

$U = E \cdot s$

Das bedeutet für den Zusammenhang zwischen magnetischem und elektrischem Feld:

Ein zeitlich veränderliches magnetisches Feld ist untrennbar mit einem elektrischen Feld verbunden.

Elektrisches Feld und magnetisches Feld stehen dabei senkrecht zueinander. Die Richtungen der Felder sind durch die Richtungen der elektrischen Feldstärke bzw. der magnetischen Flussdichte gegeben.

Die Richtung der elektrischen Feldstärke bzw. der magnetischen Flussdichte ist gleich der Richtung der Feldlinien.

Fließt in einem elektrischen Leiter ein Strom, dann ist er von einem Magnetfeld umgeben, dessen Richtung sich aus der jeweiligen Stromrichtung ergibt (Skizze unten links).

Baut man in den Wechselstromkreis einen Kondensator ein, dann unterbricht dieser Kondensator den Stromfluss im Kreis nicht. Er wirkt lediglich als Widerstand. Folglich müsste man annehmen, dass sich das Magnetfeld, das die Zuleitungen umgibt, ohne Unterbrechung im Kondensator fortsetzt (Skizze unten Mitte).

Mit einem empfindlichen Magnetfeldmesser kann man das bestätigen. Allerdings bewegen sich zwischen den Kondensatorplatten keine Ladungsträger. Es breitet sich dort lediglich ein zeitlich veränderliches elektrisches Feld aus. Damit ergibt sich aber, wie rechts unten dargestellt:

Zur Messung der magnetischen Flussdichte verwendet man **Hall-Sonden** (↗ S. 80).

Ein zeitlich veränderliches elektrisches Feld ist untrennbar mit einem magnetischen Feld verbunden.

Auch hier stehen elektrische und magnetische Feldlinien senkrecht zueinander. Das magnetische Feld „umschließt" das elektrische Feld so, wie das in der rechten Skizze dargestellt ist.

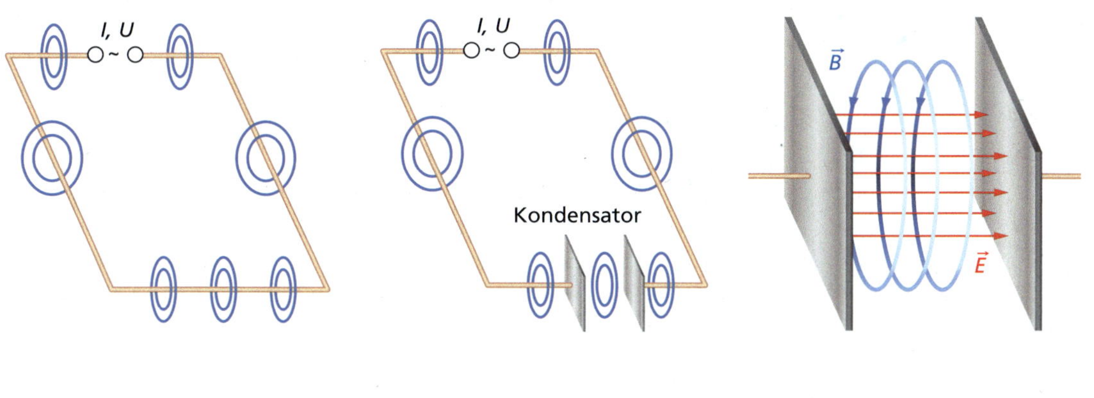

Kennzeichnung elektromagnetischer Felder

Da ein zeitlich veränderliches Magnetfeld ein elektrisches Feld induziert und ein zeitlich veränderliches elektrisches Feld ein Magnetfeld erzeugt, kann man formulieren:

> Elektrische und magnetische Felder können sich gegenseitig induzieren.

Die wechselseitige Induzierbarkeit elektrischer und magnetischer Felder ermöglicht folgenden, zuerst von JAMES CLERK MAXWELL (1831–1879) vorhergesagten Prozess:

Die genannten Vorstellungen entwickelte J. C. MAXWELL im Rahmen seiner elektromagnetischen Feldtheorie.

In einem von Wechselstrom durchsetzten Kondensator entsteht ein zeitlich veränderliches elektrisches Feld. In der Skizze a ist ein Zeitpunkt dargestellt. Dieses sich ändernde elektrische Feld ruft nun seinerseits ein Magnetfeld hervor, dessen Stärke ebenfalls zeitabhängig ist (Skizze b). Demzufolge muss durch dieses veränderliche Magnetfeld ein weiteres elektrisches Feld induziert werden, das nun seinerseits das Magnetfeld umgibt (Skizze c).
Durch eine unaufhörliche Kette wechselseitiger Induktionsvorgänge bildet sich schließlich ein **elektromagnetisches Feld,** das immer größere Teile des umliegenden Raums erfasst. Wenn ein solches elektromagnetisches Feld existiert, dann lässt es sich folgendermaßen charakterisieren:

Ein elektrisches und ein damit verbundenes magnetisches Feld verlaufen immer senkrecht zueinander, anders formuliert: **Elektrische Feldstärke** $\vec{E}$ und **magnetische Flussdichte** $\vec{B}$ stehen senkrecht aufeinander.

> Ein elektromagnetisches Feld ist der Zustand eines Raums, in dem elektrische und magnetische Felder existieren, die untrennbar miteinander verknüpft sind und sich wechselseitig bedingen.

Als Erster zog um 1860 J. C. MAXWELL die Möglichkeit in Betracht, dass sich elektromagnetische Felder wellenförmig im Raum ausbreiten können und dass Lichtwellen elektromagnetische Wellen sind. Diese von MAXWELL theoretisch vorhergesagten **elektromagnetischen Wellen** wurden 1886–1888 von dem deutschen Physiker HEINRICH HERTZ (1857–1894) experimentell nachgewiesen und in ihren Eigenschaften untersucht. Erzeugung und Eigenschaften der elektromagnetischen Wellen, die zu Ehren von H. HERTZ auch als **hertzsche Wellen** bezeichnet werden, sind auf den Seiten 158 ff. dargestellt.

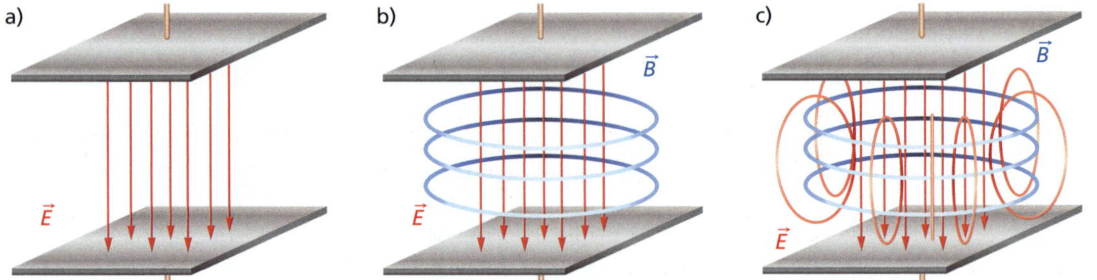

<table>
<tr><th colspan="2">Die wechselseitige Erregung elektrischer und magnetischer Felder</th></tr>
<tr><th>Zeitlich konstante Änderung eines elektrischen Felds</th><th>Zeitlich konstante Änderung eines magnetischen Felds</th></tr>
<tr><td>Ein elektrisches Feld, das sich zeitlich konstant ändert, erzeugt ein magnetisches Feld, das eine konstante Feldstärke hat.</td><td>Ein magnetisches Feld, das sich zeitlich konstant ändert, erzeugt ein elektrisches Feld, das eine konstante Feldstärke hat.</td></tr>
<tr><td>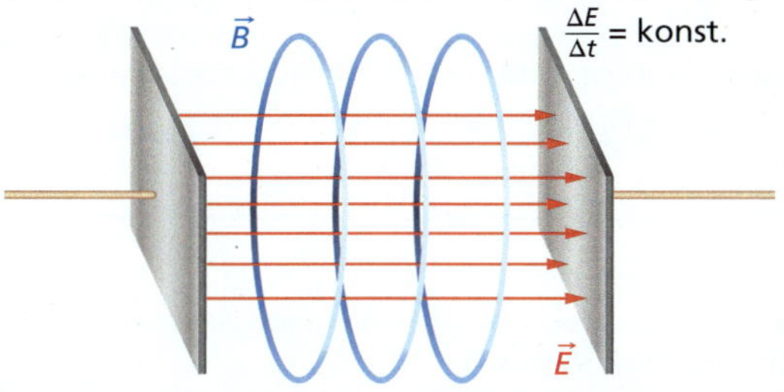
</td><td>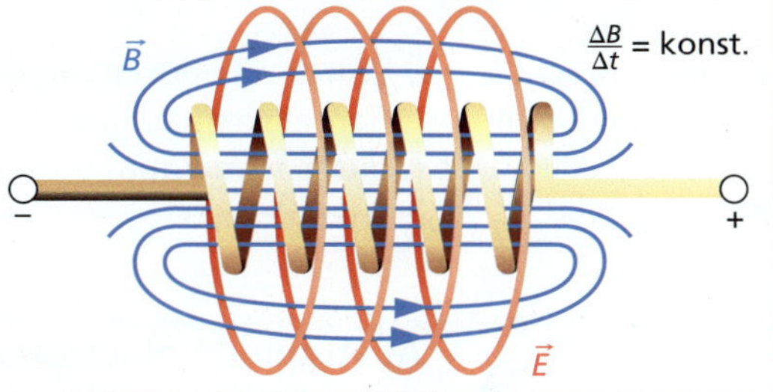
</td></tr>
<tr><td>Beispiel:
Wird in einem Kondensator durch gleichmäßige Zunahme der Spannung das elektrische Feld gleichmäßig verstärkt, entsteht um dieses elektrische Feld ein Magnetfeld konstanter Stärke.</td><td>Beispiel:
Wird durch eine gleichmäßige Zunahme der Stromstärke das Magnetfeld einer Spule gleichmäßig verstärkt, dann entsteht um dieses Magnetfeld ein elektrisches Feld konstanter Stärke.</td></tr>
<tr><td colspan="2">In beiden Fällen endet der Vorgang mit der Herausbildung eines weiteren Felds. Im umgebenden Raum entstehen keine weiteren Veränderungen.</td></tr>
<tr><th>Zeitlich nicht konstante Änderung eines elektrischen Felds</th><th>Zeitlich nicht konstante Änderung eines magnetischen Felds</th></tr>
<tr><td>Ist die zeitliche Änderung des elektrischen Felds nicht konstant, dann erzeugt es ein magnetisches Feld, das ebenfalls eine veränderliche Feldstärke besitzt. Dieses Feld ruft dann seinerseits ein neues elektrisches Feld hervor.</td><td>Ist die zeitliche Änderung des magnetischen Felds nicht konstant, dann erzeugt es ein elektrisches Feld, das ebenfalls eine veränderliche Feldstärke besitzt. Dieses Feld ruft dann seinerseits ein neues magnetisches Feld hervor.</td></tr>
<tr><td>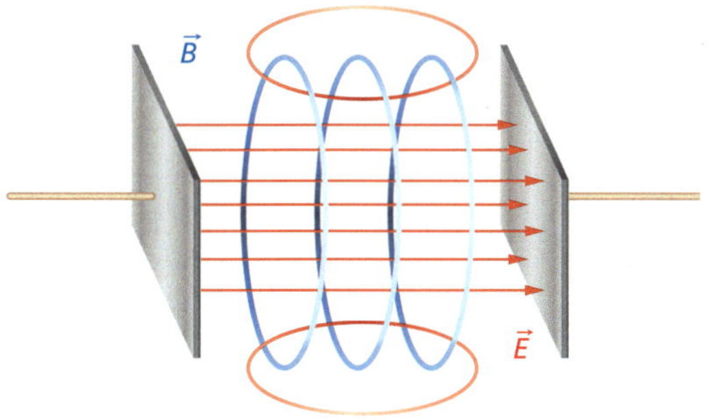
</td><td>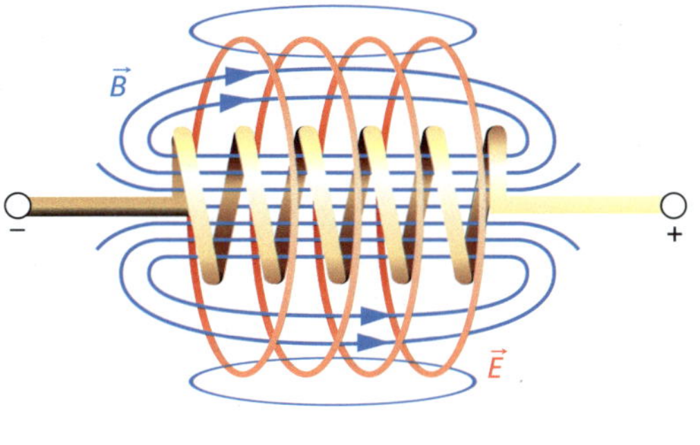
</td></tr>
<tr><td>Beispiel:
Ein Kondensator im Schwingkreis bildet ein elektrisches Feld aus, dessen Änderung zeitlich nicht konstant ist.</td><td>Beispiel:
Eine Spule im Schwingkreis ist von einem Magnetfeld umgeben, dessen Änderung zeitlich nicht konstant ist.</td></tr>
<tr><td colspan="2">In beiden Fällen wird eine Kette von Folgeinduktionen ausgelöst. Die elektrischen und magnetischen Felder breiten sich im Raum aus. Eine elektromagnetische Welle entsteht.</td></tr>
</table>

Sinusförmiger Wechselstrom ist sehr gut dazu geeignet, Felder zu erzeugen, deren Stärke mit veränderlicher Geschwindigkeit schwankt. Einschalt- und Ausschaltvorgänge oder Entlade- und Aufladevorgänge bewirken einen ähnlichen Effekt.
Alle diese Prozesse haben eine Gemeinsamkeit: Die bewegten Ladungsträger, die den felderzeugenden Strom bilden, werden beschleunigt oder abgebremst. Auch durch zahlreiche Experimente ist belegt:

Durch schnelles Abbremsen von Elektronen entsteht z. B. die Röntgen-Bremsstrahlung.

> Werden Ladungsträger beschleunigt oder abgebremst, dann entstehen elektrische und magnetische Felder (elektromagnetische Wellen), die sich im Raum ausbreiten.

Abstrahlung elektromagnetischer Wellen

Der Schwingkreis in der bisher beschriebenen Bauform ist nur sehr bedingt zur Erzeugung von Wellen geeignet. Zum einen ist nach der thomsonschen Schwingungsgleichung die Frequenz bei großen Kapazitäten und Induktivitäten gering. Zum anderen sind elektrisches und magnetisches Feld nahezu vollständig auf Kondensator bzw. Spule beschränkt, also voneinander isoliert.

Für die **Induktivität** einer langen Spule gilt:

$L = \frac{\mu_0 \cdot \mu_r \cdot N^2 \cdot A}{l}$

Die **Kapazität** eines Plattenkondensators ergibt sich zu:

$C = \varepsilon_0 \cdot \varepsilon_r \cdot \frac{A}{d}$

Um die Frequenz zu erhöhen, muss man die Induktivität und die Kapazität im Schwingkreis verringern. So kann man bei der Spule die Wicklungen „auseinanderziehen" und kommt damit im Extremfall zu einem geradlinigen Leiter. Beim Kondensator kann man die Fläche der Kondensatorplatten verkleinern und ihren Abstand vergrößern.
Nimmt man alle diese Veränderungen nacheinander vor, dann bleibt am Ende lediglich ein gerader Stab übrig, den man als **offenen Schwingkreis** oder als **Dipol** bezeichnet (↗ Skizzen).

Geschlossener Schwingkreis | Öffnen des Schwingkreises | Offener Schwingkreis (Dipol) | Abstrahlen elektromagnetischer Wellen

Neben der Frequenzerhöhung erreicht man mithilfe eines Dipols darüber hinaus, dass elektrisches und magnetisches Feld nicht mehr räumlich voneinander getrennt sind, sondern sich beide um den Dipol herum bilden und sich von dort aus in den Raum hinein ausbreiten.

> Ein Dipol kann als Quelle elektromagnetischer Wellen dienen.

Die Anordnung von elektrischem und magnetischem Feld um einen Dipol ist in den nachfolgenden Skizzen in der zeitlichen Abfolge dargestellt.

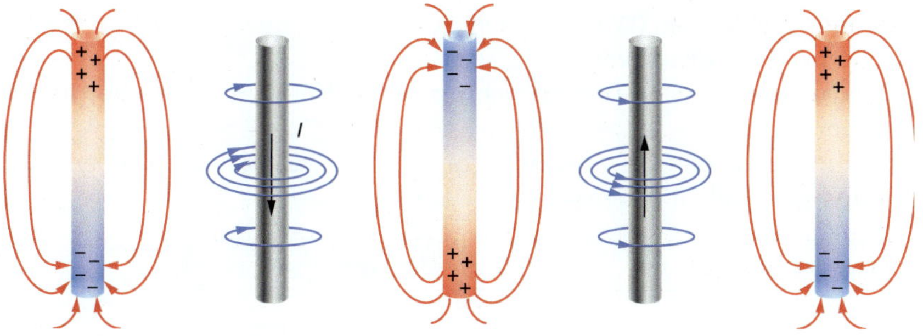

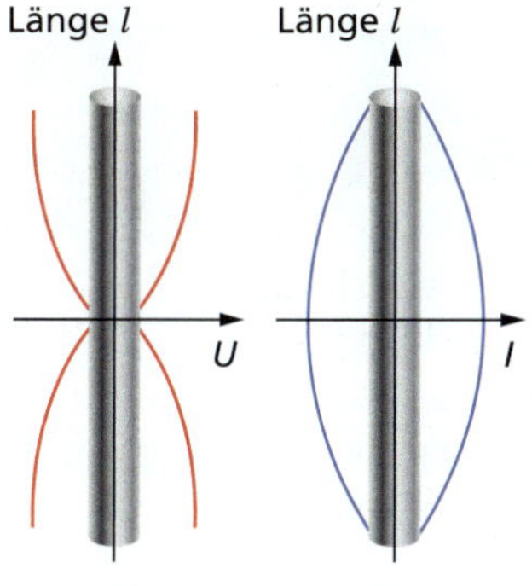

Im Dipol werden Ladungsträger (Elektronen) beschleunigt und abgebremst. Daraus ergibt sich eine charakteristische Verteilung von Stromstärke und Spannung längs des Dipols wie nebenstehend für die beiden ersten Zeitpunkte dargestellt. An den Enden des Dipols ist die Stromstärke null, die Spannung ist zwischen den Enden maximal. In der Mitte des Dipols ist die Stromstärke am größten. Die Spannung ist dann null.

Vergleicht man den sinusförmigen Verlauf von Stromstärke bzw. Spannung mit einer vollständigen Periode einer Welle, dann ist erkennbar: Sowohl bei Spannung als auch bei Stromstärke ist $\frac{\lambda}{2}$ dargestellt, wenn auch phasenverschoben. Daraus ist ableitbar: $l = \frac{\lambda}{2}$

Vergleicht man in der nebenstehenden Skizze die Ausbreitungsrichtung der Welle vom Dipol weg mit den Richtungen von elektrischem und magnetischem Feld, so ist zu erkennen: Beide Felder ändern ihre Stärke senkrecht zur Ausbreitungsrichtung. Wie anderen Wellen kann ihnen eine **Ausbreitungsgeschwindigkeit,** eine **Wellenlänge** und eine **Frequenz** zugeordnet werden.

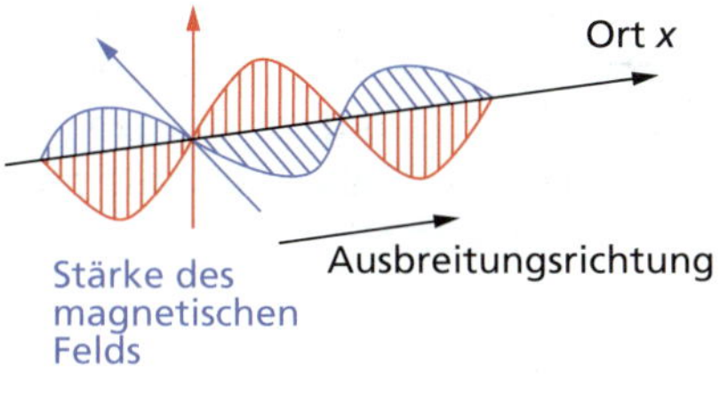

In unmittelbarer Nähe eines Dipols sind elektrisches und magnetisches Feld gegeneinander verschoben, so wie es auf S. 158 dargestellt ist. Man spricht vom **Nahfeld.**
In größerer Entfernung vom Dipol, beim **Fernfeld,** ist die Lage der Felder zueinander so, wie es hier skizziert ist. Sie schwingen gleichphasig und senkrecht zueinander.

Eine elektromagnetische Welle ist die Ausbreitung einer elektromagnetischen Schwingung im Raum. Elektromagnetische Wellen sind Transversalwellen, für die wie für andere Wellen gilt:

$c = \lambda \cdot f$	c	Ausbreitungsgeschwindigkeit
	λ	Wellenlänge
	f	Frequenz

Der charakteristische Verlauf von Stromstärke und Spannung an einem Dipol, so wie er oben skizziert ist, bestimmt entscheidend den Verlauf der abgestrahlten Felder, die sich senkrecht vom Dipol weg ausbreiten.

6.3 Eigenschaften elektromagnetischer Wellen

Elektromagnetische Wellen haben analoge Eigenschaften wie mechanische Wellen. Deshalb ist es sinnvoll, von den bereits bekannten Eigenschaften mechanischer Wellen auszugehen. Das ermöglicht Analogiebetrachtungen (↗ S. 146–147).

Im bisherigen Physikunterricht lag der Schwerpunkt auf den Eigenschaften mechanischer Wellen (Wasserwellen, Schallwellen, Seilwellen). Von mechanischen Wellen wissen wir:

- Mechanische Wellen breiten sich nur in Stoffen aus, nicht aber im Vakuum.
- Zu unterscheiden ist zwischen Longitudinalwellen (Längswellen) und Transversalwellen (Querwellen).

Longitudinalwellen	**Transversalwellen**
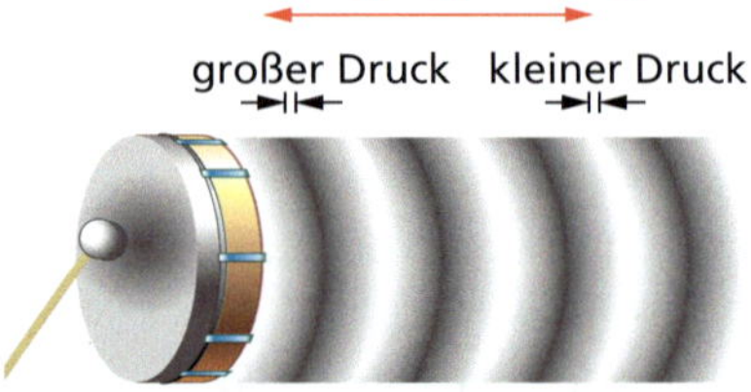	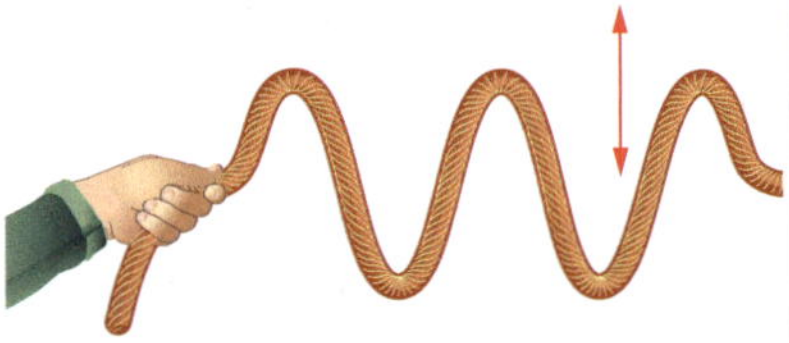
Schwingungsrichtung und Ausbreitungsrichtung stimmen überein.	Schwingungsrichtung und Ausbreitungsrichtung sind senkrecht zueinander.

Für den Zusammenhang zwischen Schwingungsdauer T und Frequenz f gilt:

$f = \frac{1}{T}$ bzw. $T = \frac{1}{f}$

- Mit Wellen wird Energie transportiert, ohne dass ein Stofftransport erfolgt.
- Jeder Welle kann eine Wellenlänge λ und eine Ausbreitungsgeschwindigkeit v zugeordnet werden. Darüber hinaus bewegt sich der einzelne Schwinger mit einer bestimmten Schwingungsdauer T und damit mit einer Frequenz f.
- Zwischen Ausbreitungsgeschwindigkeit v, Wellenlänge λ und Frequenz f gilt für alle mechanischen Wellen die Beziehung:

$$v = \lambda \cdot f$$

$1\ \text{Hz} = \frac{1}{\text{s}}$

■ Gehen von einer Stimmgabel (Kammerton a, $f = 440$ Hz) Schallwellen aus und breiten sie sich bei 20 °C in Luft aus, so ergibt sich als Wellenlänge der Schallwellen:

$$\lambda = \frac{v}{f}$$

$$\lambda = \frac{344\ \text{m} \cdot \text{s}}{440\ \text{s}} = 0{,}78\ \text{m}$$

- Treffen mechanische Wellen auf ein Hindernis, so werden sie reflektiert. Dabei gilt das Reflexionsgesetz: Einfallswinkel α = Reflexionswinkel α'
- Gehen mechanische Wellen von einem Stoff in einen anderen über, so erfolgt bei schrägem Auftreffen in der Regel eine Brechung.
- Beim Auftreffen auf Kanten oder Spalte werden mechanische Wellen gebeugt. Sie können sich überlagern (miteinander interferieren).

Bei Wasserwellen erfolgt bei Änderung der Wassertiefe Brechung.

Elektromagnetische Wellen umfassen einen großen Frequenz- bzw. Wellenlängenbereich (↗ S. 176). Bei der Untersuchung ihrer Eigenschaften zeigt sich, dass es **frequenzabhängige** und **frequenzunabhängige Eigenschaften** gibt. So hat z. B. Gammastrahlung ein völlig anderes Durchdringungsvermögen als sichtbares Licht oder als die beim Handy genutzten hertzschen Wellen, obwohl es sich in allen drei Fällen um elektromagnetische Wellen handelt. Wir konzentrieren uns nachfolgend auf die frequenzunabhängigen Eigenschaften elektromagnetischer Wellen.

In einer Eigenschaft unterscheiden sich mechanische und elektromagnetische Wellen grundlegend voneinander. Mechanische Wellen benötigen zur Ausbreitung einen Stoff. Im Vakuum können sie sich nicht ausbreiten. Bei elektromagnetischen Wellen handelt es sich dagegen um miteinander gekoppelte elektrische und magnetische Felder, die sich in Stoffen, aber auch im Vakuum ausbreiten können. Es gilt somit:

Elektromagnetische Wellen können sich in Stoffen und im Vakuum ausbreiten. Ihre Ausbreitungsgeschwindigkeit ist gleich der Lichtgeschwindigkeit im jeweiligen Stoff beziehungsweise im Vakuum.

Es gilt:
$c = \lambda \cdot f$
(↗ S. 159)

Von ihrem Charakter her handelt es sich bei elektromagnetischen Wellen um Transversalwellen, denn die Schwingungsrichtung von elektrischer Feldstärke $\vec{E}$ und magnetischer Flussdichte $\vec{B}$ erfolgt stets senkrecht zur Ausbreitungsrichtung (↗ S. 159).
Analog zu mechanischen Wellen gilt:

Mit elektromagnetischen Wellen wird Energie transportiert.

Diese Energie verteilt sich gleichmäßig auf das elektrische und das magnetische Feld. Sie ist umso größer, je größer die maximale elektrische Feldstärke E und die maximale magnetische Flussdichte B sind.

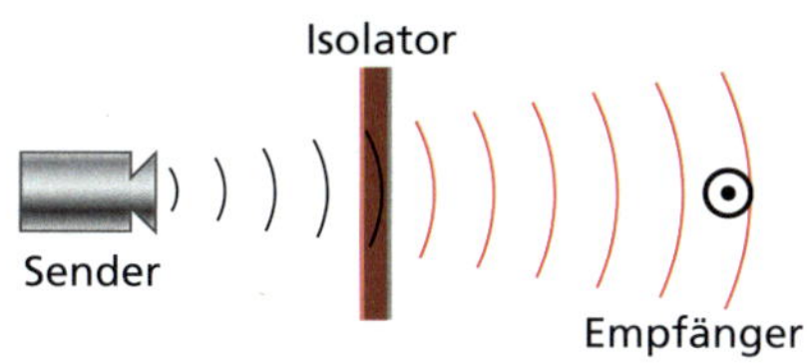

Die zu mechanischen Wellen analogen Eigenschaften lassen sich experimentell gut mit einem Mikrowellensender und -empfänger untersuchen. Isolatoren können von elektromagnetischen Wellen durchdrungen werden, während metallische Leiter diese abschirmen.

Das Foto zeigt einen Mikrowellensender.

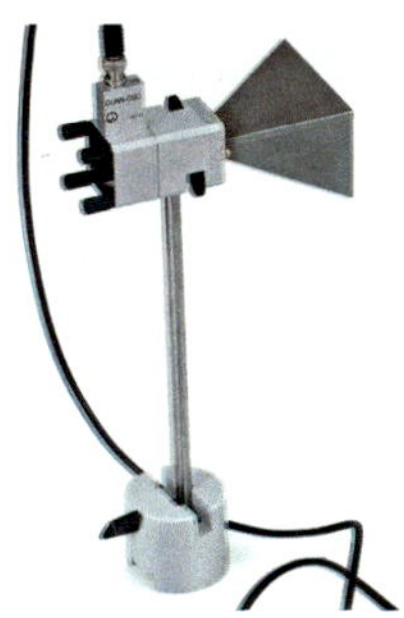

- In einem Zimmer kann man in der Regel Fernseh- und Radiosender empfangen, in einem Gebäude aus Stahlbeton kann es Probleme geben, weil die hertzschen Wellen abgeschirmt werden. Das gilt auch für das Innere eines Pkw oder für Tunnel.

Schwächung elektromagnetischer Wellen tritt auch durch Absorption auf, etwa bei größerer Entfernung von einem Sender.

Fernseh- und Satellitenantennen besitzen für einen optimalen Empfang sogenannte **Reflektoren,** die das Reflexionsgesetz nutzen. Reflektierende Schichten gibt es auch in der Atmosphäre.

Ob und wie stark Durchdringung, **Reflexion, Beugung** und **Brechung** auftreten, hängt von **Frequenz** und **Wellenlänge** dieser Wellen und von den beteiligten Körpern bzw. Stoffen ab.

Bei **elektromagnetischen Wellen** treten wie bei mechanischen Wellen Interferenzerscheinungen auf.

Bei zeichnerischen Darstellungen stellt man in der Regel nur die Schwingungsrichtung der elektrischen Feldstärke $\vec{E}$ dar. Elektromagnetische Wellen, die von Dipolen abgestrahlt werden, sind linear polarisiert.

An metallischen Leitern werden die Wellen **reflektiert.** Es gilt das **Reflexionsgesetz** $\alpha = \alpha'$. Beispiel: Bei einem Auto benötigt man eine Außenantenne, weil die Blechkarosse des Autos elektromagnetische Wellen reflektiert und damit das Innere abschirmt.	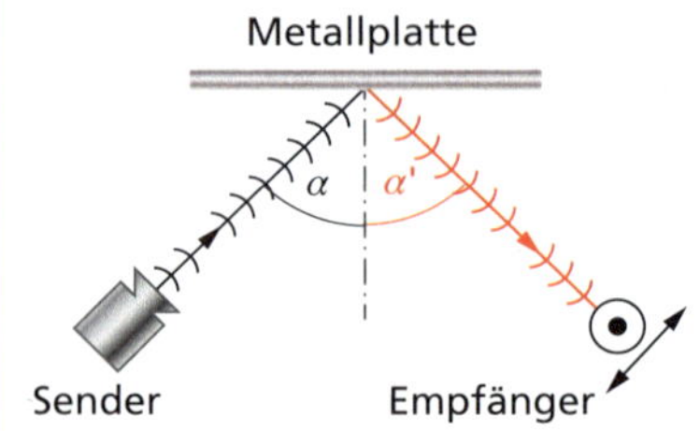
Beim Übergang von einem Isolator in einen anderen können elektromagnetische Wellen ihre Ausbreitungsrichtung ändern. Sie werden **gebrochen.** Es gilt das **Brechungsgesetz** (↗ S. 163).	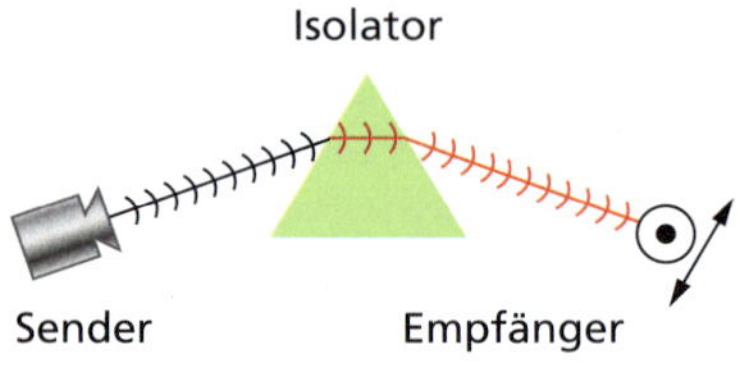
An Hindernissen können die Wellen **gebeugt** werden und sich so auch in Schattenräume hinein ausbreiten. Beispiel: Durch Beugung ist ein Fernsehempfang z. T. auch hinter Bergen und hohen Gebäuden möglich.	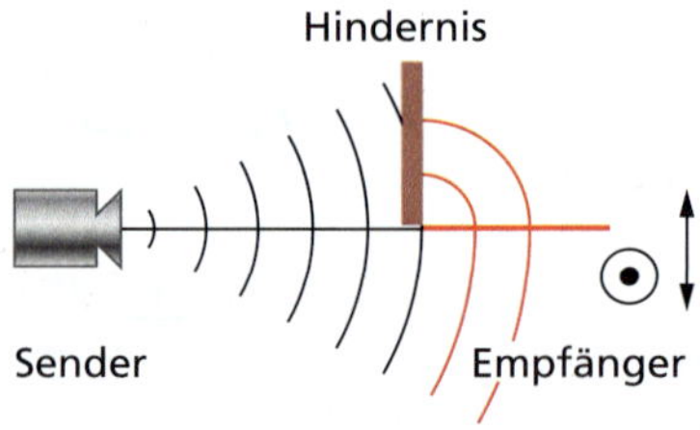
Elektromagnetische Wellen können sich **überlagern,** sodass eine resultierende Welle als Addition der Ausgangswellen entsteht **(Interferenz).** Dabei kommt es zu typischen Interferenzerscheinungen wie Verstärkung und Abschwächung. Beispiel: Bei Radiosendern kann man diese Interferenzerscheinungen mitunter wahrnehmen. Sie äußern sich in der Veränderung der Empfangsqualität.	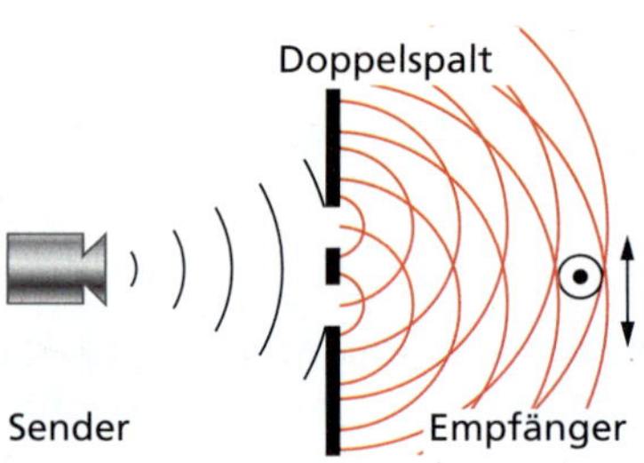
Elektromagnetische Wellen können polarisiert werden, z. B. durch ein engmaschiges Netz aus Metalldrähten. Die Feldvektoren schwingen dann hinter dem Gitter nur in einer Richtung. Ist die Schwingungsrichtung der elektrischen Feldstärke $\vec{E}$ parallel zu den Stäben des Gitters, tritt die Welle nicht hindurch. Bei senkrechter Stellung von $\vec{E}$ zu den Stäben läuft die Welle weitgehend ungehindert durch das Gitter hindurch.	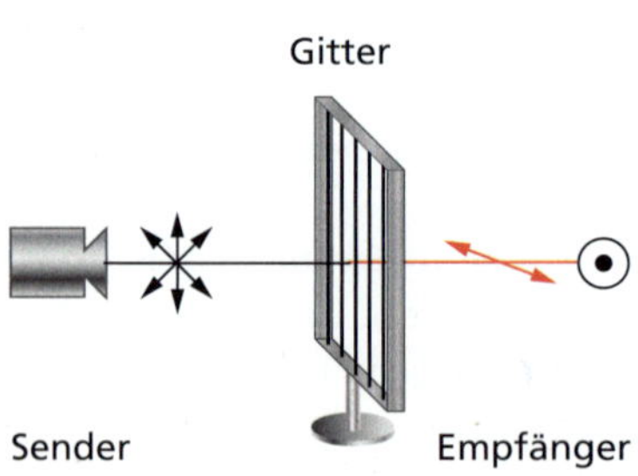

Wellen im Vergleich

Mechanische Wellen, hertzsche Wellen (↗ S. 178) und Licht haben ähnliche Eigenschaften, die auch in analoger Weise beschrieben werden können. Es gelten gleiche oder ähnliche Gesetze. In der nachfolgenden Übersicht sind einige dieser Eigenschaften und Gesetze zusammengestellt.

Eigenschaft	Mechanische Wellen	Hertzsche Wellen	Licht
Reflexion	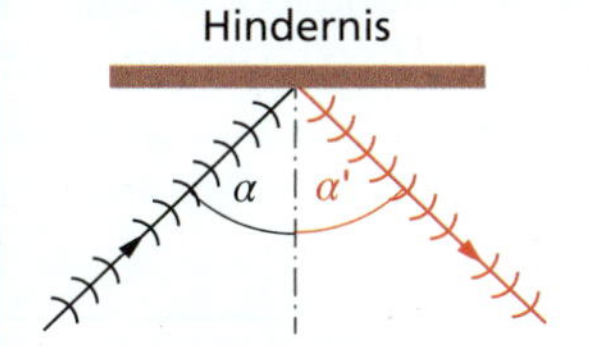	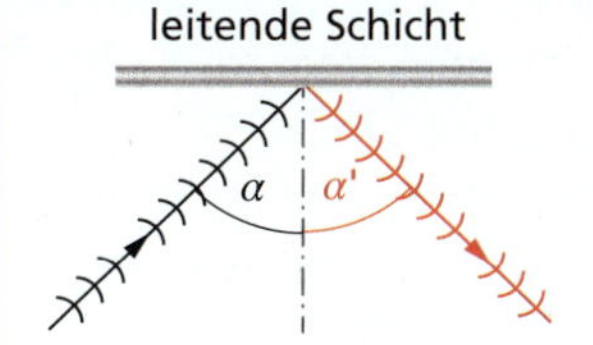	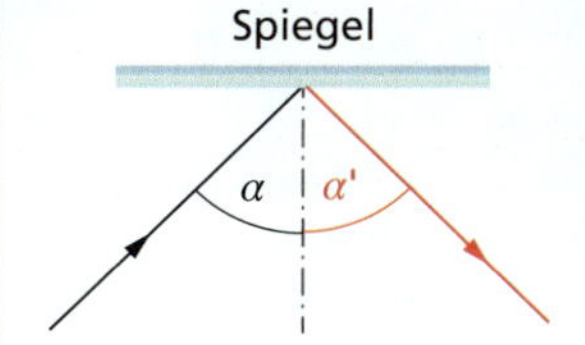
	Bei der Reflexion von Wellen gilt das **Reflexionsgesetz:**		$\alpha = \alpha'$
Brechung	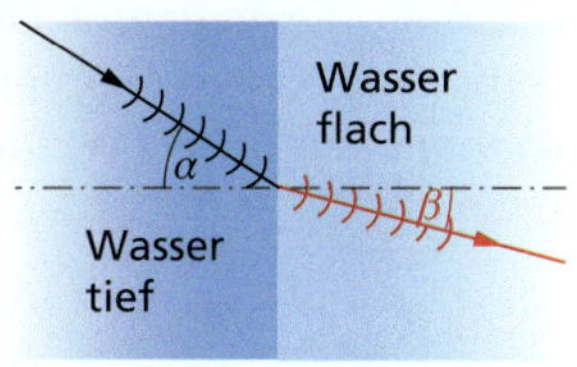	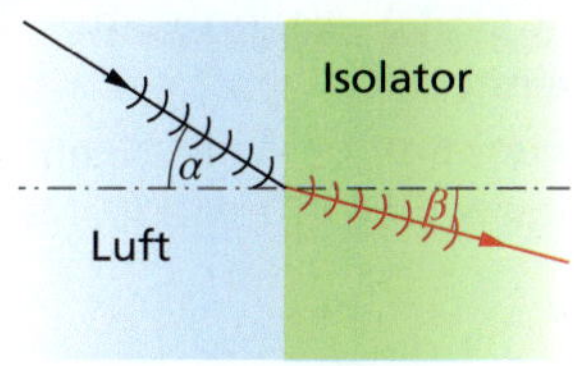	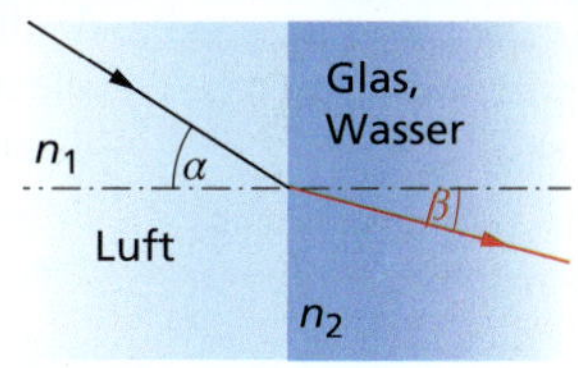
	Bei der Brechung von Wellen gilt das **Brechungsgesetz:**		$\frac{\sin \alpha}{\sin \beta} = \frac{n_2}{n_1}$
Interferenz	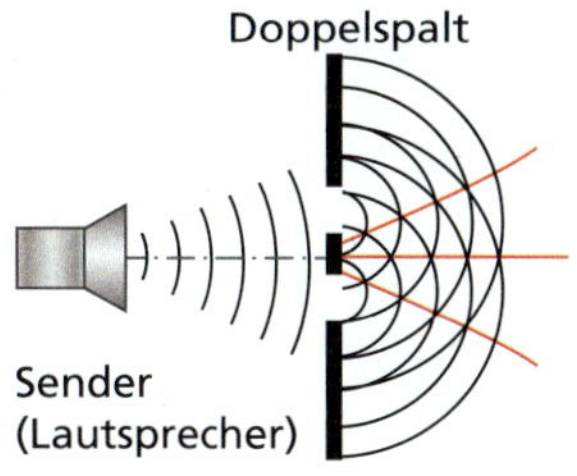	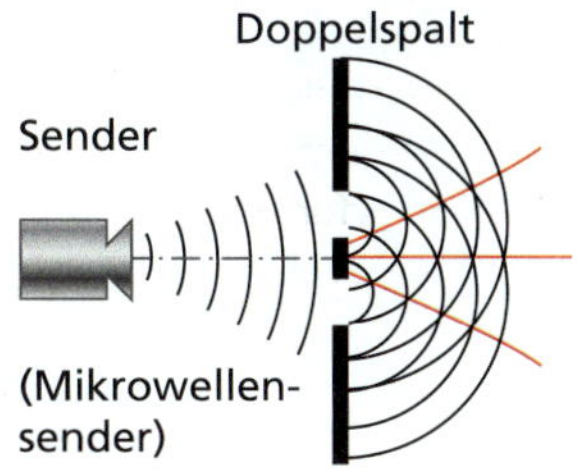	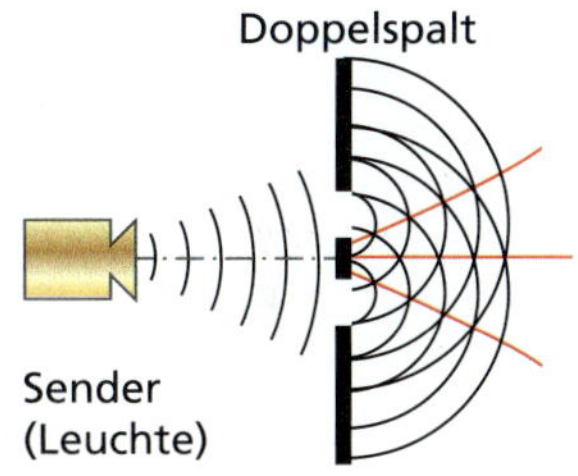
	Wellen können sich überlagern (interferieren). Wo Verstärkung und Abschwächung auftreten, hängt von den jeweiligen Bedingungen ab.		
Polarisation	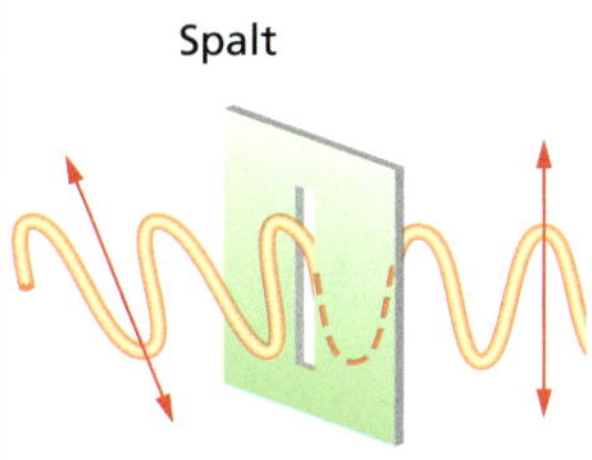	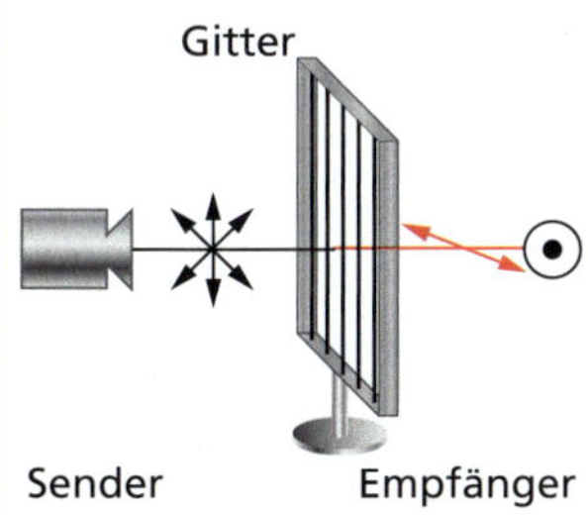	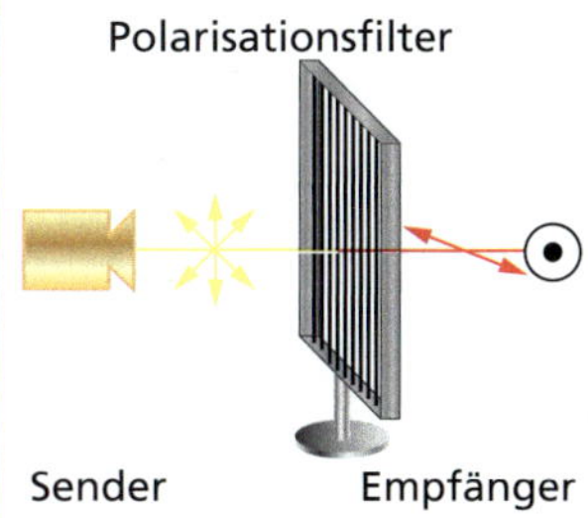
	Seilwellen können durch einen Spalt polarisiert werden.	Hertzsche Wellen können durch ein Drahtgitter polarisiert werden.	Licht kann durch ein Polarisationsfilter polarisiert werden.

Das huygenssche Prinzip

CHRISTIAAN HUYGENS (1629–1695) entwickelte im Zusammenhang mit Untersuchungen zum Wesen des Lichts eine Vorstellung zur Wellenausbreitung, die als **huygenssches Prinzip** bezeichnet wird.

Auf S. 162 ist ein Überblick über grundlegende Phänomene gegeben, die bei elektromagnetischen Wellen auftreten. Den entscheidenden Ansatz zur Erklärung solcher Phänomene wie Reflexion, Brechung oder Beugung fand der niederländische Naturforscher CHRISTIAAN HUYGENS mit einer Vorstellung, die heute als **huygenssches Prinzip** bezeichnet wird. Es besagt:

> Jeder Punkt einer Wellenfront ist Ausgangspunkt für kreis- oder kugelförmige Elementarwellen. Diese Elementarwellen besitzen die gleiche Ausbreitungsgeschwindigkeit wie die ursprüngliche Welle. Die Elementarwellen überlagern sich. Die Einhüllende aller Elementarwellen bildet die neue Wellenfront.

In den nachfolgenden Skizzen sind für Kreiswellen (links) und für ebene Wellen (rechts) Wellenfronten und einige ausgewählte Elementarwellen (blau) eingezeichnet. Da die blau eingezeichneten Elementarwellen von jedem Punkt einer Wellenfront ausgehen, ergibt sich als Einhüllende aller Elementarwellen eine neue Wellenfront.

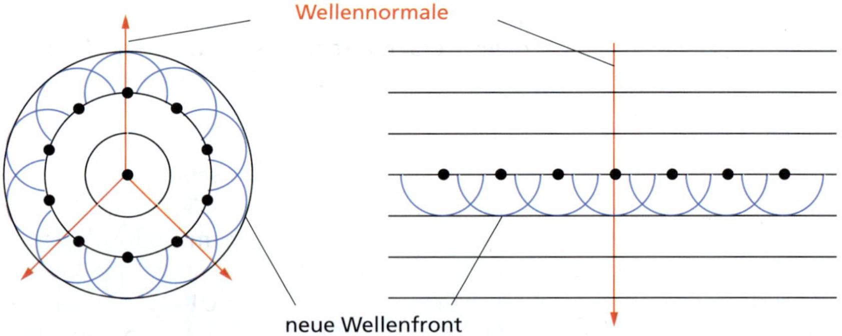

Mit dem hygensschen Prinzip lässt sich erklären, warum eine Welle an einem Hindernis reflektiert oder beim Übergang von einem Stoff in einen anderen gebrochen wird.

Reflexion von Wellen	Brechung von Wellen
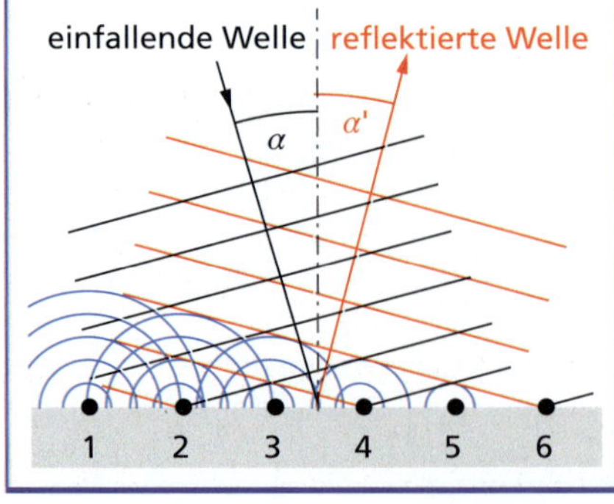	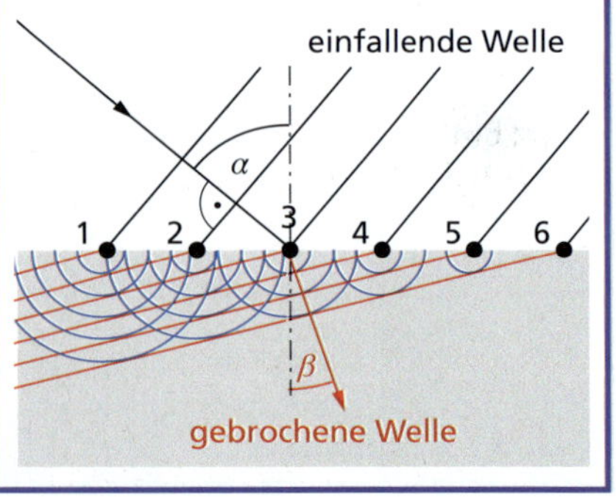

Das durch A. J. FRESNEL erweiterte Prinzip wird als **huygens-fresnelsches Prinzip** bezeichnet und lautet:

Der Schwingungszustand in einem Punkt eines Raums wird bestimmt durch die Summe aller Elementarwellen, die von Wellenfronten ausgehen und die in diesem Punkt zusammentreffen.

AUGUSTIN JEAN FRESNEL (1788–1827) war ein französischer Physiker und Ingenieur, der sich vor allem mit der **Wellentheorie** des Lichts beschäftigt hat.

Überlagern sich z. B. die von zwei Erregerzentren ausgehenden Wellen gleicher Amplitude und Wellenlänge, so kommt es zu einem stabilen Interferenzmuster mit Bereichen der Verstärkung und der Abschwächung.

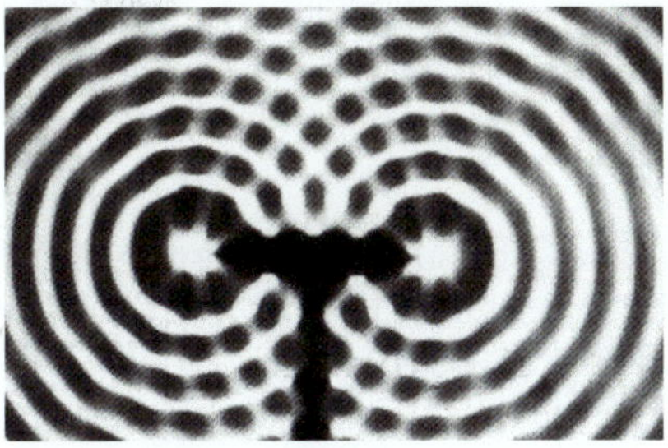

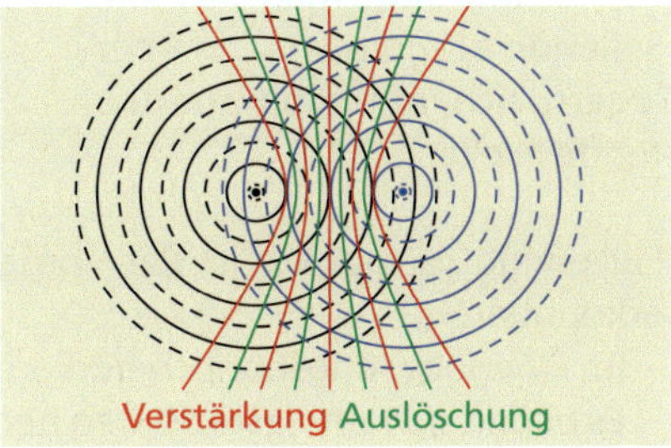

Entscheidend für den Schwingungszustand an einem Ort ist der Gangunterschied zwischen den von den beiden Erregern ausgehenden Wellen. Beträgt er an einem Ort 0, λ oder ein Vielfaches davon, dann treffen die Wellen bei gleicher Wellenlänge mit der gleichen Phase zusammen. Es tritt Verstärkung auf. Bei einem Gangunterschied von $\frac{\lambda}{2}$ oder einem ungeradzahligen Vielfachen davon tritt Abschwächung (Auslöschung) auf.
Betrachtet man bei elektromagnetischen Wellen nur die elektrische Feldkomponente, dann bedeutet das z. B.: Treffen in einem Punkt des Raums zwei elektromagnetische Wellen zusammen, dann addieren sich die elektrischen Feldstärken in diesem Punkt. Da die elektrische Feldstärke eine gerichtete Größe ist, geschieht das nach den Gesetzen der Vektoraddition.

Als Gangunterschied an einem Ort P bezeichnet man die Wegdifferenz der beiden Wellen von ihrem Ursprungort zu dem Ort P.

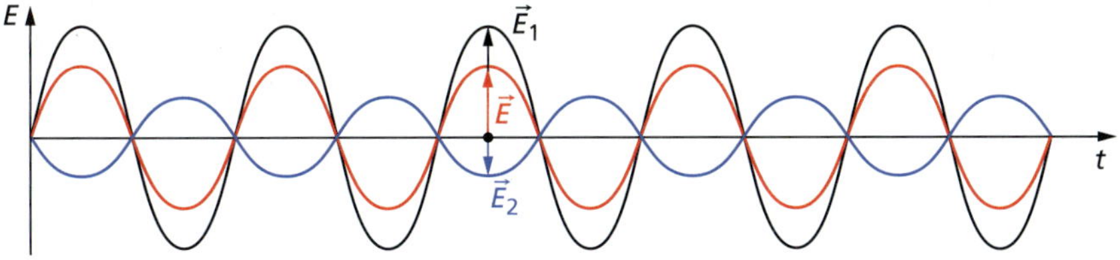

Die „schwarze" und die „blaue" Welle überlagern sich zur „roten" Welle.

Das Resultat der Überlagerung der Feldstärke ist:

$\vec{E} = \vec{E}_1 + \vec{E}_2$

Die Resultierende ist rot eingezeichnet.

Maximale Verstärkung tritt an einem Ort dann auf, wenn für den Gangunterschied zweier Wellen gleicher Wellenlänge gilt:

$\Delta s = k \cdot \lambda \quad (k = 0, 1, 2 \ldots)$

Maximale Abschwächung tritt an einem Ort dann auf, wenn für den Gangunterschied zweier Wellen gleicher Wellenlänge gilt:

$\Delta s = (2k - 1) \cdot \frac{\lambda}{2} \quad (k = 1, 2, 3 \ldots)$

Stehende Wellen

Wellen können an Hindernissen reflektiert werden. Neben der hinlaufenden Welle existiert dann auch eine rücklaufende Welle (s. Abb.).

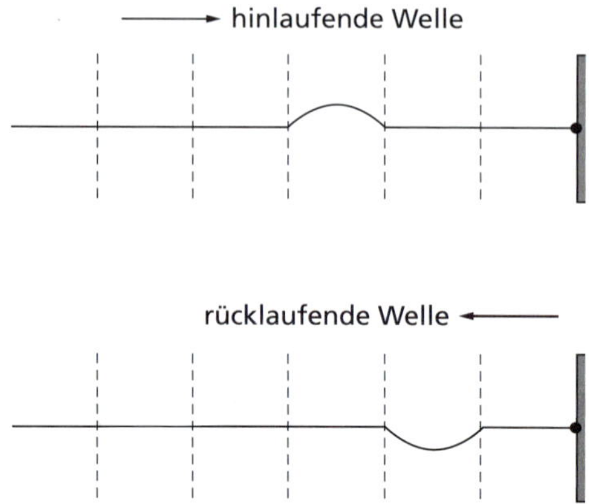

Wir betrachten als Beispiel eine Seilwelle.
An diesem Beispiel lässt sich die Entstehung einer stehenden Welle gut demonstrieren und erklären.

Die hinlaufende Welle wird am Befestigungspunkt (Hindernis) reflektiert. Dabei tritt am festen Ende ein Phasensprung von π auf. Regt man das eine Seilende ständig an, so überlagern sich hin- und rücklaufende Welle.

Hin- und rücklaufende Welle haben die gleiche Frequenz.

Für einige Zeitpunkte ist der Vorgang in der Abb. unten dargestellt. Es ist erkennbar:
- Im Überlagerungsbereich addieren sich die Elongationen.
- Es bilden sich ortsfeste Stellen heraus, die nicht schwingen (Schwingungsknoten), und solche, die maximal schwingen (Schwingungsbäuche).

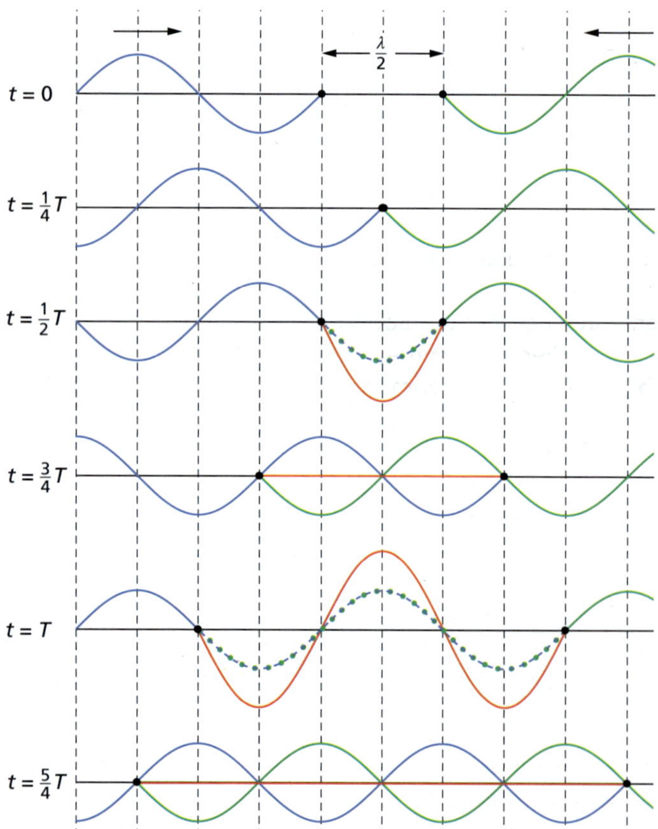

Zusammenfassend kann man feststellen:

> Zwei Wellen mit entgegengesetzter Richtung und gleicher Frequenz überlagern sich so, dass sich ortsfeste Schwingungsbäuche und -knoten ergeben. Es bildet sich eine stehende Welle heraus.

Diese an mechanischen Wellen gewonnenen Erkenntnisse lassen sich auf elektromagnetische Wellen übertragen.

Um bei elektromagnetischen Wellen stehende Wellen zu erzeugen, kann man so vorgehen:
- Von einem Sender wird eine elektromagnetische Welle so abgestrahlt, dass sie senkrecht auf eine ebene Metallplatte trifft (↗ Skizze S. 167).
- An der Metallplatte wird die Welle reflektiert. Dabei tritt ein Phasensprung von π auf.
- Hin- und rücklaufende Welle überlagern sich zu einer stehenden Welle.

Da die Intensität der stehenden Welle in den Schwingungsknoten null und in den Schwingungsbäuchen maximal ist, kann man sie sehr gut zur Bestimmung der Wellenlänge nutzen. Daraus lässt sich bei bekannter Frequenz die Ausbreitungsgeschwindigkeit der betreffenden Wellen ermitteln, so wie das im folgenden Beispiel dargestellt ist.

Das beschriebene Verfahren kann man auch nutzen, um experimentell die Wellenlänge und die Ausbreitungsgeschwindigkeit von Schallwellen zu bestimmen.

Experimentell wurde ermittelt, dass der Abstand zwischen dem ersten und dem fünften Intensitätsminimum bei Mikrowellenstrahlung der Frequenz 9,4 GHz genau 6,4 cm beträgt.

Wie groß sind Wellenlänge und Ausbreitungsgeschwindigkeit dieser Welle?

Gesucht: λ, v

Gegeben: $l = 6{,}4\ \text{cm}$

$f = 9{,}4\ \text{GHz}$

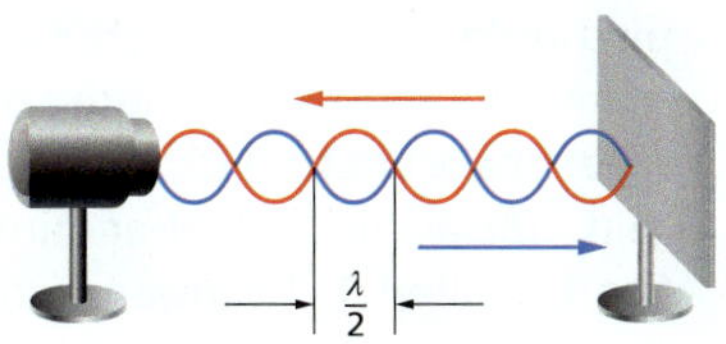

Lösung:

Die Entfernung von 6,4 cm entspricht $4 \cdot \frac{\lambda}{2}$. Damit ergibt sich für λ:

$$\lambda = \frac{l}{2} = 3{,}2\ \text{cm}$$

Für die Ausbreitungsgeschwindigkeit gilt:

$$v = \lambda \cdot f$$

$$v = 3{,}2 \cdot 10^{-2}\ \text{m} \cdot 9{,}4 \cdot 10^{9}\ \text{Hz} = 3{,}0 \cdot 10^{8}\ \frac{\text{m}}{\text{s}}$$

Ergebnis:

Die Wellenlänge der Mikrowelle beträgt 3,2 cm, ihre Ausbreitungsgeschwindigkeit ist gleich der Lichtgeschwindigkeit.

Die Ausbreitungsgeschwindigkeit elektromagnetischer Wellen

Die elektromagnetischen Wellen umfassen ein sehr breites Spektrum (↗ S. 176). Breiten sich alle elektromagnetischen Wellen mit Lichtgeschwindigkeit aus oder ist das Ergebnis des oben beschriebenen Experiments ein Zufall?

J. C. MAXWELL wies in seiner elektromagnetischen Feldtheorie nach, dass sich im Vakuum alle elektromagnetischen Wellen mit der gleichen Geschwindigkeit, der Vakuumlichtgeschwindigkeit, ausbreiten. Er entwickelte eine Gleichung zur Berechnung der Ausbreitungsgeschwindigkeit, die wir hier nur mitteilen können.

Die Vakuumlichtgeschwindigkeit beträgt $c = 299\,792{,}458\ \frac{\text{km}}{\text{s}}$.

Die Ausbreitungsgeschwindigkeit elektromagnetischer Wellen ist gleich der Lichtgeschwindigkeit. Für das Vakuum und näherungsweise für Luft gilt:

$$c = \frac{1}{\sqrt{\varepsilon_0 \cdot \mu_0}}$$

ε_0 elektrische Feldkonstante

μ_0 magnetische Feldkonstante

Für Stoffe lautet die Gleichung:

$$c = \frac{1}{\sqrt{\varepsilon_0 \cdot \varepsilon_r \cdot \mu_0 \cdot \mu_r}}$$

6.4 Licht als elektromagnetische Welle

Der Wellencharakter von Licht

Aus der Übereinstimmung der Ausbreitung des Lichts mit der von elektromagnetischen Wellen kann man schließen, dass es sich auch beim Licht um elektromagnetische Wellen handelt. Dass Licht Wellencharakter aufweist, ist bereits aus dem bisherigen Physikunterricht bekannt und wird u.a. durch folgende Erscheinungen belegt:

Die Intensität des gebeugten Lichts ist meist sehr gering. Deshalb ist die Beugung von Licht an einem schmalen Spalt, einer Kante oder einem dünnen Draht nur in gut abgedunkelten Räumen beobachtbar.

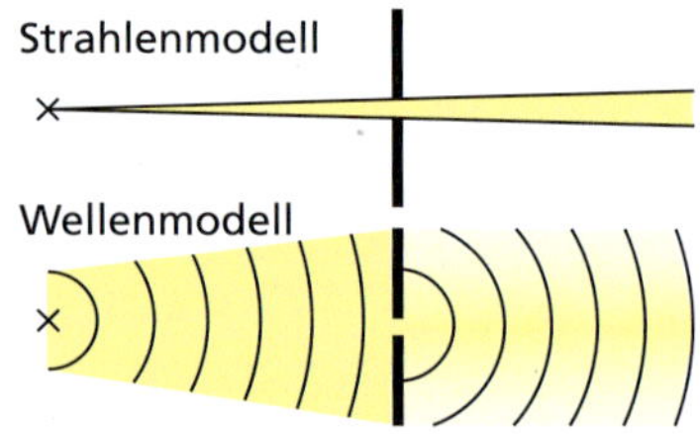

- Tritt Licht durch schmale Spalte oder kleine Öffnungen, so wird es gebeugt. Beugung ist eine wellentypische Erscheinung. Nach dem Strahlenmodell müsste auf dem Schirm ein scharf begrenzter Lichtfleck zu sehen sein. Tatsächlich ist aber hinter dem Spalt in allen Richtungen Licht nachweisbar. Eine Erklärung dafür bietet das huygenssche Prinzip: Von jedem Punkt der Öffnung gehen Elementarwellen aus, die sich zu Wellenfronten überlagern.
- Tritt Licht durch einen Doppelspalt oder durch ein optisches Gitter, so kommt es zur Interferenz. Man kann auf einem Schirm ein stabiles Interferenzmuster (helle und dunkle Streifen) beobachten.
- Mithilfe eines Polarisationsfilters lässt sich Licht polarisieren. Es verhält sich wie eine Transversalwelle.

Alle experimentellen Ergebnisse und theoretischen Überlegungen führen zu dem Ergebnis:

Beachten Sie: Licht kann auch mit dem **Strahlenmodell** und mit dem **Quantenmodell** beschrieben werden.

Das sichtbare Licht ist ein Teilbereich des Spektrums elektromagnetischer Wellen.

Analoges gilt für andere Wellen, die man zunächst für eigenständige Phänomene hielt, die sich später aber als elektromagnetische Wellen herausstellten. Beispiele dafür sind die Röntgenstrahlung, die Gammastrahlung und die kosmische Strahlung.

Spektrum des für Menschen sichtbaren Lichts

Wahrgenommene Farbe	Frequenz in Hz	Wellenlänge in nm	
rot	$3{,}8 \cdot 10^{14} \ldots 4{,}8 \cdot 10^{14}$	780 … 620	
orange	$4{,}8 \cdot 10^{14} \ldots 5{,}0 \cdot 10^{14}$	620 … 600	
gelb	$5{,}0 \cdot 10^{14} \ldots 5{,}3 \cdot 10^{14}$	600 … 570	
grün	$5{,}3 \cdot 10^{14} \ldots 6{,}1 \cdot 10^{14}$	570 … 490	
blau	$6{,}1 \cdot 10^{14} \ldots 7{,}0 \cdot 10^{14}$	490 … 430	
violett	$7{,}0 \cdot 10^{14} \ldots 7{,}7 \cdot 10^{14}$	430 … 390	

Interferenz von Licht am Doppelspalt

Aus dem bisherigen Physikunterricht ist bereits bekannt, dass bei Licht Interferenz auftritt. Interferenzmuster, also Verstärkungen und Abschwächungen, sind allerdings nur unter bestimmten Bedingungen beobachtbar.
Fällt Licht einer Glühlampe auf einen Schirm, so registriert man kein Interferenzmuster.
Beobachtbare Interferenzmuster treten bei Licht nur dann auf, wenn die betreffenden Wellenzüge bei gleicher Frequenz eine feste Phasenbeziehung zueinander haben. Solche Wellenzüge heißen **kohärent.**

Bei ausgedehnten Lichtquellen senden Atome Wellenzüge aus, die eine zufällige Phasenlage und unterschiedliche Schwingungsebenen zueinander haben. Es kommen dadurch keine stabilen Interferenzmuster zustande.

> Stabile Interferenzmuster kommen nur bei Verwendung von kohärenten Wellenzügen (kohärentem Licht) zustande.

Kohärentes Licht erhält man, indem man das Licht einer Lichtquelle durch geeignete Anordnungen (Spalte, Gitter, Spiegel, Prismen) teilt und diese Teile zur Überlagerung bringt, denn das Licht, das von einer Stelle einer Lichtquelle ausgeht, ist mit sich selbst kohärent. Eine andere Möglichkeit ist die Verwendung einer kohärenten Lichtquelle **(Laser).**
Monochromatisches Licht erhält man durch Farbfilter oder von monochromatischen Lichtquellen **(Laser, Leuchtdioden).**

Sie sind besonders einfach zu beschreiben, wenn man Licht einer Wellenlänge und damit einer Farbe (monochromatisches Licht) verwendet.

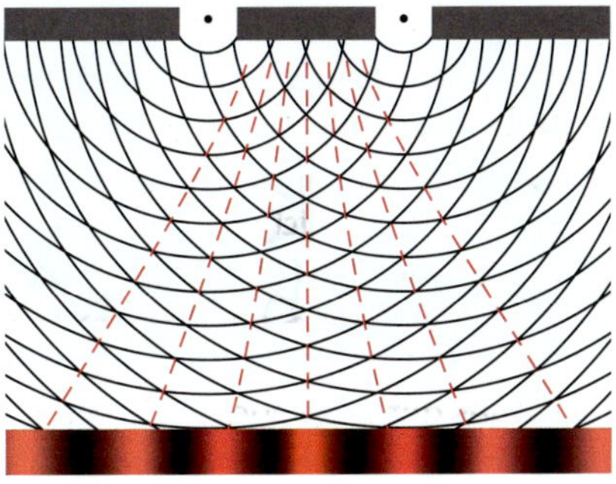

Beleuchtet man zwei eng benachbarte Spalte mit kohärentem, monochromatischem und parallelem Licht, dann können die beiden Spalte als Zentren von huygensschen Elementarwellen betrachtet werden. Die beiden Wellensysteme überlagern sich und ergeben auf einem Bildschirm ein stabiles Interferenzmuster mit Bereichen der Verstärkung und Bereichen der Abschwächung bzw. Auslöschung, so wie das in der Skizze dargestellt ist.

Zu einem beliebigen Punkt des Schirms haben die von den beiden Zentren ausgehenden Wellen bestimmte Wege zurückzulegen. Die Differenz zwischen diesen Wegen nennt man **Gangunterschied** Δs. Von diesem Gangunterschied hängt der Schwingungszustand im jeweiligen Punkt ab.

Konstruktive Interferenz	**Destruktive Interferenz**
Verstärkung: Es ist ein Interferenzmaximum vorhanden (hell). $\Delta s = k \cdot \lambda$ (k = 0, 1, 2 …)	Abschwächung bzw. Auslöschung: Es ist ein Interferenzminimum vorhanden (dunkel). $\Delta s = (2k - 1) \cdot \frac{\lambda}{2}$ (k = 1, 2, 3 …)

Eine Gleichung für die Interferenzmaxima lässt sich relativ einfach herleiten. Wenn die Entfernung *e* zwischen Doppelspalt und Schirm sehr viel größer als der Abstand *b* der beiden Spalte ist, dann verlaufen die von den beiden Spalten ausgehenden Wellen näherungsweise parallel. Das markierte Dreieck kann als rechtwinklig angesehen werden. Dann gilt dort:

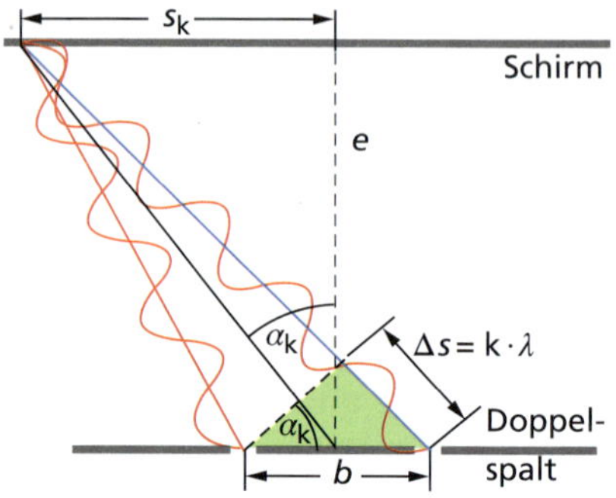

$$\sin \alpha_k = \frac{\Delta s}{b} = \frac{k \cdot \lambda}{b} \qquad (1)$$

Darüber hinaus gilt für das große Dreieck mit den Seiten *e* und s_k:

$$\tan \alpha_k = \frac{s_k}{e} \qquad (2)$$

Mit $e >> s_k$ hat der Winkel α_k einen kleinen Wert. Für kleine Winkel α gilt aber $\tan \alpha \approx \sin \alpha$, sodass man für (2) auch schreiben kann:

$$\sin \alpha_k = \tan \alpha_k = \frac{s_k}{e} \qquad (3)$$

Gleichsetzen der rechten Seiten von (1) und (3) ergibt: $\frac{k \cdot \lambda}{b} = \frac{s_K}{e}$

In analoger Weise lässt sich auch eine Gleichung für die Interferenzminima ermitteln. Zusammenfassend ergibt sich:

Ist der Spaltabstand kleiner als die Wellenlänge des Lichts, so erhält man nur das Maximum 0. Ordnung, weil für $k \geq 1$ dann $\sin \alpha_K > 1$ wäre.

> Bei Verwendung eines Doppelspalts hängt die Lage der Interferenzstreifen auf einem Schirm vom Spaltabstand *b*, von der Wellenlänge λ und von der Entfernung *e* zwischen Doppelspalt und Schirm ab. Es gilt:
>
> $\sin \alpha_k = \frac{k \cdot \lambda}{b} = \frac{s_k}{e}$ (k = 0, 1, 2, ...)

Bei sonst gleichen Bedingungen ist der Abstand der Interferenzstreifen von der Wellenlänge des Lichts (Farbe) abhängig. Rotes Licht hat eine etwa doppelt so große Wellenlänge wie blaues Licht. Deshalb ist der Abstand der Interferenzstreifen bei Verwendung von rotem Licht größer als bei der Nutzung von blauem Licht. Arbeitet man mit weißem Licht, so überlagern sich die Linien der verschiedenen Farben zu kontinuierlichen Spektren, die man als **Beugungsspektren** oder **Gitterspektren** bezeichnet.

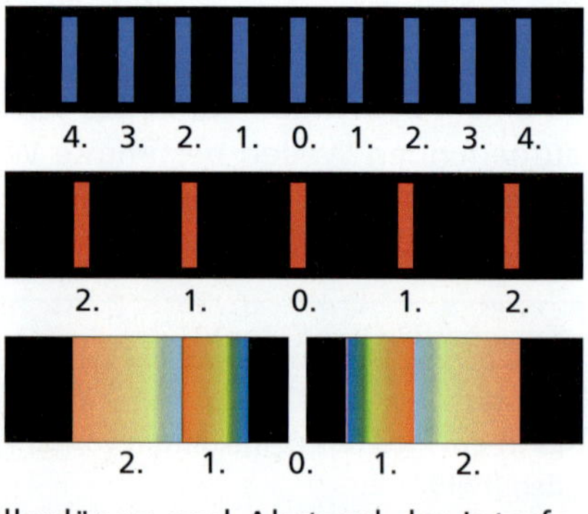

Bei der Verwendung von weißem Licht können sich die Spektren verschiedener Ordnungen überlagern. Bei Verwendung eines optischen Gitters (↗ S. 171) ist auch die Bezeichnung **Gitterspektrum** üblich.

Der Zusammenhang zwischen Lichtwellenlänge und Abstand der Interferenzstreifen kann zur Bestimmung der Wellenlänge genutzt werden.

Verwendet man statt eines Doppelspalts viele Spalte mit jeweils gleichem Abstand, so erhält man ein **optisches Gitter.** Je nach Bauart unterscheidet man zwischen Transmissionsgittern und Reflexionsgittern.

Bei Verwendung eines Doppelspalts sind die Maxima auf einem Bildschirm relativ lichtschwach und nicht scharf ausgeprägt. Für experimentelle Untersuchungen verwendet man deshalb statt eines Doppelspalts ein Gitter (↗ unten).

Transmissionsgitter	**Reflexionsgitter**
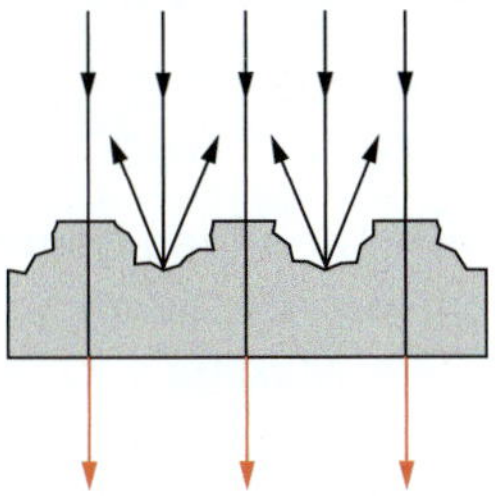	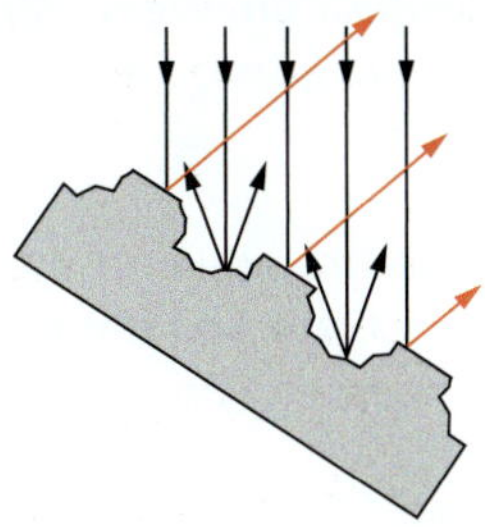
Das hindurchtretende Licht interferiert.	Das reflektierte Licht interferiert.

Die Qualität eines Gitters wird entscheidend durch die Gitterkonstante b bestimmt. Das ist der Abstand der Mitten zweier benachbarter Spalte.
Man erhält die Gitterkonstante als Kehrwert der Anzahl der Spalte je Längeneinheit. Beträgt diese Anzahl z. B. 300 je Millimeter, so hat diese Konstante einen Wert von $b = \frac{1}{300}$ mm = 3,3 μm.

Die ersten optischen Gitter entwickelte Joseph von Fraunhofer (1787 bis 1826). Fraunhofer entdeckte auch dunkle Linien im Sonnenspektrum, die man heute als fraunhofersche Linien bezeichnet.
Der Erste, der hochwertige Reflexionsgitter herstellte, war der Amerikaner Henry Augustus Rowland (1848–1901).

Wellenlängenbestimmung von Licht

Mithilfe eines optischen Gitters lässt sich die Wellenlänge von Licht bestimmen. Dazu eignet sich eine Versuchsanordnung, so wie sie unten skizziert ist. Mit einer Lichtquelle wird der Spalt ausgeleuchtet, mit der Abbildungslinse wird er scharf auf dem Schirm abgebildet. Nach Einbau eines optischen Gitters ist auf dem Schirm ein Interferenzmuster zu beobachten. Bei bekannter Gitterkonstante b können die Entfernung e zwischen Gitter und Schirm sowie der Abstand zweier Maxima gemessen werden. Aus der auf Seite 170 genannten Gleichung, die auch für ein Gitter gilt, erhält man für die Wellenlänge

$$\lambda = \frac{s_k \cdot b}{e \cdot k}$$

mit k = 1 für die Maxima 1. Ordnung.

Der Abstand der beiden Maxima 1. Ordnung beträgt $2s_1$.

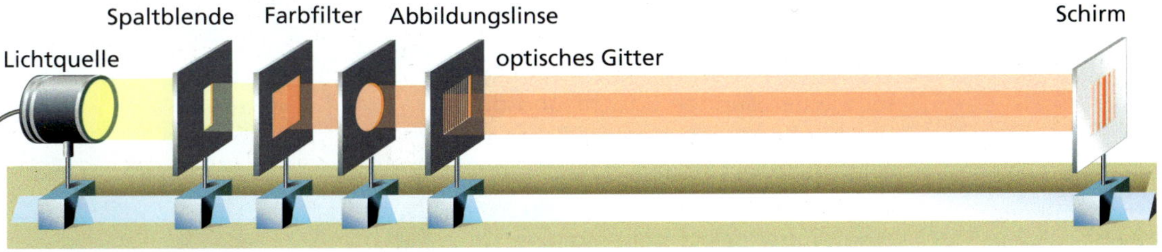

1 Experimentieranordnung zur Bestimmung der Wellenlänge von Licht

Wichtig ist bei der Durchführung des Experiments die Optimierung der Versuchsanordnung. Dazu gehört eine gute Ausleuchtung des Spalts und die scharfe Abbildung des Spalts auf dem Schirm.

Mit der auf S. 171 dargestellten Experimentieranordnung soll die Wellenlänge des Lichts einer Lichtquelle bestimmt werden. Es wird ein Gitter mit 650 Spalten je Zentimeter verwendet.
Die Entfernung zwischen Gitter und Schirm beträgt 1,25 m, der Abstand der beiden Maxima 1. Ordnung 96,0 mm.
Wie groß ist die Wellenlänge des verwendeten Lichts? Um was für eine Lichtquelle könnte es sich handeln?

Analyse:
Zur Berechnung kann die auf S. 171 genannte Gleichung genutzt werden. Die Gitterkonstante ergibt sich als Kehrwert der Spaltenanzahl je Längeneinheit. Der Abstand zwischen den zwei Maxima 1. Ordnung ist $2s_k$.

Es ist zweckmäßig, alle Längen in die gleiche Einheit umzurechnen.

Gesucht: λ
Gegeben: $b = \frac{1}{650}$ cm
$e = 125$ cm
$s_1 = 4{,}80$ cm

Lösung:

$$\lambda = \frac{s_1 \cdot b}{e}$$

$$\lambda = \frac{4{,}80 \text{ cm} \cdot \text{cm}}{650 \cdot 125 \text{ cm}} = \underline{5{,}90 \cdot 10^{-5} \text{ cm}}$$

Natriumdampflampen senden vorrangig Licht mit zwei charakteristischen gelben, eng zusammenliegenden Linien (589 nm, 590 nm) aus.

Ergebnis:
Das verwendete Licht hat eine Wellenlänge von 590 nm. Ein Vergleich mit Tabellenwerten ergibt: Es handelt sich um gelbes Licht. Die Lichtquelle könnte eine Natriumdampflampe sein.

Interferenz an dünnen Schichten

Die Flügel einer Libelle, eine Seifenblase oder eine dünne Ölschicht auf Wasser schillern bei Beleuchtung mit weißem Licht in vielen unterschiedlichen Farben.
Diese Farben ändern sich mit dem Blickwinkel und auch mit der Dicke der Schicht. Das ist besonders gut bei Seifenblasen zu beobachten.
Die Ursache dafür ist die Reflexion von Licht an der Vorder- und Rückseite einer dünnen Schicht und die anschließende Interferenz dieses an verschiedenen Stellen reflektierten Lichts. Als Beispiel betrachten wir eine dünne Seifenhaut, so wie sie bei Seifenblasen entsteht (↗ Foto).

Ein Teil des auffallenden Lichtes wird an der Oberfläche reflektiert, wobei bei Reflexion am optisch dichteren Stoff ein Phasensprung von π auftritt. Ein anderer Teil tritt in die Schicht ein, wird an der Rückseite reflektiert und tritt dann wieder aus. Je nachdem, mit welcher Phasenlage die Wellen zusammentreffen, kommt es zur Verstärkung, Abschwächung oder Auslöschung.

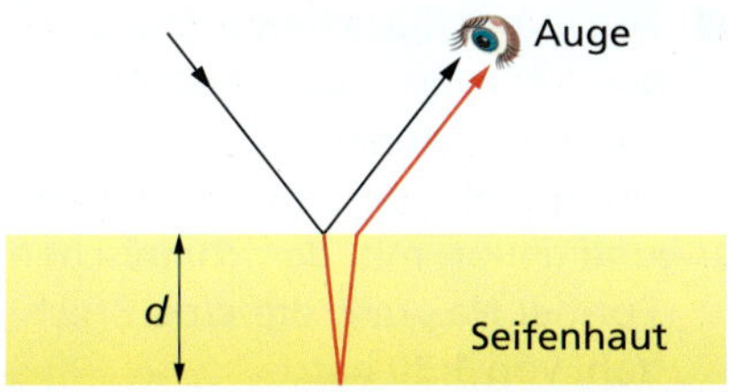

Bei sehr dünnen Schichten ($d \to 0$) und senkrechtem Lichteinfall beträgt der Gangunterschied aufgrund des Phasensprungs am optisch dichteren Stoff $\frac{\lambda}{2}$. Es kommt zur Auslöschung.

An dünnen Schichten tritt bei Reflexion maximale Verstärkung auf, wenn der Gangunterschied zwischen den an Vorder- und Rückseite reflektierten Wellen λ oder ein ganzzahliges Vielfaches von λ beträgt.

Bei senkrecht einfallendem Licht ist das dann der Fall, wenn gilt:

$$2d = \frac{2k+1}{n} \cdot \frac{\lambda}{2} \quad (k = 0, 1, 2 \ldots)$$

Dabei bedeuten d die Schichtdicke, n die Brechzahl der Schicht und λ die Wellenlänge.

Für die Farben bei einer dünnen Schicht ergibt sich somit:

- Bei bestimmter Schichtdicke tritt maximale Verstärkung bzw. Auslöschung nur für eine bestimmte Wellenlänge (Farbe) auf.
- Ändert sich die Schichtdicke, so verändert sich auch die Farbe des verstärkten bzw. ausgelöschten Lichts.
- Ändert sich der Winkel, unter dem man auf die Schicht blickt, so ändert sich ebenfalls die maximal verstärkte bzw. ausgelöschte Farbe, weil sich der Weg des Lichts durch die Schicht verändert.

Die Brechzahl n in der Formel ergibt sich daraus, dass die Wellenlänge in der Schicht nicht λ, sondern $\frac{\lambda}{n}$ beträgt. Auslöschung tritt auf, wenn der Gangunterschied $\frac{\lambda}{2}$ oder ein ungeradzahliges Vielfaches davon beträgt.

Entspiegelung von Oberflächen

Interferenz an dünnen Schichten wird bei Objektiven und Brillengläsern zur **Entspiegelung** der Oberflächen genutzt. Dazu wird auf die Linse eine dünne Schicht mit einer Brechzahl, die zwischen der von Luft und Glas liegt, aufgedampft. Die Schichtdicke beträgt $\frac{\lambda}{4}$ des gelbgrünen Lichts, also des Lichts im mittleren Spektralbereich. Fällt Licht auf die Linse, so wird ein Teil von ihm an Vorder- und Rückseite der $\frac{\lambda}{4}$-Schicht reflektiert. Am optisch dichteren Stoff tritt dabei jeweils ein Phasensprung von $\frac{\lambda}{2}$ auf. Der Gangunterschied wird damit nur durch die Schichtdicke bestimmt und beträgt $2 \cdot \frac{\lambda}{4} = \frac{\lambda}{2}$. Licht dieser Wellenlänge wird ausgelöscht. Auch Licht größerer und kleinerer Wellenlängen wird abgeschwächt. Möglich ist auch, mehrere Schichten aufzubringen, die reflektiertes Licht in unterschiedlichen Wellenlängenbereichen schwächen. Die Entspiegelung bewirkt zweierlei:

- Es werden störende Reflexe verhindert oder zumindest gemindert.
- Es wird die Lichtdurchlässigkeit erhöht, denn die Lichtmenge, deren Reflexion durch Interferenz verhindert wurde, ist im durchgehenden Licht enthalten.

Da das gelbgrüne Licht in der Reflexion nicht mehr vorhanden ist, erscheinen die Oberflächen solcher Linsen häufig bläulich oder rötlich.

Da durch die aufgedampfte Schicht die Qualität der Linsen verbessert wird, spricht man auch von **Oberflächenvergütung.**

Entspiegelung kann auch durch Aufbringen eines Nano-Polymerfilms erfolgen.

Auf eine Glasscheibe ($n = 1{,}50$) wird Kryolith aufgedampft. Das ist eine mineralische Verbindung aus Natrium, Aluminium und Fluor mit der chemischen Formel Na_3AlF_6, die eine Brechzahl von 1,30 hat.

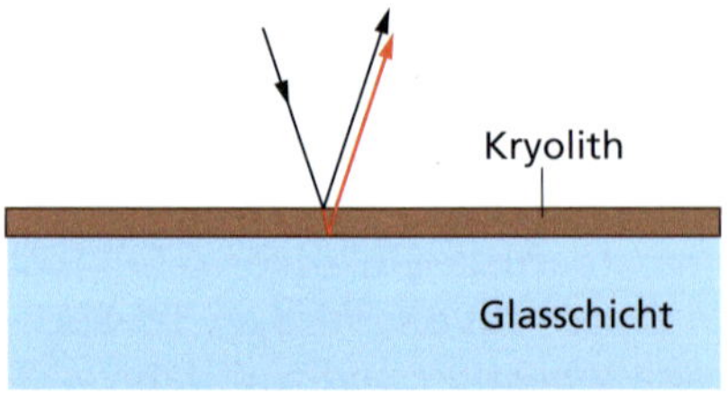

Wie dick muss die Schicht gewählt werden, damit senkrecht einfallendes Licht der Wellenlänge 500 nm nicht reflektiert wird?

Analyse:

Das Licht wird an der Oberfläche des Kryoliths und an der Glasschicht reflektiert. Da die Reflexion jeweils am optisch dichteren Stoff erfolgt, tritt zweimal ein Phasensprung von $\frac{\lambda}{2}$ auf. Ein Gangunterschied wird somit nur durch die Dicke der Kryolithschicht hervorgerufen. Soll Auslöschung auftreten, so muss der Gangunterschied $\frac{\lambda_K}{2}$ sein, wobei λ_K die Wellenlänge im Kryolith ist.

Gesucht: d

Gegeben: $\lambda = 500$ nm

$n_K = 1{,}30$

Allgemein gilt: Trifft Licht aus einem optisch dünneren Stoff kommend auf einen optisch dichteren Stoff und wird es dort reflektiert, so tritt ein **Phasensprung** von π bzw. $\frac{\lambda}{2}$ auf.

Lösung:

Wenn ein Gangunterschied von $\frac{\lambda_K}{2}$ durch die Schicht hervorgerufen werden soll, muss gelten:

$$2d = \frac{\lambda_K}{2} = \frac{\lambda}{2 \cdot n}$$

Damit erhält man für die Schichtdicke d:

$$d = \frac{\lambda}{4 \cdot n}$$

$$d = \frac{500 \text{ nm}}{4 \cdot 1{,}30} = \underline{96 \text{ nm}}$$

Beträgt die **Wellenlänge von Licht** in Luft λ, so verringert sie sich in einem Stoff mit der **Brechzahl** n auf $\frac{\lambda}{n}$.

Ergebnis:

Damit Licht mit einer Wellenlänge von 500 nm nicht reflektiert wird, muss die Kryolithschicht eine Dicke von 96 nm haben.

Newtonsche Ringe

Die Bezeichnung für dieses Interferenzmuster rührt daher, weil Isaac Newton (1643–1727) es als Erster untersucht hat und bei idealen Oberflächen kreisförmige Ringe entstehen.

Legt man eine schwach gewölbte Konvexlinse auf eine Glasscheibe, so beobachtet man ein Interferenzmuster. Ursache dafür ist die dünne Luftschicht. Es überlagern sich die am Übergang Glas–Luft und an der Glasplatte reflektierten Wellen. Genutzt werden können die Ringe zur Prüfung von Linsen sowie der Ebenheit von Oberflächen.

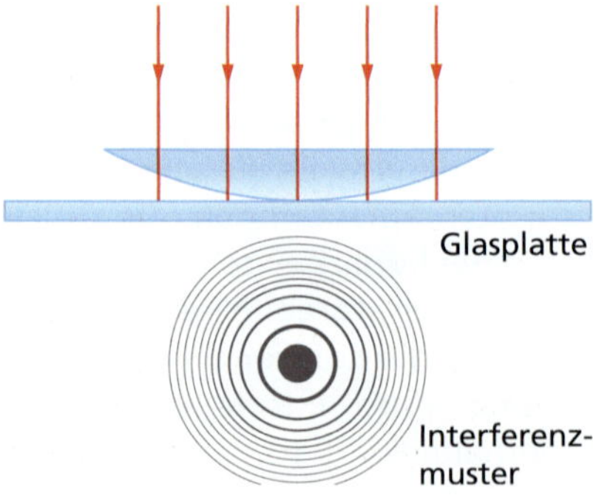

Interferometer

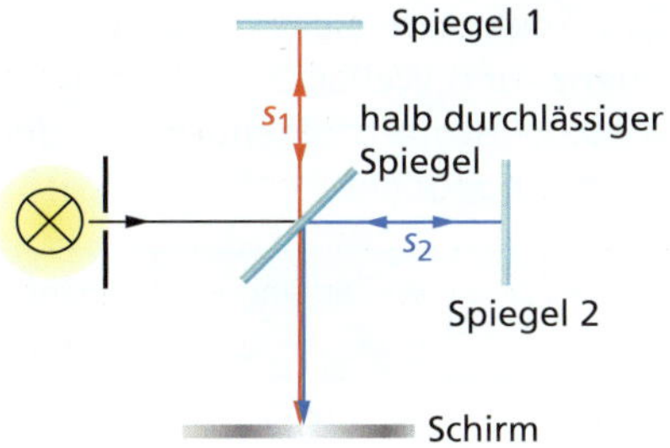

Interferometer sind Geräte, mit denen man Längenunterschiede sehr genau bestimmen kann.
Man nutzt dabei die Wellenlänge des Lichts als Einheit. Das Prinzip eines solchen Interferometers ist in der Skizze dargestellt.
Das einfallende Licht wird durch den halb durchlässigen Spiegel geteilt und legt dann die Wege s_1 und s_2 zurück. Das an den Spiegeln 1 und 2 reflektierte Licht gelangt zum Schirm, auf dem ein Interferenzmuster zu beobachten ist.
Bewegt man nun z. B. Spiegel 1 um die Strecke $\frac{\lambda}{4}$, dann wird aus einem Maximum ein Minimum. Durch Abzählen der Maximum-Minimum-Durchgänge kann man die von Spiegel 1 zurückgelegte Strecke in Wellenlängeneinheiten angeben.

Bei dem physikhistorisch wichtigen Experiment von MICHELSON und MORLEY zum Nachweis des Äthers wurde mit einem solchen Interferometer gearbeitet.

Je nach Aufbau kann das Interferenzmuster aus Strichen oder Kreisen bestehen.

In den Lichtweg s_2 eines Interferometers wird eine genau 6 cm lange, mit Luft gefüllte Kammer gebracht. Pumpt man die Luft aus der Kammer, so beobachtet man 96 Hell-Dunkel-Hell-Durchgänge.
Wie groß ist die Brechzahl von Luft, wenn Laserlicht mit einer Frequenz von $4{,}4775 \cdot 10^{14}$ Hz verwendet wurde?

Analyse:
Die Wellenlänge des Laserlichts ist wegen der geringeren Lichtgeschwindigkeit in Luft kleiner als im Vakuum. Deshalb passen in die mit Luft gefüllte Kammer beim Hin- und Rücklauf 48 Wellenlängen mehr als in die evakuierte Kammer.
Daraus lässt sich die Lichtgeschwindigkeit in Luft und dann die Brechzahl berechnen.

Es muss sehr genau gemessen und gerechnet werden, weil sich die Lichtgeschwindigkeiten in Luft und im Vakuum nur wenig voneinander unterscheiden.

Gesucht: n_{Luft}
Gegeben: 48 Wellenlängen, $f = 4{,}4775 \cdot 10^{14}$ Hz
$c = 299\,792{,}458\ \frac{\text{km}}{\text{s}}$, $l = 6\ \text{cm} \cdot 2$

Lösung:
In die evakuierte Kammer passen folgende x Wellenlängen:

$$x = \frac{l}{\lambda_{\text{Vakuum}}} = \frac{l \cdot f}{c_{\text{Vakuum}}} = \frac{2 \cdot 6 \cdot 10^{-2}\ \text{m} \cdot 4{,}4775 \cdot 10^{14}\ \text{Hz} \cdot \text{s}}{2{,}99\,792\,458 \cdot 10^{8}\ \text{m}} = 179\,224$$

In der luftgefüllten Kammer sind es 48 mehr. Also gilt:

$$c_{\text{Luft}} = \frac{4{,}4775 \cdot 10^{14}\ \text{Hz} \cdot 6\ \text{cm} \cdot 2}{179\,272} = 299\,712\ \frac{\text{km}}{\text{s}}$$

Daraus ergibt sich:

$$n_{\text{Luft}} = \frac{c_{\text{Vakuum}}}{c_{\text{Luft}}} = \frac{299\,792{,}458\ \frac{\text{km}}{\text{s}}}{299\,712\ \frac{\text{km}}{\text{s}}} = \underline{1{,}000\,27}$$

Ergebnis:
Die Brechzahl von Luft beträgt $n = 1{,}000\,27$.

Genutzt wird der Zusammenhang:
$c = \lambda \cdot f$
bzw.
$\lambda = \frac{c}{f}$

6.5 Das Spektrum elektromagnetischer Wellen

Das Spektrum elektromagnetischer Wellen umfasst einen großen Frequenz- und Wellenlängenbereich, von dem nur ein Teil technisch genutzt wird. Es ist nachfolgend die in der Physik übliche Einteilung dieses Spektrums angegeben.

Art der Wellen	Frequenz f in Hz	Wellenlänge λ in m	Eigenschaften	Anwendungen
Technischer Wechselstrom	30–300	10^7–10^6	leichte Erzeugbarkeit, einfache Übertragbarkeit mithilfe von Leitern	Gewinnung und Übertragung elektrischer Energie, Antrieb elektrischer Maschinen und Anlagen
Tonfrequenter Wechselstrom (Niederfrequenz)	$3 \cdot 10^2$–$3 \cdot 10^4$	10^6–10^4	Frequenzbereich entspricht dem des für den Menschen hörbaren Schalls	Übertragung von Sprache und Musik mit Leitungen (Telefonie)
Hertzsche Wellen Langwelle (LW) Mittelwelle (MW) Kurzwelle (KW) Ultrakurzwelle (UKW, VHF, UHF)	 $3 \cdot 10^4$–$3 \cdot 10^5$ $3 \cdot 10^5$–$3 \cdot 10^6$ $3 \cdot 10^6$–$3 \cdot 10^7$ $3 \cdot 10^7$–$3 \cdot 10^9$	 10^4–10^3 10^3–10^2 10^2–10 10–0,1	gute Ausbreitung in Luft, teilweise Reflexion an Schichten der Atmosphäre, Reflexion an Leitern	Radio, Mobilfunk, Fernsehen, Radar
Mikrowellen	$3 \cdot 10^9$–10^{13}	$0{,}1$–$3 \cdot 10^{-5}$	Eindringen in viele Stoffe und dabei Absorption durch diese Stoffe	Mikrowellenherd, Mikrowellentherapie
Infrarotes Licht	10^{13}–$3{,}8 \cdot 10^{14}$	$3 \cdot 10^{-5}$ bis $7{,}8 \cdot 10^{-7}$	tiefes Eindringen in menschliche Haut, gute Absorption durch viele Stoffe	Wärmestrahlung (Infrarotstrahler), Infrarotfernbedienung
Sichtbares Licht	$3{,}8 \cdot 10^{14}$ bis $7{,}7 \cdot 10^{14}$	$7{,}8 \cdot 10^{-7}$ bis $3{,}9 \cdot 10^{-7}$	vom Menschen mit dem Auge wahrnehmbar	Beleuchtung von Räumen (Lampen)
Ultraviolettes Licht	$7{,}7 \cdot 10^{14}$ bis $3 \cdot 10^{16}$	$3{,}9 \cdot 10^{-7}$–10^{-8}	dringt in äußere Hautschichten ein und ruft Veränderungen hervor (Bräunung, Sonnenbrand)	UV-Strahler (Höhensonne)
Röntgenstrahlung	$3 \cdot 10^{16}$–$5 \cdot 10^{21}$	10^{-8}–$6 \cdot 10^{-14}$	unterschiedliches Durchdringen von weichem Gewebe und Knochen	Röntgendiagnostik und -therapie
Gammastrahlung und kosmische Strahlung	$> 3 \cdot 10^{18}$	$< 10^{-11}$	großes Durchdringungsvermögen von massiven Körpern	Fehlersuche in Stahlträgern oder in massiven Werkstücken

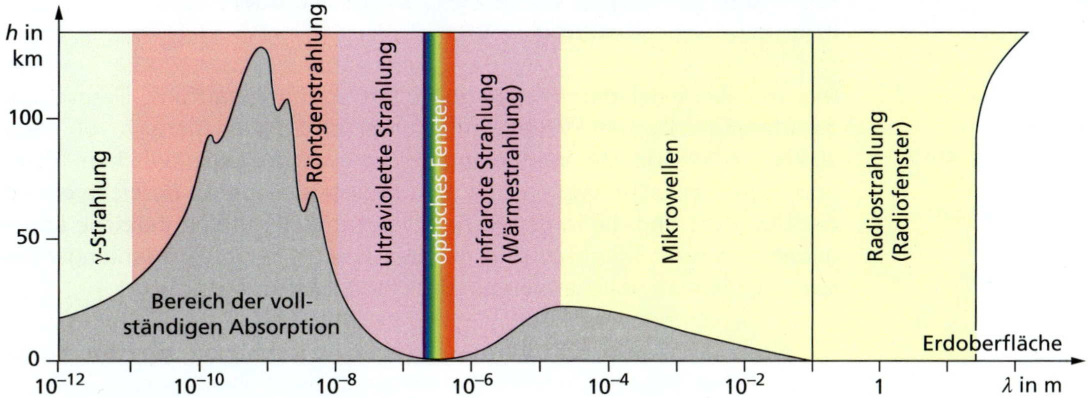

Für uns alle ist von Bedeutung, welche elektromagnetischen Wellen die Erdatmosphäre nahezu ungeschwächt bis zum Erdboden durchdringen. Aus der Übersicht oben ergibt sich:

Die Übersicht oben zeigt das Absorptionsvermögen der Erdatmosphäre für elektromagnetische Wellen, die „von außen“ auffallen.

Die Atmosphäre der Erde ist nur für sichtbare elektromagnetische Wellen und einen Teil der hertzschen Wellen nahezu vollständig durchlässig.

Die betreffenden Bereiche werden als **optisches Fenster** und als **Radiofenster** bezeichnet. Für die astronomische Forschung bedeutet dies, dass man viele Jahrhunderte lang nur im optischen Bereich beobachten konnte. Die Radioastronomie entwickelte sich erst nach 1932. Andere Wellenlängenbereiche werden durch die Atmosphäre weitgehend absorbiert. Untersuchungen zu diesen Spektralbereichen können nur mit dafür gebauten Empfängern außerhalb der dichteren Atmosphärenschichten betrieben werden. Da die Menschheit erst seit wenigen Jahrzehnten über die Technologien zur Raumfahrt verfügt, handelt es sich z. B. bei der Röntgen- oder Gammaastronomie um recht junge Forschungsgebiete.

1932 entdeckte KARL GUTHE JANSKY (1905–1950), dass kosmische Objekte auch Strahlung im Radiofrequenzbereich aussenden.

Radioteleskope	**Röntgenteleskope**	**Infrarotteleskope**

Das Radioteleskop Effelsberg verfügt über einen beweglichen Spiegel von 100 m Durchmesser.	Röntgensatelliten, z. B. ROSAT und Chandra, erfassen die Röntgenstrahlung kosmischer Objekte.	Das Flugzeugobservatorium SOFIA registriert die von kosmischen Objekten ausgehende Infrarotstrahlung.

Einteilung hertzscher Wellen und Überblick über ihre technische Nutzung

Eine Übersicht über das gesamte **elektromagnetische Spektrum** ist auf S. 176 zu finden.

Die vor allem bei der Informationsübertragung (Rundfunk, Fernsehen) genutzten hertzschen Wellen umfassen einen Frequenzbereich von etwa 30 kHz bis 30 GHz. Die Wellenlängen liegen demzufolge zwischen 10 km und 1 cm. Hertzsche Wellen teilt man in unterschiedliche Bereiche ein. In der Übersicht sind die in der Technik vorrangig genutzten Bereiche angegeben, die nicht identisch sind mit den Frequenz- und Wellenlängenbereichen, die man üblicherweise in der Physik angibt.

Für Anwendungen nutzt man die unterschiedlichen Eigenschaften hertzscher Wellen bei verschiedenen Frequenzen bzw. Wellenlängen.

Bereich	Frequenz f	Wellenlänge λ	Anwendungen
Langwellen (LW oder LF)	148,5 kHz–283,5 kHz 290 kHz–527 kHz	2 km–1 km 1 000 m–600 m	Rundfunk Schiffsfunk, Funkpeilung
Mittelwellen (MW oder MF)	526,5 kHz–1 606,5 kHz	600 m–200 m	Rundfunk
Kurzwellen (KW oder MF)	3,95 MHz–26,1 MHz	75 m–10 m	Rundfunk, Flugfunk, Amateurfunk, CB-Sprechfunk
Meterwellen (VHF)	48,25 MHz–62,25 MHz 87,5 MHz–108 MHz 175,25 MHz–217,25 MHz	6,2 m–4,8 m 3,4 m–2,8 m 1,7 m–1,4 m	Fernsehen VHF Band I UKW-Rundfunk Fernsehen VHF Band III
Dezimeterwellen (UHF)	0,3 GHz–3 GHz 471,25 MHz–599,25 MHz 607,25 MHz–783,25 MHz 900 MHz, 1 800 MHz	10 dm–1 dm 6,3 dm–5 dm 4,9 dm–3,8 dm 3,3 dm und 1,7 dm	Richtfunk, Radar Fernsehen UHF Band IV Fernsehen UHF Band V Mobilfunk
Zentimeterwellen (Mikrowellen, SHF)	2 GHz–30 GHz 2,45 GHz	15 cm–1 cm 12 cm	Funknavigation Mikrowellenherd

Radar (**Ra**dio **d**etecting **a**nd **r**anging = Funkortung und Entfernungsmessung) wurde in den Dreißigerjahren des 20. Jahrhunderts entwickelt.

Beim Sekundärradar werden Informationen zu Flughöhe, Geschwindigkeit oder Identifizierung übertragen.

Hertzsche Wellen dienen vor allem zur Übertragung von Rundfunk und Fernsehen. Eine wichtige Anwendung hertzscher Wellen ist auch der **Radar.** Dabei werden hertzsche Wellen hoher Frequenz (ca. 10^8 Hz) in Form sehr kurzer Impulse abgestrahlt, an einem Hindernis reflektiert und wieder empfangen.
Aus der Laufzeit der Impulse kann die Entfernung berechnet werden. Geortete Objekte erscheinen auf einem Radarbildschirm als helle Punkte. Darüber hinaus werden weitere Informationen übertragen.

Senden und Empfangen hertzscher Wellen

Elektromagnetische Schwingungen können nur dann als hertzsche Wellen von einem Sender abgestrahlt werden, wenn sie eine relativ hohe Frequenz (mindestens 100 kHz) besitzen. Man nennt diese auch **Hochfrequenz-Schwingungen (HF-Schwingungen).** Sprache und Musik, also Schallschwingungen, besitzen nur eine Frequenz bis maximal 20 kHz. Diese Schallschwingungen kann man mit einem Mikrofon in elektromagnetische Schwingungen umwandeln. Man nennt diese auch **Niederfrequenz-Schwingungen (NF-Schwingungen).** Sie sind aufgrund der geringen Frequenz für das Aussenden als hertzsche Wellen nicht geeignet.

Dargestellt sind die „klassischen" analogen Verfahren. Heute wird in zunehmendem Maße die **Digitaltechnik** zur Übertragung von Rundfunk- und Fernsehprogrammen genutzt.

Um Sprache, Musik und Bilder mithilfe hertzscher Wellen zu übertragen, bedient man sich deshalb des Verfahrens der **Modulation.** Dabei wird eine hochfrequente Schwingung als „Träger" für niederfrequente Schwingungen (Sprache, Musik) genutzt, da diese als hertzsche Welle abgestrahlt werden kann.

Die hochfrequente Schwingung wird dabei im Takt der niederfrequenten Schwingung so verändert, dass die Information der niederfrequenten Schwingung mit übertragen wird. Dies geschieht z. B. dadurch, dass man die Amplitude der HF-Schwingung im Takt der Amplitude der NF-Schwingung verändert **(Amplitudenmodulation).**

Neben der **Amplitudenmodulation** gibt es auch das Verfahren der **Frequenzmodulation.** Dabei wird nicht die Amplitude, sondern die Frequenz der Trägerschwingung verändert.

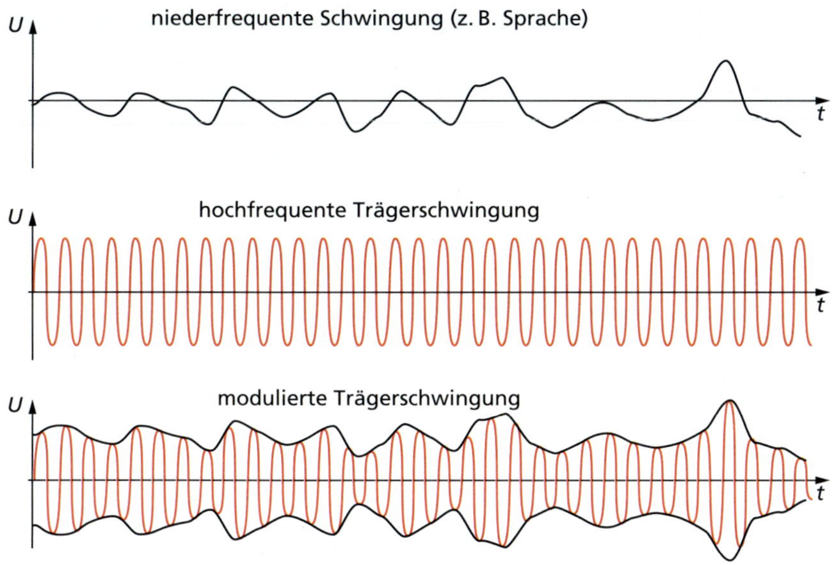

Hertzsche Wellen werden über Antennen (Dipole) ausgestrahlt und empfangen. Diese **Sende- und Empfangsdipole** sind offene Schwingkreise.

Beim Senden von hertzschen Wellen wird der Sendedipol (Antenne) durch einen weiteren Schwingkreis zu elektromagnetischen Schwingungen angeregt. Dabei sind Schwingkreis und Dipol so aufeinander abgestimmt, dass beide mit derselben Eigenfrequenz schwingen können. Es tritt somit Resonanz und damit eine maximale Abstrahlung elektromagnetischer Wellen auf.

Prinzip eines Senders

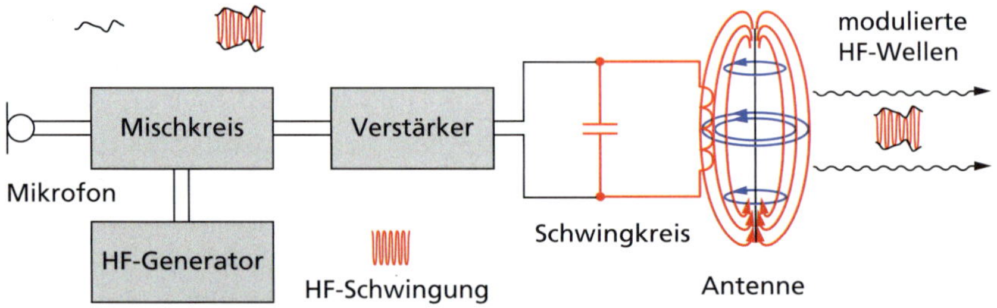

Mithilfe des Drehkondensators kann man die **Kapazität** und damit die Frequenz des Schwingkreises verändern.

Beim **Empfang** hertzscher Wellen wird der Empfangsdipol durch elektromagnetische Wechselfelder in der Umgebung zu Schwingungen angeregt. Diese Schwingungen werden wiederum auf einen Schwingkreis im Empfänger, den **Abstimmkreis,** übertragen.

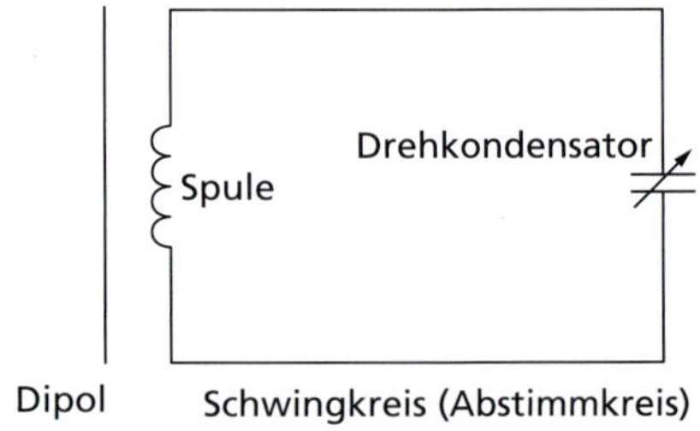

Die Amplitude der Schwingung ist von Erreger- und Eigenfrequenz abhängig. Bei $f_E \neq f_0$ ist die Amplitude klein.

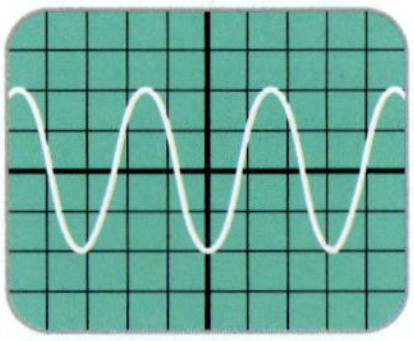

Bei $f_E = f_0$ ist die Amplitude maximal.

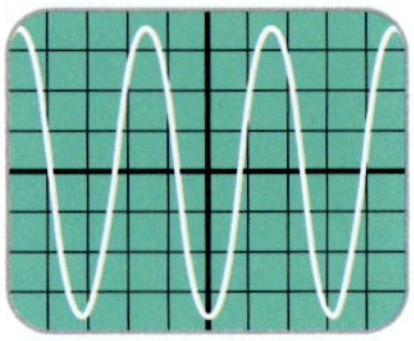

Empfangsdipole werden so gewählt, dass sie annähernd dieselbe Eigenfrequenz besitzen wie der Sendedipol. Auf einen Empfangsdipol treffen jedoch hertzsche Wellen unterschiedlicher Frequenzen. Um genau einen Sender auszuwählen, wird mithilfe eines Abstimmkreises im Empfänger die Eigenfrequenz des gewünschten Senders eingestellt. Durch Resonanz ist die Amplitude der elektromagnetischen Schwingung im Abstimmkreis dann am größten, wenn sie mit der Sendefrequenz des gewünschten Senders übereinstimmt, wenn also gilt: $f_E = f_0$

Die modulierte hochfrequente Trägerschwingung muss im Empfänger wieder in HF- und NF-Schwingungen getrennt werden, damit die NF-Schwingungen im Lautsprecher hörbar gemacht werden können. Diesen Vorgang nennt man **Demodulation.** In der Regel werden die NF-Schwingungen im Empfänger noch **verstärkt,** damit z. B. Sprache und Musik gut hörbar werden.

Prinzip eines Empfängers

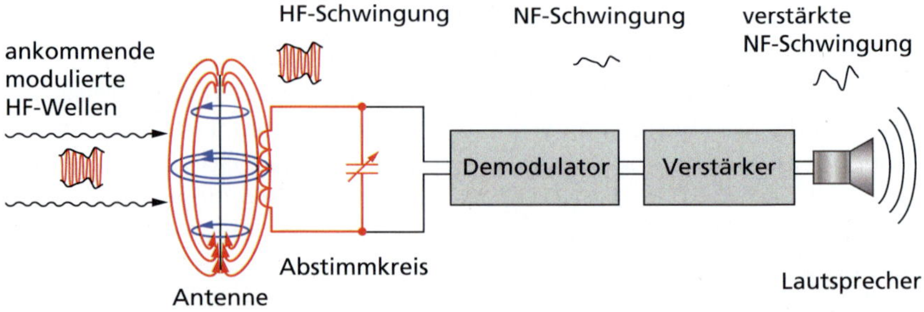

Elektromagnetische Schwingungen und Wellen

Elektromagnetische Schwingungen entstehen in einem **Schwingkreis,** einer Reihenschaltung aus Kondensator und Spule.

Die **Schwingungsdauer** hängt nur von der Induktivität L der Spule und der Kapazität C des Kondensators ab.
Es gilt für $R = 0$ die **thomsonsche Schwingungsgleichung:**

$$T = 2\pi\sqrt{L \cdot C}$$

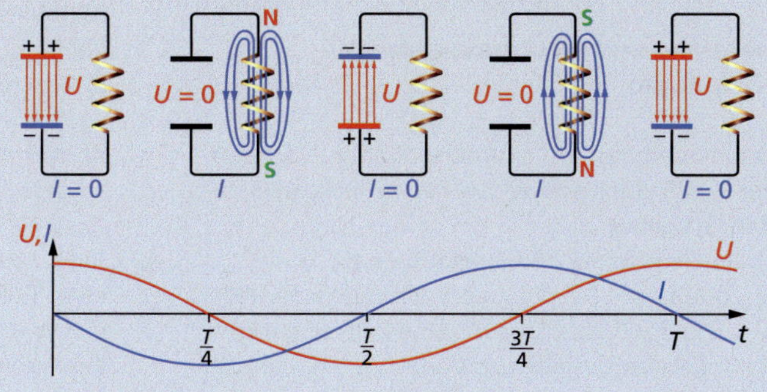

Jedes zeitlich veränderliche elektrische Feld ist untrennbar mit einem magnetischen Feld verbunden, jedes zeitlich veränderliche magnetische Feld mit einem elektrischen Feld.

Unter **elektromagnetischen Wellen** versteht man die Ausbreitung elektromagnetischer Schwingungen im Raum. Elektromagnetische Wellen werden von Dipolen (Antennen) abgestrahlt. Sie breiten sich mit Lichtgeschwindigkeit aus. Es gilt:

$$c = \lambda \cdot f \quad \text{mit } f = \frac{1}{T}$$

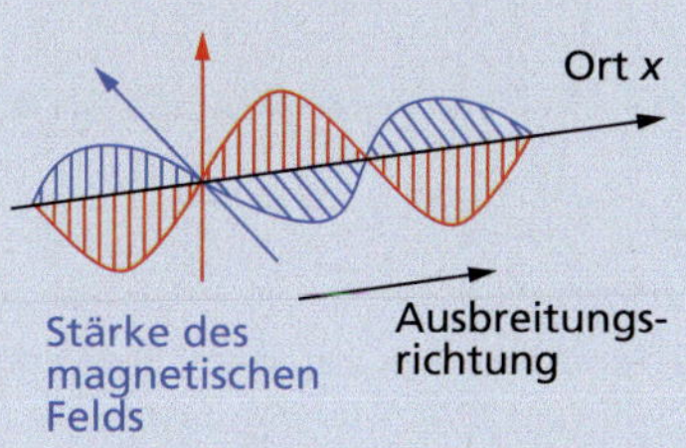

Elektromagnetische Wellen haben analoge Eigenschaften wie mechanischen Wellen:
- Die Ausbreitung in einem Stoff erfolgt in der Regel geradlinig.
- Beim Auftreffen auf Hindernisse kann **Reflexion** auftreten.
- Beim Übergang von einem Stoff in einen anderen kann **Brechung** auftreten.
- Es können unter bestimmten Bedingungen die wellentypischen Eigenschaften **Beugung, Interferenz** und **Polarisation** auftreten.
- Hin- und rücklaufende Welle können sich zu einer stehenden Welle überlagern.

Licht kann als elektromagnetische Welle betrachtet werden.
Es treten bei Licht typische Welleneigenschaften (Beugung, Interferenz) auf.

Für die **Interferenz** am **Doppelspalt** und am **optischen Gitter** gilt:

Gangunterschied $\Delta s = b \cdot \sin\alpha_k \approx b \cdot \frac{s_k}{e}$
Maxima bei:
$\Delta s = k \cdot \lambda \quad (k = 0, 1, 2 \ldots)$

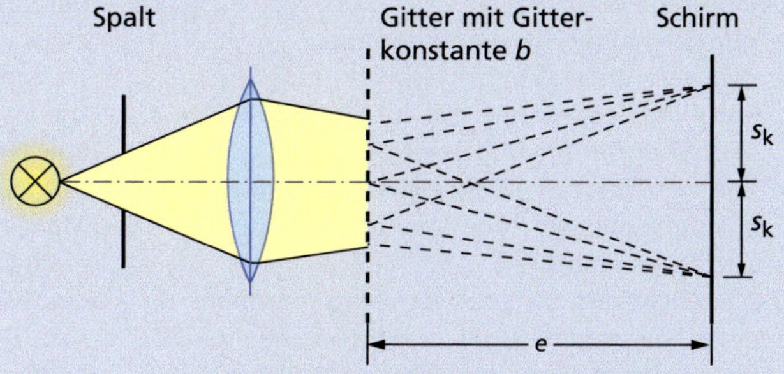

Aufgaben

Mechanische und elektromagnetische Schwingungen

1. Der Pulsschlag ist ein periodischer Vorgang, der durch die Kontraktion des Herzmuskels zustande kommt.
   a) Bestimmen Sie Ihre Pulsfrequenz!
   b) Diskutieren Sie die Zweckmäßigkeit der Nutzung des Pulsschlags für eine Zeitmessung!
   c) Geben Sie periodische Vorgänge an, die sich gut als Grundlage für eine Zeitmessung eignen und die bei Uhren auch genutzt werden!

2. Aufgezeichnet wurde die Schwingung einer Stimmgabel.

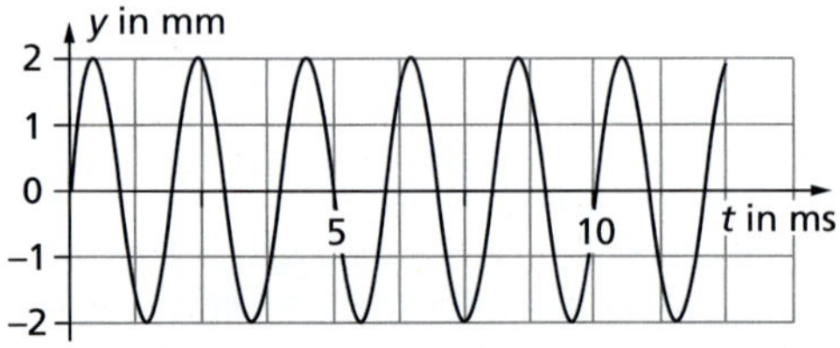

   a) Ermitteln Sie aus dem Diagramm die Amplitude, die Schwingungsdauer und die Frequenz der Schwingung!
   b) Wie lautet die Schwingungsgleichung für diese Schwingung?

3. Die Schwingungsgleichung für eine mechanische Schwingung lautet: $y = 0{,}2\ \text{m} \cdot \sin\left(\frac{2\pi}{0{,}8\ \text{s}} \cdot t\right)$
Stellen Sie die Schwingung grafisch dar!

4. An einem Fadenpendel von 0,56 m Länge ist ein Körper der Masse 250 g befestigt. Die Amplitude beträgt 10 cm.
   a) Wie groß ist die Schwingungsdauer?
   b) Wie verändert sich die Schwingungsdauer, wenn die Pendellänge halb so groß, doppelt so groß und viermal so groß ist?
   c) Wie verändert sich die Schwingungsdauer mit zunehmender Höhe über der Erdoberfläche? Begründen Sie!
   ***d)** Die Gleichung für die Schwingungsdauer eines Fadenpendels gilt nur für kleine Auslenkungen. Geben Sie dafür eine Begründung!

5. Das Fadenpendel, mit dem der französische Physiker Léon Foucault (1819–1868) die Erdrotation nachwies, hatte eine Länge von 67 m, der Pendelkörper eine Masse von 28 kg.
   a) Beschreiben Sie, wie man mit einem solchen Pendel die Erdrotation nachweisen kann!
   b) Welche Schwingungsdauer besaß das Pendel?

6. Jede Feder der dargestellten Federpendel hat eine Federkonstante von $5{,}2\ \frac{\text{N}}{\text{m}}$, der schwingende Körper eine Masse von jeweils 100 g. Die Bewegung der Körper erfolgt reibungsfrei.

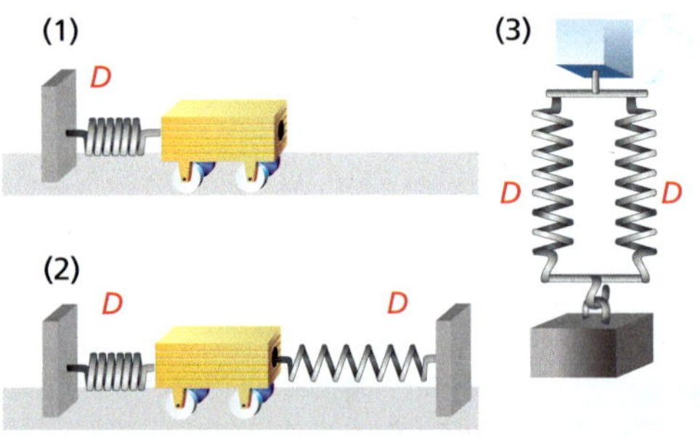

   a) Geben Sie für jeden der Schwinger eine Gleichung zur Berechnung der Schwingungsdauer an!
   b) Schwinger 1 wird um 7,8 cm ausgelenkt. Welche Kraft ist dazu erforderlich? Welche Arbeit wird dabei verrichtet?
   c) Begründen Sie, dass die Körper in allen drei Fällen nach dem Loslassen harmonische Schwingungen ausführen!
   d) Welche Geschwindigkeit hat der Körper bei (1) beim Durchgang durch die Gleichgewichtslage?
   e) An welcher Stelle hat der Körper bei (1) die größte Beschleunigung? Wie groß ist sie?

7. Vergleichen Sie die mechanische Schwingung eines Fadenpendels mit der elektromagnetischen Schwingung in einem Schwingkreis! Fertigen Sie eine Übersicht über analoge Vorgänge an! Vergleichen Sie die Energieumwandlungen!

8. Manche Sänger können ein Glas durch Singen eines Tons zum Zerspringen bringen. Dazu wird das Glas zunächst durch Anschlagen zum Klingen gebracht. Anschließend wird dieser Ton kräftig in das Glas hineingesungen. Wie ist das Phänomen des Zerspringens zu erklären?

9. Ein Kondensator wird an eine Gleichspannungsquelle angeschlossen.

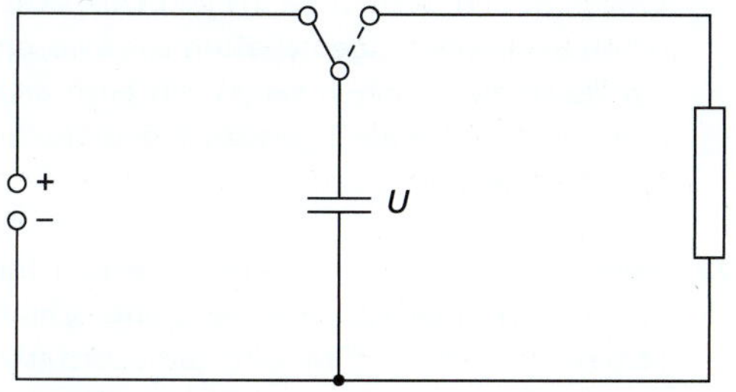

a) Beschreiben und erklären Sie die Vorgänge beim Aufladen eines Kondensators!

b) Fertigen Sie ein *t*-*I*-Diagramm und ein *t*-*U*-Diagramm für den Aufladevorgang an!

c) Nach dem Aufladen des Kondensators wird der Schalter so gestellt, dass Kondensator und Widerstand miteinander verbunden sind. Beschreiben und erklären Sie die Vorgänge nach dem Betätigen des Schalters!

d) Fertigen Sie ein *t*-*I*-Diagramm und ein *t*-*U*-Diagramm für den Entladevorgang des Kondensators an!

e) Der Widerstand im Stromkreis wird durch eine Spule ersetzt. Beschreiben und erklären Sie die nun ablaufenden Vorgänge!

10. Die Frequenz der elektromagnetischen Schwingung in einem Schwingkreis beträgt 100 Hz, die Amplitude der Stromstärke 100 mA.

a) Zeichnen Sie das *t*-*I*-Diagramm für drei vollständige ungedämpfte Schwingungen!

b) Beschreiben Sie anhand des *t*-*I*-Diagramms die Vorgänge in der Spule des Schwingkreises! Erklären Sie diese Vorgänge!

11. Der Kondensator eines elektrischen Schwingkreises wird aufgeladen und anschließend über die Spule entladen.

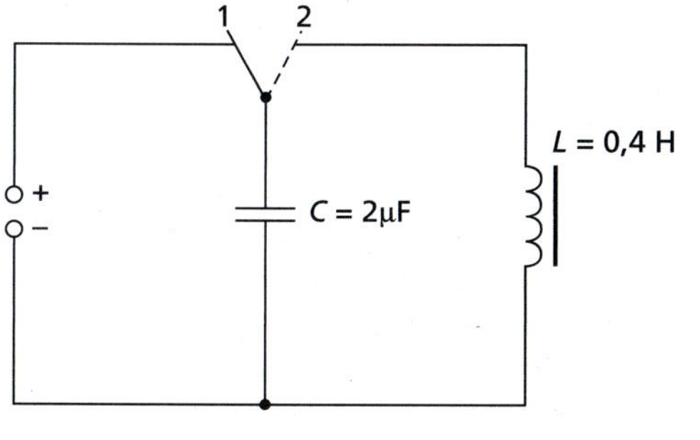

a) Beschreiben Sie die Vorgänge im Schwingkreis bei Vernachlässigung des ohmschen Widerstands und bei Berücksichtigung des ohmschen Widerstands!

b) Wie groß ist die Eigenfrequenz des Schwingkreises, wie groß die Schwingungsdauer?

12. Für die meisten Anwendungen benötigt man ungedämpfte elektromagnetische Schwingungen.

a) Nennen Sie Bedingungen, unter denen eine ungedämpfte elektromagnetische Schwingung zustande kommt!

***b)** Die Skizze zeigt den prinzipiellen Aufbau einer meißnerschen Rückkopplungsschaltung mit Transistor.

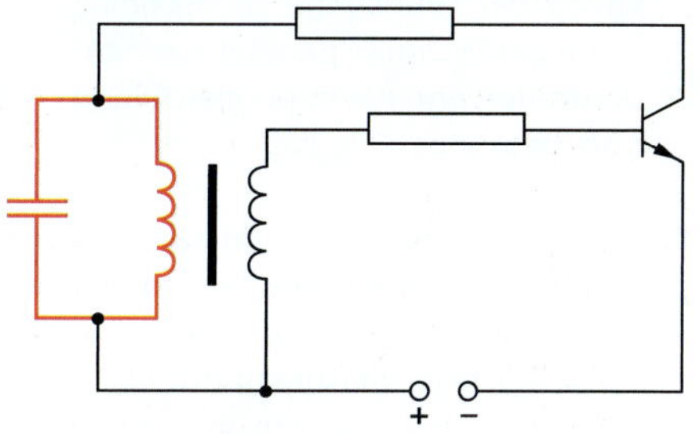

Beschreiben Sie den Aufbau und die Wirkungsweise einer solchen Schaltung!

13. Vergleichen Sie mechanische und elektromagnetische Schwingungen hinsichtlich

a) der sich periodisch ändernden Größen,

b) der Voraussetzungen für das Entstehen solcher Schwingungen,

c) der Energieumwandlungen,

d) der Ursachen für die Dämpfung der Schwingungen!

Fertigen Sie dazu eine Übersicht an!

14. Elektronische Thermometer mit Messfühler arbeiten mit einer Frequenz von 433 MHz. Geben Sie sinnvolle Kombinationen von L und C an, mit denen Schwingungen dieser Frequenz erzeugt werden können!

15. Ein Schwingkreis besteht aus einer Spule ($A = 20\ \text{cm}^2$, $l = 15\ \text{cm}$, $N = 750$) und einem Plattenkondensator ($A = 40\ \text{cm}^2$, $d = 2\ \text{mm}$). Zwischen den Platten befindet sich Luft.

a) Wie groß ist die Eigenfrequenz des Schwingkreises?

b) Wie verändert sich die Eigenfrequenz, wenn man in die Spule einen Eisenkern einführt?

Eigenschaften elektromagnetischer Wellen

16. Ein sich änderndes elektrisches Feld ist immer mit einem magnetischen Feld verbunden, ein sich änderndes magnetisches Feld immer mit einem elektrischen Feld.
Erläutern Sie diese Aussage!

17. Die von einem Dipol ausgehenden elektromagnetischen Wellen lassen sich mit einem Empfangsdipol (↗ Skizze) nachweisen.
Zumindest in geringer Entfernung vom Sendedipol leuchtet die Lampe des Empfangsdipols auf. Die Helligkeit der Glühlampe ist maximal, wenn beide Dipole parallel zueinander stehen und wenn sie gleich lang sind. Begründen Sie das!

18. Zum Nachweis elektromagnetischer Wellen nutzt man einen Empfangsdipol, in dessen Mitte sich statt einer Glühlampe (↗ Skizze bei Aufg. 17) eine Gleichrichterdiode befindet. Gemessen wird die Stromstärke durch die Diode oder die Spannung.

a) Erläutern Sie die Funktionsweise eines solchen Empfängers!

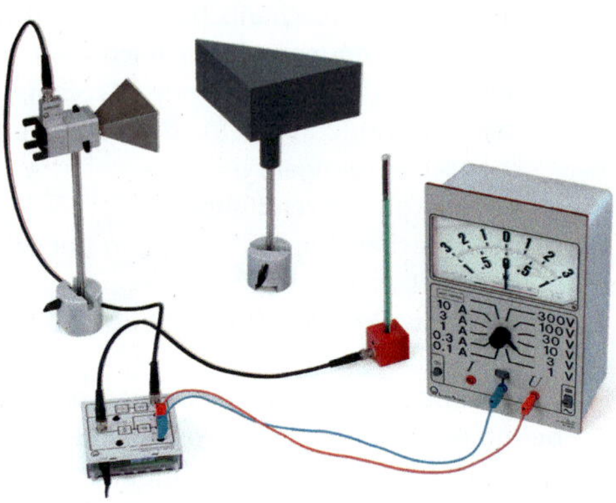

b) Welche Eigenschaft von elektromagnetischen Wellen kann mit der abgebildeten Experimentieranordnung nachgewiesen werden?

19. Ein Sendedipol hat eine Länge von 60 cm. Wie groß sind Wellenlänge und Frequenz der abgestrahlten elektromagnetischen Wellen?

20. Erklären Sie mithilfe des huygensschen Prinzips die Beugung von Wellen!

21. Wasserwellen sind mechanische Wellen, die analoge Eigenschaften wie elektromagnetische Wellen haben. Stellen Sie in einer Übersicht alle Ihnen bekannten Eigenschaften von Wasserwellen zusammen! Geben Sie jeweils auch an, wie man die betreffende Eigenschaft demonstrieren oder nachweisen kann!

22. Zwei Lautsprecher sind an den gleichen Tongenerator veränderbarer Frequenz angeschlossen. Mit einem Mikrofon M wird die Lautstärke an verschiedenen Stellen registriert. Der Schall breitet sich mit einer Geschwindigkeit von $340\ \frac{m}{s}$ aus.

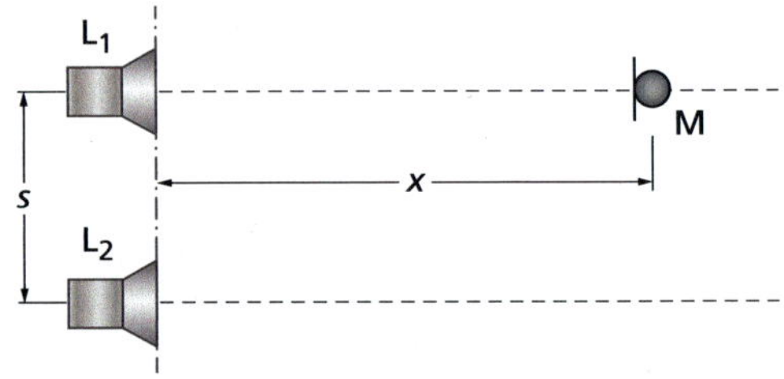

a) Was würde das Mikrofon registrieren, wenn es parallel zu den Lautsprechern verschoben wird? Begründen Sie!

b) Das Mikrofon steht in $x = 1{,}40$ m Entfernung von L_1 und L_2 steht unmittelbar neben L_1. Wird nun L_2 um $s = 70$ cm verschoben, so wird vom Mikrofon das erste Minimum der Lautstärke registriert. Wie groß ist die Frequenz des Schalls, der von den Lautsprechern abgegeben wird?

c) Wie weit müsste man das Mikrofon von L_1 weg bis zum ersten Maximum der Lautstärke verschieben?

d) Die Frequenz des Schalls wird nun allmählich verdoppelt, ohne die Lage der Geräte zu ändern. Beschreiben Sie, was vom Mikrofon erfasst wird!

e) Skizzieren Sie ein analoges Experiment für Mikrowellen! Was müsste man dabei beachten?

23. Ein Sendedipol strahlt Mikrowellen mit einer Frequenz von 9,4 GHz ab. Die Mikrowellen treffen in 1,1 m Entfernung auf eine senkrechte Wand.

a) Welche Eigenschaft muss die Wand haben, damit eine stehende Welle entsteht?

b) Wie viele Schwingungsknoten hat dann die stehende Welle auf einer Strecke von 17 cm?

24. Die Eigenschaften elektromagnetischer Wellen lassen sich experimentell besonders einfach mit Mikrowellen nachweisen.

a) Welchen Frequenz- und Wellenlängenbereich umfassen Mikrowellen?

b) An einem Doppelspalt werden Mikrowellen gebeugt. Es treten Interferenzmuster auf. Zur Demonstration genutzt werden kann die folgende Versuchsanordnung:

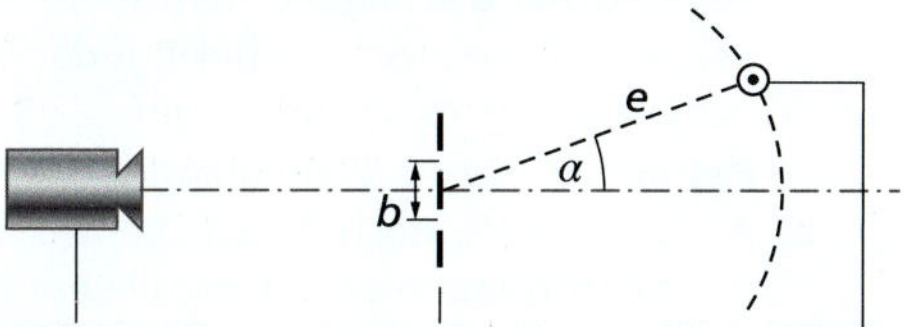

Leiten Sie unter der Voraussetzung, dass der Abstand e groß gegenüber dem Spaltabstand *b* ist, eine Gleichung für die Interferenzmaxima her!

c) Wird der Empfänger auf dem angegebenen Kreisbogen bewegt, so treten bei den Winkeln $\alpha_1 = 0°$ und $\alpha_2 = 12°$ aufeinanderfolgende Maxima auf.
Mit welcher Frequenz sendet der betreffende Mikrowellensender, wenn $b = 18$ cm und $e = 4,5$ m sind?

25. Ein Rundfunksender arbeitet mit 88,8 MHz.

a) In welchem Frequenzband ist er zu empfangen?

b) Wie groß ist die Wellenlänge der betreffenden hertzschen Wellen?

c) Wie lang müsste ein darauf abgestimmter Empfangsdipol etwa sein?

26. Vergleichen Sie mechanische und hertzsche Wellen hinsichtlich

a) der sich periodisch ändernden Größen,

b) der Voraussetzungen für die Ausbreitung der Wellen,

c) der Eigenschaften der Wellen!

Fertigen Sie dazu eine Übersicht an!

27. Für Seenotrufe wurde international die Frequenz 500 kHz festgelegt. Auf dieser Frequenz dürfen ausschließlich Seenotrufe gesendet werden.
Wie groß ist die Wellenlänge dieser hertzschen Wellen?

28. Zur Erforschung der Oberfläche anderer Planeten werden u. a. Radaranlagen genutzt. Bei einer bestimmten Stellung wird ein von der Erde zum Mars gesandtes Funksignal nach 24 Minuten und 45 Sekunden wieder empfangen.

a) Wie groß ist bei dieser Stellung die Entfernung Erde–Mars?

b) Vergleichen Sie sie mit der Entfernung von der Erde zur Sonne!

c) Wie lange braucht ein Funksignal für die Strecke Erde–Mond–Erde?

29. Radiohören ist eine beliebte Freizeitbeschäftigung.

a) Welche Frequenz hat der Radiosender, den Sie am meisten hören?

b) Berechnen Sie die Wellenlänge der hertzschen Wellen dieses Senders!

30. Bei Autofahrten in Tunneln bricht der Radioempfang manchmal nach kurzer Zeit ab.
Erklären Sie, woran das liegt!

31. Warum kann ein Kurzwellensender mitunter auf der ganzen Erde empfangen werden?

32. Beschreiben Sie den Aufbau und erklären Sie die Wirkungsweise eines einfachen Rundfunkempfängers!

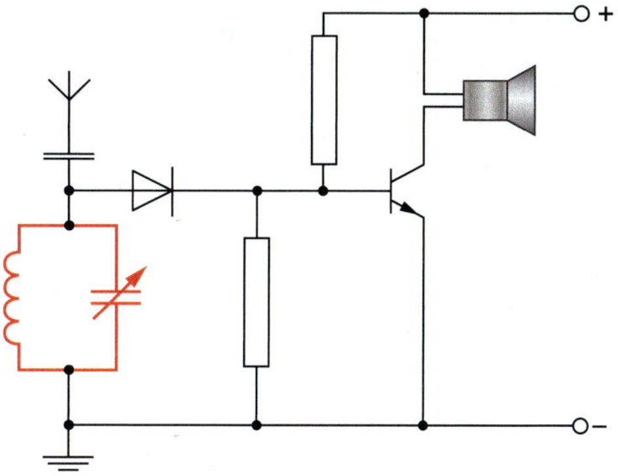

33. Bereiten Sie ein Referat zum Thema „Aufbau eines Mobilfunknetzes und genutzte Frequenz- und Wellenlängenbereiche" vor!

34. Eine wichtige Anwendung elektromagnetischer Wellen ist das Radar. Bereiten Sie dazu eine Präsentation vor! Gehen Sie dabei auch auf die Entwicklung des Radars und ausführlich auf eine aktuelle Anwendung ein!

Licht als elektromagnetische Welle

35. Als Ausbreitungsgeschwindigkeit von Licht in Wasser wird in Tabellenwerken ein Wert von $225\,000\ \frac{\text{km}}{\text{s}}$ angegeben.
Die Ausbreitungsgeschwindigkeit kann mit der Gleichung
$c = \frac{1}{\sqrt{\varepsilon_0 \cdot \varepsilon_r \cdot \mu_0 \cdot \mu_r}}$ berechnet werden.

a) Erkunden Sie den Wert der Konstanten ε_r und μ_r für Wasser!

b) Führen Sie die Berechnung durch! Vergleichen Sie Ihr Ergebnis mit dem oben genannten Tabellenwert! Wie kann man den Unterschied erklären?

36. Einfarbiges Licht mit einer Frequenz von $5{,}5 \cdot 10^{14}$ Hz hat in einem bestimmten Stoff eine Wellenlänge von 311 nm.

a) Wie groß ist seine Frequenz in Luft?

b) Welche Wellenlänge und welche Farbe hat es in Luft?

37. Das von einem Körper abgestrahlte rote Licht hat eine Frequenz von $4{,}0 \cdot 10^{14}$ Hz.

a) Wie groß ist seine Wellenlänge in Luft?

b) Was geschieht mit Frequenz und Wellenlänge, wenn dieses Licht in Glas übertritt?

38. Ein Doppelspalt wird mit parallelem weißem Licht bestrahlt. In einiger Entfernung hinter dem Doppelspalt befindet sich ein Schirm. Beschreiben Sie das zu erwartende Bild und erläutern Sie die physikalischen Ursachen dafür!

39. L_1 und L_2 sind zwei kohärente, monochromatische Lichtquellen. Auf einem Schirm beobachtet man helle und dunkle Streifen.

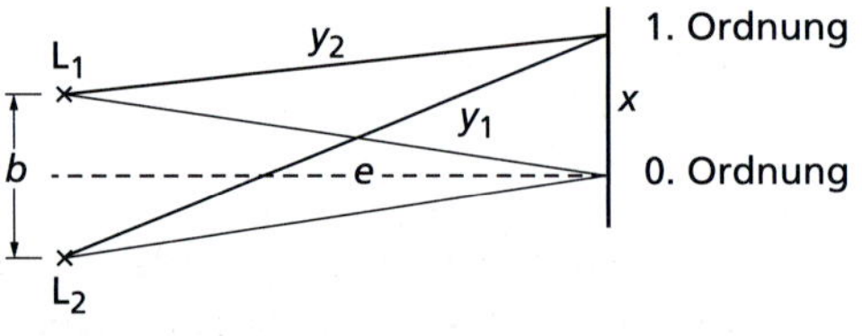

Berechnen Sie den Gangunterschied Δy zwischen den beiden Strahlen y_1 und y_2, die sich zum ersten Mal neben der Mitte verstärken, in Abhängigkeit von dem Abstand b der Lichtquellen, dem Abstand e des Schirms von den Lichtquellen und dem Abstand x der beiden Streifen!

40. Ein Doppelspalt mit dem Abstand der Spaltmitten von $b = 0{,}40$ mm wird senkrecht mit monochromatischem und parallelem Licht bestrahlt. Auf einem im Abstand $e = 3{,}00$ m parallel zum Doppelspalt angebrachten Schirm beobachtet man das Beugungsbild.

a) Erläutern Sie mithilfe einer Zeichnung das Entstehen der Intensitätsminima und -maxima auf dem Schirm! Leiten Sie je eine Beziehung für die zugehörigen Beugungswinkel her! Auf dem Schirm beträgt der Abstand der Maxima 2. Ordnung 2,1 cm.
Bestimmen Sie die Wellenlänge!

b) Anstatt mit monochromatischem Licht wird die Anordnung jetzt mit parallelem weißem Glühlicht beleuchtet ($390\text{ nm} \leq \lambda \leq 780\text{ nm}$). Erläutern Sie, weshalb man ein weißes Maximum 0. Ordnung und kontinuierliche Spektren in höheren Ordnungen beobachtet!
Kann man das Spektrum 1. Ordnung und das Spektrum 2. Ordnung noch getrennt beobachten?

41. Ein Gitter mit unbekannter Gitterkonstante wird mit parallelem monochromatischem Licht der Wellenlänge $\lambda = 500$ nm beleuchtet. Das Maximum 1. Ordnung wird unter einem Winkel von 30° beobachtet.
Wie groß ist die Gitterkonstante?

42. Auf ein optisches Gitter mit der Gitterkonstanten $b = 2\ \mu\text{m}$ fällt rotes Licht der Wellenlänge 760 nm. Wie viele Beugungsmaxima kann man prinzipiell nur beobachten?

43. Ein Gitter mit 200 Strichen pro Millimeter soll zur Messung der Lichtwellenlänge genutzt werden. Dazu lässt man das Licht auf einen Schirm der Breite 1,0 m im Abstand von 2,0 m so fallen, dass das Maximum 0. Ordnung in der Mitte des Schirms liegt. Welches ist die größte Wellenlänge, die man bestimmen kann?

44. Ein Gitter mit einer Gitterkonstante von 0,01 mm wird mit einfarbigem Licht beleuchtet. Auf einem 0,5 m entfernten Schirm haben die Maxima 1. Ordnung einen Abstand von 4,6 cm voneinander.

a) Geben Sie eine Gleichung für die Maxima an!

b) Berechnen Sie die Wellenlänge des genutzten Lichts!

45. Zur Bestimmung der Lichtwellenlänge mithilfe eines Gitters benötigt man die Gitterkonstante des genutzten Gitters.
Beschreiben Sie ausführlich eine Möglichkeit, wie man die Gitterkonstante eines gegebenen Gitters bestimmen kann!

***46.** Durch einen Doppelspalt fällt weißes Licht der Frequenzen $3{,}75 \cdot 10^{14}\ \text{Hz} \leq f \leq 7{,}50 \cdot 10^{14}\ \text{Hz}$.

a) Bestimmen Sie die Ordnung des Spektrums, das sich zum ersten Mal mit dem Spektrum der nächsthöheren Ordnung überlappt!

b) Welche Farben liegen dann zum ersten Mal aufeinander?

c) Welche Farben sind dann sicher keine Mischfarben, sondern Spektralfarben?

d) Berechnen Sie die Spaltbreiten, bei denen man die berechnete Überlappung beobachten kann!

e) Können die Randfarben des oben angegebenen Lichts aufeinanderfallen?

***47.** Interferenz durch Brechung realisierte FRESNEL mithilfe eines Biprismas.

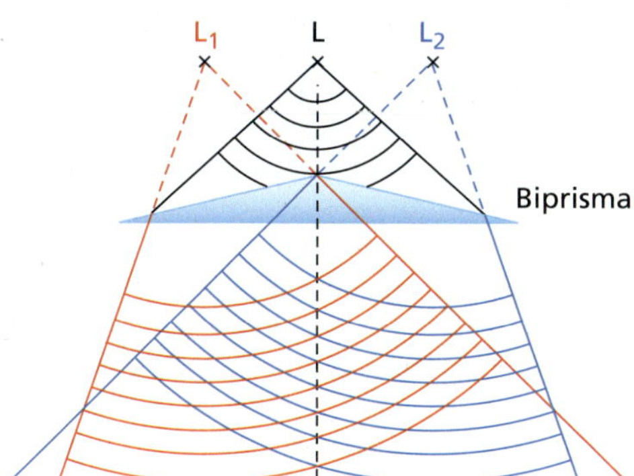

Erläutern Sie an diesem Beispiel das Zustandekommen eines Interferenzmusters!

***48.** Das Licht einer Quecksilberhochdrucklampe besteht im Wesentlichen aus drei Farben:
$\lambda_{\text{blau}} = 435\ \text{nm}$, $\lambda_{\text{grün}} = 546\ \text{nm}$, $\lambda_{\text{gelb}} = 578\ \text{nm}$.
Auf die Schmalseite eines 7,8 cm langen Plexiglastrogs klebt man ein Reflexionsgitter mit der Gitterkonstanten 1 750 nm, auf die gegenüberliegende Seite ein Pergamentpapier als Schirm. Der Trog wird so mit Wasser ($n = 1{,}33$) gefüllt, dass das vom Gitter zum Schirm laufende Licht teilweise über und teilweise unter Wasser verläuft.

a) Wie viele vollständige Linienspektren sieht man über und wie viele unter Wasser?

b) Berechnen Sie den Abstand der drei Farben des ersten Spektrums vom weißen Spaltbild über und unter Wasser. Welche zwei Farben (eine über und eine unter Wasser) haben den gleichen Abstand, stehen also übereinander?

***49.** Eine Seifenhaut ($n = 1{,}3$) mit einer Dicke von 350 nm wird mit weißem Licht beleuchtet. Das Licht fällt senkrecht auf.

a) Beschreiben Sie die Vorgänge an der Grenzschicht Luft–Seifenhaut und Seifenhaut–Luft! Gehen Sie dabei auf Phasensprünge ein!

b) Welche Farbe hat das von der Seifenhaut reflektierte bzw. das hindurchgehende Licht?

***50.** Zwischen eine Glühlampe, die unpolarisiertes Licht aussendet, und einen Betrachter werden Polarisationsfilter in unterschiedlicher Ausrichtung gestellt.

a) Welcher Anteil des ursprünglichen Lichts erreicht den Betrachter, wenn die Polarisationsfilter wie in der Skizze senkrecht zueinander orientiert sind?

b) Was ist zu beobachten, wenn zwischen die beiden Polarisationsfilter aus Aufgabe a) zusätzlich ein diagonal orientierter Polarisationsfilter gestellt wird?
Lösen Sie die Aufgabe durch Analogiebetrachtung zu einer Seilwelle (↗S. 163)!

***51.** Verringert man die Reflexion von Licht an Linsen, so erhöht sich deren Lichtdurchlässigkeit.

a) Begründen Sie diese Aussage!

b) Wie groß ist die kleinste Dicke einer Entspiegelungsschicht aus MgF_2 ($n = 1{,}38$) auf einer Linse, damit im reflektierten Licht Wellen der Wellenlänge 600 nm fehlen?
Welche Aussage kann man bezüglich der Reflexion benachbarter Wellenlängen treffen?

c) Optiker empfehlen die Entspiegelung von Brillengläsern.
Ist das eine sinnvolle Empfehlung? Was wird durch eine solche Entspiegelung erreicht?

Weitere Aufgaben

Gestörter Rundfunkempfang

Ein Sportplatz ist einseitig von einem Zaun begrenzt, der vollständig mit Blech beschlagen ist. In größerer Entfernung vom Zaun befindet sich der Sendedipol eines UKW-Senders.

Auf beiden Seiten des Zauns steht jeweils ein Sportler ① bzw. ② mit einem tragbaren Radio in einem bestimmten Abstand d vom Zaun. Trotz optimal eingestellter Empfänger haben beide sehr schlechten Radioempfang, doch kann einer der beiden Sportler durch eine geringfügige Veränderung seines Abstands vom Zaun die Empfangssituation deutlich verbessern, der andere nicht.

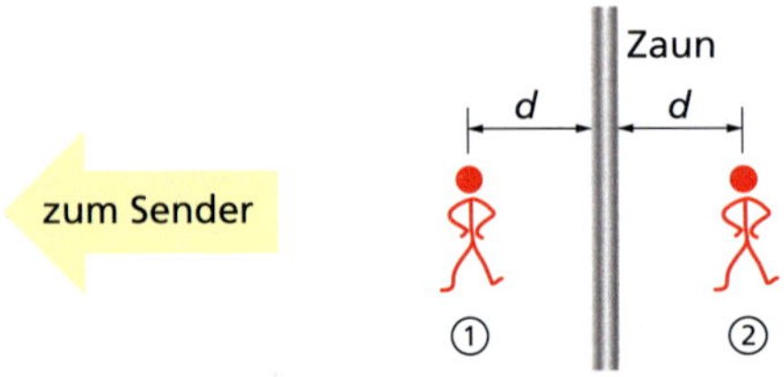

a) Erläutern Sie, warum anfangs beide Personen schlechten Radioempfang haben konnten und warum die Abstandsänderung nur bei einem der beiden zu einer Empfangsverbesserung führt.

Im Metallzaun sind zwei Türen T_1 und T_2. Wenn beide offen sind, hat man hinter dem Zaun auf den skizzierten sechs Linien praktisch keinen Empfang. Der Abstand der Türmitten ist 10 m.

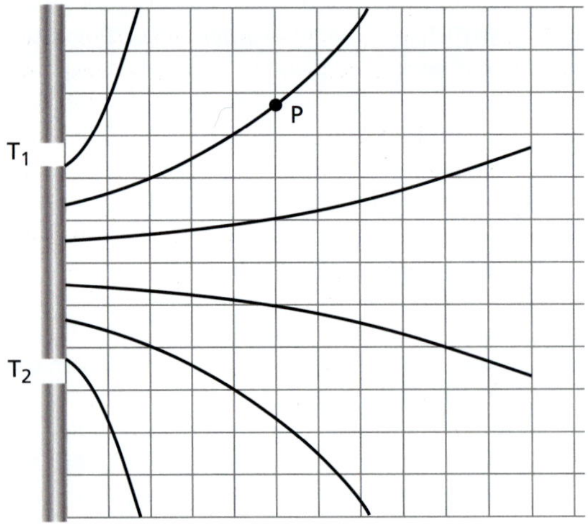

b) Berechnen Sie die Wellenlänge und die Frequenz f des Senders unter Zuhilfenahme von Punkt P. Die Breite eines Kästchens in der Zeichnung entspricht 2 m in der Natur. Beschreiben Sie, an welchen Orten besonders guter Empfang herrscht! (Zur Kontrolle: $f = 8 \cdot 10^7$ Hz)

c) Bestimmen Sie eine mögliche Länge eines optimal abgestimmten Sendedipols!

(Aus dem Musterabitur für das G8 2008)

CD als Beugungsgitter

Auf einer CD werden Informationen digital durch Vertiefungen in spiralförmigen Spurlinien gespeichert, die sich mit einem Laser im CD-Player auslesen lassen. Der Abstand g der nebeneinander liegenden Spurlinien beträgt 1,6 µm. Wenn man die Etikettbeschichtung der CD ablöst, kann man die CD als Beugungsgitter verwenden.

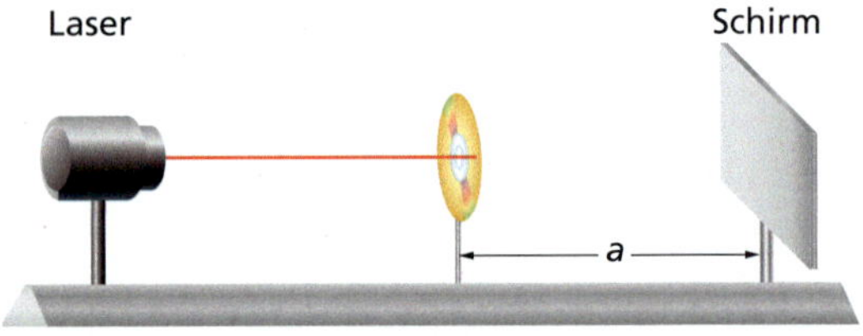

a) Der abgebildete Versuch soll zur Bestimmung der Wellenlänge des Lasers dienen.
Skizzieren Sie das Interferenzbild auf dem Schirm und das Vorgehen zur Bestimmung der Wellenlänge!

b) Bei einem Versuch ergibt sich für den Abstand zwischen dem nullten und dem ersten Maximum 8,6 cm. Der Abstand zwischen CD und Schirm beträgt a = 20 cm. Berechnen Sie die Wellenlänge des verwendeten Lasers!

c) Beschreiben Sie die zu erwartenden Änderungen des Interferenzbilds, wenn der zunächst verwendete rote Laser durch einen grünen ersetzt wird und danach statt einer CD eine DVD verwendet wird, deren Spurlinien enger liegen!

(Aus dem Musterabitur für das G8 2008)

Versuche mit Mikrowellen

Mit einem Mikrowellensender wird ein Doppelspaltversuch durchgeführt. Dazu stellt man in 30 cm Abstand vor dem Sender drei Aluminiumbleche so auf, dass sich zwei senkrechte Spalte mit jeweils 2,0 cm Breite ergeben. Dabei hat das mittlere Blech eine Breite von 12 cm.

Der Sender steht auf der Symmetrieachse dieses Doppelspalts. 30 cm hinter den Blechen wird der Empfangsdipol – ebenfalls auf der Symmetrieachse – aufgestellt.

a) Skizzieren Sie die Versuchsanordnung im Maßstab 1:5!

b) Obwohl das mittlere Blech den direkten Weg vom Sender zum Empfänger versperrt, kann kräftiger Empfang nachgewiesen werden. Erklären Sie diese Beobachtung!

c) Verschiebt man den Empfänger senkrecht von der Symmetrieachse weg, so wird der Empfang zunächst schwächer, dann wieder stärker. 10 cm von der Achse entfernt ist er wieder maximal. Zeichnen Sie diese Position des Empfängers in die Skizze von Teilaufgabe a) ein und erklären Sie das Phänomen! Berechnen Sie die Wellenlänge der benutzten Mikrowellenstrahlung!

d) Mithilfe der Skizze zu Teilaufgabe 2c kann die Wellenlänge auch zeichnerisch ermittelt werden. Führen Sie dies durch und erläutern Sie kurz Ihr Vorgehen!

(Aus dem GK-Abitur 2006)

Entladung eines Kondensators – gedämpfte Schwingungen

Ein Kondensator wird mit der Ladung Q_0 aufgeladen. Anschließend wird er zunächst über einen ohmschen Widerstand und – nach erneuter vollständiger Aufladung – über eine Spule vollständig entladen. Der ohmsche Widerstand der Spule ist klein, aber nicht vernachlässigbar.

a) Zeichnen Sie für jeden Entladungsvorgang qualitativ das Zeit-Ladung-Diagramm!

b) Erklären Sie, weshalb es bei der Entladung über die Spule zu einer Umladung des Kondensators kommt!

(Aus dem GK-Abitur 2003)

Schwingkreis

Ein idealer Schwingkreis, der aus der Kapazität $C = 44$ pF und der Induktivität $L = 3{,}0$ µH besteht, schwingt ungedämpft. Zum Zeitpunkt $t = 0$ ist der Kondensator vollständig aufgeladen; die Spannung beträgt dann 12 V.

a) Berechnen Sie die Schwingungsdauer T!
(Zur Kontrolle: $T = 7{,}2 \cdot 10^{-8}$ s)

b) Ermitteln Sie den Zeitpunkt, zu dem der Kondensator nach $t = 0$ erstmals vollständig entladen ist! Bestimmen Sie die Stromstärke I zu diesem Zeitpunkt!
(Zur Kontrolle: $I = 46$ mA)

c) Zeichnen Sie mithilfe der Teilaufgaben a) und b) den zeitlichen Verlauf der Spannung und den der Stromstärke innerhalb einer Schwingungsdauer!

d) Erläutern Sie allgemein das Prinzip von Schaltungen, die es ermöglichen, einen realen Schwingkreis zu ungedämpften Schwingungen anzuregen!

(Aus dem GK-Abitur 2004)

Doppelspaltversuch

Bei einem Doppelspalt für optische Versuche ist die Beschriftung nicht mehr erkennbar. Der Spaltabstand b soll nun experimentell mithilfe eines Lasers (Herstellerangabe: $\lambda = 633$ nm $\pm 0{,}5$ nm) durch einen Schüler ermittelt werden.

Der Abstand l zwischen Schirm und Doppelspalt kann auf einer optischen Bank sehr genau eingestellt werden und ist 1 700 mm $\pm 0{,}5$ mm. Der Schüler kann am Schirm auf beiden Seiten des 0. Maximums jeweils 4 weitere Maxima beobachten. Den Abstand d der beiden äußersten Maxima zueinander misst er zu 26 mm $\pm 0{,}5$ mm.

a) Skizzieren Sie den Versuchsaufbau mit den relevanten geometrischen Größen und stellen Sie unter Verwendung der Kleinwinkelnäherung die Beziehung $b = \frac{8 \cdot \lambda \cdot l}{d}$ zur Berechnung des Spaltabstands auf.

b) Berechnen Sie den kleinstmöglichen Wert sowie den größtmöglichen Wert für den Spaltabstand!

Der Schüler bildet aus den Werten von Teilaufgabe b) den Mittelwert und will den Doppelspalt mit dem Wert 331,5 µm beschriften.

c) Begründen Sie, warum diese Aufschrift eine falsche Genauigkeit vortäuschen würde!

(Aus dem GK-Abitur 2005)

R

S

T

U

V

W

Z

Was bedeutet eigentlich ...

Sagen Sie voraus

Formulieren Sie auf der Grundlage von Fakten, Erkenntnissen, Gesetzen und Modellen eine Aussage über ein wahrscheinlich auftretendes Ereignis, einen Zustand oder eine Entwicklung. Berücksichtigen Sie dabei die konkreten Bedingungen.

Interpretieren Sie

Finden Sie grundlegende Zusammenhänge, um Aussagen, Beobachtungsergebnissen, Messwerten oder grafischen Darstellungen eine auf die Natur oder Gesellschaft bezogene inhaltliche Bedeutung zu geben. Legen Sie diese Zusammenhänge sprachlich geordnet dar.

Experimentieren Sie

Erfassen Sie ein Phänomen der Natur unter ausgewählten, kontrollierten und veränderbaren Bedingungen und werten Sie die Ergebnisse des Experiments aus. Jedes Experiment muss wiederholbar sein.

Beobachten Sie

Ermitteln Sie mithilfe von Sinnesorganen oder Hilfsmitteln (z.B. Mikroskop, Fernrohr) Eigenschaften und Merkmale, Beziehungen und Abfolgen von Objekten oder Prozessen.

Leiten Sie ab

Formulieren Sie auf der Grundlage einer allgemeinen Position, eines Sachverhalts, Gesetzes oder Modells konkrete Aussagen zu einem Beispiel oder einem Vorgang.

Bewerten Sie

Geben Sie zu einem Gegenstand oder Sachverhalt ein begründetes Urteil ab. Nutzen Sie für die Beurteilung Ihr Fach- und Methodenwissen.

Begründen Sie

Führen Sie einen Nachweis, dass eine Aussage richtig oder falsch ist. Legen Sie Ihre Argumente (Beobachtungen, Gesetze und Beziehungen, gegebenenfalls Beispiele oder Gegenbeispiele) in logischer Reihenfolge dar.

Vergleichen Sie

Stellen Sie gemeinsame und unterschiedliche Merkmale von zwei oder mehreren Vergleichsobjekten dar. Wählen Sie die Merkmale nach dem beabsichtigten Zweck des Vergleichs aus und leiten Sie Schlussfolgerungen aus den Ergebnissen ab.

Erläutern Sie

Stellen Sie einen Sachverhalt anhand eines Beispiels verständlich dar. Veranschaulichen Sie ihn durch Zusatzinformationen (z. B. Skizzen).

Erklären Sie

Stellen Sie eine Problemlösung, einen Sachverhalt bzw. ein Phänomen zusammenhängend und begründet dar, indem Sie jeweils zugrunde liegende Gesetze, Regeln und Beziehungen heranziehen. Sie können dazu auch Modelle und grafische Darstellungen nutzen.

Definieren Sie

Bestimmen Sie einen Begriff durch die Angabe wesentlicher Merkmale eindeutig. Sie können einen Begriff von anderen unterscheiden, indem Sie z. B. einen Oberbegriff suchen und artbildende Merkmale angeben.

Diskutieren Sie

Stellen Sie zu bestimmten Sachverhalten, Aussagen oder Thesen unterschiedliche Positionen bzw. Pro- und Kontra-Argumente einander gegenüber und wägen Sie diese ab.